Earthquake Engineering

耐震工学

川島一彦
［著］

鹿島出版会

まえがき

　耐震工学は耐震設計に代表される構造物の地震被害の軽減に必須な技術的基礎を与える工学であり、振動工学をベースとして、地震動の工学的特性、構造物の揺れの特性、構造部材の耐力と変形性能、耐震解析の手法等から構成される。

　自重等、常時荷重に対して構造物の安全性を確保する静的設計に比較して、まれにしか作用しないが強烈な地震力に対して構造物の安全性を確保する耐震設計は、はるかに困難で多くの課題を抱えている。この原因は、外力の大きさとその不確定性、塑性域に入る構造物の性能の評価の困難さにある。すなわち、静的設計では構造物の自重等に対して弾性状態にあるように設計するのに対して、耐震設計では構造物の自重の数倍に相当する地震力が作用し、さらに、静的荷重とは異なり、地震力は複雑な周期特性を持っている。強烈な地震力の作用下では構造物が塑性域に入ることを許容せざるを得ず、このため複雑な揺れとなる。

　動的解析の飛躍的な進歩と普及は、かつて困難であった耐震解析を身近なものとした。しかし、動的解析すれば構造物の耐震性を評価できるかというと、これは大海にこぎ出す一隻のボートのようなものである。与条件と要素技術を有機的に結び合わせて耐震構造の建設を可能とする知識と技術がなければ、到底耐震性は評価できない。構造物に求められる性能目標は、強震時に崩壊しないだけでなく、地震から国民の生命と財産を守り、さらに地震後の機能も確保できるようにと、大きく拡大してきた。これを実現するためには、この四半世紀の間に進展してきた構造物の非線形応答と塑性域の耐力・変形性能に関する知識が大きく貢献してきた。

　さらに、コンピューターの普及により静的耐震解析と動的解析の垣根が薄まりつつある現在、静的耐震解析も複雑になってきた。解析者が地震動の特性と非線形領域に入ったときの主要構造部材の履歴特性、構造物の揺れの特性を理解していないと、コンピューターソフトの奴隷となり、ひたすらエラーメッセージが出ない解を求めるだけの耐震解析になってしまう。このようにならないためには、耐震工学の基礎的な知識をよく理解し、使いこなせるようになることが求められる。

　本書は著者が東京工業大学で講義してきた内容を骨子とし、大幅に内容を充実させたものである。振動工学や動的解析法の基礎を身につけた後に、耐震工学を勉強しようとする学生、技術者、研究者等の参考とすることを目的としている。地震被害の軽減のために、本書が少しでも寄与できれば幸いである。

2018 年 12 月
東京工業大学名誉教授
川島一彦

目　次

まえがき

第1章　地震動の工学的特性とその評価 ········· 1
1.1　はじめに ········· 1
1.2　表層地盤と耐震設計上の基盤 ········· 1
1.3　基盤に関する留意事項 ········· 2
1.4　表層地盤の揺れ ········· 3
　　1)　表層地盤のせん断震動 ········· 3
　　2)　せん断震動する表層地盤の最大応答変位 ········· 4
　　3)　表層地盤の固有周期と深さ方向の変位分布 ········· 4
1.5　地盤種別 ········· 5
1.6　強震記録 ········· 6
1.7　地震動特性を表わす指標 ········· 6
　　1)　地震動の最大値 ········· 6
　　2)　地震動の卓越周期 ········· 7
　　3)　地震動の継続時間 ········· 7
　　4)　地震応答スペクトル ········· 7
　　5)　地震時地盤ひずみ ········· 7
　　6)　気象庁震度 ········· 8
1.8　地震応答スペクトル ········· 9
　　1)　地震動を受ける1自由度系の応答 ········· 9
　　2)　加速度、速度、変位応答スペクトル ········· 10
　　3)　地震応答スペクトルの極値 ········· 11
　　4)　擬加速度および擬変位応答スペクトル ········· 12
　　5)　加速度、速度、変位応答スペクトル間の関係 ········· 13
1.9　構造物の被害を支配する応答変位 ········· 15
　　1)　構造物の被害に直結する地震応答スペクトル ········· 15
　　2)　構造物の耐震性を支配する変位応答スペクトル ········· 15
　　3)　構造物に生じるひずみの評価に重要な速度応答スペクトル ········· 15
1.10　代表的な強震動 ········· 16
　　1)　構造物の耐震性に影響を与える地震動 ········· 16
　　2)　固有周期0.5～3秒程度の構造物に影響を与える地震動 ········· 17
　　3)　長周期構造物に影響を与える地震動 ········· 20
　　4)　短周期で卓越するだけで構造物への影響が限られる地震動 ········· 20
　　5)　実測記録を耐震解析に用いる意味は何か ········· 23
1.11　減衰定数による加速度応答スペクトルの補正 ········· 23

　　　　1) 加速度応答スペクトルの減衰定数依存性と補正式 ··· 23
　　　　2) 加速度応答スペクトルの補正式に与える共振の影響 ··································· 24
　　　　3) 加速度応答スペクトル倍率の影響 ·· 25
　　　　4) 減衰定数および加速度応答スペクトル倍率に基づく補正式 ··························· 26
　1.12 水平2方向成分合成の影響 ··· 27
　　　　1) 水平2成分合成効果の定義 ·· 27
　　　　2) 代表的な強震記録に対する水平2成分合成の影響 ··· 27
　　　　3) 多数の強震記録から見た水平2成分合成の影響 ··· 28
　1.13 最大地震動および地震応答スペクトルの予測式 ·· 29
　　　　1) 地震動予測式とその役割 ·· 29
　　　　2) 初期の頃に開発された地震動予測式 ·· 29
　　　　3) より多数の強震記録に基づく地震動予測式 ··· 32
　1.14 注意すべき最大地震動や地震応答スペクトルの対数グラフ表示 ······························· 37
　1.15 断層近傍地震動の特性 ·· 38
　　　　1) 指向性パルスとフリングステップ ··· 38
　　　　2) 簡単なモデルから見たパルス地震動の特性 ·· 39
　　　　3) パルス地震動やフリングステップを含む人工地震波の作成 ······························ 40
　　　　4) 構造物に生じる残留変位から見たパルス地震動の特性 ·································· 41
　1.16 地震動強度の確率的評価 ·· 42
　　　　1) 地震動強度の確率的評価 ·· 42
　　　　2) 確率的地震動の問題点 ·· 44
　　　　3) 地域ごとの地震動強度の違いをどのように評価すべきか ································ 46
　　　　4) 現在の地域区分はどのように考えられているか ·· 47
　1.17 まだよくわかっていない強震動の特性 ··· 47

第2章　地震動に対する構造物の応答 ·· 49
　2.1 はじめに ··· 49
　2.2 塑性率と応答塑性率 ·· 49
　2.3 荷重低減係数と変位増幅係数 ·· 50
　2.4 エネルギー一定則と変位一定則 ··· 51
　　　　1) エネルギー一定則 ·· 51
　　　　2) 変位一定則 ··· 52
　2.5 荷重低減係数 ·· 53
　　　　1) 強震記録に基づく荷重低減係数の特性 ·· 53
　　　　2) 荷重低減係数の推定式 ·· 55
　2.6 変位増幅係数 ·· 58
　2.7 残留変位 ··· 58
　　　　1) 塑性化に伴って生じる残留変位 ·· 58
　　　　2) 残留変位比応答スペクトル ··· 60
　　　　3) 残留変位比応答スペクトルの特性 ··· 60
　　　　4) トレードオフの関係にある荷重低減係数と残留変位 ······································· 61
　　　　5) 被災した橋脚に生じた残留変位 ·· 62
　2.8 地震応答スペクトル適合波形 ··· 62

  1) 動的解析に用いる地震動 ·· 62
  2) 実測強震記録を修正した地震応答スペクトル適合波形 ········· 62
  3) 振幅特性を調整した波形とこれによる動的解析例 ·················· 64
  4) 振幅特性を調整する波形の選定基準 ·································· 66
2.9 相対変位応答スペクトル ·· 66
  1) 構造系間に生じる相対変位の重要性 ·································· 66
  2) 相対変位応答スペクトルの定義 ·· 66
  3) 相対変位応答スペクトル比の解析例 ·································· 67
  4) 多数の強震記録に基づく相対変位応答スペクトル ·················· 68

第3章 塑性ヒンジの履歴特性とモデル化 ·· 69
3.1 はじめに ·· 69
3.2 曲げ破壊先行型橋脚における損傷の進展 ···································· 69
3.3 塑性ヒンジとモデル化 ·· 70
3.4 曲げ損傷モードを確保するための条件 ·· 71
3.5 鉄筋コンクリート構造物の履歴モデル ·· 72
  1) 経験的履歴モデル ·· 72
  2) ファイバー要素解析法 ·· 73
3.6 コンクリートの横拘束効果とそのモデル化 ·································· 74
  1) 帯鉄筋による横拘束効果 ·· 74
  2) 初期の横拘束モデル ·· 76
  3) 横拘束を取り入れた応力〜ひずみ包絡線 ····························· 78
  4) 帯鉄筋間隔を考慮した横拘束応力の補正 ····························· 79
  5) 除荷および再載荷履歴の定式化 ·· 82
  6) 幅広い強度レンジをカバーする円形断面の横拘束モデル ········ 84
  7) 炭素繊維シート(CFS)による横拘束モデル ··························· 86
3.7 鉄筋の応力〜ひずみ履歴 ·· 89
  1) MPモデル ··· 89
  2) MPモデルの問題点とこれに対する修正 ······························ 91
3.8 ファイバー要素解析例 ·· 92
  1) 解析対象とする模型橋脚 ·· 92
  2) ファイバー要素解析によるシミュレーション ······················· 93

第4章 載荷実験に基づく構造物の履歴特性 ·· 95
4.1 はじめに ·· 95
4.2 載荷実験法 ··· 95
  1) 震動台加震実験 ··· 95
  2) 繰返し載荷実験 ··· 95
  3) プッシューオーバー載荷実験 ·· 96
  4) ハイブリッド載荷実験 ·· 97
  5) 応答載荷実験 ·· 97
4.3 載荷実験の例 ·· 97
  1) はじめに ··· 97

	2) 震動台加震実験 ···	*98*
	3) 繰返し載荷実験 ···	*101*
	4) 応答載荷実験 ···	*102*
4.4	荷重作用によって変化する履歴特性 ··	*102*
	1) 載荷履歴の影響 ···	*102*
	2) 2方向地震力の作用の影響 ···	*104*
	3) 軸力変動の影響 ···	*108*
4.5	主鉄筋段落としがある RC 橋脚の破壊メカニズム ·····························	*110*
	1) 主鉄筋段落とし ···	*110*
	2) 標準模型実験 ···	*110*
	3) 実大模型加震実験 ··	*112*
4.6	建設年代によって異なる曲げ破壊型 RC 橋脚の耐震性 ······················	*116*
	1) 模型と加震 ··	*116*
	2) 実大模型加震実験 ··	*118*
4.7	曲げとねじりを受ける構造 ···	*123*
	1) 曲げとねじりの同時作用 ··	*123*
	2) 模型と載荷 ··	*123*
	3) 曲げとねじりを同時に受ける RC 橋脚の履歴特性 ························	*124*
4.8	逆 L 字型橋脚 ···	*128*
	1) 逆 L 字型橋脚の特性 ···	*128*
	2) 震動台加震実験から見た残留変位 ··	*128*
	3) 繰返し載荷実験に基づく基本的な履歴特性 ·································	*129*
	4) ハイブリッド載荷実験から見た逆 L 字型橋脚の履歴特性 ··············	*131*
4.9	模型実験における寸法効果 ···	*132*
	1) 寸法効果の検討 ···	*132*
	2) 縮小模型の考え方と制約条件 ··	*132*
	3) 最大骨材寸法と鉄筋径の評価 ··	*133*
	4) 縮小模型の損傷と C1-5 橋脚との比較 ··	*134*

第 5 章　RC 橋脚の変形性能の向上技術 ·· *137*
5.1	はじめに ··	*137*
5.2	コンクリートの横拘束を高める構造 ···	*137*
	1) インターロッキング橋脚 ··	*137*
	2) 繰返し載荷実験 ···	*138*
	3) 震動台加震実験 ···	*139*
5.3	繊維補強コンクリートを用いた構造 ···	*143*
	1) 繊維補強コンクリート ···	*143*
	2) 模型と載荷方法 ···	*143*
	3) 繊維補強コンクリートの効果 ··	*145*
5.4	ポリプロピレンファイバーセメントを用いた高耐震性橋脚 ················	*146*
	1) 模型と加震 ··	*146*
	2) 損傷の進展 ··	*147*
	3) 応答の評価 ··	*148*

  4) C1-5 橋脚との比較 ··· *148*
5.5 超高強度コンクリートを用いた構造 ·· *149*
  1) 超高強度コンクリート ··· *149*
  2) 超高強度コンクリートを用いた耐震性向上 ······························· *149*
  3) 加震と損傷の進展 ··· *150*

第6章 構造物の減衰特性 ·· *153*

6.1 はじめに ··· *153*
6.2 粘性減衰 ··· *153*
  1) 速度比例型減衰 ··· *153*
  2) 臨界減衰 ··· *154*
  3) 減衰自由振動 ··· *155*
  4) 過減衰自由振動 ··· *156*
  5) 対数減衰率 ··· *156*
  6) 粘性減衰によるエネルギー吸収 ··· *157*
6.3 多自由度系構造物に対する粘性減衰力の取り扱い ······························· *158*
  1) 運動方程式 ··· *158*
  2) レーリー減衰 ··· *160*
  3) ひずみエネルギー比例減衰 ··· *162*
  4) 運動エネルギー比例減衰 ··· *163*
  5) 要素ごとに異なる減衰メカニズムを持つ構造物のモード減衰定数 ········· *164*
  6) レーリー減衰の係数 α、β の定め方 ······································· *165*
  7) エネルギー吸収関数 ··· *166*
6.4 履歴吸収エネルギーによる減衰作用と等価減衰定数 ····························· *167*
  1) 履歴吸収エネルギー ··· *167*
  2) 等価履歴減衰定数 ··· *167*
6.5 摩擦による減衰作用 ··· *168*
  1) 摩擦力 ··· *168*
  2) 動的解析による摩擦力のモデル化 ······································· *169*
  3) 摩擦力を受ける1自由度系の応答 ······································· *170*
  4) 摩擦減衰が作用する斜張橋の自由減衰振動 ······························· *172*
  5) 摩擦力による等価減衰定数 ··· *173*
6.6 エネルギー逸散による減衰作用 ··· *173*
  1) 逸散減衰 ··· *173*
  2) 基礎の並進とロッキングのモデル化 ····································· *175*
  3) 基礎の逸散減衰を考慮した動的解析 ····································· *176*
  4) 解析対象橋と解析条件 ··· *177*
  5) 逸散減衰の影響 ··· *177*
6.7 エネルギー吸収関数を用いた減衰定数の評価 ··································· *179*
  1) 模型実験に基づく斜張橋の減衰定数の評価 ······························· *179*
  2) 構造要素のエネルギー吸収関数 ··· *181*
  3) 斜張橋全体系の減衰定数 ··· *183*
6.8 実測記録に基づく斜張橋の減衰定数 ·· *183*

	1) どうすれば実橋の減衰定数を知ることができるか	183
	2) 水郷大橋	185
	3) 十勝大橋	188

6.9 ひずみエネルギー比例減衰法の適用性 ... 190
　　1) 模型震動実験 ... 190
　　2) ひずみエネルギー比例減衰法の適用性 ... 190
6.10 静的解析に基づくモード減衰定数の簡易算定法 ... 192
　　1) 静的フレーム法に基づくひずみエネルギー比例減衰法の適用 ... 192
　　2) 橋全体系の1次モード減衰定数の推定 ... 192
　　3) 解析例 ... 194

第7章 静的耐震解析法 ... 195

7.1 はじめに ... 195
7.2 静的耐震解析と動的解析 ... 195
7.3 静的耐震解析に用いる震度と動的解析に用いる地震力の関係 ... 196
7.4 キャパシティーデザイン ... 197
　　1) 塑性ヒンジ ... 197
　　2) キャパシティーデザイン ... 198
　　3) 塑性ヒンジを設ける部材 ... 198
7.5 要求性能(ディマンド)と保有性能(キャパシティ) ... 199
7.6 荷重ベース静的耐震解析 ... 200
7.7 静的耐震解析法(静的フレーム法) ... 202
　　1) はじめに ... 202
　　2) 静的フレーム法と支点反力法 ... 202
　　3) 静的フレーム法 ... 202
　　4) 静的フレーム法の適用性 ... 204
7.8 サブスティテュート変位ベース耐震解析 ... 206
7.9 直接変位ベース静的耐震解析 ... 208
　　1) 解析法の基本 ... 208
　　2) 解析法 ... 208
　　3) 各橋脚、橋台に作用する水平地震力の算出 ... 209
7.10 静的耐震解析と動的解析の将来 ... 210

第8章 マルチヒンジ系構造の特性 ... 211

8.1 はじめに ... 211
8.2 マルチヒンジ系構造の特性 ... 211
8.3 橋脚系応答塑性率と全体系応答塑性率 ... 213
8.4 免震支承と橋脚間のマルチヒンジ履歴 ... 213
8.5 免震支承で支持された橋の応答塑性率 ... 214
8.6 橋脚の塑性化と基礎の塑性化のインターアクション ... 216
　　1) 基礎も降伏する場合 ... 216
　　2) 動的解析による橋脚と基礎の塑性化 ... 217

第 9 章　構造系間の衝突とその影響 ································· 219
9.1　はじめに ································· 219
9.2　剛体の衝突モデル ································· 219
9.3　波動論に基づく桁間衝突のメカニズム ································· 220
　　1)　波動方程式 ································· 220
　　2)　弾性棒に生じる加速度および衝突力 ································· 221
　　3)　等長・等断面の弾性棒の正面衝突 ································· 222
9.4　衝突ばねを用いた離散型構造モデルにおける衝突のモデル化 ································· 222
9.5　等長・等断面の弾性棒の衝突に対する衝突ばねの適用性 ································· 223
　　1)　解析条件 ································· 223
　　2)　棒に生じる応力と粒子速度 ································· 223
　　3)　衝突ばね剛性の影響 ································· 224
9.6　不等長の弾性棒が追突する場合 ································· 225
9.7　剛体の衝突との違い ································· 227
9.8　模型震動実験に基づく衝突ばねモデルの検証 ································· 227
　　1)　固有周期が近い桁どうしの衝突（ケース1） ································· 227
　　2)　固有周期が大きく異なる桁どうしの衝突（ケース2） ································· 228
　　3)　衝突ばねを用いた動的解析 ································· 229
9.9　衝突を考慮した相対変位応答スペクトル ································· 230
　　1)　衝突を考慮した相対変位応答スペクトルの定義 ································· 230
　　2)　正規化した衝突を考慮した相対変位応答スペクトルの特性 ································· 231
　　3)　正規化した衝突を考慮した相対変位応答スペクトルに与える影響 ································· 232
　　4)　多数の強震記録に基づく正規化した衝突を考慮した相対変位応答スペクトル ································· 232
　　5)　適用例 ································· 234
9.10　支承破断後の桁端連結構造の効果 ································· 234
　　1)　解析条件 ································· 234
　　2)　桁端連結構造がない場合 ································· 235
　　3)　鋼板型桁端連結構造の効果 ································· 236
　　4)　PCケーブル式桁端連結構造の効果 ································· 237
9.11　エキスパンションジョイントの破断とその影響 ································· 237
　　1)　エキスパンションジョイント ································· 237
　　2)　解析橋 ································· 239
　　3)　破断後に EJ がロックしない場合 ································· 239
　　4)　破断後に EJ がロックする場合 ································· 240

第 10 章　特異な震動をする橋 ································· 241
10.1　はじめに ································· 241
10.2　斜橋 ································· 241
　　1)　地震時に桁が回転する原因 ································· 241
　　2)　斜橋の回転条件 ································· 243
　　3)　脱落開始回転角と脱落回転角 ································· 245
　　4)　桁と支承間の固定が斜橋の回転に及ぼす影響 ································· 246
　　5)　桁端連結構造の有効性 ································· 247

10.3　曲線橋 ·· 249
　　1) 斜橋と同様に桁が回転しやすい曲線橋 ············· 249
　　2) 模型震動実験に基づく曲線橋の揺れの特徴 ········ 249
　　3) 加震実験 ··· 251
　　4) 動的解析 ··· 251
10.4　アーチ橋 ·· 253
　　1) 特異な震動特性を持つアーチ橋 ···················· 253
　　2) 震度法では地震力が断面決定要因ではないアーチ橋 ··· 253
　　3) 上下方向の揺れが卓越するアーチ橋 ··············· 254
　　4) 強震動作用下のアーチ橋 ··························· 254
　　5) 震度法時代の問題点が端的に現れているアーチ橋 ··· 255
10.5　逆L字型橋脚で支持された橋の震動特性 ············ 255
　　1) 逆L字型橋脚で支持された橋の問題点 ············· 255
　　2) 鋼製支承で支持した場合 ··························· 256
　　3) 積層ゴム支承で支持した場合 ······················ 257
10.6　下部構造の剛性変化部で生じやすい支承の破断 ····· 257
10.7　活断層を跨ぐ高架橋 ·································· 259
　　1) 断層変位による高架橋の被害 ······················ 259
　　2) ボル高架橋と地震被害 ····························· 259
　　3) 断層変位を見込んだボル高架橋の被害解析 ········ 261

第11章　免震・制震 ·· 265

11.1　はじめに ··· 265
　　1) アイソレーション ·································· 265
　　2) ピリオドシフト ····································· 265
　　3) ダンパーによる高減衰化 ··························· 266
　　4) 応答制御 ··· 267
11.2　免震と制震 ·· 267
　　1) いろいろな定義がある免震と制震 ················· 267
　　2) アイソレーターとダンパー ························ 268
　　3) 耐震設計と免震、制震設計の違い ················· 269
　　4) キャパシティーデザインから見た免震、制震 ····· 270
11.3　地震応答スペクトルに基づく免震、制震効果の評価 ··· 270
　　1) 地震応答スペクトルによる橋の応答の近似的評価 ··· 270
　　2) 非免震橋の揺れ ····································· 270
　　3) 免震橋の揺れ ······································· 271
　　4) 制震橋の揺れ ······································· 272
11.4　主要な免震、制震ディバイス ························ 272
　　1) 多数開発されてきている免震、制震ディバイス ··· 272
　　2) アイソレーター ····································· 273
　　3) 粘性ダンパー ······································· 276
　　4) 履歴ダンパー ······································· 277
　　5) すべり・摩擦系ダンパー ··························· 281

11.5 代表的な免震・制震橋 …………………………………………………………… 284
　　1) 粘性ダンパー ………………………………………………………………… 284
　　2) SUダンパー ………………………………………………………………… 284
　　3) 鉛押し出しダンパー ………………………………………………………… 285
　　4) 鋼製ダンパー ………………………………………………………………… 285
　　5) 鉛プラグ入り積層ゴム支承 ………………………………………………… 287
　　6) 高減衰積層ゴム支承 ………………………………………………………… 287

第12章　基礎ロッキングとロッキング免震 ……………………………………… 289
12.1 はじめに ……………………………………………………………………… 289
12.2 静的転倒解析の問題点 ……………………………………………………… 289
12.3 剛床上の剛体のロッキング震動 …………………………………………… 290
　　1) 解析法 ………………………………………………………………………… 290
　　2) 解析例 ………………………………………………………………………… 292
　　3) 剛地盤で支持された剛体のロッキング震動 ……………………………… 293
12.4 底面地盤の変形を考慮した直接基礎のロッキング震動 ………………… 294
　　1) 底面地盤のばね特性 ………………………………………………………… 294
　　2) フーチングの浮き上がりと橋脚の塑性化 ………………………………… 295
12.5 震動実験による基礎ロッキング免震の検証 ……………………………… 298
12.6 基礎のスライディングとロッキング免震の適用 ………………………… 300

本書に用いている単位 ……………………………………………………………… 301
本書に用いている主な記号 ………………………………………………………… 302
参考文献 ……………………………………………………………………………… 305
索引 …………………………………………………………………………………… 315
あとがき ……………………………………………………………………………… 319

第1章　地震動の工学的特性とその評価

1.1　はじめに

　断層の破壊によって震源断層域に生じた揺れが地盤を介して構造物に伝わる結果、構造物は震動する。この章では、構造物の耐震性評価に重要な表層地盤の揺れと地盤種別、地震動の工学的特性を表わす指標、1自由度系の応答とこれに基づく地震応答スペクトルの特性、確率的な地震動評価等について示す。

1.2　表層地盤と耐震設計上の基盤

　震源断層の破壊によって生じた揺れは減衰しながらいろいろな方向に伝わっていく。減衰作用には、断層で生じた揺れが広く周辺に伝搬していくことによる幾何学的な減衰作用と地盤の非線形性に基づく履歴減衰等、いろいろある。構造物の耐震解析では、構造物に到達した地震動を地盤と構造物の動的相互作用を考慮して構造物に作用させる。

　構造物の周辺地盤は構造物を支持すると同時に、地震動を構造物に伝えて震動させ、さらに構造物の揺れが周辺地盤に伝わるという形で構造物に入った地震エネルギーを逸散させる役割を担っている。

　沖積堆積氾濫原に人口が集中するわが国では、構造物周辺の地盤は未固結で軟質な地盤であることが多く、こうした地盤では地震動は深さ方向だけでなく水平方向にも箇所ごとに大きく異なる。多くの場合、地表から地下深くなるに従い地盤の剛性と強度は大きくなるため、地震動の増幅は小さい。このため、図1.1に示すように構造物周辺地盤を便宜的に剛性と強度の高い耐震設計上の基盤とその上に堆積した表層地盤に分けて揺れを解析する場合が多い。

　ここで、耐震設計上の基盤とは地表からある程度深い位置に存在する安定した地盤で、表層地盤に比較して剛性と強度が高く、その中では地震動特性の変化が小さいと見なせる地盤である。一般にボーリングや弾性波探査等に基づいて地盤の力学的物性（単位体積重量、せん断弾性波速度等）が把握可能な地層の中から、岩盤やよく締まった剛性の高い地盤が耐震設計上の基盤として選定される。

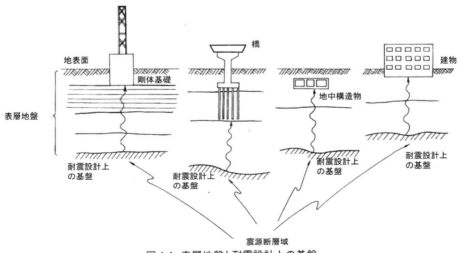

図 1.1　表層地盤と耐震設計上の基盤

耐震設計上の基盤の上に堆積した地表付近の軟らかい地盤を表層地盤と呼ぶ。耐震設計上の基盤から上向きに伝播したせん断波は地表面で全反射して耐震設計上の基盤に戻っていく。地震動の伝播によって表層地盤では地震動の増幅が起こる。

なお、「耐震設計上の」と表現しているのは、地震学で使用される地下深部の地層構成を考えた地震基盤と区別するためである。以下、本書では「耐震設計上の基盤」を単に「基盤」と表わすが、耐震設計上の基盤は地震基盤とは別だという点に注意しなければならない。

地震動の増幅作用を表現するためによく用いられるモデル化が**図 1.2** である。基盤に地震動を与えて表層地盤の揺れを解析し、これを構造物に入力して耐震解析する。

基盤も含めて地盤のせん断弾性係数(せん断剛性ともいわれる) G_s は次のように求められる。

$$G_s = c(\gamma)\frac{\gamma_s}{g}V_s^2 \quad (1.1)$$

ここで、γ_s：地盤の単位体積重量、g：重力加速度、V_s：微小せん断ひずみ時のせん断弾性波の伝播速度(せん断弾性波速度)、$c(\gamma)$：土に生じるせん断ひずみ γ の大きさによる補正係数である。

図 1.2　表層地盤のせん断震動とそのモデル化

$c(\gamma)$ はせん断剛性低下係数と呼ばれ、地盤に生じるせん断ひずみ γ の大きさによって土のせん断剛性 G_s が変化することを表わす。微小せん断ひずみ時(弾性波探査の際に地盤に生じるせん断ひずみで、一般に 10^{-6} 程度のせん断ひずみ)のせん断剛性を基準にして、次式のように表わされる。

$$c(\gamma) = \frac{G_s(\gamma)}{G_s(\gamma \approx 10^{-6})} \quad (1.2)$$

せん断剛性 G_s とせん断ひずみ γ の関係には多数の研究がある。地震時に地盤に生じるせん断ひずみ γ は一般に 10^{-3} のオーダーであり、軟質な地盤が強震動を受けたときには 10^{-2} のオーダーに達することもある。このときには式(1.2)によるせん断剛性低下係数 $c(\gamma)$ は 0.2 程度にまで減少することもまれではない。したがって、せん断剛性のせん断ひずみ依存性は地盤の地震応答を解析する際には必ず評価しなければならない。

せん断弾性波速度 V_S は健全な岩盤では 3km/s 程度であり、軟弱な表層地盤では数十 m/s となる。できるだけせん断弾性波速度 V_S が速い地盤が基盤としては望ましい。これは、せん断弾性波速度 V_S が速いほどその地盤内での地震動の増幅が小さいため、その中では空間的に広い範囲にわたって地震動が一様に近いと見なせるためである。

1.3　基盤に関する留意事項

基盤という概念を利用する際に注意すべき点は、同じ場所でもどの程度のせん断弾性波速度 V_S を持つ地盤を基盤と見なすかによって複数の基盤が存在し得ると同時に、距離が離れたある地点の基盤と他の地点の基盤を同じと見なすことが困難な場合が多いことである。

よく遭遇する問題は、**図 1.3** に示すように地表において得られた強震記録をその地点の基盤地震動に変換し、これを建設地点の基盤に作用させて表層地盤と構造物を一体解析する場合である。このようにすると、別の地点で得られた強震記録を構造物に直接作用させるよりも解析精度が高いと考えられがちであるが、現実にはそれほど単純ではない。

この理由は、まず第一に、強震記録が得られた地点と建設地点が遠く離れていれば、基盤としての連続性がないだけでなく特性も異なるためである。異なる基盤間で地震動が同一と仮定することは、解析の手間をかけたにもかかわらず、期待通りの精度で構造物の震動を解析できないことを意味する。

二番めは、せん断弾性波速度 V_S がどの程度であれば基盤と見なしてよいかである。300m/s 以上とか

700m/s 以上といろいろな例があるが判断は難しい。構造物の規模からみて解析可能な深さに際だってせん断弾性波速度 V_s が速い地盤があればよいが、こうした条件に当てはまらない場合も多い。さらに、地盤調査費用の制約も大きい。不確かな地盤情報に基づいて深い位置に基盤を設定しても、耐震解析の精度は高くならない。

三番めは、地表から基盤地震動を求め、次に基盤地震動から表層地盤や構造物の震動を解析する際の解析精度の低下である。地盤の解析には、構造物の解析以上に大きなばらつきが生じやすい。特に、地表で観測された強震記録から基盤地震動を解析する際には、一般に周波数領域の解析が用いられるが、こうした解析では地盤の非線形性は近似的に等価線形化法によってしか考慮できない。

以上のように、基盤という概念は便利なように見えるが、その限界も認識しておく必要がある[18]。

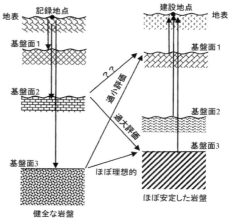

図1.3 地表で観測された地震動記録から建設地点の地震動の推定プロセスとその評価

1.4 表層地盤の揺れ

1) 表層地盤のせん断震動

基盤に地震動が作用したときに表層地盤に生じる揺れは離散型の解析理論、波動理論のいずれによっても解析可能である。しかし、地盤の非線形性を取り入れるためには離散型の解析法の方が自由度が高いため、離散型解析法が用いられる例が多い。

図 1.2 に示したように、基盤に水平方向の地震動が作用すると、表層地盤はせん断震動する。基盤に作用する水平方向の地震動変位を $u_g(t)$、表層地盤に生じる水平変位を $u(z,t)$ とすると、表層地盤のせん断震動の運動方程式は次のようになる。

$$\frac{\gamma_s}{g}\frac{\partial^2 u}{\partial t^2} + c\frac{\partial u}{\partial t} - \frac{\partial}{\partial z}\left(G_s \frac{\partial u}{\partial z}\right) = -\frac{\gamma_s}{g}\frac{\partial^2 u_g}{\partial t^2} \tag{1.3}$$

ここで、γ_s：表層地盤の湿潤単位体積重量、G_s：地表から深さ z における土のせん断剛性、c：表層地盤の粘性減衰係数、g：重力加速度である。

いま、簡単のため表層地盤は1層から構成され、その中ではせん断剛性 G_s は一様と仮定すると、表層地盤の自由振動は次式により表わされる。

$$\frac{\gamma_s}{g}\frac{\partial^2 u}{\partial t^2} - G_s \frac{\partial^2 u}{\partial z^2} = 0 \tag{1.4}$$

これより、振動モード $\phi(z)$ は次のようになる。

$$\phi(z) = c_1 \sin\left(\frac{\omega}{V_s}z\right) + c_2 \cos\left(\frac{\omega}{V_s}z\right) \tag{1.5}$$

ここで、ω は円固有振動数、V_s は次式による表層地盤のせん断弾性波速度である。

$$V_s = \sqrt{gG_s/\gamma_s} \tag{1.6}$$

式(1.5)の未定定数 c_1、c_2 は次の境界条件から定められる。

　i) 基盤面で水平変位 = 0、すなわち、$z = H$ で $\phi = 0$ 　　　　　　　　　　　　　　　(1.7)

　ii) 地表面でせん断力 = 0、すなわち、$z = 0$ で $c_2 \cos\left(\frac{\omega H}{V_s}\right) = 0$ 　　　　　　　(1.8)

以上より、$c_1 = c_2 = 0$ ではない有意な解を得るためには、次の関係が成立しなければならない。

$$\frac{\omega_i H}{V_s} = \frac{2i-1}{2}\pi \qquad (i = 1, 2, 3, \cdots\cdots)$$

これより表層地盤の固有周期 T_i は次のように求められる。

$$T_i = \frac{2\pi}{\omega_i} = \frac{4H}{(2i-1)V_s} \tag{1.9}$$

ここで、ω_i、T_i は第 i 次のそれぞれ円固有振動数、固有周期である。

式(1.9)を式(1.5)に代入し、地表面における最大振幅を 1.0 とすると、第 i 次の固有振動モード $\phi_i(z)$ は次のように求められる。

$$\phi_i(z) = \cos\left(\frac{2i-1}{2H}\pi z\right) \tag{1.10}$$

2) せん断震動する表層地盤の最大応答変位

モーダルアナリシスに基づいて、式(1.3)の解を次式のようにおく。

$$u(z,t) = \sum_{i=1}^{\infty} u_i(z,t) = \sum_{i=1}^{\infty} \phi_i(z)q_i(t) \tag{1.11}$$

ここで、$u_i(z,t)$：第 i 次の表層地盤の水平変位、$\phi_i(z)$：第 i 次の固有振動モード、$q_i(t)$：第 i 次の基準座標である。

式(1.11)を式(1.3)に代入すると、$q_i(t)$ は次式の解として求められる。

$$\ddot{q}_i + 2h_i\omega_i\dot{q}_i + \omega_i^2 q_i = -\beta_i \ddot{u}_g \tag{1.12}$$

ここで、ω_i：第 i 次の円固有振動数、h_i：第 i 次の減衰定数、β_i：第 i 次の刺激係数で次式で与えられる。

$$\beta_i = \frac{\int_0^H \frac{\gamma_s}{g}\phi_i dz}{\int_0^H \frac{\gamma_s}{g}\phi_i^2 dz} = \frac{(-1)^{i-1}4}{(2i-1)\pi} \tag{1.13}$$

基盤面に作用する地震動 $\ddot{u}_g(t)$ が与えられると、$q_i(t)$ は式(1.12)を積分して求めることができる。これを式(1.11)に代入すれば、表層地盤の任意の深さ z、任意の時間 t における水平変位 $u(z,t)$ を求めることができる。なお、式(1.12)において右辺の $\beta_i = 1.0$ と置いた場合の q_i の最大値は、1.8 に後述する変位応答スペクトル $S_D(T_i, h_i)$ である。したがって、式(1.12)の解 $q_i(t)$ の最大値 $|q_i|_{max}$ は次のように与えられる。

$$|q_i|_{max} = \frac{4}{(2i-1)\pi}S_D(T_i, h_i) \tag{1.14}$$

ここで、$S_D(T_i, h_i)$ は第 i 次の固有周期 T_i と減衰定数 h_i に相当する変位応答スペクトルである。

3) 表層地盤の固有周期と深さ方向の変位分布

一般に表層地盤の揺れでは、1 次のせん断振動モードが卓越する。このため、高次の振動モードを無視すると、式(1.11)による表層地盤の変位 $u(z)$ は、式(1.10)、式(1.14)から次のように表わされる[18]。

$$u(z) = \frac{4}{\pi}\cos\left(\frac{\pi z}{2H}\right)S_D(T_1, h_1) \tag{1.15}$$

ここで、式(1.9)から表層地盤の 1 次の固有周期 $T_G (= T_1)$ は次のようになる。

$$T_G = \frac{4H}{V_s} \tag{1.16}$$

表層地盤のせん断剛性 G_s が深さ方向に一様ではない場合には、表層地盤がその中ではせん断弾性波速度がおおむね一様と見なせる n 個の地層から構成されると考え、近似的に次のように表層地盤の固有周期 T_G を求めることができる。

$$T_G \approx \sum_{j=1}^{n}\frac{4H_j}{V_{sj}} \tag{1.17}$$

ここで、H_j、V_{sj} はそれぞれ第 j 層の厚さ、せん断弾性波速度である。

1.5 地盤種別

地震動の強度や周期特性は地盤条件によって大きく変化する。地盤条件に応じて設計地震力を与えるために、橋の耐震解析に地盤種別が取り入れられたのは 1972 年道路橋耐震設計指針である。ここでは、**表 1.1** に示すように、地質区分に基づいて地盤種別が 1 種～4 種に 4 区分され、これに応じて設計震度に乗じる係数(地盤の特性による補正係数)が定められた。

表 1.1 地盤の特性による補正係数(1972 年道路橋耐震設計指針)

区分	地盤種別
1 種	(1)第三紀以前の地盤(岩盤) (2)岩盤までの洪積層の厚さが 10m 未満
2 種	(1)岩盤までの洪積層の厚さが 10m 以上 (2)岩盤までの沖積層の厚さが 10m 未満
3 種	沖積層の厚さが 25m 未満で、かつ軟弱層の厚さが 5m 未満
4 種	上記以外の地盤

しかし、1970 年代に入り、地震動の特性が次第に明らかにされるに従って、地盤種別は地質区分ではなく表層地盤の固有周期に基づいて定める方が合理的であることから、1980 年の道路橋示方書・耐震設計編では表層地盤の固有周期を表わす地盤の特性値 $T_G(s)$ に基づいて**表 1.2** に示すように改められた。

表 1.2 耐震設計上の地盤種別(1980 年道路橋示方書・耐震設計編)

地盤種別	地盤の特性値 $T_G(s)$
1 種	$T_G < 0.2$
2 種	$0.2 \leq T_G < 0.4$
3 種	$0.4 \leq T_G < 0.6$
4 種	$0.6 \leq T_G$

ここで、地盤の特性値 T_G は微小ひずみ時の表層地盤のせん断弾性波速度 V_s から、式(1.17)に基づいて求められる表層地盤の固有周期である。微小ひずみ時のせん断弾性波速度が 300m/s 程度以上の地層が基盤と見なされている。もちろん、基盤としてはせん断弾性波速度がより速い地盤が望ましいが、一方では建設地点での地盤調査から推定可能な深さに基盤を想定したいという、現実的な割り切りが考慮されている。

その後、表層地盤のせん断弾性波速度の推定精度を考えると、2 種と 3 種のように 0.2 秒の差で地盤種別を定めることは困難であることから、1990 年以降の道路橋示方書・耐震設計編では、**表 1.3** のように改められている。

表 1.3 耐震設計上の地盤種別(1990 年道路橋示方書・耐震設計編)

地盤種別	地盤の特性値 $T_G(s)$
I 種	$T_G < 0.2$
II 種	$0.2 \leq T_G < 0.6$
III 種	$0.6 \leq T_G$

地盤種別はいくらでも細かく分類できるが、現地での地盤調査やせん断弾性波速度の推定精度、地盤種別ごとの地震動の推定精度を総合すると、あまり細かい分類は実用的に耐震解析の向上に役立たない。地震力を定める際には、実務的に無理な地盤種別の細分化は避けながら地盤種別に応じて設計地震力を変化させるという考え方が踏襲されてきている。

なお、海外ではいろいろな地盤種別が用いられている。たとえば、**表 1.4** は米国連邦緊急事態管理庁(FEMA)の地盤種別である。地表面下 30m までの地盤のせん断弾性波速度の平均値 $V_S 30$ (m/s)によって 6

段階に区分されている。「V_S30 が 360m/s 以上の地盤」が A、B、C と 3 区分されているのに対して、「V_S30 が 180m/s 以下の地盤」が E と一つに区分されていることからもわかるように、軟質地盤の地盤種別区分が簡単になっている。これは米国では地盤条件がわが国よりはるかに良好であるためであろう。なお、地表面からわずかに 30m 以内の地盤の平均弾性波速度によって本当に地盤種別が分類できるのかという疑問が出されている[1.3]。

表 1.4 米国 FEMA の地盤種別

種別	地盤の種別	定義
A	硬質な岩盤	$V_S30 > 1500$m/s
B	岩盤	$760 < V_S30 < 1500$m/s
C	非常に締まった地盤、軟岩	$360 < V_S30 < 760$m/s
D	硬い地盤	$180 < V_S30 < 360$m/s
E	軟らかい地盤	$V_S30 < 180$m/s
F	現地調査を要する特別な地盤	―

1.6 強震記録

強震記録とは、強震時の地盤や構造物の揺れを計器を用いて観測した記録である。強震動を確実に記録できる強震計を地盤や構造物に設置し、地盤の揺れや構造物の揺れの特性を解明したり、被害原因を究明するために広く用いられる。周辺に大きな構造物が存在しないおおむね平坦な地盤(自由地盤(Free Field)と呼ばれる)上で得られた地震動を自由地盤の記録(Free Field Ground Motion)と呼び、地震動特性の究明や構造物の動的解析に用いる入力地震動として広く利用されている。強震記録は目的に応じて加速度波形、速度波形、変位波形、ひずみ波形等、いろいろな形で観測される。中でも、観測の容易さや耐震解析の入力として直接利用しやすい等の理由で加速度波形が広く用いられている。

自由地盤の揺れを記録するためには、強震計が地盤からずれたり浮き上がったりしないように、長さ 1m 程度の木杭数本を地盤中に打ち込み、その上に設けたコンクリート製台座の上に強震計やセンサーを設置する。短期的な観測のために舗装上にセンサーを設置する場合があるが、微小振動の観測には適当であっても強震動の測定には注意しなければならない。安定しているように見える舗装でも、強震時には地盤の変形によって舗装自体が浮き上がったりずれたりして、信頼性に欠ける記録しか得られない場合があるためである。

また、斜面に設置されたり地盤条件の急変部や崖地等、特異な箇所で得られた記録は自由地盤の記録としては不適当であり、液状化や流動化が起こった箇所で観測された記録も正常な地盤条件での記録としては不適当である。ただし、こうした記録は地形や地盤条件の変化部の地震動特性、液状化や流動化のメカニズム、これらが構造物に与える影響を解析するためには貴重である。

なお、構造物の耐震解析には、何が何でも自由地盤の記録を使用すべきかというと、もう少し広く見た方が良い場合がある。ほぼ一様に見える地盤でも実際には一様に揺れるわけではなく、ローカルな地盤の共振によって箇所ごとに揺れ方が異なるため、たまたま測定されたある一点の自由地盤の記録を入力地震動として構造物の耐震解析を行うことが適当なのかという問題がある。

かつて、地盤から構造物への入力損失が問題とされ、構造物内で観測された記録は自由地盤の記録としては不適切と言われた時代もあった。しかし、小規模な低層建物等の地表階で観測された記録であれば、その建物の平面的な広がりの範囲内の平均的な地盤の揺れを表わしていることから、建物との相互作用の影響が含まれていることを承知した上で、構造物の動的解析の入力として使用するという考え方もある。

1.7 地震動特性を表わす指標

1) 地震動の最大値

地震動加速度 $\ddot{u}_g(t)$、地震動速度 $\dot{u}_g(t)$、地震動変位 $u_g(t)$ の最大値を、それぞれ最大地震動加速度 $\ddot{u}_{g\max}$、最大地震動速度 $\dot{u}_{g\max}$、最大地震動変位 $u_{g\max}$ と呼ぶ。本書では、簡単のため地震動加速度、地震

動速度、地震動変位をそれぞれ $a(t)$、$v(t)$、$d(t)$ と表わし、これらの最大値を a_{max} ($= \ddot{u}_{g\,max}$)、v_{max} ($= \dot{u}_{g\,max}$)、d_{max} ($= u_{g\,max}$) と表わす。

2) 地震動の卓越周期

地震動や構造物の揺れに卓越して含まれる周期を卓越周期と呼ぶ。地震動や構造物の揺れのフーリエ級数が卓越する周期や後述する地震応答スペクトルの卓越周期などから求められる。

地震動の卓越周期は、震源断層から放出された揺れの卓越周期、震源断層から地震動記録観測点までの経路の特性、地震記録が得られた地点の地盤条件や固有周期等によって変化する。地震動の卓越周期が構造物の固有周期に接近すると、共振により大きな揺れをもたらす。

3) 地震動の継続時間

地震動の継続時間とは、地震動が始まってから終わるまでの時間である。地震動の始まりと終わりをどう定めるかによって、いろいろな継続時間が定義できる。たとえば、加速度波形を例に取ると、加速度 $a(t)$ がある目標とする値 a_a を最初に上まわった時刻 t_{a1} と最後に a_a を下まわった時刻 t_{a2} の差として、継続時間 T_a を

$$T_a = t_{a2} - t_{a1} \tag{1.18}$$

と定義したり、あるいは、加速度 $a(t)$ が最大加速度 a_{max} の α 倍の値を最初に上まわった時刻 $t_{\alpha1}$ と最後に下まわった時刻 $t_{\alpha2}$ に基づいて、最大加速度が生じる時間を t_{max} としたとき、

$$T_{\alpha1} = t_{max} - t_{\alpha1} \tag{1.19}$$

$$T_{\alpha2} = t_{\alpha2} - t_{max} \tag{1.20}$$

$$T_{\alpha} = t_{\alpha2} - t_{\alpha1} \tag{1.21}$$

と定義する等、いろいろな定義が可能である[K25]。

地震動の継続時間の定義にはいろいろあるが、構造物の耐震性評価において継続時間が重要となるのは、繰り返し塑性変形を受けて鉄筋コンクリート構造や鋼構造等の損傷が進展する場合である。この意味では、耐震工学では小さな揺れの継続時間ではなく、構造物に塑性変形を生じさせるレベル以上の大きな揺れが継続する時間とそれが繰り返す回数が重要である。

4) 地震応答スペクトル

1自由度系によってモデル化した構造物の支点に地震動(一般には地震動加速度 $\ddot{u}_g(t)$)を作用させたとき、1自由度系に生じる絶対応答加速度の最大値 $(\ddot{u}_r + \ddot{u}_g)_{max}$、最大応答速度 $\dot{u}_{r\,max}$、最大応答変位 $u_{r\,max}$ をいろいろな固有周期と減衰定数に対して計算し、これを固有周期に対してプロットした結果を、それぞれ加速度応答スペクトル、速度応答スペクトル、変位応答スペクトルと呼ぶ。

耐震解析で必要な情報は地震動ではなく、地震動によって生じる構造物の揺れであり、1自由度系とはいえ構造物の揺れの大きさと卓越周期を与える基本的な指標として、地震応答スペクトルは耐震解析において重要な指標である。さらに、地震応答スペクトルは耐震解析に用いる入力地震動の特性を表わす指標としても広く使用されている。地震応答スペクトルについては後述の **1.8**、**1.10** 等に示す。

5) 地震時地盤ひずみ

空間的な地震動の違いによって地盤に生じるひずみを地震時地盤ひずみと呼ぶ。水平3方向の伸縮ひずみとせん断ひずみを合わせて合計6成分の地盤ひずみが存在する。

地震時地盤ひずみは地中構造物の耐震解析や落橋防止構造のように、複数の支点間に生じる相対変位が問題となる構造物の耐震性を検討するために重要である[K38]。地中構造物には小規模な管路から大規模な地下トンネル、地下空間までいろいろな規模と形状の構造物があり、これに応じてどの程度の広域的な広がりの中の地震時地盤ひずみが重要かは異なってくる。

6) 気象庁震度

　気象庁震度は地盤の揺れの強さを表わす指標として全国に速報できる体制が整った唯一の指標であり、国民にもよく知られている。気象庁震度の観測は 1884 年に始まり、当初は微震、弱震、強震、烈震の 4 階級であったが、1908 年に震度 0〜震度 VI の 7 階級に分けられ、1948 年福井地震による激烈な被害を契機として、1949 年にそれまでの震度 VI を 2 つに分けて震度 VII が加えられた。また、1996 年以降はそれまでの震度 V を震度 5 弱、震度 5 強、震度 VI を震度 6 弱、震度 6 強に分け、現在では 10 区分になっている。

　初期の段階では気象庁震度は体感やものの壊れ具合から推定されていたが、観測データに客観性を欠き、速報性にも劣ることから、1996 年以降は計測震度 MI により自動的に観測され速報されている。

　気象庁震度は、河角による次式の地震動最大加速度 a_{max} (cm/s^2)と気象庁震度 I の経験式

$$a_{max} = 0.45 \times 10^{I/2} \tag{1.22}$$

をベースとし[K67]、これを次式のように書き換えて求められ始めた。

$$I = 2\log(a_{max}) + 0.7 \tag{1.23}$$

　これに地震動の周期特性を考慮するため、計測震度 MI は次のように求められている。

$$MI = 2\log(a_{max}) + 0.7 + \log(kT) \tag{1.24}$$

ここで、T は地震動の周期(秒)、k は係数である。

　上式では係数 k の与え方が重要で、水平 2 成分の合成や上下動の影響も加えて、1996 年以降は次のように計測震度 MI が求められている。

$$MI = 2\log(a_{m,max}) + 0.94 \tag{1.25}$$

ここで、$a_{m,max}$ は水平 2 成分と上下成分の加速度記録にそれぞれ振動数領域で周期補正、ハイカット、ローカットの 3 種類のフィルターを加えた後、逆フーリエ変換した 3 成分の加速度をベクトル合成して求めた加速度 $a(t)$ から超過時間を考慮して求めた加速度振幅である[K68,K3]。

　$a(t)$ を求めるために使用される周期補正、ハイカット、ローカットのフィルターが図 1.4 である。1.5 秒付近を持ち上げ、それより短周期側と長周期側では切り下げられている。

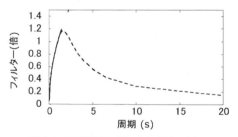

図 1.4　計測震度に用いられるフィルター

　超過時間を考慮した加速度振幅 $a_{m,max}$ とは加速度波形 $a(t)$ の最大値ではなく、あるレベル以上の加速度を超える継続時間の総和が 0.3 秒となるような加速度である。したがって、加速度波形 $a(t)$ の周期特性にもよるが、短周期の鋭いパルスが 2、3 回繰り返すような衝撃的な地震動では加速度振幅 $a_{m,max}$ は最大加速度 a_{max} よりもかなり小さい値となり、反対に最大加速度 a_{max} に近い加速度が多数回繰り返す地震動では加速度振幅 $a_{m,max}$ は最大加速度 a_{max} に近い値となる。

　以上のように、計測震度 MI は地震動の周期特性を考慮するように操作されているが、基本は河角の式を準用した地震動の最大加速度に基づく指標である。ローカットとハイカットフィルターの特性、超過時間を考慮した加速度振幅 $a_{m,max}$ は従来の震度 I と大きな違いがないように定められていると言われている。

　気象庁震度の基本的矛盾は、地震動の最大加速度に基づいて地盤の揺れの強さを区分することが本来の目的でありながら、その区分の意味を説明するために構造物の被害と関連付けようとしている点にある。構造物の被害は、地震動の最大加速度ではなく構造物に生じる応答変位や塑性変形等に支配され、さらに耐震基準の変遷によっても変化してきている。

　したがって、気象庁震度を構造物の耐震解析に使用する際には、次の 3 点に注意しなければならない。1 番めは、気象庁震度と被害の相関には大きなばらつきがあることである。たとえば、2008 年岩手・宮城内陸地震では気象庁震度は 6 強であったが、木造家屋の被害は非常に少なかった。また、2011 年東北地方太平洋沖地震でも、宮城県栗原市築館の気象庁震度は 7 であったが、構造物の被害はほとんど生じなかった。

2番めは、気象庁震度は国民によく知られた指標であるため、上記のような矛盾があるにもかかわらず、「気象庁震度6でも構造物の被害が大きい」とか「気象庁震度7でも構造物の被害が小さい」といった間違った使われ方がされていることである。

3番めは、震度階級には震度7までしかないため、どれだけ揺れが強くても震度7であることである。上限がない気象庁震度7に対して「気象庁震度7に構造物はもつ」などと、工学的に不可能な表現を構造物の耐震解析ではしてはならない。

社会的に気象庁震度しか知られていないという理由で気象庁震度によって構造物の被害を説明するという不毛な議論にならないように、応答スペクトルや塑性化を考慮した揺れの大きさ等、工学的に意味がある指標に基づいて構造物の被害と揺れの強さの関係を説明していくことが重要である。構造物の耐震解析や被害の分析に気象庁震度を用いることは不適切である[D4]。

1.8 地震応答スペクトル

1) 地震動を受ける1自由度系の応答

図1.5に示すように、基礎に地震動加速度$\ddot{u}_g$を受ける構造物を、質量m、減衰係数c（減衰定数h）、ばね定数kの1自由度系にモデル化すると、運動方程式は次のようになる。

$$m\ddot{u}_r + c\dot{u}_r + ku_r = -m\ddot{u}_g \tag{1.26}$$

ここで、$u_r(t)$は基礎に対する質点の相対応答変位である。

この震動系の円固有振動数ω_n、減衰円固有振動数ω_d、固有周期Tは次のように与えられる[C1,C3,K76]。

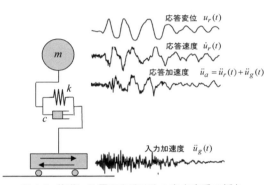

図1.5 基礎に地震動を受ける1自由度系の揺れ

$$\omega_n = \sqrt{\frac{k}{m}}, \quad \omega_d = \sqrt{1-h^2}\,\omega_n, \quad T = \frac{2\pi}{\omega_n} \tag{1.27}$$

式(1.26)の相対応答変位$u_r(t)$はデュアメル積分を用いると次のように求められる。

$$u_r(t) = -\frac{1}{\omega_d}\int_0^t \ddot{u}_g(\tau)e^{-h\omega_n(t-\tau)}\sin\omega_d(t-\tau)d\tau \tag{1.28}$$

また、

$$\frac{d}{dt}\int_0^t f(\tau,t)d\tau = \int_0^t \frac{\partial f(\tau,t)}{\partial t}d\tau + f(\tau,t)_{\tau=t}$$

であるから、相対応答速度$\dot{u}_r(t)$は次のようになる。

$$\dot{u}_r(t) = -\int_0^t \ddot{u}_g(\tau)e^{-h\omega_n(t-\tau)}\cos\omega_d(t-\tau)d\tau + \frac{h}{\sqrt{1-h^2}}\int_0^t \ddot{u}_g(\tau)e^{-h\omega_n(t-\tau)}\sin\omega_d(t-\tau)d\tau \tag{1.29}$$

同様に、絶対応答加速度$\ddot{u}_a(t)$は次のようになる。

$$\ddot{u}_a(t) = \ddot{u}_g(t) + \ddot{u}_r(t)$$
$$= \frac{\omega_n(1-2h^2)}{\sqrt{1-h^2}}\int_0^t \ddot{u}_g(\tau)e^{-h\omega_n(t-\tau)}\sin\omega_d(t-\tau)d\tau + 2h\omega_n\int_0^t \ddot{u}_g(\tau)e^{-h\omega_n(t-\tau)}\cos\omega_d(t-\tau)d\tau \tag{1.30}$$

ここで、速度と変位は地盤に対する相対応答変位$u_r(t)$、相対応答速度$\dot{u}_r(t)$として定義されているのに対して、加速度は相対応答加速度$\ddot{u}_r(t)$に地盤加速度$\ddot{u}_g(t)$を加えた絶対応答加速度$\ddot{u}_a(t)$として定義されている。これは、構造物に作用する慣性力は絶対応答加速度$\ddot{u}_a(t)$に比例するためである。相対応答変位$u_r(t)$は構造物に生じる変形を、また相対応答速度$\dot{u}_r(t)$は構造物の運動エネルギーを求めるために重要である。

図 1.6 は 1995 年兵庫県南部地震($M_w 6.9$)の際に、周辺で著しい被害が生じた JR 鷹取で記録された地震動加速度(南北成分)[N5]と、これを積分して求められた地震動速度と地震動変位である。最大加速度は 0.65g、最大速度は約 1.4m/s、最大変位は 0.5m である。

この記録を入力して、式(1.28)、式(1.30)により固有周期が 0.5、1、2、3 秒の 1 自由度系に生じる絶対応答加速度 $\ddot{u}_a(t)$ と相対応答変位 $u_r(t)$ を求めた結果が図 1.7 である。固有周期によって 1 自由度系に生じる揺れ(応答)は大きく異なることがわかる。

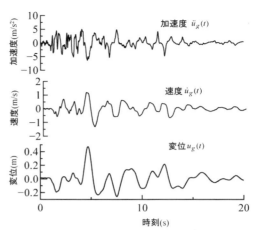

図 1.6 1995 年兵庫県南部地震により JR 鷹取で記録された南北方向加速度とこれをそれぞれ 1 回、2 回積分して求められた速度と変位

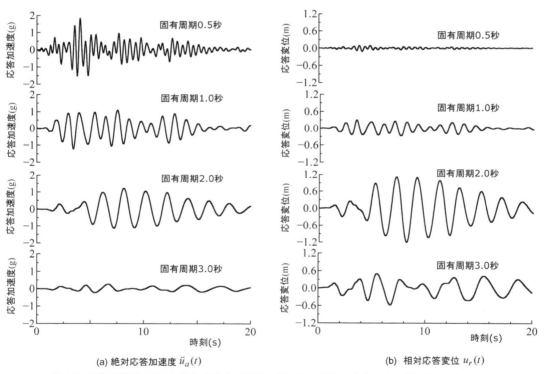

(a) 絶対応答加速度 $\ddot{u}_a(t)$　　(b) 相対応答変位 $u_r(t)$

図 1.7 固有周期が変化した場合の 1 自由度系の揺れ(JR 鷹取の南北方向記録, 減衰定数 0.05)

2) 加速度、速度、変位応答スペクトル

以上のようにして、いろいろな固有周期に対して 1 自由度系に生じる相対応答変位 $u_r(t)$、相対応答速度 $\dot{u}_r(t)$、絶対応答加速度 $\ddot{u}_a(t)$ の最大値を求め、これを固有周期 T ごとにプロットした結果を、それぞれ相対変位応答スペクトル $S_D(T,h)$、相対速度応答スペクトル $S_V(T,h)$、絶対加速度応答スペクトル $S_A(T,h)$ と呼ぶ[H16,H17,N11,C1,C3]。一般には、それぞれ変位応答スペクトル $S_D(T,h)$、速度応答スペクトル $S_V(T,h)$、加速度応答スペクトル $S_A(T,h)$ と呼ばれる。また、これらを総称して、地震応答スペクトルという。

なお、地震応答スペクトルの横軸は1自由度系の固有周期であるが、構造物の応答という視点ではなく、地震応答スペクトルを介して地震動の特性を見るときには単に周期と呼ぶ場合もある。

式(1.28)～式(1.30)の表現を用いると、$S_D(T,h)$、$S_V(T,h)$、$S_A(T,h)$ は次のように与えられる。

$$S_D(T,h) = \left| \frac{1}{\omega_d} \int_0^t \ddot{u}_g(\tau) e^{-h\omega_n(t-\tau)} \sin \omega_d(t-\tau) d\tau \right|_{\max} \tag{1.31}$$

$$S_V(T,h) = \left| \int_0^t \ddot{u}_g(\tau) e^{-h\omega_n(t-\tau)} \left\{ \cos \omega_d(t-\tau) - \frac{h}{\sqrt{1-h^2}} \sin \omega_d(t-\tau) \right\} d\tau \right|_{\max} \tag{1.32}$$

$$S_A(T,h) = \left| \omega_d \int_0^t \ddot{u}_g(\tau) e^{-h\omega_n(t-\tau)} \left\{ (1-\frac{h^2}{1-h^2}) \sin \omega_d(t-\tau) + \frac{2h}{\sqrt{1-h^2}} \cos \omega_d(t-\tau) \right\} d\tau \right|_{\max} \tag{1.33}$$

図 1.6 に示した JR 鷹取記録の南北成分に対して地震応答スペクトルを求めた結果が図 1.8 である。減衰定数 h が 0、0.02、0.05、0.1、0.2、0.4 の場合を示している。減衰定数が大きくなると、おおむね地震応答スペクトルは小さくなる。固有周期が 1.2 秒や 2 秒付近では加速度、速度、変位応答スペクトルが周辺よりも卓越して大きくなっている。これは JR 鷹取記録にこの周期の地震動が卓越して含まれているためであり、これを卓越周期という。

加速度応答スペクトル $S_A(T,h)$ が与えられると、線形構造物ではこれを入力地震動として応答スペクトル法により動的解析することができる[C1,C3,K76]。時刻歴応答解析（線形、非線形）を行うためには地震動の加速度 $\ddot{u}_g(t)$ が必要であり、加速度応答スペクトル $S_A(T,h)$ を用いて時刻歴応答解析を行うことはできない。しかし、後述する 2.8 に示す目標とする加速度応答スペクトル $S_A(T,h)$ に適合した加速度波形 $\ddot{u}_{am}(t)$ を用いることにより、近似的に加速度応答スペクトルに近い特性を持った地震動に対する揺れを解析できる。

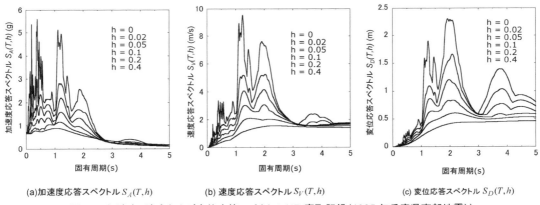

図 1.8 加速度、速度および変位応答スペクトル(JR 鷹取記録(1995 年兵庫県南部地震))

3) 地震応答スペクトルの極値

固有周期が限りなく 0 に近づいたり長くなったときに地震応答スペクトルがどのような値に収れんするかを考えてみよう。

固有周期が限りなく 0 に近づくとは、式(1.26)においてばね定数 k を限りなく大きくした場合である。こうなると、質点は限りなく地盤と同じ揺れ方をするから、減衰定数に関係なく地震応答スペクトルは次のようになる。

$$\lim_{T \to 0} S_A = \ddot{u}_{g\max}、\lim_{T \to 0} S_V = 0、\lim_{T \to 0} S_D = 0 \tag{1.34}$$

一方、固有周期が限りなく長くなるとは、式(1.26)においてばね定数 k が限りなく 0 に近づく場合である。すなわち、質点は地盤から切り離された状態に近づくため、減衰定数に関係なく地震応答スペクトルは次のようになる。

$$\lim_{T \to \infty} S_A = 0、\lim_{T \to \infty} S_V = \dot{u}_{g\max}、\lim_{T \to \infty} S_D = u_{g\max} \tag{1.35}$$

以上より、地震応答スペクトルには次の特性がある。
① 固有周期 0 においては、加速度応答スペクトル S_A は地震動の最大加速度 $\ddot{u}_{g\max}$ を表わす。
② 固有周期が十分長い領域では、速度応答スペクトル S_V は地震動の最大速度 $\dot{u}_{g\max}$ に収れんする。これを一定速度領域と呼ぶ。
③ 固有周期が十分長い領域では、変位応答スペクトル S_D は地震動の最大変位 $u_{\max}$ に収れんする。なお、断層ずれの影響を受けた記録では断層ずれも含んだ地震動の最大変位となる。これを一定変位領域と呼ぶ。

これらの関係は図 1.8 においても確認することができる。ただし、もう少し長い固有周期まで計算しないと変位応答スペクトルは地震動の最大変位に収れんしない。

なお、ディジタル式強震計が実用化される前には、SMAC-B2 型強震計に代表されるアナログ式強震計で観測された加速度記録をディジタイザーで数値化して動的解析に用いられていた。ディジタイザーによる数値化では、3 秒程度以上の長周期成分と 1/12 秒程度以下の短周期成分の精度が低下するため、仮に強震計の計器特性を施しても式(1.34)、式(1.35)の特性を正しく解析できない場合がある[K10,K11]。

4) 擬加速度および擬変位応答スペクトル

減衰定数 h が 0.1、0.2 の場合には $\sqrt{1-h^2}$ はそれぞれ 0.995、0.980 であることからわかるように、h が極端に大きい場合を除けば、$\sqrt{1-h^2} \approx 1.0$ であり、$\omega_d \approx \omega_n$ となる。このため、式(1.31)～式(1.33)の間には近似的に次の関係がある。

$$S_A \approx PS_A = \frac{2\pi}{T} S_V,\ S_D \approx PS_D = \frac{T}{2\pi} S_V \approx \left(\frac{T}{2\pi}\right)^2 S_A \tag{1.36}$$

ここで、PS_D、PS_A をそれぞれ擬変位応答スペクトル、擬加速度応答スペクトルと呼ぶ。

さらに、式(1.36)を変形すると近似的に次の関係が得られる。

$$\frac{2\pi}{T} S_D \approx S_V \approx \frac{T}{2\pi} S_A \tag{1.37}$$

したがって、加速度、速度、変位の各地震応答スペクトルのいずれかが与えられると、他の地震応答スペクトルも近似的に求めることができる。

図 1.8 に示した JR 鷹取地震動に対して、減衰定数 h = 0、0.05、0.2 の場合を例に式(1.37)により速度応答スペクトル S_V から PS_A と PS_D を求めると、図 1.9 のようになる。PS_D は S_D と、また PS_A は S_A とそれぞれおおむね一致している。ただし、注意すべきは固有周期が 0 付近と固有周期が長い箇所ではこのような関係は成立しないことである。

たとえば、固有周期が 2 秒程度以下で PS_D は S_D とよく一致するが、それより長い固有周期になると PS_D は固有周期に比例して単調に増加するようになり、S_D と乖離してくる。これは、前述の 3)に示したように、固有周

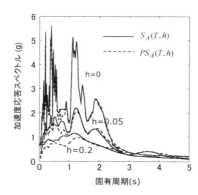

(a) 加速度応答スペクトル $S_A(T,h)$ と擬加速度応答スペクトル $PS_A(T,h)$

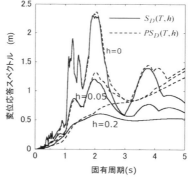

(b) 変位応答スペクトル $S_D(T,h)$ と擬変位応答スペクトル $PS_D(T,h)$

図 1.9 地震応答スペクトルと擬地震応答スペクトル（JR 鷹取地震動、減衰定数 h = 0, 0.05, 0.2）

期 $T \to \infty$ になると S_D は最大地震動変位 $u_{g\max}$ に収れんするのに対して、S_v は最大地震動速度 $\dot{u}_{g\max}$ に収れんするため、$PS_D \approx (T/2\pi) \times \dot{u}_{g\max}$ は T に比例して増大し続けるためである。一方、固有周期 $T \to 0$ に近づくと、S_V、S_D ともに 0 に漸近するため、PS_D と S_D の違いはそれほど目立たない。

同様に、固有周期が 1.5 秒程度より長い領域では PS_A は S_A とよく一致するが、これよりも短い領域になると PS_A と S_A の一致度は低下する。これは、固有周期が短くなると S_A は最大地震動加速度 $\ddot{u}_{g\max}$ に収れんするのに対して、S_V は 0 に収れんするため $PS_A \equiv (2\pi/T)S_V$ も 0 に収れんしていくためである。

コンピューターを使って容易に地震応答スペクトルを計算できなかった時代には擬応答スペクトルは便利に使われたが、現在では容易に地震応答スペクトルを計算可能である。加速度、速度、変位応答スペクトル間には、近似的に式(1.36)、式(1.37)の関係があることを知っておくことは重要であるが、実際に加速度、速度、変位応答スペクトルを動的解析の入力等に使用する際には、それぞれを個別に解析した結果を使うのがよい。

5) 加速度、速度、変位応答スペクトル間の関係

加速度応答スペクトル S_A には、ある周期領域にわたって卓越して大きな値をとる領域があり、これを加速度応答スペクトル一定領域と呼ぶ。減衰定数が 0.05 程度であれば、加速度応答スペクトル一定領域では、S_A と最大加速度 $a_{\max}$ の比 c_a ($c_a \equiv S_A/a_{\max}$) はおおむね 2.5 程度の値をとる。

アナログ強震計の時代には数値化精度の制約からおおむね 3 秒以上の長周期領域における速度や変位応答スペクトル特性に対する研究は限られていたが、長周期領域をカバーできる高精度のディジタル強震計記録が蓄積されるようになると、加速度応答スペクトル一定領域より長周期側には速度応答スペクトル S_V が卓越して大きくなる速度応答スペクトル一定領域が存在し、さらにこれより長周期領域には変位応答スペクトル S_D が卓越して大きくなる変位応答スペクトル一定領域が存在することが知られるようになってきた。図 1.8 等に示した地震応答スペクトルからもこのような特性を見ることができる。

加速度、速度、変位の各応答スペクトル一定領域の周期範囲をそれぞれ $T_A \sim T_B$、$T_B \sim T_C$、$T_C \sim T_D$ と表わしたとき、T_A、T_B、T_C、T_D をコーナー周期と呼ぶ。コーナー周期は断層の規模や震源断層からの距離、地盤条件等に依存すると考えられている。たとえば、図 1.10 は NEHRP と Faccioli 等によるコーナー周期 T_C のマグニチュード M_w 依存性である[F1,P7]。ばらつきが大きいが、モーメントマグニチュード M_w が 7 程度の地震ではコーナー周期 T_C は 4〜8 秒程度と見られる。

地震応答スペクトル S_A、S_V、S_D の間には式(1.34)〜式(1.37)の関係があることから、S_A、S_V、S_D の形状にはおおよそ図 1.11 の関係があると考えられている。たとえば、加速度応答スペクトル S_A は、周期 $T = 0$ 秒で $S_A = \ddot{u}_{g\max}$ であり、

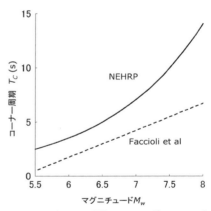

図 1.10 コーナー周期 T_C のマグニチュード依存性

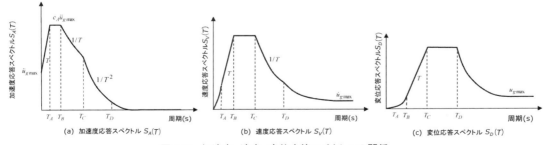

図 1.11 加速度、速度、変位応答スペクトルの関係

その後、周期 T に応じて増加し、コーナー周期 $T_A \sim T_B$ では加速度応答スペクトル一定領域となる。その後、加速度応答スペクトルは $T_B \sim T_C$ では周期 T に、周期 T_C より長い領域では T^2 にそれぞれ反比例して減少し、やがて 0 に漸近していく。これを単純化すると、加速度応答スペクトル S_A の固有周期依存性はおおむね次式のように表わされる。

$$S_A(T) = \begin{cases} \left\{1 + (c_A - 1)\dfrac{T}{T_A}\right\} a_{\max} & \cdots\cdots 0 < T < T_A \\ c_A a_{\max} & \cdots\cdots T_A < T < T_B \\ c_A a_{\max} \dfrac{T_B}{T} & \cdots\cdots T_B < T < T_C \\ c_A a_{\max} \dfrac{T_B T_C}{T^2} & \cdots\cdots T > T_C \end{cases} \quad (1.38)$$

ここで、$a_{\max}$：地震動最大加速度（$\ddot{u}_{g\max}$）(g)、$c_A = S_A / a_{\max}$：加速度の係数で 2.5 程度の値である。

これより、式(1.34)～式(1.37)に基づいて速度および変位応答スペクトル S_V、S_D を求めた結果が前出の図 1.11(b)、(c)である。

すなわち、速度応答スペクトル S_V は $T = 0$ において 0 であるが、コーナー周期 T_A から T_B に向けて大きくなり、$T_B \sim T_C$ 間で速度応答スペクトル一定領域となった後に減少し始め、やがて最大地震動速度 $\dot{u}_{g\max}$ に収れんしていく。

一方、変位応答スペクトル S_D は $T = 0$ において 0 であるが、その後、コーナー周期 T_C までおおむね周期 T に比例して大きくなり、$T_C \sim T_D$ 間で変位応答スペクトル一定領域となったあと、次第に最大地震動変位 $d_{\max}$ に収れんしていく。

このような考え方に基づき、式(1.34)～式(1.38)に基づいて減衰定数 $h = 0.05$ の加速度、速度、変位応答スペクトルを求めた一例が図 1.12 である。ここで、地盤種別は表 1.3 に示したⅠ種、Ⅱ種、Ⅲ種地盤とし、$a_{\max}$、コーナー周期 T_A、T_B、T_C は表 1.5 のように仮定している。

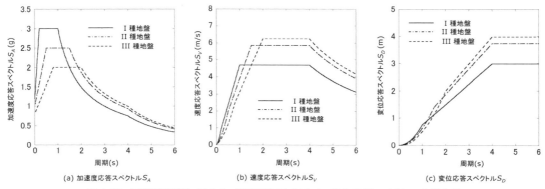

(a) 加速度応答スペクトル S_A　　(b) 速度応答スペクトル S_V　　(c) 変位応答スペクトル S_D

図 1.12　加速度応答スペクトル、速度応答スペクトル、変位応答スペクトルの推定例

表 1.5　地震応答スペクトルの試算条件

種別	$a_{\max}$ (g)	c_A	$T_A(s)$	$T_B(s)$	$T_C(s)$
Ⅰ種地盤	1.2	2.5	0.2	1	4
Ⅱ種地盤	1.0	2.5	0.5	1.5	4
Ⅲ種地盤	0.8	2.5	0.8	2	4

1.9 構造物の被害を支配する応答変位

1) 構造物の被害に直結する地震応答スペクトル

加速度応答スペクトル S_A は構造物の慣性力、速度応答スペクトル S_V は構造物の運動エネルギー、変位応答スペクトル S_D は構造物の応答変位に直結する。それでは、S_A、S_V、S_D のうち、構造物の耐震性を評価するために最も重要なパラメーターはどれであろうか。

これは度々議論の的となってきたが、構造物の塑性変形は意図した箇所（塑性ヒンジ）だけに生じさせ、意図しない箇所には生じさせないというキャパシティーデザインの考え方に基づく耐震解析では、塑性ヒンジに生じる塑性変形が許容される範囲に収まるか否かが重要である。すなわち、構造物に生じる変形が構造物の耐震性の評価の鍵となる。

ただし、この議論をする前に重要な点は、構造物に生じる変位とは別の原因によって生じる被害もあることである[05,06,07]。たとえば、平坦な地盤にあった石が飛び上がったり横に転がった例がある。大きな加速度を受けて、石がジャンプしたためである。また、寺の鐘楼が浮き上がって横に数 m 移動した例もある。上向きの加速度を受けてジャンプしたり、地盤に埋め込まれた柱下端が水平方向に押され、ちょうど U 字型に曲げたクリップの下端を狭めた後で急に解放すると、その反発力でジャンプするように鐘楼が跳躍したと見られている。地震動の箇所別の違いによって水平面内に地震時地盤ひずみが生じたり、表層の地盤が滑ったりすると、これによって鐘楼の柱下端がいろいろな方向に水平変位を強制され、クリップと同様に跳躍したためと考えられる。

2) 構造物の耐震性を支配する変位応答スペクトル

このように構造物に生じるすべての地震被害が構造物の応答変位によって説明できる訳ではない。しかし、ある程度の規模を持ち、しっかりとした基礎で支持された近代的な構造物では、多くの場合に主要部材に生じる塑性変形が地震被害を支配する主原因であることから見て、構造物の耐震性の評価には変位応答スペクトル S_D が重要である。

このような視点で、図 1.8 に示した地震応答スペクトルを見てみよう。たとえば減衰定数 0.05 の値に着目すると、加速度応答スペクトル S_A が卓越するのは固有周期が 0.2〜0.4 秒、1.3 秒、2 秒付近である。

まず、固有周期が 0.2〜0.4 秒付近を見ると、加速度応答スペクトル S_A は約 1.9g と大きいが、この固有周期範囲における変位応答スペクトル S_D は約 0.03m と小さな値でしかない。当然、このような小さい応答変位では構造物には大きな塑性変形は生じないため、被害は軽微であろう。加速度応答スペクトル S_A が大きくても変位応答スペクトル S_D が小さいのは、両者間に式(1.37)の関係があるためである。

これに対して、固有周期が 1.3 秒付近と 2 秒付近では加速度応答スペクトル S_A はそれぞれ 2.1g、1.2g と大きく、変位応答スペクトル S_D もそれぞれ 0.8m、1.2m と大きい。これは構造物にとって脅威となるレベルである。

3) 構造物に生じるひずみの評価に重要な速度応答スペクトル

前述の図 1.12 に示したように、大規模地震では長周期領域で変位応答スペクトルは数 m に及ぶ場合もあるが、変位応答スペクトル S_D が大きければ、構造物に生じる変形すなわちひずみも大きくなるとは限らない。

簡単のために、建物のようにせん断変形が卓越する構造を考えてみよう。建物では固有周期 T と階数 n の間にはおおよそ次の関係があると言われている。

$$T = \alpha n \tag{1.39}$$

ここで、係数 α は構造によって変化するが、0.2〜0.3（秒）程度の値である。

いま、建物を 1 自由度系にモデル化した際の最大応答変位を変位応答スペクトル S_D によって与えることができ、さらに建物に生じるせん断ひずみ γ が高さ方向に一様であると仮定すると、建物の 1 層当たりに生じるせん断ひずみ γ は次のようになる。

$$\gamma = \frac{S_D}{nH} \tag{1.40}$$

ここで、H は建物の 1 層当たりの高さである。

変位応答スペクトル S_D と速度応答スペクトル S_V の間には式(1.36)の関係があり、ここに式(1.39)を代入すると、

$$S_D \approx \frac{T}{2\pi} S_V = \frac{\alpha n}{2\pi} S_V \tag{1.41}$$

であるから、式(1.40)の 1 層当たりに生じるせん断ひずみ γ は

$$\gamma = \frac{\alpha}{2\pi H} S_V \tag{1.42}$$

となり、速度応答スペクトル S_V に比例する。

橋のようにトップマス形式で曲げ変形が卓越する構造物では少し事情が異なるが、式(1.39)に代えて次のように固有周期 T が橋の高さ H に比例すると仮定すれば、

$$T = \beta H \tag{1.43}$$

式(1.42)と同様な結果となる。

以上から明らかなように、地震応答スペクトルに基づいて地震動が構造物に与える影響を評価するためには、速度応答スペクトル S_V が重要なパラメーターであることがわかる。

なお、動的解析や静的耐震解析では一般に地震動の特性を加速度応答スペクトル S_A によって表わす。これは、静的耐震解析では地震力として慣性力が重要であり、動的解析では加速度波形あるいは加速度応答スペクトル S_A が入力地震動として用いられることが多いためである。

したがって、地震動が構造物の耐震性に与える影響を加速度応答スペクトル S_A に基づいて評価するためには、式(1.37)の関係を頭に描きながら、1 秒未満の加速度応答スペクトル S_A の値に引きずられずに、1 秒以上の固有周期範囲の加速度応答スペクトル S_A 値に注目して、これを固有周期が長くなるほど持ち上げて見るとよい。その際、構造物の基本固有周期だけでなく、その 1.5～2 倍程度長い周期領域の加速度応答スペクトル S_A 値に着目するのがポイントである。これは、構造物が塑性化すると長周期化する結果、さらに強い地震力を受けて損傷が進展することがあるためである。

1.10　代表的な強震動
1)　構造物の耐震性に影響を与える地震動

わが国では、1923 年関東地震による甚大な被害が近代的な耐震設計の発端となったことから、長く 100～200 年間隔で規則性をもってプレート境界に起こる海洋性大規模地震が耐震設計の仮想敵と見なされ、発生間隔が長い内陸活断層によって生じる地震動に対する配慮は後回しにされてきた。しかし、1995 年兵庫県南部地震や 2016 年熊本地震による強烈な地震動の洗礼を受けたこと、また、2011 年東北地方太平洋沖地震では短周期成分の地震動は強くても構造物に影響を与える中～長周期地震動は必ずしも強くなかったことから、陸地から離れた海域に生じる大規模地震よりも、モーメントマグニチュード $M_w 6$ 台後半以上の内陸直下型地震の方が構造物には強烈な揺れをもたらすのではないかという見方も出始めている。

ただし、海洋性大規模地震の破壊領域が陸地の下まで食い込んでくる箇所では、強烈な揺れが生じる可能性がある。したがって、内陸直下型か海洋性かにかかわらず、$M_w 6$ 台後半より規模の大きい地震が構造物近くに生じた場合には、構造物には強烈な地震動が作用するとみなければならない。

近年になり少しずつ震源断層域近くの強震記録が蓄積されてきた。構造物の耐震解析では、こうした記録の中から建設地点の地盤条件に近い地震動を入力地震動として考慮する必要がある。

2) 固有周期 0.5 秒〜3 秒程度の構造物に影響を与える地震動

長大橋や超高層建物を除くと、一般規模の構造物の固有周期は 0.5〜3 秒程度である。この周期領域で卓越する地震動記録の例を図 1.13〜図 1.17 に示す。これらはいずれもモーメントマグニチュード M_w7 前後の内陸直下型地震によって得られた記録である。

図 1.13 の JMA 神戸記録と図 1.14 の JR 鷹取記録[N5]は、ともに 1995 年兵庫県南部地震(M_w6.9)の際に神戸海洋気象台と JR 鷹取で観測された断層近傍地震動である。兵庫県南部地震による強烈な地震動として、広く耐震解析に用いられてきている。$0.4g$ 以上の加速度が生じた継続時間は 5 秒程度と短いが、観測地点周辺には激甚な被害が生じた。断層破壊の方向と地震動の伝播に伴って指向性パルスによるやや長周期の衝撃的な地震力が作用したためと言われている。

最大加速度は JR 鷹取記録よりも JMA 神戸記録の方がわずかに大きいが、構造物の耐震性評価には最大加速度は重要ではない。地震動が構造物に与える影響を表わすためには、図 1.18、図 1.19 に示す地震応答スペクトル S_A、S_V、S_D が重要である。ここには減衰定数 h が 0.05 の場合を示している。JMA 神戸記録では 0.4 秒で加速度応答スペクトル S_A は $2.5g$ を上まわるが、1.9 に示したように、これよりも 0.8 秒にある $2g$ の応答加速度の方が構造物には重要である。これは速度応答スペクトル S_V を見れば明らかであろう。速度応答スペクトル S_V は 1.4 秒でも卓越している。周期が 1.4 秒よりも長くなると加速度応答スペクトル S_A は急速に小さくなる。

これに対して、JR 鷹取記録では周期 1.2 秒と 1.9 秒付近で速度応答スペクトル S_V が卓越し、変位応答スペクトル S_D で比較しても構造物に与える影響は JR 鷹取記録の方が JMA 神戸記録より大きい。

いま、固有周期が 0.5〜3 秒付近の一般的な構造物を考えると、強震動が作用し塑性域に入ると固有周期は優に 1.5〜2 倍程度長くなる。固有周期が長くなると、JMA 神戸記録の作用を受けた構造物は卓越周期帯域から逃れるのに対して、JR 鷹取記録では固有周期が 2.5 秒まで速度

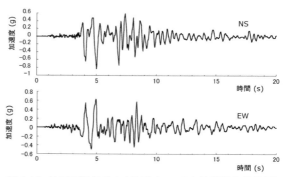

図 1.13 神戸海洋気象台(1995 年 M_w6.9 兵庫県南部地震)

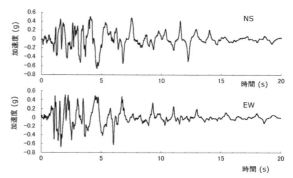

図 1.14 JR 鷹取(1995 年 M_w6.9 兵庫県南部地震)

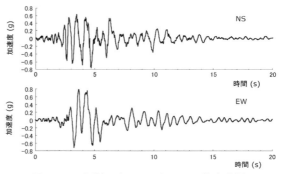

図 1.15 西原村小森(2016 年 M_w7.0 熊本地震)

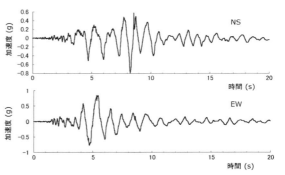

図 1.16 益城町宮園(2016 年 M_w7.0 熊本地震)

応答スペクトル S_V が大きく、損傷の進展が起きやすい。広い卓越周期範囲にまたがって速度応答スペクトル S_V が大きい地震動は、構造物にとって脅威である。

これは変位応答スペクトル S_D を見るとより明らかである。周期 1 秒以上の領域では JMA 神戸記録では約 0.4m 程度であるのに対して、JR 鷹取記録では約 0.8m と大きく、2 秒付近では 1.2m に達する。

強烈な地震動は 2016 年熊本地震(M_w7.0)においても多数箇所で記録された。このうち、ほぼ断層線上に位置する西原村小森と益城町宮園の記録が図 1.15 と図 1.16 である。益城町宮園の記録は宮園町役場（3 階建て鉄筋コンクリート造）の 1 階で記録されたもので、自由地盤上の記録ではない。自由地盤の記録が珍重されるが、地盤上の記録も周辺地盤の共振等、ローカルな影響を受けた記録の一つにすぎない。3 階建て建物の揺れの影響が含まれていることを承知した上で、建物の基礎で拘束された範囲内の地盤の平均的な揺れを表わすという点で宮園町役場の記録は重要である。

図 1.20 と図 1.21 に示すように、西原村小森では周期 0.8 秒で、また益城町宮園では周期 1.2 秒でそれぞれ加速度応答スペクトル S_A は 3g 程度、速度応答スペクトル S_V はそれぞれ 3.5m/s、5m/s に達する。加速度応答スペクトル S_A や速度応答スペクトル S_V が大きくなる周期幅も広く、JR 鷹取記録や JMA 神戸記録と並んで構造物に強烈な影響を与える地震動である。

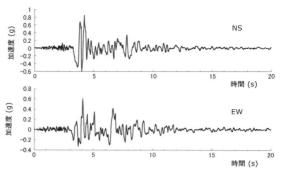

図 1.17 Sylmar（1994 年 M_w6.7 Northridge 地震）

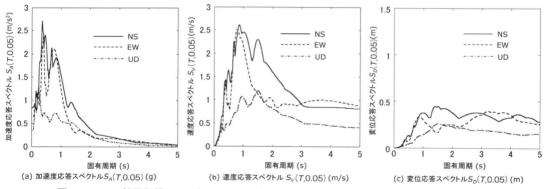

図 1.18 JMA 神戸記録（1995 年 M_w6.9 兵庫県南部地震）の地震応答スペクトル（減衰定数 0.05）

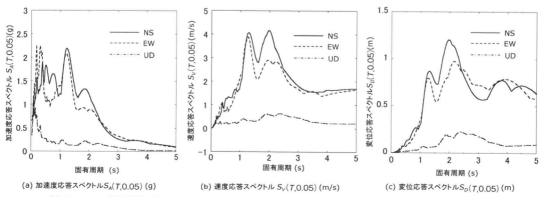

図 1.19 JR 鷹取駅記録（1995 年 M_w6.9 兵庫県南部地震）の地震応答スペクトル（減衰定数 0.05）

特徴的な点は変位応答スペクトル S_D で、西原村小森では EW 成分（ほぼ断層方向）が 2m になっている。ここには周期 5 秒までしか示していないが、これより長い周期でもずっと 2m である。これは式(1.35)から明らかなように、断層ずれによって EW 方向の地盤変位には約 2m の残留ずれが生じたことを表わしているためである。益城町宮園でも周期 1.3 秒より長い領域では EW 方向の変位応答スペクトル S_D は 1.1m 程度となるが、これも断層ずれによるものである。

図 1.17 に示した Sylmar 記録は 1994 年米国 Northridge 地震(M_w6.7)によって得られた記録である。図 1.22 に示す速度応答スペクトル S_V に周期 1.5〜2.5 秒と広い範囲にわたって 1.2m/s 程度と大きな値となっている。変位応答スペクトル S_D も周期 1.5〜3.5 秒で 0.5m を上まわっている。JR 鷹取記録や西原村小森の強震記録ほどではないが、JMA 神戸記録よりも強烈である。この記録は 1994 年当時には驚異的な記録として、その後の構造物の耐震解析に大きな影響を与えた。

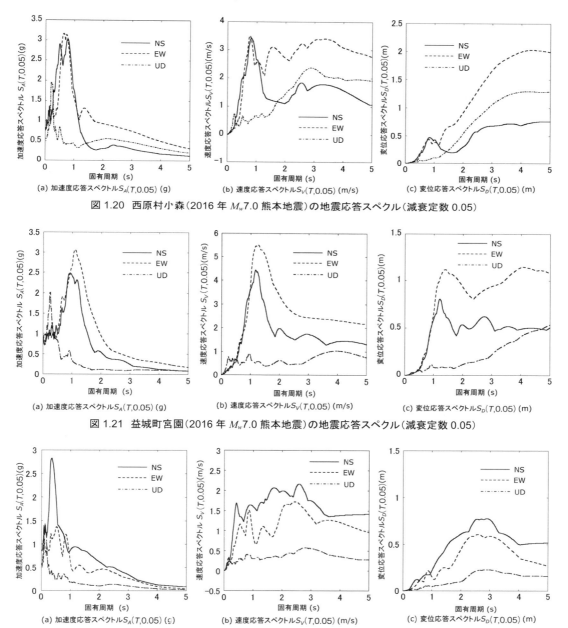

図 1.20 西原村小森（2016 年 M_w7.0 熊本地震）の地震応答スペクトル（減衰定数 0.05）

図 1.21 益城町宮園（2016 年 M_w7.0 熊本地震）の地震応答スペクトル（減衰定数 0.05）

図 1.22 Sylmar（1994 年 M_w6.7 Northridge 地震）の地震応答スペクトル（減衰定数 0.05）

3) 長周期構造物に影響を与える地震動

固有周期が5秒以上の構造物に影響を与える強震動の例が1999年台湾集集地震(M_w7.6)により得られた図1.23に示すShihkang記録である。継続時間はもっと長いが、ここでは主要動部の25秒間だけを示している。5～7秒間に断層運動を表わす特徴的な波形がある。

図1.24は地震応答スペクトルである。ここでは、加速度および速度応答スペクトルは周期0～15秒までの範囲を、変位応答スペクトルは20秒までの範囲を示している。水平2成分の加速度応答スペクトルS_Aは一般の構造物の応答には影響が小さい周期0.4秒のパルスを除くと、周期2秒あたりまでは0.7gと地震規模から考えるとむしろ小さい値といってよい。しかし、速度応答スペクトルS_Vは周期3秒から次第に大きくなり、NS成分では周期8秒で4.8m/sと大きな値に達し、変位応答スペクトルS_DもNS成分では周期10秒以上で8mに達する。これは断層の北端に向かって10m近くまで断層ずれが増加したシャーロンプ断層の北端で観測された記録であるためである[S18]。

集集地震当時、周辺には古い時代に建設された低層の建物や橋しか存在しなかったが、もし、この当時に長大橋や超高層ビル等、長周期構造物が存在していれば、大きな被害を受けた可能性がある。長周期構造物の耐震解析には重要な記録である。

4) 短周期で卓越するだけで構造物への影響が限られる地震動

短周期で加速度応答スペクトルS_Aが卓越するだけで、構造物に対する影響が限られる地震動として、

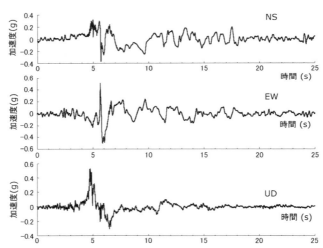

図1.23 長周期構造物に大きな影響を与える断層近傍地震動（Shihkang、1999年 M_w7.6 台湾集集地震）

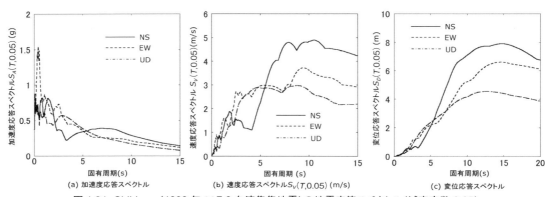

図1.24 Shihkang（1999年 M_w7.6 台湾集集地震）の地震応答スペクトル（減衰定数 0.05）

図1.25に示す2008年岩手・宮城内陸地震(M_w7.0)による一関市(一関西観測点)の記録がある。一関市はほぼ断層上に位置した。図1.25のように加速度記録には周期0.1秒と短周期の揺れが卓越した。最大加速度は上下動で4.1gに達し、水平動ではこの半分程度である。上下動の記録は、それまでに観測された最も最大加速度が大きい記録としてギネスに認定されている[A1]。

図1.26に示すように、加速度応答スペクトルS_Aは、周期0.1秒程度では5g(水平方向)～10g(上下成分)と大きいが、周期が1秒になると3成分とも応答加速度は1g以下となる。また、速度応答スペクトルS_Vも2秒程度までは1.5m/s程度であるが、これより長い周期範囲では1m/s以下となる。変位応答スペクトルS_Dも水平成分では1mに達しない。加速度は大きいが構造物の耐震性に与える影響は小さい典型的な地震動である。

一関西の記録で興味深いのは、上下方向の揺れでは下向きよりも上向きの加速度が大きいことである。あたかも地盤が上に飛び上がったかのように見えることから、震源付近に特有の地震動の特性としてトランポリン効果と名付けられている[A1]。しかし、これに対しては、上向きに大きい片揺れは、強震計が設置された観測小屋が水平方向の地震の揺れによってロッキング振動し、小屋の底面が地盤から浮き上がったり接触を繰り返したためではないかとの指摘がある[O8]。

同様に、2011年東北地方太平洋沖地震(M_w9.0)の際に宮城県栗原市築館では、短周期成分が卓越した5分以上にわたる長い揺れが記録された。しかし、周辺ではほとんど揺れによる建物の被害は生じなかった。主要部の110秒間についてNSおよび上下成分の加速度を示すと、図1.27のようになる。NS成分の最大加速度は2.7gであり、加速度が初めて0.1gを上まわってから、最後に0.1g以下となるまでの継続時間を求めると、142秒ときわめて長い。40～60秒と85～115秒に加速度の大きい区間がある。このうち、85～115秒間の加速度を拡大すると図1.28の通りである。最大加速度は大きいが単調な揺れであり、構造物に影響を与える周期

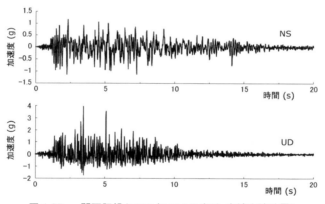

図1.25 一関西記録(2008年 M_w6.8 岩手・宮城内陸地震)

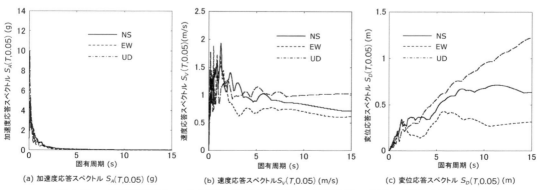

(a) 加速度応答スペクトル $S_A(T,0.05)$ (g)   (b) 速度応答スペクトル $S_V(T,0.05)$ (m/s)   (c) 変位応答スペクトル $S_D(T,0.05)$ (m)

図1.26 一関西(2008年 M_w6.8 岩手・宮城内陸地震)の地震応答スペクトル(減衰定数0.05)

の長い成分は含まれていない。長い断層に沿う破壊の進行によってこうした揺れが次々に起こり、全体として非常に長い揺れが継続したと見られる。

図 1.29 は築館記録の地震応答スペクトルである。地震規模が大きかったため、長周期地震動が含まれていなかったのかを見るために周期 15 秒までを示している。加速度応答スペクトル S_A は 3 成分とも 0.3 秒程度のごく短い周期で卓越するだけで、構造物に影響を与える周期領域ではきわめて小さい。変位応答スペクトル S_D は周期が長くなると徐々に大きくなるが、固有周期 15 秒においても 1m には達しない。これも加速度は大きいが構造物の耐震性に与える影響は小さい典型的な記録である。前述した築館において低層の木造家屋にまったくといってよいほど被害が生じなかった原因はこのためであろう。

なお、構造物の被害がほとんど無かったにもかかわらず、東北地方太平洋沖地震の際の築館における気象庁震度は 7 であった。このようになるのは、1.7 6)に示したように気象庁震度が地震応答スペクトルのように構造物の揺れを表わす指標ではなく、地震動加速度に基づく指標であるためである。よく、気象庁震度が 7 であるのに被害が少ないとか、気象庁震度が 6 であるのに被害が生じたといった報道がされるが、構造物の耐震解析には気象庁震度を用いてはならないという好例である。

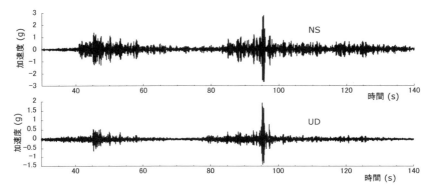

図 1.27 築館(2011 年 M_w9.0 東北地方太平洋沖地震)(防災科学技術研究所 K-NET による)

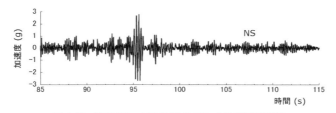

図 1.28 時刻 85〜115 秒間の NS 成分(築館記録)

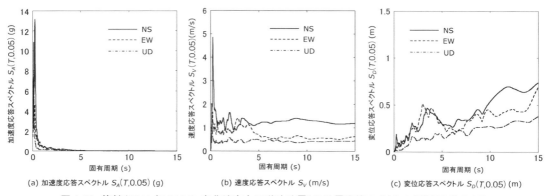

(a) 加速度応答スペクトル $S_A(T,0.05)$ (g) (b) 速度応答スペクトル S_V (m/s) (c) 変位応答スペクトル $S_D(T,0.05)$ (m)

図 1.29 築館(2011 年 M_w9.0 東北地方太平洋沖地震)の地震応答スペクトル(減衰定数 0.05)

一方、東北地方太平洋沖地震では、首都圏や関西圏の湾岸部において超高層建物や長大橋に長周期地震動による大きな揺れが生じた。地下深部の基盤上に堆積した軟質な表層地層がせん断震動を増幅したためとみられる。

5) 実測記録を耐震解析に用いる意味は何か

構造物の耐震解析の入力として実測記録を用いることが多いが、これには理由がある。それは、実測記録にはその記録が得られた地点周辺の地震被害情報が付属しているためである。

ある地点で得られた実測記録を入力してある構造物を耐震解析するということは、仮にその構造物が実測記録が得られた場所に存在し、記録が得られたと同じ地震に遭遇したときに、どのような被害が生じるかを解析的に求める行為に他ならない。現実に起きた被害と比較して解析から推定されるその構造物の損傷レベルが許容されるレベルか否かを判断できる点に、実測記録を入力として耐震解析する意味と重要性がある。

1.11 減衰定数による加速度応答スペクトルの補正

1) 加速度応答スペクトルの減衰定数依存性と補正式

一般的な形状、寸法の構造物が弾性的に震動する場合の減衰定数 h は 0.05 程度である場合が多い。このため、$h = 0.05$ の加速度応答スペクトル $S_A(T, 0.05)$ に基づいて、任意の減衰定数 h の加速度応答スペクトル $S_A(T, h)$ を次のように推定することができれば、耐震解析や地震動の評価に便利である。

$$S_A(T, h) = c_D(h) \cdot S_A(T, 0.05) \tag{1.44}$$

すなわち、

$$c_D(h) = \frac{S_A(T, h)}{S_A(T, 0.05)} \tag{1.45}$$

$c_D(h)$ は加速度応答スペクトルの減衰定数補正係数と呼ばれ、いろいろな推定式が提案がされている。たとえば、

$$c_D(h) = \frac{1.5}{40h + 1} + 0.5 \tag{1.46}$$

$$c_D(h) = \frac{1.5}{1 + 10h} \tag{1.47}$$

$$c_D(h) = \sqrt{\frac{0.1}{0.05 + h}} \tag{1.48}$$

ここで、式(1.46)と式(1.47)はそれぞれ橋と建築分野で、また、式(1.48)はヨーロッパの EC8(2003 年)で使われている補正式[E1]である。

式(1.46)〜式(1.48)を比較すると図 1.30 のようになる。いずれの式もその定義から減衰定数 h が 0.05 では $c_D(h)$ は 1.0 となり、減衰定数 h が 0.05 より大きくなると $c_D(h)$ は 1.0 より小さくなり、減衰定数 h が 0.05 より小さくなると $c_D(h)$ は 1.0 より大きくなる。ただし、式(1.45)において、減衰定数 h が無限に大きくなっても $S_A(T, h)$ は 0 にはならないため、$c_D(h)$ は 0 に漸近しない。

$c_D(h)$ の値は h が 0.05 から離れるにつれて提案式ごとに少しずつ異なった結果を与える。このような違いが生じる原因を式(1.46)を例に見てみよう。

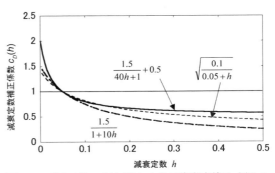

図 1.30 式(1.46)〜式(1.48)による加速度応答スペクトルの減衰定数補正係数 $c_D(h)$

2) 加速度応答スペクトルの補正式に与える共振の影響

式(1.45)により減衰定数補正係数 $c_D(h)$ を求めた一例が**図1.31**(a)である。これは1968年豊後水道沖地震 (M6.7)の際に愛媛県宇和島市板島橋周辺の地盤上で観測された地震動に対する例である。同じ減衰定数に対しても、固有周期によって減衰定数補正係数 $c_D(h)$ は変化する。さらに、このような特性は地震動によっても変化する。

地震動ごとのばらつきは後述することにし、固有周期 T による減衰定数補正係数 $c_D(h)$ の変化を見てみると、$c_D(h)$ の周期依存性は減衰定数 h が 0.05 から離れてゼロに近づいたり大きくなるほど著しい。これは減衰定数補正係数 $c_D(h)$ が減衰定数 h だけでなく、地震動の卓越周期にも依存するためである。このため、これ以降では $c_D(h)$ を $c_D(T,h)$ と表わす。

応答スペクトルの形状(周期特性)を表わすために、**図1.31**(b)には次式のように減衰定数 0.05 の加速度応答スペクトル $S_A(T,0.05)$ を地震動の最大加速度 a_{max} で正規化した加速度応答スペクトル倍率 $\beta(T,0.05)$ も示している。

$$\beta(T,0.05) \equiv \frac{S_A(T,0.05)}{a_{max}} \tag{1.49}$$

(a)と(b)を比較すると、減衰定数補正係数 $c_D(T,h)$ がピークとなる周期は加速度応答スペクトル倍率 $\beta(T,0.05)$ から求められる卓越周期とよく対応している。すなわち、(a)は地震動の卓越周期付近では共振によって、減衰定数が 0.05 よりも小さいと減衰定数補正係数 $c_D(T,h)$ が大きくなり、反対に減衰定数が 0.05 よりも大きいと減衰定数補正係数 $c_D(T,h)$ が小さくなることを示している。

主要な固有周期ごとに、減衰定数補正係数 $c_D(T,h)$ が減衰定数 h によってどのように変化するかを示した結果が(c)である。これからわかるように、同じ減衰定数でも固有周期によって減衰定数補正係数 $c_D(T,h)$ は変化する。

なぜ、固有周期によって減衰定数補正係数 $c_D(T,h)$ が変化するかは、調和振動を受ける 1 自由度系の定常振動から知ることができる[K13]。いま、固有周期 T、減衰定数 h の線形 1 自由度系に周期 T_i の調和振動 $\ddot{u}_g(t) = \ddot{u}_{g0} \exp(2\pi t/T_i)$ が作用する場合を考えてみよう。式(1.26)より運動方程式は次のようになる。

$$\ddot{u}_r + 2h\frac{2\pi}{T}\dot{u}_r + \left(\frac{2\pi}{T}\right)^2 u_r = -\ddot{u}_g(t) \tag{1.50}$$

ここで、$u_r(t)$ は地盤に対する 1 自由度系の相対変位である。

1 自由度系に生じる絶対応答加速度を $R(T,T_i,h,t)$ と表わすと、$R(T,T_i,h,t) \equiv \ddot{u}_r(t) + \ddot{u}_g(t)$ であるから、次のように与えられる。

$$R(T,T_i,h,t) = A(T,T_i,h) \cdot \ddot{u}_{g0} \exp\left(\frac{2\pi t}{T_i} - \varphi\right) \tag{1.51}$$

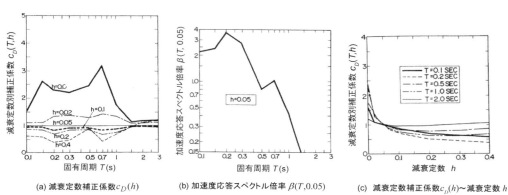

(a) 減衰定数別補正係数 $c_D(h)$ (b) 加速度応答スペクトル倍率 $\beta(T,0.05)$ (c) 減衰定数別補正係数 $c_D(T,h)$ ～減衰定数 h

図 1.31 減衰定数補正係数 $c_D(h)$ と加速度応答スペクトル倍率 $\beta(T,0.05)$ の関係
(板島橋近傍地盤記録(1968年豊後水道沖地震(M_j6.7)、震央距離10km))

ここで、$A(T,T_i,h)$ は振幅、$\varphi(T,T_i,h)$ は位相で次のように与えられる。

$$A = \sqrt{\frac{1+4h^2(T/T_i)^2}{\{1-(T/T_i)^2\}^2+4h^2(T/T_i)^2}}, \quad \varphi = \tan^{-1}\left(\frac{2h(T/T_i)^2}{1-(1-4h^2)(T/T_i)^2}\right) \quad (1.52)$$

式(1.51)による $A(T,T_i,h)$ は、いろいろな周期 T_i を持つ調和振動を受けた場合に1自由度系に生じる絶対応答加速度の最大値であるため、調和振動が作用した場合の加速度応答スペクトルと見なすことができる。このため、式(1.45)の $c_D(h)$ とは別に調和振動に対する減衰定数補正係数 $c_{DH}(T,T_i,h)$ を次のように定義すると、

$$c_{DH}(T,T_i,h) = \frac{A(T,T_i,h)}{A(T,T_i,0.05)} \quad (1.53)$$

$c_{DH}(T,T_i,h)$ は図 1.32 のようになる。共振が起こる $0.5 < T/T_i < 1.4$ の範囲に着目すると、減衰定数が 0.05 より大きくなるほど $c_{DH}(T,T_i,h)$ は 1.0 より小さくなり、反対に減衰定数が 0.05 より小さくなるほど $c_{DH}(T,T_i,h)$ は 1.0 より大きくなる。

これが、上述した地震動の卓越周期付近ではその他の固有周期領域に比較して、減衰定数補正係数 $c_D(T,h)$ が増減する理由である。

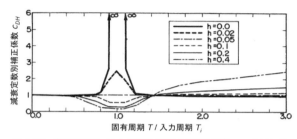

図 1.32 調和振動に対する減衰定数別補正係数 $c_{DH}(T,T_i,h)$

3) 加速度応答スペクトル倍率の影響

共振の影響を地震動ごとに検討するため、減衰定数補正係数 $c_D(T,h)$ と加速度応答スペクトル倍率 $\beta(T,0.05)$ の関係を 206 成分の強震記録に対して求めた結果が図 1.33 である。これによれば、同一の減衰定数 h であっても、減衰定数補正係数 $c_D(T,h)$ は加速度応答スペクトル倍率 $\beta(T,0.05)$ によって大きくばらつき、減衰定数 h が 0.05 から遠ざかるに従ってばらつきは大きくなる。

図 1.33 の関係を次のように線形回帰し、

$$\log c_D(T,h) = \log a(h) + b(h)\log \beta(T,0.05) \quad (1.54)$$

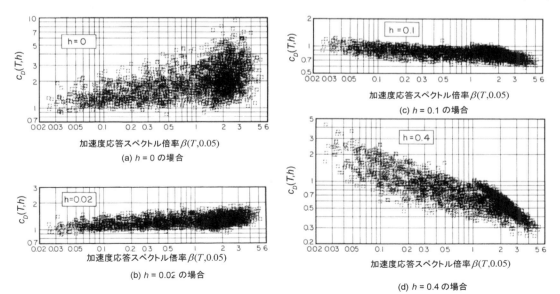

図 1.33 206 成分の強震記録に対する減衰定数補正係数 $c_D(T,h)$ と加速度応答スペクトル倍率 $\beta(T,0.05)$ の関係

最小自乗法によって係数 $a(h)$、$b(h)$ を定めて、$\log c_D(T,h)$ と $\log \beta(T,0.05)$ の関係を示した結果が図1.34 である。加速度応答スペクトル倍率 $\log \beta(T,0.05)$ が大きくなると、$\log c_D(T,h)$ は減衰定数が 0.05 よりも大きい領域では小さくなり、反対に減衰定数が 0.05 よりも小さい領域では大きくなる。

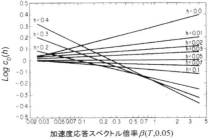

図1.34 式(1.54)による $c_D(T,h)$ と$(T,0.05)$ の関係

4) 減衰定数および加速度応答スペクトル倍率に基づく補正式

式(1.54)を書き改めると、減衰定数補正係数 $c_D(T,h)$ は次式のように表わされる。

$$c_D(T,h) = a(h) \times \beta(T,0.05)^{b(h)} \tag{1.55}$$

ここで、係数 $a(h)$、$b(h)$ は図1.35 に示すように、減衰定数が 0.5 程度以下の範囲では次式のように近似できる。

$$a(h) = \frac{1.5}{40h+1} + 0.5 \tag{1.56}$$

$$b(h) = \frac{1}{300h+6} - 0.8h \tag{1.57}$$

以上より、式(1.56)、式(1.57)を式(1.55)に代入すると、減衰定数補正係数 $c_D(T,h)$ は次のようになる[K16]。

$$c_D(T,h) = \left(\frac{1.5}{40h+1} + 0.5\right) \times \beta(T,0.05)^{\left(\frac{1}{300h+6} - 0.8h\right)} \tag{1.58}$$

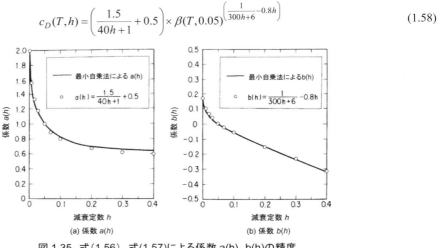

(a) 係数 $a(h)$ (b) 係数 $b(h)$

図1.35 式(1.56)、式(1.57)による係数 $a(h)$、$b(h)$ の精度

式(1.58)より減衰定数補正係数 $c_D(T,h)$ を求め、式(1.44)に基づいて $S_A(T,0.05)$ から任意の減衰定数に対する応答スペクトル $S_A(T,h)$ を推定し、これを正解値と比較した一例が図1.36 である。前述した板島橋近傍地盤記録に対する解析を示している。ばらつきは大きいが、式(1.58)は減衰定数の影響をよく表わしている。

なお、加速度応答スペクトル倍率 $\beta(T,0.05)$ に基づく固有周期依存性を考慮しない場合には、式(1.58)において右辺第 2 項を省略すればよい。このようにして求められたのが前出の式(1.46)である。この結果も図1.36 に示されている。減衰定数が 0.05 から大きく離れない範囲では、式(1.46)も実用的な結果を与える。

なお、近年、長周期構造物の適用性に注目した減衰定数補正係数も提案されている[Y6]。

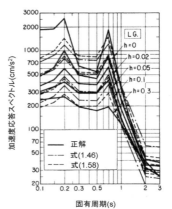

図1.36 式(1.46)および式(1.58)の適用性(板島橋近傍地盤記録)

1.12 水平2方向成分合成の影響

1) 水平2成分合成効果の定義

強震計によって観測された水平2成分の地震動はたまたま強震計がセットされた方向の揺れであって、強震計が違う角度にセットされていれば、もっと大きな揺れが観測された可能性がある。このため、観測された水平2成分を水平面内で回転させていろいろな角度の地震動を計算し、この中で最も大きくなる地震動と加速度応答スペクトルを求めると、これらは観測された最大地震動と加速度応答スペクトルに比較してどれだけ増加するだろうか[K12]。

いま、図1.37 に示すように、強震記録が得られた直交座標を X 軸、Y 軸とし、これを水平面内で θ だけ回転した座標軸を x 軸、y 軸とすれば、両者の関係は次のようになる。

$$\begin{Bmatrix} x \\ y \end{Bmatrix} = \begin{bmatrix} \cos\theta & \sin\theta \\ -\sin\theta & \cos\theta \end{bmatrix} \begin{Bmatrix} X \\ Y \end{Bmatrix} \quad (1.59)$$

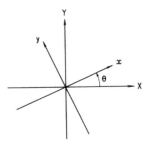

図1.37 観測方向 X、Y から θ 回転させたx、y軸

一般には、観測された X 軸および Y 軸に沿って観測された最大加速度のうち、いずれか大きい方の値をこの地点における最大加速度 $\ddot{u}_{g\,max}$ (以下、簡単のため a_{max} と示す)と呼ぶ場合が多い。

一方、x 軸および y 軸に沿う加速度をそれぞれ $a^x(\theta,t)$、$a^y(\theta,t)$ とし、θ を $0 \sim 2\pi$ 間で変化させて $a^x(\theta,t)$ の最大値を $\tilde{a}_{max}$ とすると、$\tilde{a}_{max}$ がその地点で生じた最大加速度である。

観測された最大加速度 a_{max} に対して $\tilde{a}_{max}$ がどれだけ大きくなるかを表わすため、最大加速度の増加率 γ_a を次のように定義する。

$$\gamma_a = \frac{\tilde{a}_{max}}{a_{max}} \quad (1.60)$$

X 軸と Y 軸の地震動が同時刻に同一値で最大となれば、ベクトル和はその最大値の $\sqrt{2}$ となるため、γ_a の最大値は $\sqrt{2}$ を上まわることはない。

同様にして、最大速度、最大変位の増加率 γ_v、γ_d を次のように定義する。

$$\gamma_v = \frac{\tilde{v}_{max}}{v_{max}}, \quad \gamma_d = \frac{\tilde{d}_{max}}{d_{max}} \quad (1.61)$$

さらに、加速度応答スペクトルに対する θ の影響を検討するため、θ を $0 \sim 2\pi$ の間で変化させた加速度 $a^x(\theta,t)$ に対して加速度応答スペクトルを求め、各固有周期ごとに最大の加速度応答スペクトルを $\tilde{S}_A(T)$ と定義する。ただし、一般の加速度応答スペクトル $S_A(T)$ とは異なり、$\tilde{S}_A(T)$ では応答加速度が最大となる θ は固有周期ごとに同一ではない。以下の解析では減衰定数 $h = 0.05$ とする。

観測された X、Y 方向の加速度応答スペクトル $S_A^X(T)$、$S_A^Y(T)$ のうち、いずれか $\int_{0.1}^{3} S_A^i(T)dT$ ($i = X$、Y)が大きい方の加速度応答スペクトルを $S_A(T)$ とし、これに比較して $\tilde{S}_A(T)$ がどれだけ大きくなるかを次のように加速度応答スペクトルの増加率 $\gamma_{SA}(T)$ と定義する。

$$\gamma_{SA}(T) = \frac{\tilde{S}_A(T)}{S_A(T)} \quad (1.62)$$

γ_a、γ_v、γ_d とは異なり、$\gamma_{SA}(T)$ には理論上の上限値はない。

2) 代表的な強震記録に対する水平2成分合成の影響

103 記録に対する結果を示す前に、まず、代表的な強震記録に対して式(1.60)〜式(1.62)に基づいて γ_a、γ_v、γ_d、$\gamma_{SA}(T)$ を求めてみよう。対象とするのは、1968 年日向灘沖地震(M_j 7.5)により愛媛県宇和島市の板島橋近傍地盤上で観測された記録である。この記録の加速度波形は後述の図2.22(2)(a)に示す。

$a^x(\theta,t)$ および $d^x(\theta,t)$ の最大値が $\theta = 0 \sim 2\pi$ の範囲でどのように変化するかを示すと、図1.38 のようになる。γ_a、γ_d はそれぞれ 1.09, 1.10 となる。ここには示していないが、γ_v は 1.19 となる。

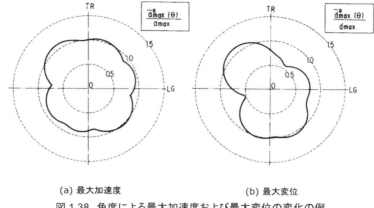

(a) 最大加速度　　　　　　　　(b) 最大変位

図 1.38 角度による最大加速度および最大変位の変化の例

一方、図 1.39 に示すように、この記録では $\int_{0.1}^{3} S_A^Y(T)dT > \int_{0.1}^{3} S_A^X(T)dT$ であるため、$S_A^Y(T)$ を式(1.62)の $S_A(T)$ として加速度応答スペクトルの増加率 $\gamma_{SA}(T)$ を求めると、図 1.40 のようになる。$\gamma_{SA}(T)$ は固有周期 0.2 秒、0.7 秒、3 秒付近で大きく、最大 1.2～1.4 程度となる。

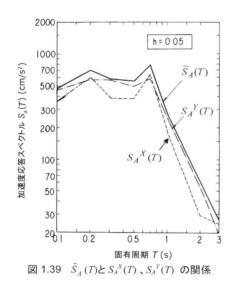

図 1.39　$\widetilde{S}_A(T)$ と $S_A^X(T)$、$S_A^Y(T)$ の関係

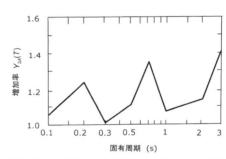

図 1.40　加速度応答スペクトルの増加率 $\gamma_{SA}(T)$

3) 多数の強震記録から見た水平 2 成分合成の影響

以上の解析を 103 記録に対して行って γ_a、γ_v、γ_d の頻度を求めた結果が図 1.41 である。γ_a、γ_v、γ_d はともに 1.0～1.05 の範囲が一番多く、それ以上の値になると頻度は減少する。しかし、中には 1.4 に近い値となる記録もある。γ_a、γ_v、γ_d の平均値と標準偏差は表 1.6 に示す通りである。3 者とも平均値は 1.08、標準偏差は 0.08 程度である。

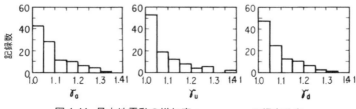

図 1.41　最大地震動の増加率 γ_a、γ_v、γ_d の頻度分布

表 1.6 加速度、速度、変位の増加率 γ_a、γ_v、γ_d の平均値と標準偏差

種別	平均値	標準偏差
γ_a	1.086	0.079
γ_v	1.083	0.089
γ_d	1.077	0.075

同様にして、103 記録に対する加速度応答スペクトルの増加率 $\gamma_{SA}(T)$ の頻度が図 1.42 である。固有周期ごとに異なるが、γ_{SA} の最大値は 2.25 となる。

また、固有周期別に γ_{SA} の平均値と標準偏差を求めた結果が図 1.43 である。固有周期 0.1～3 秒間では γ_{SA} の平均値は 1.17、標準偏差は 0.22 となる。

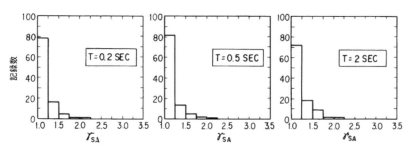

図 1.42 加速度応答スペクトル S_A の増加率 γ_{SA} の頻度分布

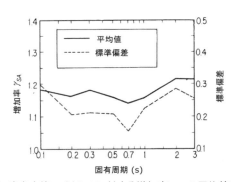

図 1.43 加速度応答スペクトルに対する増加率 γ_{SA} の平均値と標準偏差

1.13 最大地震動および地震応答スペクトルの予測式

1) 地震動予測式とその役割

地震動予測式とは、これまでに得られた強震記録を統計解析し、マグニチュード、距離、地盤種別等の関数として最大地震動や地震応答スペクトルを推定する式である。地震動予測式が求められると、任意のマグニチュード、距離、地盤種別等に対応する最大地震動や地震応答スペクトルを推定できる。

地震動予測式で重要な点は、構造物に被害を与えるような規模の大きい地震による断層近傍での地震動特性をできるだけ正確に推定できることである。

2) 初期の頃に開発された地震動予測式

a) 最大地震動の予測式

強震記録が現在ほど多数蓄積されていなかった 1980 年代中頃に開発された最大地震動の予測式として次式がある[K19,K20]。

$$\tilde{a}_{\max} = \begin{Bmatrix} 1.01 \times 10^{0.216 M_j} \\ 2.325 \times 10^{0.313 M_j} \\ 4.038 \times 10^{0.265 M_j} \end{Bmatrix} \times (r+30)^{-1.218} \times \begin{Bmatrix} c_r \\ 1/c_r \end{Bmatrix} \tag{1.63}$$

$$\tilde{v}_{\max} = \begin{Bmatrix} 0.208 \times 10^{0.263 M_j} \\ 0.0281 \times 10^{0.430 M_j} \\ 0.0511 \times 10^{0.404 M_j} \end{Bmatrix} \times (r+30)^{-1.222} \times \begin{Bmatrix} c_r \\ 1/c_r \end{Bmatrix} \tag{1.64}$$

$$\tilde{d}_{\max} = \begin{Bmatrix} 0.00626 \times 10^{0.372 M_j} \\ 0.00062 \times 10^{0.567 M_j} \\ 0.00070 \times 10^{0.584 M_j} \end{Bmatrix} \times (r+30)^{-1.254} \times \begin{Bmatrix} c_r \\ 1/c_r \end{Bmatrix} \tag{1.65}$$

ここで、$\tilde{a}_{\max}$(g)、$\tilde{v}_{\max}$(m/s)、$\tilde{d}_{\max}$(m) はそれぞれ 1.12 に示した水平 2 方向成分を合成した最大加速度、最大速度、最大変位、M_j は気象庁マグニチュード、r は震央距離(km)である。c_r および $1/c_r$ は予測式のばらつきの度合いを表わす係数(信頼係数)で、実測値がそれぞれ推定値の平均値＋標準偏差、平均値－標準偏差に相当する範囲を与える。式(1.63)～式(1.65)に対する信頼係数 c_r は 1.7 である。

地盤種別は表 1.3 に示したように地盤の特性値 T_G に基づいて I 種、II 種、III 種に 3 区分されている。式(1.63)～式(1.65)の各式は上から順に I 種、II 種、III 種地盤に相当する。

解析には(旧)建設省土木研究所と(旧)運輸省港湾技術研究所によって観測された水平2成分×197記録が用いられた。これらは1963～1980年間に生じた気象庁マグニチュード M_j 5.0以上の88回の浅発地震(震源深さ60km以浅)によって得られたものである。記録には数値化精度を考慮して1/12～3 秒間で計器補整が施されている[K10,K11]。

図 1.44 は式(1.63)～式(1.65)による最大加速度 $\tilde{a}_{\max}$、最大速度 $\tilde{v}_{\max}$、最大変位 $\tilde{d}_{\max}$ をマグニチュード M_j が 7 および 8 に対して求めた結果である。このように、予測式を用いることにより、任意の震央距離 r に相当する位置にマグニチュード M_j の地震が起きたときに生じる最大地震動を推定することができる。

地震動予測式を利用する際に重要な点は、推定値には大きなばらつきがあることであり、これを式(1.63)～式(1.65)では信頼係数 c_r、$1/c_r$ として表わしている。いま、推定値 $\tilde{a}_{\max}{}^P$、$\tilde{v}_{\max}{}^P$、$\tilde{d}_{\max}{}^P$ に対する実測値 $\tilde{a}_{\max}{}^{OB}$、$\tilde{v}_{\max}{}^{OB}$、$\tilde{d}_{\max}{}^{OB}$ の比を

$$c_{ra} = \frac{\tilde{a}_{\max}{}^{OB}}{\tilde{a}_{\max}{}^{P}}、c_{rv} = \frac{\tilde{v}_{\max}{}^{OB}}{\tilde{v}_{\max}{}^{P}}、c_{rd} = \frac{\tilde{d}_{\max}{}^{OB}}{\tilde{d}_{\max}{}^{P}} \tag{1.66}$$

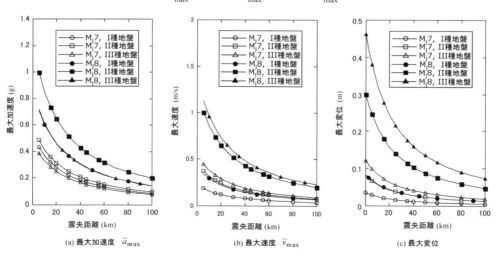

図 1.44 式(1.63)～式(1.65)による最大加速度 $\tilde{a}_{\max}$、最大速度 $\tilde{v}_{\max}$、最大変位 $\tilde{d}_{\max}$ の予測結果

と定義し、$\log c_{ra}$、$\log c_{rv}$、$\log c_{rd}$ の頻度分布を II 種地盤を例に示した結果が**図 1.45** である。頻度分布を正規分布によって近似し、それぞれ $\log c_{ra}$、$\log c_{rv}$、$\log c_{rd}$ の標準偏差 σ_{ra}、σ_{rv}、σ_{rd} を求めると、これらの値は地盤種別ごとに大きく変わらず、また σ_{ra}、σ_{rv}、σ_{rd} 間の違いも小さい。

このため、$\tilde{a}_{\max}$、$\tilde{v}_{\max}$、$\tilde{d}_{\max}$ を合わせて $\log c_{ri}$ の標準偏差の平均値(以下、σ_r と表わす)を求めると $\sigma_r = 0.24$、すなわち、信頼係数 $c_r = 10^{0.24} = 1.7$ となる。

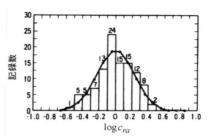

図 1.45 $\log c_{ra}$ 頻度分布(II 種地盤)

したがって、式(1.63)～式(1.65)によって最大加速度 $\tilde{a}_{\max}$、最大速度 $\tilde{v}_{\max}$、最大変位 $\tilde{d}_{\max}$ を推定すると、推定値が実測値の 1/1.7 倍～1.7 倍の範囲に収まる確率は 68%、1.7 倍以上、1/1.7 倍以下となる確率はともに 16% となる。

推定値が実測値の 1.7 倍以上、1/1.7 倍以下となるということは、大変大きなばらつきである。地震動予測式は地震動強度を推定するために重要であるが、構造解析に求められる精度に比較すると、地震動の推定精度ははるかに低く、倍・半分の世界であると見なければならない。

b) 加速度応答スペクトルの予測式

上記と同じデータセットから、1.12 による水平 2 成分の合成を各周期成分ごとに行った減衰定数 $h = 0.05$ の加速度応答スペクトル $\tilde{S}_A(T, GC)$ (g) の予測式が次のように求められている。

$$\tilde{S}_A(T, GC) = a(T, GC) \times 10^{b(T, GC) M_j} \times (r + 30)^{c(GC)} \times \begin{Bmatrix} c_r \\ 1/c_r \end{Bmatrix} \quad (1.67)$$

ここで、T:固有周期(秒)、M_j:気象庁マグニチュード、r:震央距離(km)、GC:地盤種別(**表 1.3** による)、a、b、c:固有周期と地盤種別に応じて、**表 1.7** に与えられる回帰係数、c_r および $1/c_r$:加速度応答スペクトルの予測式のばらつきの度合いを表わす係数(信頼係数)で、$c_r = 1.8$ である。

式(1.67)では、距離減衰を表わす係数 c を固有周期 T と地盤種別 GC の関数として $c(T, GC)$ とするのではなく、$c(GC)$ と地盤種別 GC だけの関数と仮定されている。短周期地震動よりも長周期地震動の方が距離減衰が小さいと考えられることから、この効果を見込んで $c(T, GC)$ とした予測式も解析されているが、周期 0.1～3 秒の範囲では両者の差は小さいことから、ここでは簡単な式(1.67)に対する結果を示している。

表 1.7 式(1.67)の係数 $a(T, GC)$、$b(T, GC)$、c

固有周期 T (s)	I 種地盤		II 種地盤		III 種地盤	
	$a(T, GC)$	$b(T, GC)$	$a(T, GC)$	$b(T, GC)$	$a(T, GC)$	$b(T, GC)$
0.1	2.47	0.211	0.865	0.262	1.334	0.208
0.15	2.46	0.216	0.641	0.288	0.968	0.238
0.2	1.29	0.247	0.476	0.315	1.151	0.228
0.3	0.587	0.273	0.272	0.345	1.289	0.224
0.5	0.216	0.299	0.104	0.388	0.592	0.281
0.7	0.105	0.317	0.0350	0.440	0.0670	0.421
1.0	0.409	0.344	0.00514	0.548	0.00756	0.541
1.5	0.00727	0.432	0.000734	0.630	0.000819	0.647
2.0	0.00590	0.417	0.000354	0.644	0.000358	0.666
3.0	0.000171	0.462	0.000368	0.586	0.000267	0.635

$c = -1.178$

表 1.7 から係数 $a(T, GC)$、$b(T, GC)$ の固有周期 T および地盤種別 GC 依存性を示した結果が**図 1.46** である。係数 $a(T, GC)$ は加速度応答スペクトル $\tilde{S}_A$ の固有周期依存性を表わしており、固有周期が長くなるにつれて小さくなる。一方、係数 $b(T, GC)$ は単位マグニチュード M_j の増加により加速度応答スペクトル $\tilde{S}_A$ が何倍になるかを表わしており、いずれの地盤種別でも固有周期が長くなるにつれて $b(T, GC)$ は大きくなる。II 種と

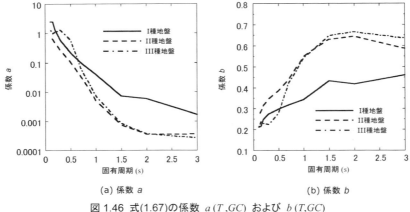

(a) 係数 a　　　　(b) 係数 b

図 1.46 式(1.67)の係数 $a(T, GC)$ および $b(T, GC)$

III 種地盤では I 種地盤に比較して係数 $b(T, GC)$ の増加割合が大きい。したがって、単位マグニチュード M_j の増加による加速度応答スペクトル $\tilde{S}_A$ の増加度合いは、軟質な地盤の場合で、かつ、より固有周期が長いほど大きい。

式(1.67)の一例として、$M_j= 7$、$r = 10\text{km}$ と $M_j= 8$、$r = 50\text{km}$ の場合の加速度応答スペクトル $\tilde{S}_A(T, GC)$ を求めた結果が図 1.47 である。$M_j= 7$、$r = 10\text{km}$ の場合には、I 種地盤、II 種地盤においては 0.3 秒以下の領域で約 $1g$、III 種地盤では 0.7 秒において約 $0.8g$ の加速度応答スペクトルとなる。これに対して、$M_j= 8$、$r = 50\text{km}$ の場合には、より固有周期が長い領域において加速度応答スペクトルが大きくなる。マグニチュードが大きくなるほど加速度応答スペクトルが大きくなるのは、図 1.46 に示したように、固有周期が約 0.7 秒以上の領域でマグニチュードの増加とともに係数 $b(T, GC)$ が大きくなるためである。

減衰定数 h が 0.05 とは異なる場合の加速度応答スペクトルは、式(1.46)、式(1.58)等の減衰定数補正係数 $c_D(h)$ を式(1.67)に乗じて、近似的に推定することができる。

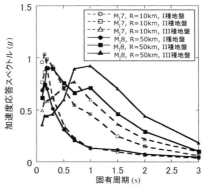

図 1.47 式(1.67)による加速度応答スペクトル $\tilde{S}_A(T, 0.05)(g)$

3) より多数の強震記録に基づく地震動予測式

a) 地震動予測式

1978～2003 年間に発生したモーメントマグニチュード M_w 5.0 以上の 47 回の内陸地震と、M_w 5.5 以上の 136 回の海溝性地震によって観測された約 11,000 の加速度記録を解析して求められた最大加速度 $\tilde{a}_{\max}(g)$、最大速度 $\tilde{v}_{\max}$ (m/s)、減衰定数 0.05 の加速度応答スペクトル $\tilde{S}_A(T, 0.05)(g)$ の予測式が次式である[K2]。ここでも、水平 2 成分の合成が行われている。

$$\left.\begin{array}{r}\tilde{a}_{\max} \\ \tilde{v}_{\max} \\ \tilde{S}_A(T, 0.05)\end{array}\right\} = GM_0 \times c_s \times \left\{\begin{array}{c} c_r \\ 1/c_r \end{array}\right\} \tag{1.68}$$

ここで、

$$\log GM_0 = a_1 M_w + a_2 D - a_3 R + a_4 - \log(R + a_5 10^{0.5 M_w}) \tag{1.69}$$

ここで、

M_w：地震のモーメントマグニチュード

R : 地震からの距離(km)で、断層モデルがわかっている地震に対しては断層面からの最短距離、その他の地震に対しては震源距離

D : 震源深さ(km)

a_i ($i=1\sim5$): 回帰係数で、a_{max} および v_{max} を求める際には**表 1.8**、加速度応答スペクトル $\tilde{S}_A(T,0.05)$ を求める際には**表 1.9** による。ただし、内陸地震に対する予測式には a_2D の項は考慮しない。

c_s : **表 1.3** の地盤種別に基づく補正係数で、**表 1.10** による。

c_r : 予測式のばらつきを表わす係数(信頼係数)で、海溝性地震に対しては 1.6、内陸地震に対しては 1.5 である。

前述した式(1.63)～式(1.65)および式(1.67)では気象庁マグニチュード M_J が使われているが、ここではモーメントマグニチュード M_w が使われている。また、観測点から断層までの距離には震央距離 r ではなく、**図 1.48** に示すように、断層モデルが公表されている地震に対しては断層面からの最短距離を、その他の地震に対しては震源距離が使われている。ここでは、両者をまとめて断層面までの最短距離 R (km)と呼ぶ。

式(1.69)では、パラメーターとして断層面までの最短距離 R のほかに、断層までの震源深さ D (km)も取り入れられており、式(1.63)～式(1.65)および式(1.67)より詳細になっている。

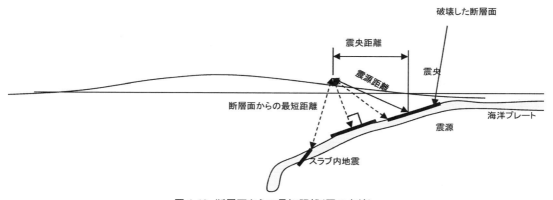

図 1.48 断層面からの最短距離(図の点線)

表 1.8 最大加速度($\tilde{a}_{max}$ (g))および最大速度($\tilde{v}_{max}$ (m/s))の予測式に用いる係数 a_i ($i=1\sim5$)

地震タイプ	地震動	a_1 ($\times 10^{-1}$)	a_2 ($\times 10^{-3}$)	a_3 ($\times 10^{-3}$)	a_4	a_5 ($\times 10^{-3}$)
海溝性地震	最大加速度 $\tilde{a}_{max}$ (g)	5.39	6.68	5.51	0.51	6.5
	最大速度 $\tilde{v}_{max}$ (m/s)	6.22	6.02	4.35	-1.32	5.3
内陸地震	最大加速度 $\tilde{a}_{max}$ (g)	5.95	-	3.95	0.03	6.5
	最大速度 $\tilde{v}_{max}$ (m/s)	7.60	-	2.78	-2.26	5.3

表 1.9 加速度応答スペクトル $\tilde{S}_A(T, 0.05)$ (g) の予測式に用いる係数 a_i ($i=1\sim5$)

(a) 海溝性地震

固有周期(s)	a_1 ($\times 10^{-1}$)	a_2 ($\times 10^{-3}$)	a_3 ($\times 10^{-3}$)	a_4	a_5 ($\times 10^{-3}$)
0.1	5.29	7.78	6.16	0.91	8.3
0.15	5.52	7.27	5.95	0.83	9.1
0.2	5.72	6.87	5.65	0.69	9.7
0.25	5.89	6.41	5.54	0.57	9.1
0.3	5.99	6.20	5.29	0.45	8.8
0.4	5.80	5.94	4.42	0.37	4.9
0.5	6.01	5.49	4.02	0.13	4.5
0.6	6.04	5.07	3.67	0.01	4.3
0.7	6.20	4.73	3.50	-0.18	4.5
0.8	6.33	4.47	3.19	-0.35	4.5
0.9	6.35	4.44	3.05	-0.44	4.0
1.0	6.40	4.34	2.93	-0.53	4.0
1.5	7.01	4.37	2.74	-1.19	5.3
2.0	7.33	4.24	2.67	-1.60	5.2
2.5	7.42	4.31	2.24	-1.89	4.1
3.0	7.71	4.06	2.43	-2.17	5.2
4.0	8.51	4.27	2.79	-2.81	11.9
5.0	10.05	3.99	3.80	-3.65	49.9

(b) 内陸地震

固有周期(s)	a_1 ($\times 10^{-1}$)	a_3 ($\times 10^{-3}$)	a_4	a_5 ($\times 10^{-3}$)
0.1	5.78	4.96	0.57	8.3
0.15	5.91	4.75	0.50	9.1
0.2	6.09	4.28	0.33	9.7
0.25	6.21	3.98	0.19	9.1
0.3	6.40	3.49	-0.02	8.8
0.4	6.50	2.45	-0.30	4.9
0.5	6.86	2.29	-0.61	4.5
0.6	7.08	2.41	-0.80	4.3
0.7	7.32	2.26	-1.04	4.5
0.8	7.60	2.59	-1.23	4.5
0.9	7.69	2.68	-1.34	4.0
1.0	7.99	2.55	-1.59	4.0
1.5	8.59	2.71	-2.16	5.3
2.0	8.71	2.91	-2.37	5.2
2.5	8.99	2.49	-2.68	4.1
3.0	9.38	2.56	-3.00	5.2
4.0	9.91	2.34	-3.34	11.9
5.0	10.97	3.04	-4.00	49.9

表 1.10 地盤別補正係数 c_s

(a) 最大加速度および最大速度

地震種別	内陸地震			海溝性地震		
地盤種別	I 種	II 種	III 種	I 種	II 種	III 種
最大加速度 a_{max}	0.99	1.01	0.97	1.00	0.98	1.03
最大速度 v_{max}	0.90	1.22	1.53	0.91	1.15	1.64

(b) 加速度応答スペクトル

固有周期(s)	内陸地震			海溝性地震		
	I 種	II 種	III 種	I 種	II 種	III 種
0.1	1.095	0.810	0.697	1.113	0.780	0.763
0.15	1.035	0.939	0.754	1.060	0.868	0.822
0.2	0.972	1.096	0.852	0.990	1.012	0.946
0.25	0.936	1.194	0.964	0.943	1.119	1.087
0.3	0.901	1.307	1.063	0.907	1.228	1.127
0.4	0.869	1.405	1.270	0.875	1.313	1.246
0.5	0.855	1.400	1.713	0.855	1.326	1.607
0.6	0.847	1.392	2.085	0.851	1.308	1.863
0.7	0.849	1.362	2.328	0.848	1.290	2.111
0.8	0.851	1.314	2.601	0.858	1.230	2.354
0.9	0.853	1.284	2.653	0.862	1.211	2.431
1.0	0.859	1.258	2.590	0.862	1.214	2.460
1.5	0.854	1.303	2.069	0.880	1.190	2.106
2.0	0.856	1.312	1.852	0.872	1.230	1.954
2.5	0.866	1.318	1.764	0.868	1.244	1.874
3.0	0.877	1.302	1.713	0.857	1.293	1.869
4.0	0.895	1.270	1.612	0.858	1.336	1.854
5.0	0.898	1.248	1.654	0.849	1.379	1.926

b) 解析例

図 1.49 および **図 1.50** は式(1.68)によって求めた最大地震動加速度 $\tilde{a}_{max}$ (g)と最大地震動速度 $\tilde{v}_{max}$ (m/s) の予測結果である。モーメントマグニチュード M_w が7と8の場合を対象に、海溝性地震と内陸地震に分けて示している。断層面までの最短距離 R が同程度の位置における揺れを内陸地震と海溝性地震で比較すると、$\tilde{a}_{max}$、$\tilde{v}_{max}$ ともに海溝性地震の方が大きい。これは海溝性地震の方が内陸地震よりも短周期の地震動が大きいためである。

信頼係数 c_r は海溝性地震に対しては1.6倍、内陸地震に対しては1.5である。

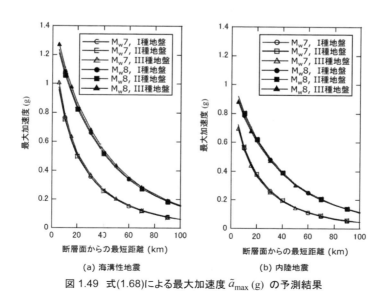

(a) 海溝性地震　　(b) 内陸地震

図 1.49 式(1.68)による最大加速度 $\tilde{a}_{max}$ (g) の予測結果

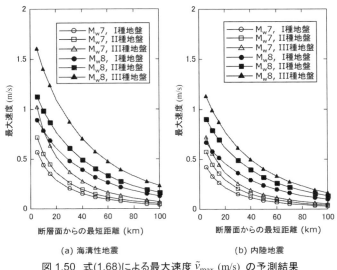

図 1.50　式(1.68)による最大速度 $\tilde{v}_{\max}$ (m/s) の予測結果

図 1.51 は式(1.68)によって求められた内陸地震に対する固有周期 1.0 秒、II 種地盤上の加速度応答スペクトル $\tilde{S}_A(T,0.05)$ (cm/s^2)の予測結果である。震源断層に近づくほど、加速度応答スペクトル $\tilde{S}_A(T,0.05)$ が飽和するように予測式が工夫されている。

海溝性地震と内陸地震に分けて、それぞれ M_w=7、R=10km と、M_w=8、R=50km に対する加速度応答スペクトル $\tilde{S}_A(T,0.05)$ を求めた結果が図 1.52 である。これによれば、加速度応答スペクトル $\tilde{S}_A(T,0.05)$ は海溝性地震では M_w=8、R=50km の場合よりも M_w=7、R=10km の場合の方が大きく、固有周期が 0.2〜0.3 秒あたりで 1.8g 程度、内陸地震では固有周期 1 秒あたりで 1.5g 程度となる。

地震による揺れというと、マグニチュード 8 クラスの海溝性大規模地震に目が向きがちであるが、陸地から離れた海底で生じる海溝性大規模地震よりも、マグニチュード 6〜7 クラスでも構造物の直近に生じる内陸地震の方が脅威となる場合が多いことに注意しておかなければならない。

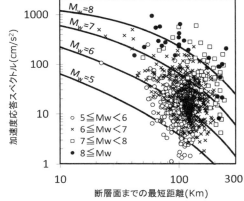

図 1.51　式(1.68)による加速度応答スペクトル $\tilde{S}_A(T,0.05)$ (cm/s^2)の予測結果(固有周期 1.0 秒、II 種地盤)

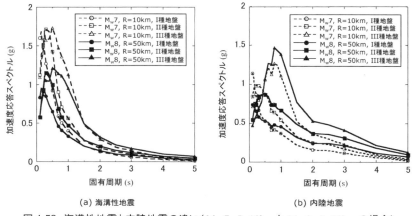

図 1.52　海溝性地震と内陸地震の違い(M_w=7、R=10km と M_w=8、R=50km の場合)

予測式では、実測値に対する推定値の精度が高いことが重要であり、推定式の精度は信頼係数 c_r によって知ることができる。前述した 394 成分の強震記録の重回帰分析から求められた式(1.63)〜式(1.65)による最大地震動加速度、速度、変位の予測式では、信頼係数 c_r は 1.7、式(1.67)による加速度応答スペクトルの予測式では c_r は 1.8 であった。

これに対して、約 11,000 記録から求められた式(1.68)による最大地震動加速度、最大速度、加速度応答スペクトルの予測式では、信頼係数 c_r は海溝性地震に対しては 1.6、内陸地震に対しては 1.5 と、推定精度が向上している。

1.14 注意すべき最大地震動や地震応答スペクトルの対数グラフ表示

最大地震動や地震応答スペクトルを表わす際には、これらと距離や固有周期の関係を両対数グラフで図示する場合が多いが、本書ではできるだけノーマルグラフで表示している。この理由は、最大地震動や地震応答スペクトルの予測結果をノーマルグラフ表示した場合と両対数グラフ表示した場合では、大きく異なる印象を与えるためである。

たとえば、図 1.53 は図 1.51 に示した加速度応答スペクトルの予測結果をノーマルグラフで示した結果である。予測式は震源断層に近づくほど、地震動(この場合には加速度応答スペクトル S_A)が飽和するように工夫されており、両対数グラフで表示するとこのように見える。これは対数グラフでは 10〜30km 程度の間の間隔が広く表示されるためである。しかし、ノーマルグラフで表示すると、震源断層に近づくほど急速に加速度応答スペクトル S_A は増加していく。このように、対数グラフとノーマルグラフでは同じ結果でも大きく異なる印象を与える。

同様に、図 1.54 は図 1.52(b)に示した内陸地震に対する加速度応答スペクトル $\tilde{S}_A(T, 0.05)$ と固有周期の関係を両対数グラフで表示した結果である。この場合もノーマルグラフ表示と両対数グラフ表示は非常に異なる印象を与える。ここでは固有周期 0.1 秒以上の値を示しているが、両対数表示する際には、固有周期 0.01 秒から示す場合さえある。しかし、このような短周期地震動は一般の構造物の揺れには重要ではない。

対数表示では 0.1〜0.5 秒あたりの刻み幅が大きいため、この範囲のデータが強調されて目に入るのに対して、0.6〜1 秒あたりでは刻み幅が小さいため重要性が過小評価されがちである。

こうした印象の違いが問題となるのは、たとえば地震応答スペクトルに基づいて複数の地震動を比較する場合である。一般規模の構造物の耐震性にはまったく影響しない 0.01 秒とか 0.1 秒以下という超短周期域や 10 秒とか 20 秒以上という超長周期領域における比較に目を奪われて、本来、構造物の耐震性に重要な周期領域における一致度をよく認識しないままに、一致度が良いと悪いと判断しかねない。頭では両対数だとわか

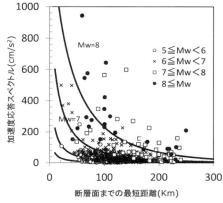

図 1.53 ノーマルグラフ表示と両対数グラフ表示の違い(図 1.51 に示した加速度応答スペクトル $\tilde{S}_A(T, 0.05)$ (cm/s²)の予測結果をノーマルグラフでプロットした場合)

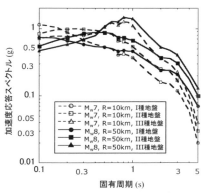

図 1.54 ノーマルグラフ表示と両対数グラフ表示の違い(図 1.52(b)に示した加速度応答スペクトル $\tilde{S}_A(T, 0.05)$ を両対数グラフでプロットした場合)

っていても、人間の目は簡単に騙されやすいためである。一般規模の構造物では 0.3 秒～3 秒程度、長周期構造物では 3 秒～10 秒程度の地震応答スペクトルが 2 倍も違えば、構造物は崩壊するほどの大きな影響を受けることをよく認識しておく必要がある。

　地震応答スペクトルが両対数表示されるようになった発端は、式(1.36)の関係から、速度応答スペクトル S_V を両対数グラフでプロットすると、左上がり 45 度に沿った軸と右上がり 45 度に沿った軸が、それぞれ加速度応答スペクトル S_A と変位応答スペクトル S_D を表わすことから、それぞれ別々の図面を見なくても良いという利点があったためである。これを 3 者対数プロット（Tripartite Log Plot）という。

　さらに、地震応答スペクトルが提案された 1950～1970 年代にはコンピューターの利用が限られ、地震応答スペクトルの計算に手間を要したため、速度応答スペクトル S_V を計算すれば、加速度応答スペクトル S_A と変位応答スペクトル S_D も概略知ることができるという点が Tripartite Log Plot の大きなメリットであった。しかし、地震応答スペクトルの計算が容易になった今日では、目の錯覚をもたらす両対数グラフ表示にはメリットがない。

　両対数グラフ表示の本来のメリットはばらつきの大きいデータ間に存在するわずかな相関を見いだすことにあり、ばらつきの大きい地震動の表示に両対数グラフが用いられてきた理由はここにある。しかし、耐震解析の世界では地震動は外力であり、倍半分の世界として捉えるのではなく、もっときちんと見ていく必要がある。工学的な利用においては、最大地震動と距離の関係や地震応答スペクトルと固有周期あるいは距離の関係を両対数グラフ表示することは避けるのがよい。

　ノーマルグラフ表示したときに、これらがいかにばらつくかを認識した上で、工学的判断を加えて設計地震動を定めることが重要である。

1.15　断層近傍地震動の特性
1)　指向性パルスとフリングステップ

　断層から離れた地点で観測された地震動とは異なり、断層近傍で観測された地震動には図 1.55、図 1.56 に示すように指向性パルス（Directivity pulse）とフリングステップ（Fling step）が含まれていることが 1990 年代から知られるようになってきた[S17,S22,S23,B1,H6]。

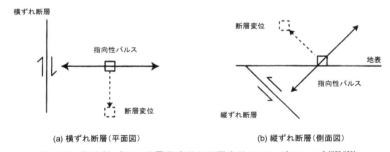

図 1.55　指向性パルス地震動変位と断層変位（フリングステップ）[S22,S23]

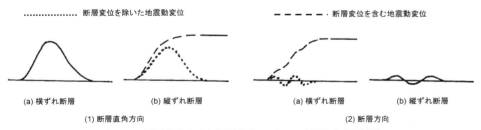

図 1.56　断層直角方向と断層方向のパルス地震動変位[S22,S23]

横ずれ断層が生じると、地盤のせん断波速度に近い速度で断層沿いに破壊が進展していく。このため、破壊が近づいてくる側(下流側)から見ると、次々にやってくる波動が重なり合い、断層直角方向に一つの大きなパルス状の地震動として伝わってくる。これを指向性パルス(Forward directivity pulse)と呼ぶ。指向性パルスは断層破壊によって生じる地震エネルギーの主要部を運んでくるため、継続時間は短いが強力な揺れをもたらし、構造物に大きな影響を与える。

これに対して、断層破壊が遠ざかって行く側(上流側)では Forward directivity とは反対に、揺れは長く続くが下流側ほど揺れは強くない。これを Backward directivity と呼ぶ。このように、断層沿いの地点でも、断層破壊が近づいてくる側(下流側)にあるか、遠ざかっていく側(上流側)にあるかによって、揺れの強さと継続時間には大きな違いがある。

また、横ずれ断層が生じると、これによって大きな速度パルスが発生し、変位波形にはステップ状の段差を生じる。これをフリングステップ(Fling step)と呼ぶ。フリングステップによる変位波形の段差は断層に平行方向に生じた横ずれ変位を表わしている[H6]。

図 1.55、図 1.56 に示したように、指向性パルスとフリングステップは横ずれ断層だけでなく、逆断層でも生じる。

図 1.57(a)は指向性パルス地震動の例として1994年ノースリッジ地震(M_w6.7)によるRinaldiにおける断層直角方向の速度および変位波形を、(b)はフリングステップの例として1999年トルコのコジャエリ地震(M_w7.4)によるSakaryaにおける断層平行方向の速度および変位波形である[K1]。(c)には、比較のために、断層から離れた位置で観測された例として、1952年 Kern County 地震(M_w7.5)による Taft の記録も示している。

Rinaldi の速度記録にははっきりした 1〜2 波のパルス波形が含まれており、これが指向性パルスである。Sakarya の変位記録には約 2m のステップ状の波形が見られる。これがこの地震によって生じた断層変位(永久変位)を表わしている。これに対して、Taft の記録には周期や振幅が似通った多くの波形が含まれているだけで、上記のような特性は見られない。

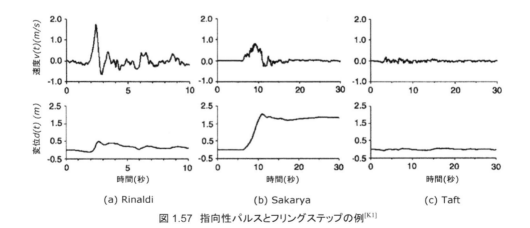

図 1.57 指向性パルスとフリングステップの例[K1]

2) 簡単なモデルから見たパルス地震動の特性

耐震工学においては、指向性パルスやフリングステップが構造物の揺れに与える影響が重要である。指向性パルスやフリングステップは地震動ごとに変化するが、この影響を知るため、指向性パルスやフリングステップを単純な正弦波パルス波によって近似した解析が行われている[K1]。

まず、図 1.58 に示す指向性パルスとフリングステップの加速度 $a(t)$ を次式のようにモデル化してみよう。

指向性パルス

$$a(t) = \begin{cases} \dfrac{\pi d_{\max}}{T_p^{\,2}} \sin\left\{\dfrac{2\pi}{T_p}(t-t_i)\right\} \cdots\cdots t_i < t < t_i + 0.5T_p \text{ および } (t_i+T_P) < t < (t_i+1.5T_p) \\ \dfrac{2\pi d_{\max}}{T_p^{\,2}} \sin\left\{\dfrac{2\pi}{T_p}(t-t_i)\right\} \cdots\cdots\cdots\cdots\cdots\cdots\cdots\cdots\cdots\cdots (t_i+0.5T_p) < t < (t_i+T_P) \end{cases} \quad (1.70)$$

フリングステップ

$$a(t) = \dfrac{2\pi d_{\max}}{T_p^{\,2}} \sin\left\{\dfrac{2\pi}{T_p}(t-t_i)\right\} \quad (1.71)$$

ここで、$d_{\max}$ は最大地震動変位、T_p は正弦波パルス波の周期、t_i はパルス波の到達時刻である。

式(1.70)、式(1.71)による地震動加速度 $a(t)$ に対する加速度応答スペクトル S_A、速度応答スペクトル S_V、変位応答スペクトル S_D（減衰定数 0.05）を求めると、図 1.59 のようになる。ここでは加速度、速度、変位の各応答スペクトルはそれぞれ地震動加速度、速度、変位の最大値 $a_{\max}$、$v_{\max}$、$d_{\max}$ によって正規化されている。

これによれば、加速度応答スペクトル S_A は指向性パルスを作用させた場合とフリングステップを作用させた場合でほぼ同程度となるが、速度応答スペクトル S_V と変位応答スペクトル S_D は指向性パルスを入力した場合にはフリングステップを入力した場合の約2倍となる。したがって、同じ最大加速度を持つ指向性パルスとフリングステップであれば、フリングステップよりも指向性パルスの方が構造物には大きな影響を与える。

なお、ここでは単一パルスを仮定しているが、実際の地震動には複数のパルスが存在するため、構造物に対する影響は図 1.59 よりもさらに複雑になる。

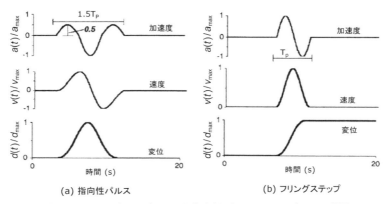

図 1.58 サイン波でモデル化した指向性パルスとフリングステップ[K1]

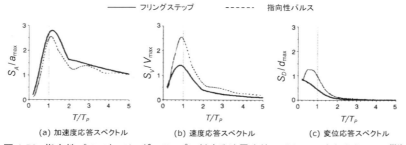

図 1.59 指向性パルスとフリングステップに対する地震応答スペクトル(減衰定数 0.05)[K1]

3) パルス地震動やフリングステップを含む人工地震波の作成

断層から離れた地点で観測された地震動にパルス地震動やフリングステップを人工的に加えて断層近傍地震動を作成し、動的解析に用いられている。図1.60は元波形にフリングステップを加えた例である[K1]。フリングステップやパルス地震動は断層の特性に基づいて定めなければならない。フリングステップやパルス地震動の到達時間をどのように選定するかが重要であり、元波形の速度波形がピークとなる時間と一致させる方法等が提案されている。

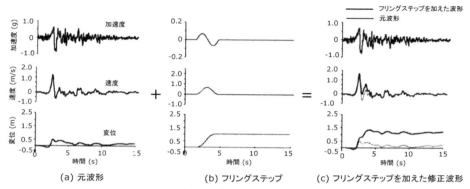

図1.60 フリングステップを加えた人工地震波の作成[K1]

図1.61はこのようにしてフリングステップを人工的に加えた波形と元波形の周期特性をフーリエスペクトルで比較した結果である。2秒程度の周期までは人工波形は元波形とほぼ変わらないが、これ以上の周期領域ではフリングステップの影響により人工地震波の方が元波形よりもフーリエスペクトルが大きくなっている。

4) 構造物に生じる残留変位から見たパルス地震動の特性

構造物の損傷は強震動を受けた際にどれだけの塑性変形が生じるかによって決まる。特に、地震後の構造物の再使用の可能性は残留変位の大きさに支配される。

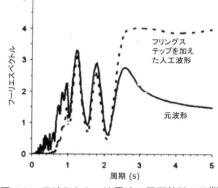

図1.61 元波形と人工地震波の周期特性の比[K1]

後述の2.7に示すように、残留変位 u_{rsd} とは強震動を受けた構造物が塑性変形することによって地震後に残る変位である。橋等の構造物では、強震動によって橋脚が大きく塑性域に入ると、地震後に橋が傾いたままとなり、倒壊に至らなくても地震後に再使用できない場合がある。

ここでは地震によって生じる被害をRC橋脚に生じる残留変位 u_{rsd} によって表わし、これに及ぼすパルス地震動の影響を非線形動的解析によって検討した例を見てみよう[A12]。

解析対象は2004年のカリフォルニア州交通局の耐震基準に基づいて設計された高さ1.83m、直径0.406mの曲げ破壊先行型のRC橋脚模型である。橋脚上端に生じる残留変位 u_{rsd} を橋脚高さ H で除して無次元化し、残留変位比 dr_{rsd} を次のように定義する。

$$dr_{rsd} = \frac{u_{rsd}}{H} \tag{1.72}$$

解析では、図1.58(a)に示した指向性パルスを図1.62のように2波の半波長の速度正弦波によってモデル化し、それぞれ1波めと2波めの半波長の周期を T_{d1}、T_{d2}、振幅を v_{1max}、v_{2max} として、周期比 α と速度振幅比 β を次のように定義する。

$$\alpha \equiv \frac{T_{d2}}{T_{d1}} \tag{1.73}$$

$$\beta \equiv \frac{v_{2\max}}{v_{1\max}} \tag{1.74}$$

1波めの半波長の周期 T_{d1} を3秒とし、周期比 α を1/2、1.0、1.5と3ケースに変化させた場合に、橋脚に生じる残留ドリフト比 dr_{rsd} を求めた結果が図1.63である。

まず、周期比 α が1.0、すなわち1波めと2波めの指向性パルスの周期 T_{d1}、T_{d2} がともに3秒と同じであれば、$\beta=1$、すなわち1波めと2波めの指向性パルスの最大速度 $v_{1\max}$ が $v_{2\max}$ と同じときには、残留ドリフト比 dr_{rsd} はゼロとなる。これは、1波めの指向性パルスによって生じた残留変位を2波めの指向性パルスが打ち消すためである。

しかし、速度振幅比 $\beta<1$ であれば1波めの指向性パルスによる残留変位が卓越し、反対に、$\beta>1$ であれば2波めの指向性パルスによる残留変位が卓越する結果、β が1.0より小さくなっても大きくなっても残留ドリフト比 dr_{rsd} は増大していく。

これに対して、周期比 α が0.5、すなわち、1波めの指向性パルスの周期 T_{d1} が3秒で2波めの指向性パルスの周期 T_{d2} が1.5秒と短い場合には、2つの指向性パルスの振幅が同じ（$\beta=1$）であれば、2波めより周期の長い1波めの指向性パルスによる残留変位が卓越する。影響が大きいのは速度振幅比 β が小さくなる場合で、このときには1波めの指向性パルスによって生じた残留変位が卓越するため、残留ドリフト dr_{rsd} が大きくなる。

以上から明らかなように、図1.62のように単純化した指向性パルスを受ける場合には、先行する指向性パルスによって生じた残留変位を後続する指向性パルスが打ち消す方向に作用するか、より増大させるかによって、残留変位は大きく変わってくる。いずれの指向性パルスが卓越した影響を与えるかは、指向性パルスの周期および振幅だけでなく塑性変形の進展によって時々刻々変化する構造物の固有周期や損傷の非対称性等によっても変わってくる。

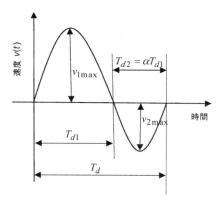

図 1.62 速度パルスのモデル化

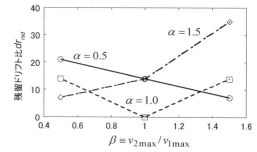

図 1.63 残留ドリフト比 dr_{rsd} に及ぼすパルス地震動の特性

1.16 地震動強度の確率的評価

1) 地震動強度の確率的評価

設計地震動を算定する際、過去の地震発生データに基づき、個々の地震の発生を独立で偶発的な事象と捉え、確率論に基づいて将来起こる地震の揺れの強さを評価しようという試みが、古くから行われてきている[I9,I10,A7,A8,A10,K14,M9,M10]。わが国には西暦416年に遡って地震資料が整備されてきていることが、こうした確率的地震動強度評価を可能としている。

任意地点の周辺において過去に発生した地震の規模と発生回数の間には、次式によるGutenberg - Richter

の関係があると言われている。

$$\log_{10} N(m) = a - bm \tag{1.75}$$

ここで、$N(m)$ はマグニチュード M が m 以上の地震の発生回数、a、b は地域ごとに決まる定数である。

式(1.75)の b 値を定めるためには、次式による最尤法に基づく宇津の提案がある。

$$b = \beta \log_{10} e \tag{1.76}$$

ここで、

$$\beta = \cfrac{1}{\sum_{i=1}^{n} m_i / n - m_0}$$

式(1.75)では限りなく頻度が低くなれば、どこまでもマグニチュード m が大きい地震が起こることになるが、実際には起こり得る地震の規模には上限があるはずで、これを m_u として、式(1.75)を次のように修正する方法がよく用いられる。

$$\begin{aligned}\log_{10} N(m) &= a - bm & m \leq m_u \\ N(m) &= 0 & m > m_u\end{aligned} \tag{1.77}$$

この関係を用いると、地震のマグニチュード M が m よりも小さい累積密度関数 $F_M(m)$ は次のようになる。

$$\begin{aligned}F_M(m) &= P(M < m | m_0 \leq m \leq m_u) \\ &= \frac{1 - \exp\{-\beta(m - m_0)\}}{1 - \exp\{-\beta(m_u - m_0)\}}\end{aligned} \tag{1.78}$$

ここで、m_0 は解析対象とする地震の最小のマグニチュードであり、$\beta = b \ln 10$ ($\ln = \log_e 10$) である。

地震の起こり方は海溝性大規模地震が起こる地域、内陸活断層による地震が起こる地域等、地域ごとに異なるため、これを解析に反映させるため、**図 1.64** に示すように着目地点に影響を与える範囲をいくつかの小領域（サブゾーン）に分割し、サブゾーンごとに年平均地震発生回数と起こり得る最大地震のマグニチュード m_u を評価する。ここで、サブゾーン i は解析地点を中心に同心円の半径 $r_{i1} \sim r_{i2}$、角度 $\theta_{i1} \sim \theta_{i2}$ の範囲にあるとする。

すなわち、サブゾーンの個数を N、第 i サブゾーンの単位面積当たりの年平均地震発生回数を ν_i、最大地震のマグニチュードを m_{ui} とすれば、第 i サブゾーンの地震 E_i により解析地点の地震動強度（地震応答スペクトル等）Y がある設定値 y を超える確率は次のようになる。

$$P(Y > y | E_i) = P(M > m | E_i) \tag{1.79}$$

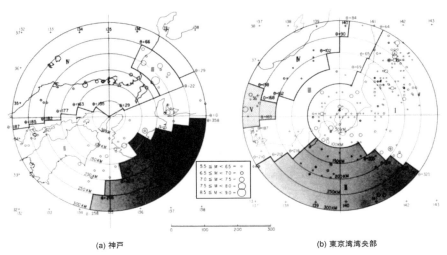

(a) 神戸　　　　　　　(b) 東京湾湾央部

図 1.64　地震発生状況とサブゾーン

ここで、$m = g_1(y,r)$ は次式のように地震動の距離減衰式が与えられたとき

$$y = F(m,r) \tag{1.80}$$

これを m の式に変換したものである。ここで、r は地震のソースから解析対象地点までの距離である。

式(1.78)を代入すると、式(1.79)は次のようになる。

$$P(M > m | E_i) = 1 - \frac{1 - \exp[-\beta_i \{g_1(y,r) - m_0\}]}{1 - \exp\{-\beta_i(m_{ui} - m_0)\}} \tag{1.81}$$

したがって、全サブゾーンを考慮したとき、解析地点で $Y > y$ となる地震動が発生する回数 $\lambda(y)$ は、次のようになる。

$$\lambda(y) = \sum_{i=1}^{N} \nu_i \theta_i \int_{\eta_i}^{\eta_{2i}} \left[1 - \frac{1 - \exp\{-\beta_i(g_1(y,r) - m_0)\}}{1 - \exp\{-\beta_i(m_{ui} - m_0)\}} \right] r dr \tag{1.82}$$

ここで、地震の発生が空間的にも時間的にも独立事象で、地震発生をポアソン分布と仮定できれば、$Y > y$ となる地震の再現期間 $T_R(y)$ は次のように求められる。

$$T_R = \frac{1}{1 - \exp(-\lambda(y))} \tag{1.83}$$

東京湾湾央部と神戸を対象にして、1885〜1980年間にそれぞれ東京湾湾央部と神戸を中心とする半径300kmの範囲に生じた地震に基づいて解析が行われている[I9,A7]。

東京湾湾央部を例に取ると、相模トラフ、南海トラフ沿いの巨大地震の発生する地域、房総半島のように地震発生頻度の高い地域と丹沢のように地震発生頻度の低い地域、濃尾地震に代表される根尾谷断層系の地域の5サブゾーンに分割されている。同様に、神戸周辺地域では4サブゾーンに分割されている。

式(1.80)の $F(m, r)$ として、式(1.67)に示したⅠ種地盤の加速度応答スペクトル $\tilde{S}_A$（減衰定数 0.05）の距離減衰式を用いて、再現期間75年の加速度応答スペクトルの期待値を求めた結果が図 1.65 である。Ⅰ種地盤を対象としているため、0.15秒と短い周期で加速度応答スペクトル $\tilde{S}_A$ は最大となる。$\tilde{S}_A$ の最大値は東京湾湾央部では1.1g程度であるのに対して、神戸では0.7g程度と東京湾湾央部の65%程度の値になる。

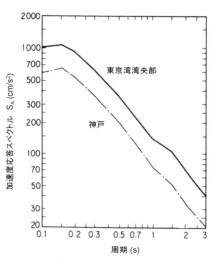

図 1.65 加速度応答スペクトル（Ⅰ種地盤、減衰定数 0.05）の期待値（再現期間 75 年）

2) 確率的地震動の問題点

以上のように確率的地震動を評価することは可能であるが、この評価結果を構造物の耐震解析に利用する際の問題点は、同一再現期間に対する地震動の地域ごとの差がきわめて大きいことである。たとえば、図 1.66 は全国地震動予測地図において今後50年間にそれ以上の震度に相当する揺れが生じる確率が2%のマップである[J1]。構造物の耐震解析で特に注意を要する震度6強と震度7となる地域は、四国と紀伊半島、東海から中部山岳地帯、関東、東北の一部、北海道の東側である。

これに対して、その他の地域ではこれ以下の揺れである。特に、日本海沿岸地域では、新潟県と石川県を除いてほとんどが震度5強以下である。本当に強力な揺れをもたらす地震が起こらないために確率的地震動が低いのであれば問題はないが、これには確率的地震動評価に含まれる次の3つの問題がある[K66]。

a) まれにしか起こらないが強力な揺れをもたらす地震の影響が低く評価される

これは、確率論では、発生頻度の高い地震による地震動は強調されるが、発生頻度の低い地震による地震動は強調されないためである。過去に強力な揺れをもたらした地震が起こっていても、発生頻度が低ければ、

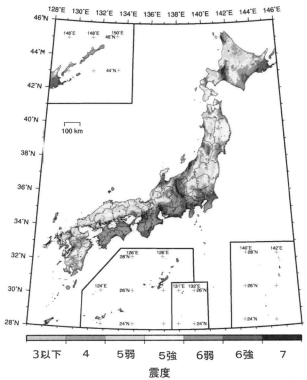

図 1.66 今後 50 年間にそれ以上の揺れに襲われる確率が 2%の震度分布（最大ケース）
（2010 全国地震動予測地図）[J1]

この地震による地震動は小さな値としてしか評価されない。

したがって、単純に確率論的に求めた地震動に基づいて耐震解析すると、まれにしか起こらない強い揺れをもたらす地震が起こったときには、確率論で評価したよりもはるかに強い揺れが生じることになる。

b) まだわかっていない活断層が多数あるのではないか

解析では過去に起こった地震とその位置に基づいて地震動が評価されているが、これ以外にも、まだわかっていない活断層が多数ある[J2,=7]。これは、現在までに活断層と知られていなかった断層によって起こった地震がいろいろあることから明らかである。

たとえば、図 1.67 に示すように、1995 年兵庫県南部地震以降に限っても、2000 年鳥取県西部地震（$M_w6.8$）、2004 年新潟県中越地震（$M_w6.7$）、2005 年福岡県西方沖地震（$M_w6.7$）、2007 年能登半島地震（$M_w6.6$）、2007 年新潟県中越沖地震（$M_w6.7$）、2008 年岩手・宮城内陸地震（$M_w7.0$）、2011 年福島県浜通り地震（$M_w6.7$）は、それまでに知られていなかった断層によって起こった。

こうした地震の中には、兵庫県南部地震クラスの地震が含まれている。2004 年新潟県中越地震（$M_w6.7$）では小千谷市や長岡市等で激甚な被害が生じた。山古志村での大きな被害や上越新幹線における走行中の車輪の脱線は記憶に新しい。2008 年岩手・宮城内陸地震（$M_w7.0$）では周辺の大規模な地すべりにより祭時大橋が崩壊したり、荒砥沢ダム周辺で大規模な地すべりが生じた。

c) 大きな推定の幅がある地震の規模と再現期間

地震と人間の活動のタイムスパンには比較にならないほどの差がある。さらに、確率的に評価しているといっても、解析に確率密度関数が考慮されているのは距離減衰式のばらつきだけで、結果に大きな影響を与える地震のマグニチュードや再現期間のばらつきに対する確率密度関数は考慮されていない。これらを求めるだけの情報が得られていないためである。

図 1.67 事前に活断層と知られていなかった箇所で起こった兵庫県南部地震後の内陸地震(M>6.5)[J2]

d) 軽々しく被害確率が 10^{-4} とか 10^{-6} と言って良いか?

よく被害確率が 10^{-4}/年とか 10^{-6}/年と非常に低いため安全と説明されることがあるが、被害確率が 10^{-4}/年ということは被害が生じる確率は1万年に1回、10^{-6}/年ということは100万年に1回という意味である。

最近、ホモ(ヒト)より古い猿人が使っていたとみられる最古の石器がケニアで見つかった。約330万年前と言われる。ホモ・サピエンスの出現は40万年〜25万年前、人類の祖先のクロマニョン人がフランスのラスコー洞窟に壁画を残したのは約1万2千年前と言われる。これだけの期間に1回しか被害が生じないほど，確率的地震動評価の信頼性が高いといえるだろうか。常識的に考えて、軽々しく被害確率が 10^{-4}/年とか 10^{-6}/年ということがいかに非現実的かは明らかである。

確率論に基づく評価の前提になっているのは、現在の知識に基づいて起きると認識されている規模の地震が将来も同様に起こり、現在の知識に基づいて認識されている地震力が将来も同様に構造物に作用するという仮定である。

しかし、このような前提条件はここ20年をとってみてもがらりと変化してきた。キラーパルスと呼ばれる強烈な地震動が存在することは1994年米国ノースリッジ地震や1995兵庫県南部地震によって初めて知られた。強震記録の充実によって地震動予測式も大きく変化してきた。日本近海で $M_w 9.0$ の超巨大地震が起こることは2011年東北地方太平洋沖地震によって初めて知られたし、長周期地震動の脅威は1964年新潟地震あたりから石油タンクのスロッシング被害で知られ出したが、この当時には超高層ビルや長大橋はまだ建設されていなかった。時代とともに、地震や地震の影響に関する知識、社会や構造物は大きく変わってきた。

地震力評価が20%も変化すれば、構造物には相当の被害が生じる。自然現象を相手にするとき、確率論

的な評価を過信してはならない。確率が役立つのは天気予報程度だと考えるべきである。

3) 地域ごとの地震動強度の違いをどのように評価すべきか

地域ごとの地震動強度に差を設けるべきかに関してはいろいろな考え方がある。その一つは、確率論に基づいて、全国一律に同じ発生確率となるように設計地震力を定めておけば、地域間の公平性は担保され、国民に対して公平ではないかという考え方である。

これに対して、地震国であると多くの国民が認識しているわが国において、運悪く低頻度型中～大地震が起こったとき、確率論的に定めた地震動を上まわる強烈な地震動が作用して構造物が倒壊してもやむを得ないという国民的コンセンサスがあるのかという意見がある。

また、どの地方であろうと、その地方に生じた過去の最大規模の地震動に基づいて設計地震力を定めるべきだという意見がある一方で、地震の発生頻度を考えず、その地方に生じる最大規模の地震動を考えることは過大ではないかという意見もある。

確率論的に求めた地震動をどのように利用するかに関しては、現状では定まった考え方はない。米国では確率論的な地震動をそのまま使用している。ヨーロッパでは、地震を想定して地震動を評価する方法と確率論的に地震動を評価する方式が併用されている。実際には、後者が広く使用されているようである。

確率論的に地震動を評価する方式は、米国やヨーロッパのように、地域的な地震活動がほとんどゼロの地域から高い地域まで変化している国で用いられている。また、確率的な地震動マップをそのまま地震力の算定に用いるのではなく、地域ごとの地震動強度を評価する際の地域マップの基本情報として利用している例もある。

4) 現在の地域区分はどのように考えられているか

土木構造物や建築物の多くでは、1977年建設省新耐震設計法(案)で開発された地域マップを基に、全国を3区分して地域別補正係数が定められている。地域別補正係数は、地震活動が高い地域での値を1.0とした場合に、地域別活動が低い地域での値は建築物では0.8、土木構造物では0.7とされている。地域別補正係数の値は確率論的地震動マップから求められる地域差よりも大幅に小さくされている。

地域的に地震のマグニチュードや再現期間に大きな幅があるという事実と、震源を予め特定できない地震にも$M_j7.2$とか$M_j7.3$という兵庫県南部地震と同レベルの地震が存在するという事実は、構造物に最低限の耐震性を付与するように地震力に下限値を設けておく必要性があることを示している。

このため、地震の発生確率を考慮し、地震力を心持ち増減すると同時に、構造物が倒壊することのないレベルを確保しようという工学的判断が、現在までの耐震設計の智恵として、地域区分と地域別補正係数という形で耐震設計に反映されてきている。

1.17 まだよくわかっていない強震動の特性

土木構造物に対する強震観測は1964年新潟地震を契機として少しずつ観測点が増やされてきた[A5]。しかし、1995年兵庫県南部地震の際に強震動が観測されたのはJMA神戸海洋気象台とJR鷹取等、小数箇所であったことからもわかるように、兵庫県南部地震の前には限られた観測点しか存在しなかった。強震観測が大きく進展し始めたのは兵庫県南部地震以降であり、ディジタル強震計による時間軸が同期された多点同時観測が進んできた。

しかし、強震記録の予測式には大きなばらつきがあり、地震動の特性の推定はまだ倍・半分の世界である。比較的頻度高く起こる太平洋岸沿いの低角逆断層による強震記録に比較し、横ずれ断層による強震記録が少なく、指向性パルスやフリングステップの存在が知られてきたのも最近のことでしかない。濃尾地震のような内陸活断層による巨大地震によって生じた地震動記録はまだ得られていない。強震動の推定には多くの未知の領域が残されている。

さらに、兵庫県南部地震以降、観測が充実されたのは地震動だけで、構造物の揺れの観測は一部の長大

橋や超高層ビル等を除くと、むしろ衰退してきている。強震動を受けたときの構造物の揺れや断層変位の直撃を受けた構造物の揺れの記録は、まだほとんど得られていない。構造物の耐震解析の信頼性を高めるため、今後、構造物と周辺地盤の同時かつ高密度な強震観測が求められている。

　強震動の特性や構造物の揺れに関してはまだ知られていない事項が多数あることを理解した上で、設計地震力の推定には十分な余裕を持たせて、耐震解析することが重要である。

第 2 章 地震動に対する構造物の応答

2.1 はじめに

　耐震解析とは地震動が構造物の揺れ(地震応答)に与える影響を具体的に評価する行為である。構造物が弾性的に震動する際の揺れの大きさと地震力の評価は比較的容易であるが、構造物が非線形域に入った状態での構造物の揺れと地震力の評価は複雑である。

　この章では、非線形域に入った構造物の揺れと地震力の関係、塑性化後に構造物に残る永久変位(残留変位)の評価、異なった固有周期を持つ相隣る構造系間に生じる相対変位の評価等について示す。また、強震記録の応答スペクトル特性を微調整して、目標とする加速度応答スペクトル特性に近い特性をもつ地震動の作成法とその効果についても示す。

2.2 塑性率と応答塑性率

　強震動の作用下では一般に構造物は降伏し塑性域に入る。構造物が降伏する時の変位を降伏変位 u_y、その時の耐力を降伏耐力 F_y、終局状態に達する時の変位を終局変位 u_u、その時の耐力を終局耐力 F_u と呼ぶ。

　いま、次式のように構造物の終局変位 u_u を降伏変位 u_y で無次元化した値を終局塑性率 μ_u と呼ぶ。

$$\mu_u = \frac{u_u}{u_y} \tag{2.1}$$

　終局塑性率 μ_u が大きいということは、その構造物が降伏後にもねばり強く変形できる能力(変形性能)が高いことを意味する。

　一方、強震動が作用した時に構造物に生じる応答変位 u_r を降伏変位 u_y で無次元化した値を応答塑性率 μ_r と呼ぶ。

$$\mu_r = \frac{u_r}{u_y} \tag{2.2}$$

　耐震解析では、想定する地震動が作用した時に構造物に生じる応答変位 u_r を想定して構造や断面を定め、多方面からの検討を加えて最終的に構造物に要求される耐震性能を満足できるようにしなければならない。構造物に作用する地震力は入力地震動の特性だけではなく構造物の特性によっても変化するため、耐震解析では、構造断面の仮定 → 作用地震力の推定 → 構造断面の修正、というプロセスを繰り返す必要がある。このプロセスでは、現在までの経験や実績に基づいて目標とする応答変位を決めなければならない。これが目標応答変位 u_t で、これを降伏変位 u_y で無次元化した値を目標応答塑性率 μ_t と呼ぶ。すなわち、

$$\mu_t = \frac{u_t}{u_y} \tag{2.3}$$

　式(2.1)による終局塑性率 μ_u は構造物が持つ保有変形性能を表わすのに対して、式(2.3)による目標応答塑性率 μ_t は $\mu_t u_y$ だけの塑性変位が構造物に生じることが求められるという要求性能を表わす。

　一方、構造物に許容できる変位を許容変位 u_a と呼び、次式のように与えられることが多い。

$$u_a = u_y + \frac{u_u - u_y}{\alpha} \tag{2.4}$$

ここで、α は安全係数と呼ばれ、$\alpha > 1$ である。安全係数 α は構造物に求められる安全性の度合いによって

定められる。たとえば、$\alpha = 1$ の場合には $u_a = u_u$ となり終局変位までを許容変位と見なして良いことになり、$\alpha \to \infty$ とすると $u_a = u_y$ となり、塑性域の変形をまったく見込まない厳しい評価となる。構造物に必要とされる耐震性に応じて、α として2〜4程度の値が使用されることが多い。

式(2.4)の両辺を次のように降伏変位 u_y で無次元化した値 μ_a を許容塑性率と呼ぶ。

$$\mu_a = 1 + \frac{\mu_u - 1}{\alpha} \tag{2.5}$$

耐震解析では、次式のように許容塑性率 μ_a を上まわらない範囲で目標応答塑性率 μ_t を定め、構造物の諸元を定める。

$$\mu_t \leq \mu_a \tag{2.6}$$

2.3 荷重低減係数と変位増幅係数

強震動の作用に対して構造物が要求性能を満足するように断面・寸法を定めていくプロセスでは、動的解析を繰り返してもなかなか最終着地点に収れんしない場合がある。構造物の断面や寸法には無数の選択肢があり、地震動の特性には大きなばらつきがあるためである。このため耐震解析では、まず静的耐震解析によって構造物の断面や寸法をおおむね定め、これを動的解析によって照査するというプロセスが用いられる場合が多い。

前述したように、静的耐震解析では仮定する構造諸元や材質等に基づいて目標応答塑性率 μ_t を想定して、構造物に作用する地震力とこの結果構造物に生じる変位・変形を求めるが、この際に用いられるのが荷重低減係数と変位増幅係数である。これらの使用法は第7章に示すこととし、ここでは荷重低減係数と変位増幅係数の定義と基本的な特性を示す。

いま、簡単にするため、図2.1に示すように、構造物を初期剛性 k_1、2次剛性（降伏後剛性）k_2 の弾塑性1自由度系に構造物をモデル化し、これに設計地震動が作用する状態を考えてみよう。構造物が弾性のままであると仮定したときに生じる復元力を $F_e(T,h)$ と表わす。

一方、同じ地震動が弾塑性1自由度系に作用したときの応答塑性率を μ_r、このときの地震力（復元力）を $F_r(T,h,\mu_r)$ とし、次のように荷重低減係数 R_μ を定義する。

$$R_\mu = \frac{F_e(T,h)}{F_r(T,h,\mu_r)} \tag{2.7}$$

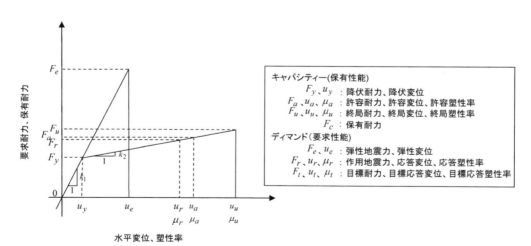

図 2.1 弾性系と弾塑性系のキャパシティー（保有性能）とディマンド（要求性能）

このように荷重低減係数 R_μ を定義するのは、荷重低減係数 R_μ が予め求められていれば、弾性 1 自由度系に作用する弾性地震力 $F_e(T,h)$ を求めれば、非線形動的解析を行わなくても、次式のように弾塑性 1 自由度系に作用する地震力 $F_r(T,h,\mu_r)$ を推定できるためである。

$$F_r(T,h,\mu_r) = \frac{F_e(T,h)}{R_\mu} \tag{2.8}$$

構造物に作用する地震力 F_r が求められると、構造物の保有耐力 F_c が次式を満足するように構造物の寸法や断面を定めればよい。

$$F_c > F_r(T,h,\mu_r) \tag{2.9}$$

いま、式(2.7)の分母、分子を構造物の質量 m で除すと、荷重低減係数 R_μ は次のように表わすことができる。

$$R_\mu \approx \frac{S_A(T,h)}{S_{Ar}(T,h,\mu_r)} \tag{2.10}$$

ここで、$S_A(T,h)$ は 1.8 に示した加速度応答スペクトル、$S_{Ar}(T,h,\mu_r)$ は応答塑性率が μ_r のときの弾塑性系加速度応答スペクトルである。

なお、式(2.10)において両辺が ≈ となっているのは、構造物の復元力は慣性力と減衰力の和とつり合っており、復元力と慣性力はまったく同じではないためである[C3,Y5]。ただし、一般には減衰力は慣性力に比較して小さいため、実用上は復元力はほぼ慣性力と等しいと見なしても差し支えない。

一方、一般に弾塑性 1 自由度系に生じる応答変位 u_r は弾性 1 自由度系に生じる応答変位 u_e よりも大きくなる。弾性系ではどこまで変位が増大しても変位に比例した復元力が作用するのに対して、弾塑性系では降伏後、復元力の増加割合が減少するためである。

どの程度 u_r が u_e よりも増加するかを表わすために、変位増幅係数 I_μ を次のように定義する。

$$I_\mu = \frac{u_r(T,h,\mu_r)}{u_e(T,h)} = \frac{S_{Dr}(T,h,\mu_r)}{S_D(T,h)} \tag{2.11}$$

ここで、$S_D(T,h)$ は 1.8 に示した変位応答スペクトル、$S_{Dr}(T,h,\mu_r)$ は応答塑性率が μ_r となるときの弾塑性系変位応答スペクトルである。

式(2.11)による変位増幅係数 I_μ が予め求められていると、非線形動的解析を行わなくても、その構造物に生じる応答変位 $u_r(T,h,\mu_r)$ を次のように推定することができる。

$$u_r(T,h,\mu_r) = I_\mu \times S_D(T,h) \tag{2.12}$$

2.4 エネルギー一定則と変位一定則

1) エネルギー一定則

以上のように耐震解析を行うためには、荷重低減係数 R_μ および変位増幅係数 I_μ がよく用いられる。強震記録からこれらを求めた結果を 2.5、2.6 に示すが、その前にこれらの評価によく用いられる仮定として、エネルギー一定則と変位一定則があるので、こちらを先に示そう。

なお、以下では解析を簡単にするために、図 2.1 において 2 次剛性 $k_2 = 0$ とした完全弾塑性型 1 自由度系を考えよう。これは、十分な変形性能を持つように設計された鉄筋コンクリート構造や鋼構造では、2 次剛性 $k_2 \approx 0$ と見なせる場合が多いためである。このときには、F_r、F_a、F_u はいずれも F_y と等しくなる。

エネルギー一定則とは、ある地震力が作用したときに弾塑性 1 自由度系が吸収するエネルギー(履歴吸収エネルギー)は、同じ弾性固有周期を持つ弾性 1 自由度系のひずみエネルギーと等しいという仮定である。すなわち、図 2.2(a)に示すように、弾性 1 自由度系に最大応答変位 u_e が生じたときのひずみエネルギー(三角形 OBD の面積)と、降伏耐力 F_y を持つ完全弾塑性 1 自由度系が吸収するエネルギー(台形 OAEF の面積)が同じとなるように変位 u_r が生じるという仮定である。

したがって、エネルギー一定則に基づけば、完全弾塑性1自由度系に応答塑性率 $\mu_r (= u_r / u_y)$ に相当する揺れが生じたとき、これに作用する最大地震力 F_r と応答変位 u_r は次のようになる。

$$F_r = \frac{F_e}{\sqrt{2\mu_r - 1}} \tag{2.13}$$

$$u_r = \frac{\mu_r}{\sqrt{2\mu_r - 1}} u_e \tag{2.14}$$

これらをそれぞれ式(2.8)、式(2.11)に代入すると、荷重低減係数 R_μ および変位増幅係数 I_μ は次のようになる。

$$R_\mu = \sqrt{2\mu_r - 1} \tag{2.15}$$

$$I_\mu = \frac{\mu_r}{\sqrt{2\mu_r - 1}} \tag{2.16}$$

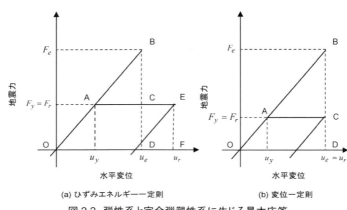

(a) ひずみエネルギー一定則　　(b) 変位一定則

図 2.2 弾性系と完全弾塑性系に生じる最大応答

2) 変位一定則

変位一定則とは、地震力が作用したときに完全弾塑性1自由度系に生じる応答変位 u_r は、同じ弾性固有周期を持つ弾性1自由度系に生じる弾性変位 u_e と等しいという仮定である。すなわち、**図2.2(b)**において、弾性1自由度系に生じる履歴はOBとなり変位は u_e であるが、完全弾塑性系に生じる履歴はOACとなり応答変位 u_r は u_e と同じになるという仮定である。

したがって、変位一定則に基づけば、完全弾塑性1自由度系に応答塑性率 μ_r の応答が生じたとき、これに作用する最大地震力 F_r と目標応答変位 u_r は次のようになる。

$$F_r = \frac{F_e}{\mu_r} \tag{2.17}$$

$$u_r = u_e \tag{2.18}$$

したがって、変位一定則では式(2.7)、式(2.11)による荷重低減係数 R_μ と変位増幅係数 I_μ は次のようになる。

$$R_\mu = \mu_r \tag{2.19}$$

$$I_\mu = 1 \tag{2.20}$$

エネルギー一定則を表わす式(2.15)、式(2.16)と変位一定則を表わす式(2.19)、式(2.20)に基づいて、耐震解析において目標とする応答塑性率（目標応答塑性率） $\mu_t = \mu_r$ としたときの荷重低減係数 R_μ と変位増幅係数 I_μ を示すと、**図2.3**のようになる。仮に目標応答塑性率 μ_t を5.0とすると、荷重低減係数 R_μ はエネルギー一定則では 3.0 となるのに対して、変位一定則では 5.0 となる。同様に、目標応答塑性率 μ_t を 5.0 としたときには、変位増幅係数 I_μ はエネルギー一定則では 1.67 であるが、変位一定則では 1.0 となる。

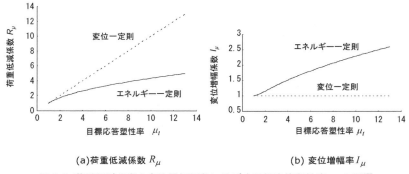

(a) 荷重低減係数 R_μ　　　　(b) 変位増幅率 I_μ

図 2.3　荷重低減係数と変位増幅係数に及ぼす目標応答塑性率 μ_t の影響

このように、エネルギー一定則に比較して変位一定則では同じ目標応答塑性率 μ_t に対する荷重低減係数 R_μ を大きく見込むことができるだけでなく、塑性化しても目標応答変位 u_t は弾性系の最大応答変位 u_e と同じと仮定できることから、耐震解析には好都合である。ただし、問題は変位一定則とエネルギー一定則が実際の非線形挙動をどれだけ正確に表わすことができるかという点である。

2.5　荷重低減係数

1) 強震記録に基づく荷重低減係数の特性

実際の地震動に対して荷重低減係数 R_μ を求めると、どのようになるかを見てみよう[W2]。図 1.13 に示した 1995 年兵庫県南部地震による神戸海洋気象台記録(NS 成分)に対して、式(2.10)により荷重低減係数 R_μ を求めた一例が図 2.4 である。ここで、(a)と(b)はそれぞれ目標応答塑性率 μ_t を 4 としたときに 1 質点系に生じる応答加速度と応答変位であり、(c)は水平力〜水平変位の履歴、(d)は目標応答塑性率 μ_t を 2、4、6、8 としたときの荷重低減係数 R_μ である。弾性系、完全弾塑性系ともに減衰定数 h は 0.05 とし、(c)では水平力を質量で除して応答加速度によって表わしている。

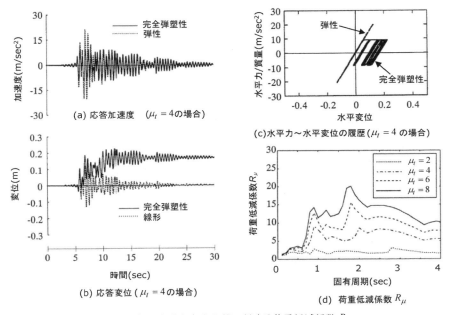

図 2.4　神戸海洋気象台記録に対する荷重低減係数 R_μ

完全弾塑性系では復元力 F_r が降伏耐力 F_y を上まわることはないため、弾性系に比較して最大応答加速度は小さくなるが、反対に応答変位は大きくなる。なお、(b)では、完全弾塑性系の応答変位が 7 秒あたりからプラス側に大きくずれていき、地震動の作用が終わった後にも元には戻らない。これを残留変位と呼ぶ。残留変位は地震後の構造物の再使用の可能性を支配する重要なパラメーターであり、2.7 に詳述する。

(d)によれば、荷重低減係数 R_μ は固有周期 T によって大きく変化し、固有周期 T が 0 に近づくにつれて 1.0 に漸近する。これは、固有周期が 0 に近づくと、弾性系も完全弾塑性系も剛なばねで地盤に支持された状態に近づいていくためである。

一方、固有周期が長くなると荷重低減係数 R_μ は次第に大きくなっていき、やがてピーク値をとったあと、目標応答塑性率 μ_t に漸近していく。固有周期が無限に長くなるということは、ばねの剛性がゼロに近づくということであり、最終的に地盤から絶縁された状態に近づいていくためである。すなわち、荷重低減係数 R_μ の極値は次のようになる。

$$\lim_{T \to 0} R_\mu = 1 \,、\, \lim_{T \to \infty} R_\mu = \mu_t \tag{2.21}$$

以上の解析をわが国で得られた気象庁マグニチュード M_j 6.5 以上の 70 成分の強震記録に対して行って荷重低減係数 R_μ を求めた結果が図 2.5 である。ここには目標応答塑性率 μ_t を 6 とした場合を例に、表 1.3 に示した I 種とIII種地盤上の強震記録に対する結果を示している。この結果で重要な点は、地震動による荷重低減係数 R_μ のばらつきがきわめて大きいことである。これだけばらつきが大きいと、荷重低減係数 R_μ を単純に平均値だけで与えることには注意が必要である。

このため、荷重低減係数 R_μ の平均値 m とこれから標準偏差 σ の±1 倍の範囲を示した結果が、図 2.6 である。ここには目標応答塑性率 μ_t が 6 の場合を対象に I 種およびIII種地盤に対する結果を示している。図中には式(2.15)によるエネルギー一定則と式(2.19)による変位一定則による荷重低減係数 R_μ も比較のために示している。

これによると、荷重低減係数 R_μ の平均値 m はおおむね式(2.19)による変位一定則に近い。これに対して、式(2.15)によるエネルギー一定則は荷重低減係数の平均値 m を小さめに評価し、$m-\sigma$ の値に近い。

ただし、固有周期ごとの変化が大きいため詳しく見ると、固有周期がおおむね 0.5～1 秒以下の領域では、エネルギー一定則でさえ平均値 m を過大評価する。荷重低減係数 R_μ を過大評価すると、式(2.8)において完全弾塑性系構造物に作用する地震力 F_r を過小評価するため、解析上、危険側の結果となる。

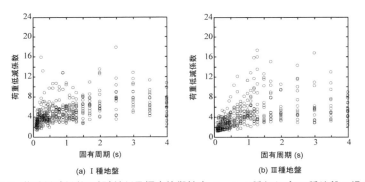

図 2.5 荷重低減係数の解析例（目標応答塑性率 μ_t = 6、I 種および III 種地盤の場合）

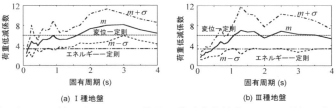

図 2.6 荷重低減係数の平均値 m と m±1σ の範囲（目標応答塑性率 μ_t = 6、I 種および III 種地盤の場合）

以上のように荷重低減係数 R_μ の固有周期依存性と地震動ごとのばらつきが大きいため、耐震解析ではいろいろな形で荷重低減係数 R_μ が利用されている。主要な考え方は次の通りである。

① 荷重低減係数 R_μ の平均値との適合性が良い変位一定則を用いる。
② 地震動ごとのばらつきが大きいことを考慮し、安全側に荷重低減係数 R_μ を評価するために、平均値－標準偏差との一致性が良いエネルギー一定則を用いる。
③ 短周期領域ではエネルギー一定則、長周期領域では変位一定則を用いる。
④ 強震記録から求められた荷重低減係数 R_μ の固有周期依存性をきめ細かく取り入れるために、図2.6の平均値 m をそのまま、もしくは微修正して用いる。

2) 荷重低減係数の推定式

荷重低減係数 R_μ は、古くは Newmark ら[N9,N10]によって提案され、その後、Nassar と Krawinkler [N7]、Miranda と Bertero ら[M11]によって解析されてきた。たとえば、Nassar と Krawinkler は 15 成分の強震記録を用いた完全弾塑性系の応答解析から、荷重低減係数 R_μ を次のように提案した。

$$R_\mu = \left\{c(\mu_t - 1) + 1\right\}^{1/c} \tag{2.22}$$

ここで、

$$c(T, r) = \frac{T^{a(r)}}{1 + T^{a(r)}} + \frac{b(r)}{T} \tag{2.23}$$

ここに、T は固有周期、r は初期剛性 k_1 に対する 2 次剛性 k_2 の比（剛性比 $r = k_2/k_1$）である。Nassar と Krawinkler は剛性劣化型の履歴特性が荷重低減係数 R_μ に及ぼす影響を検討し、履歴特性の違いは荷重低減係数 R_μ に大きな影響を与えないが、剛性比 r は荷重低減係数 R_μ に与える影響が大きいとして、異なる剛性比 r ごとに式(2.23)の係数 $a(r)$、$b(r)$ を与えている [N7]。

また、Miranda と Bertero は 24 成分の強震記録に対する弾塑性応答解析から、次式のように荷重低減係数 R_μ を与えた [M11]。

$$R_\mu = \frac{\mu_t - 1}{\Phi} + 1 > 1 \tag{2.24}$$

ここで、Φ は地盤条件ごとに、目標応答塑性率 μ_t と固有周期 T の関数として次のように与えられている。

$$\Phi = \begin{cases} 1 - \dfrac{1}{10T - \mu_t T} - \dfrac{1}{2T}\exp\left\{-\dfrac{3}{2}\left(\ln T - \dfrac{3}{5}\right)^2\right\} & \cdots\cdots 岩盤 \\[2mm] 1 + \dfrac{1}{12T - \mu_t T} - \dfrac{2}{5T}\exp\left\{-2\left(\ln T - \dfrac{1}{5}\right)^2\right\} & \cdots\cdots 沖積層 \\[2mm] 1 + \dfrac{T_g}{3T} - \dfrac{3T_g}{4T}\exp\left\{-3\left(\ln \dfrac{T}{T_g} - \dfrac{1}{4}\right)^2\right\} & \cdots\cdots 軟弱地盤 \end{cases} \tag{2.25}$$

ここで、T_g は地震動の卓越周期(減衰定数 0.05 の速度応答スペクトルがピークをとる周期)である。

このように、いろいろな荷重低減係数 R_μ の推定式が提案されているが、式(2.22)では係数 $a(r)$、$b(r)$、$c(T,r)$ には特に物理的な意味はない。また、式(2.24)のように荷重低減係数の固有周期依存性を精度良く表わそうとすると複雑な回帰式になる。

このような問題を解決するために、係数に物理的な意味があり、より簡単な荷重係数の回帰式として次式が提案されている[W2]。

$$R_\mu = (\mu_t - 1)\psi(T) + 1 \tag{2.26}$$

ここで、

$$\psi(T) = \frac{T - a}{ae^{bT}} + 1 \tag{2.27}$$

式(2.26)は、式(2.21)の条件を自動的に満足すると同時に、図2.7に示すように、係数 a は $R_\mu = \mu_t$ となるときの固有周期（点 P）を、また $a+1/b$ は荷重低減係数が最大値となるときの固有周期（点Q）を表わしている。

さらに重要な点は、NassarやMirandaらの回帰式では、弾性解析に仮定する減衰定数 h_{EL} と弾塑性解析に仮定する減衰定数 h_{NL} がともに 0.05 と同一の値が仮定されているのに対して、式(2.26)の解析では弾性解析には $h=0.05$、弾塑性解析には $h=0.02$ と、異なった減衰定数が仮定されていることである。

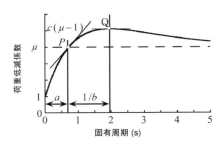

図 2.7 荷重低減係数の回帰モデル

これは、後述の 6.3 3)に示すひずみエネルギー比例減衰法に基づく考え方である。すなわち、構造物が塑性化すると、これによってエネルギー吸収が起こる。これを便宜的に粘性減衰として表わしたときの減衰定数を等価履歴減衰定数 h_{hys} と呼ぶ。粘性減衰(減衰定数 h_{vis})と履歴減衰が同時に作用する構造系の減衰定数 h は、後述する式(6.64)のひずみエネルギー比例減衰法により次のように与えられる。

$$h = \alpha_{vis}h_{vis} + \alpha_{hys}h_{hys} \tag{2.28}$$

ここで、α_{vis}、α_{hys} はひずみエネルギー寄与率（式(6.65)参照）と呼ばれ、解析対象構造物において粘性減衰が卓越する構造要素と履歴減衰が卓越する構造要素に生じるひずみエネルギー U_{vis}、U_{hys} に基づいて、次のように与えられる。

$$\alpha_{vis} = \frac{U_{vis}}{U_{vis}+U_{hys}} \quad , \quad \alpha_{hys} = \frac{U_{hys}}{U_{vis}+U_{hys}} \tag{2.29}$$

したがって、式(2.28)による減衰定数 h を見込んで弾塑性解析を行うと、弾塑性解析の過程で自動的に考慮される履歴吸収エネルギーに加えて式(2.28)の右辺第2項による履歴減衰定数 h_{hys} が考慮されることになり、履歴減衰の影響が重複して考慮されることになる。

このように、Newmark、Nassar ら、Miranda らの解析では弾性解析と弾塑性解析に用いる減衰定数の意味が正しく考慮されずに、単純に弾性解析、弾塑性解析とも同じ減衰定数(0.05)が仮定されている。

ただし、荷重低減係数としてはこうした研究が先行していることから、既往研究と比較するために、以下には式(2.26)による解析においても、$h_{EL}=h_{NL}=0.05$ とした場合と $h_{EL}=h_{NL}=0.02$ とした場合の結果も示す。

以上より、わが国で得られた 70 成分の強震記録に基づく非線形回帰によって式(2.26)の係数 a、b と相関係数 γ を求めた結果が表2.1である。相関係数 γ は1ケースだけ0.379と低いが、その他では0.65以上ある。

表 2.1 式(2.26)の回帰係数 a,b および相関係数 γ

μ_t	係数	地盤条件		
		I 種	II 種	III 種
2	a	1.29	1.12	2.35
	b	2.77	2.18	1.69
	γ	0.379	0.701	0.851
4	a	1.24	0.989	1.52
	b	2.39	1.62	1.05
	γ	0.673	0.842	0.886
6	a	1.34	1.03	1.85
	b	2.15	1.24	0.821
	γ	0.717	0.869	0.876
8	a	1.36	1.20	1.74
	b	1.67	1.11	0.611
	γ	0.776	0.899	0.895

式(2.26)から荷重低減係数 R_μ を求め、これを 70 成分の強震記録に対する平均値と比較した結果が図 2.8 である。目標応答塑性率 μ_t が 2、4、6、8 の場合を示している。式(2.26)が荷重低減係数 R_μ の平均値の特性をよく表わすことがわかる。

次に、式(2.26)を Nassar ら、Miranda らの解析と比較した結果が図 2.9 である。ここでは目標応答塑性率 μ_t が8の場合どうしを比較している。異なった強震記録に基づく解析であるにもかかわらず、両解析はよく似た傾向を示す。

以上では、式(2.26)において、弾性解析に仮定する減衰定数 h_{EL} を 0.05、弾塑性解析に仮定する減衰定数 h_{NL} を 0.02 とした場合であるが、これを h_{EL} と h_{NL} をともに 0.02 とした場合と 0.05 とした場合の結果が図 2.10 である。荷重低減係数は $h_{EL} = 0.05$、$h_{NL} = 0.02$ とした場合が一番小さく、以下、$h_{EL} = h_{NL} = 0.05$、$h_{EL} = h_{NL} = 0.02$ とした順に大きくなる。

以上より、式(2.13)により完全弾塑性系に生じる地震力 F_t を求めるためには、ここに示した $h_{EL} = 0.05$、$h_{NL} = 0.02$ として式(2.26)により求められる荷重低減係数 R_μ を用いるのが最も安全側の結果を与える。

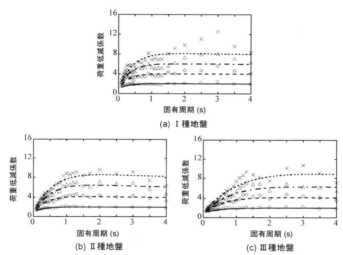

図 2.8 70 成分の強震記録から求めた荷重低減係数の平均値（○: $\mu_t = 2$、◇: $\mu_t = 4$、△: $\mu_t = 6$、×: $\mu_t = 8$）と、式(2.26)による回帰式の比較

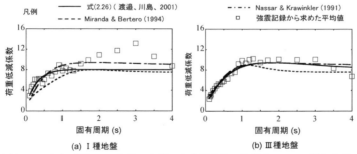

図 2.9 Miranda & Bertero および Nassar & Krawinkler と式(2.26)の比較（$\mu_t = 8$、I 種および III 種地盤の場合）

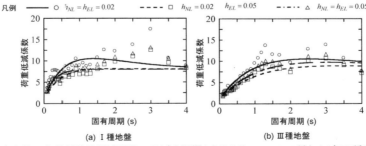

図 2.10 減衰定数の定義が荷重低減係数に及ぼす影響（式(2.26)、$\mu_t = 8$、I 種および III 種地盤の場合）

2.6 変位増幅係数

荷重低減係数 R_μ の解析に用いたと同じ 70 成分の強震記録を用いて式(2.11)による変位増幅係数 I_μ を求めた結果が図 2.11 である。ここでは、目標応答塑性率 $\mu_t = 6$ とし I 種および III 種地盤の場合を示している。荷重低減係数 R_μ と同様に、変位増幅係数 I_μ も地震動による変化がきわめて大きいことがわかる。

70 成分の地震動に対する変位増幅係数 I_μ の平均値と、これから±1倍の標準偏差の範囲を示した結果が図 2.12 である。図中には式(2.16)によるエネルギー一定則と式(2.20)による変位一定則による変位増幅係数 I_μ の値も示されている。平均値に着目すると、ごく固有周期が短い領域を除いて固有周期が 1 秒程度より長い領域では変位一定則と、また、固有周期が 1 秒程度より短い領域ではエネルギー一定則と近い値となる。

一方、強震記録ごとのばらつきが大きいことを考慮し、耐震解析上安全側となるように 70 成分の強震記録から求めた平均値＋標準偏差の 1 倍の値に着目すると、固有周期が 1 秒程度より長い領域ではエネルギー一定則が変位増幅係数をよく近似する。

ただし、固有周期が 1 秒程度より短い領域では、70 成分の強震記録の平均値＋標準偏差の 1 倍に相当する変位増幅係数 I_μ の値はエネルギー一定則で与えられる値よりもさらに大きな値となる。耐震解析に際しては、こうしたばらつきを考慮して、安全側となるように変位増幅係数 I_μ を定めることが重要である。

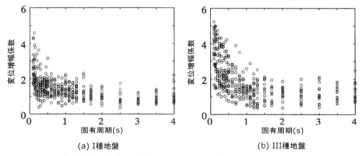

図 2.11 変位増幅係数の解析例（I 種および III 種地盤、$\mu_t = 6$ の場合）

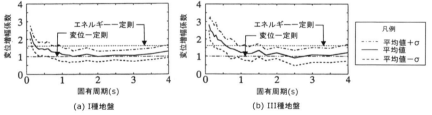

図 2.12 変位増幅係数の平均値 m と $m+1\sigma$ の範囲（I 種および III 種地盤、$\mu_t = 6$ の場合）

2.7 残留変位

1) 塑性化に伴って生じる残留変位

2.4 では、構造物に十分な塑性変形能力があれば、降伏耐力を小さくして完全弾塑性系に生じる地震力を弾性系に生じる地震力よりも小さくできることを学んだ。それでは、目標応答塑性率 μ_t さえ大きければ、構造物の降伏耐力を引き下げて地震力を抑えることに歯止めはないのであろうか。

弾性系では地震力の作用が終わると応答変位はやがてゼロに戻るが、前出の図 2.4(b) に示したように、完全弾塑性系では応答変位は時刻 6 秒付近からプラス側に累積し始め、地震力の作用が終わっても 0.2m 程度残留したままになる。これを残留変位 u_{rsd} と呼ぶ。

弾性系構造物と完全弾塑性を含む非弾性系構造物の違いは、弾性系構造物では地震動が終わった段階では必ず応答変位は原点に戻るのに対して、非弾性系構造物では地震動の作用が終わった段階では、程度

の差はあれ必ず残留変位 u_{rsd} が残ることである。

地震によって倒壊は免れても、地震後に大きな残留変位 u_{rsd} が残れば、事実上構造物として再使用できない。したがって、残留変位は地震後の構造物の再使用性を支配する重要なファクターである。

残留変位 u_{rsd} を推定するために提案されたのが残留変位応答スペクトルである[K39, K46, M1]。いま、地震応答スペクトルと同じように構造物を 1 自由度系にモデル化し、地震動の作用後に、どれだけの残留変位 u_{rsd} が残るかを考えてみよう。簡単のため、図 2.13 に示すようにバイリニア型履歴を考え、剛性比 r を次のように定義する。

$$r = \frac{k_2}{k_1} \tag{2.30}$$

ここで、k_1 は初期剛性、k_2 は降伏後剛性である。

同じ地震動を作用させても、残留変位 u_{rsd} は剛性比 r によって大きく変化する。一例として、1968 年日向灘沖地震(M_j7.5)の際に板島橋近傍地盤上で得られた強震記録を作用させた場合の結果が図 2.14 である。これは 1 自由度系に生じる応答変位を目標応答塑性率 μ_t が 4.0 となるようにして解析された結果である。なお、減衰定数 h は 0.05 としている。

残留変位 u_{rsd} は剛性比 r が 0.1 の場合にはほとんど目立たないが、剛性比 r が 0、−0.05 と小さくなるにつれて急速に大きくなる。残留変位 u_{rsd} は一方向に単調に蓄積されるだけでなく、揺れの途中で残留する方向が 2 回、3 回と反転する場合もある。

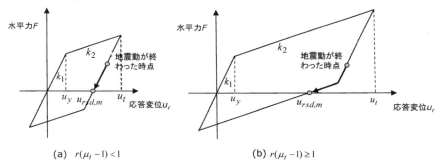

図 2.13 可能最大残留変位 $u_{rsd,m}$

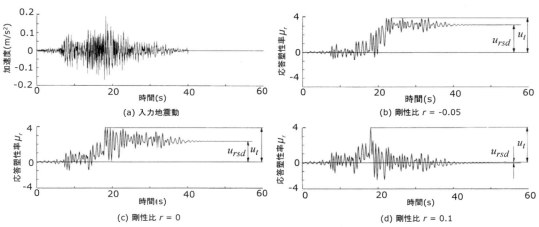

図 2.14 残留変位 u_{rsd} に及ぼす剛性比 r の影響（1968 年日向灘沖地震による板島橋近傍地盤における強震記録を作用させた場合）

2) 残留変位比応答スペクトル

図 2.13 に示したバイリニア型の履歴モデルを考えると、この構造系に生じ得る残留変位 u_{rsd} にはある最大値がある。すなわち、弾塑性 1 自由度系の応答変位が目標応答変位（最大値）u_t に達した直後にそのまま戻り勾配に入り、その履歴線上を震動中に地震動が終了して最終的に荷重がゼロとなる点で運動が終了したときに残留変位は最大となるのである。これを可能最大残留変位 $u_{rsd,m}$ と呼び、次式で与えられる。

$$u_{rsd,m} = \begin{cases} (\mu_t-1)(1-r)u_y \cdots\cdots r(\mu_t-1)<1 \text{の場合} \\ \{(1-r)/r\}u_y \cdots\cdots\cdots r(\mu_t-1) \geq 1 \text{の場合} \end{cases} \quad (2.31)$$

なお、弾塑性 1 自由度系が目標応答変位 u_t に達した直後に応答が戻り勾配に入らなかったり、直後に戻り勾配に入っても、系が持つ運動エネルギーが大きくて、$u_{rsd,m}$ を通り越してもっと小さい応答の履歴に入って震動を終える場合には、その残留変位 u_{rsd} は可能最大残留変位 $u_{rsd,m}$ に達しない。

そこで残留変位 u_{rsd} を可能最大残留変位 $u_{rsd,m}$ で正規化して、残留変位比 R_{rsd} を次のように定義する。

$$R_{rsd} = \frac{u_{rsd}}{u_{rsd,m}} \quad (2.32)$$

地震応答スペクトルと同じように、構造物を 1 自由度系にモデル化して、地震動を作用させた時に系に生じる残留変位比 R_{rsd} を式(2.32)によって求め、これをいろいろな固有周期 T、減衰定数 h、剛性比 r に対してプロットした結果を残留変位比応答スペクトル R_{rsd} と呼ぶ。

3) 残留変位比応答スペクトルの特性

わが国の地盤上で得られた気象庁マグニチュード M_j が 6.5 以上の 63 成分の強震記録に対して、目標応答塑性率 μ_t が 2、4、6 となるときの残留変位比応答スペクトル R_{rsd} を求め、これらの平均値を示した結果が図 2.15 である。ここでは減衰定数は 0.05 とし、中程度の地盤（表 1.3 の II 種地盤）に対する結果を示している。

残留変位比応答スペクトル R_{rsd} の平均値は剛性比 r、目標応答塑性率 μ_t、固有周期によって大きく変化する。特に剛性比 r の影響が大きく、剛性比 r が 0 からわずかに −0.05 になっただけで残留変位比応答スペクトル R_{rsd} は急速に 1.0 に近づいていく。

これは前出の図 2.14 からも明らかである。剛性比 r がマイナスになると、系の応答変位が最大値 u_t に達した直後に戻り勾配に入り、残留変位が生じたまま揺れが停止しやすいためである。この結果、剛性比 r が −0.05 の場合には、残留変位比応答スペクトル R_{rsd} の平均値は 0.9 に達する。

図 2.16 はそれぞれ地盤条件、固有周期 T、目標応答塑性率 μ_t をパラメーターとして、残留変位比応答スペクトル R_{rsd} の平均値が剛性比 r によってどのように変化するかを示した結果である。これからわかるように、地盤条件、固有周期 T、目標応答塑性率 μ_t のいずれかの影響が突出して大きいわけではない。

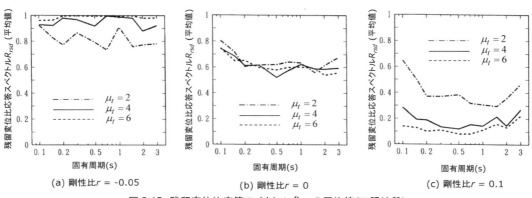

図 2.15 残留変位比応答スペクトル R_{rsd} の平均値（II 種地盤）

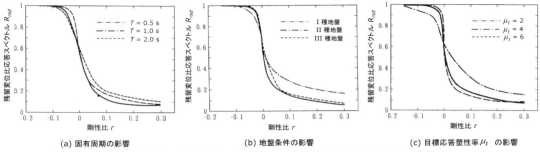

(a) 固有周期の影響　　(b) 地盤条件の影響　　(c) 目標応答塑性率 μ_t の影響

図 2.16 残留変位比応答スペクトル R_{rsd} に及ぼす固有周期、地盤条件、目標応答塑性率 μ_t の影響

このため、63 成分の強震記録に対して求められた残留変位比応答スペクトル R_{rsd} 〜剛性比 r の関係の平均値と標準偏差の ±1 倍の範囲を示した結果が図 2.17 である。標準偏差の幅から明らかなように、残留変位比応答スペクトル R_{rsd} のばらつきは大変大きい。

残留変位比応答スペクトル R_{rsd} が求められると、式(2.31)、式(2.32)から残留変位 u_{rsd} を求めることができる。

たとえば、鉄筋コンクリート橋脚で支持された橋では、剛性比 r をほぼ 0 と見なすと、残留変位 u_{rsd} は次のように求められる。

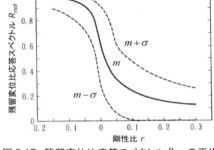

図 2.17 残留変位比応答スペクトル R_{rsd} の平均値+/-標準偏差の 1 倍の範囲

$$u_{rsd} = R_{rsd}(\mu_t - 1)(1 - r)u_y \tag{2.33}$$

ここで、R_{rsd} は図 2.17 の平均値を参考にすると 0.6 程度と見込まれる。

式(2.33)は橋脚に生じる目標応答塑性率 μ_t に比例して残留変位 u_{rsd} が増大することを意味している。

4) トレードオフの関係にある荷重低減係数と残留変位

図 2.18 に示すように、構造物の目標応答塑性率 μ_t を大きくすれば荷重低減係数 R_r を大きくして式(2.8)により構造物に生じる作用する地震力 F_r を小さくし、式(2.9)より構造物の必要保有耐力 F_c を小さくすることができる。すなわち、構造物の必要保有耐力 F_c は構造物の目標応答塑性率 μ_t と逆比例の関係にある。

一方、式(2.33)によれば、構造物に生じる残留変位 u_{rsd} は、目標応答塑性率 μ_t に応じて増大する。すなわち、構造物の目標応答塑性率 μ_t を大きくすれば必要保有耐力 F_c を小さくできるが、残留変位 u_{rsd} は増大する。

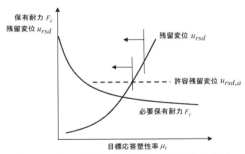

図 2.18 トレードオフの関係にある必要保有耐力と残留変位

図 2.19 に示すように、構造物に許容できる残留変位を許容残留変位 $u_{rsd,a}$ とすると、残留変位 u_{rsd} は次式を満足しなければならない。

$$u_{rsd} < u_{rsd,a} \tag{2.34}$$

ここで、許容残留変位 $u_{rsd,a}$ は構造物の特性に応じて適切に定めなければならない。ちなみに、橋の耐震設計では許容残留変位 $u_{rsd,a}$ は橋脚高さの 1/100 程度とされている。これは以下に示す 1995 年兵庫県南部地震において、1 度以上残留傾斜した橋脚 ($u_{rsd} = H/60$、ここで H は橋脚高さ) の多くは地震後に撤去、新設せざるを得なかったことや、4.6 に示す加震実験等に基づいている[K74,K46,K58,K60]。

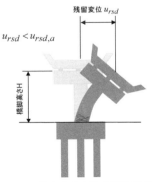

図 2.19 残留変位と許容残留変位

5) 被災した RC 橋脚に生じた残留変位

1995 年兵庫県南部地震では阪神高速道路 3 号神戸線を中心として高架橋に大きな被害が生じた。このうち、特に被害が著しかった武庫川〜月見山間の 27.7km にわたって橋脚の損傷と残留傾斜角が調査されている[K74]。

3 号神戸線は1964 年の鋼道路橋設計示方書に基づいて設計震度を0.2として震度法により設計された路線で、鉄筋コンクリート製単柱式橋脚が多く、地盤種別はII種で杭基礎が全体の84%を占めていた。

3 号神戸線はほぼ東北東〜西南西に延びており、兵庫県南部地震による断層破壊はおおむね3 号神戸線と平行して生じた。大阪側(東北東側)から神戸市側(西南西)に順に西宮市、芦屋市、東灘区、灘区、中央区、兵庫区、長田区、須磨区において合計423 基の橋脚に対して残留傾斜角が計測されている。これを橋軸方向と橋軸直角方向に分けて示した結果が図 2.20 である。橋軸直角方向・山側に残留傾斜した橋脚が卓越しており、1.15 に示した地震動の指向性によって海側から山側に向かう地震動が卓越したことによると見られる。

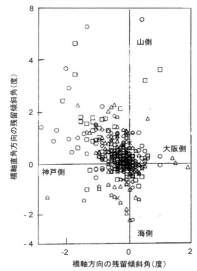

図 2.20 1995 年兵庫県南部地震により阪神高速 3 号神戸線に生じた残留変位[K74]

2.8 地震応答スペクトル適合波形

1) 動的解析に用いる地震動

動的解析では、線形および非線形動的解析を行うことができること、コンピューターの進歩で解析時間や解析コストの制約が低くなったことから、時刻歴応答解析法の使用頻度が増えている。しかし、時刻歴応答解析法はあくまでも個別の地震動に対する応答評価に留まり、設計応答スペクトルとして与えられることが多い地震応答スペクトルを入力とした解析はできない。

このような場合に使用されるのが、与えられた地震応答スペクトルに近い特性を持つように、人工的に地震動を合成する方法である。フーリエ解析を用いれば、振動数領域で任意に振幅や位相特性を変えて、どのような特性の波形でも合成することができる。

しかし、地震動の特性がよくわかっていない現在、最新の知見に基づいて振幅や位相特性を分析し人工地震波を作成しても、今後の地震動に関する研究の進展につれて仮定した振幅や位相特性の評価が陳腐化し、ひいてはこれに基づいて建設された構造物の耐震性が問題となりかねない。

こうしたことから、人工地震波を合成するのではなく、現在までに動的解析の入力地震動として使用実績の多い強震記録をベースとして、その波形の形状を支配する位相特性はそのまま残し、振幅特性だけを振動数領域で微修正して、設計地震応答スペクトルに適合した波形が耐震解析に用いられることが多い。この考え方と適用を見てみよう[A8,A9]。

2) 実測強震記録を修正した地震応答スペクトル適合波形

動的解析の入力地震動としては、実測強震記録が広く用いられてきている。この理由は、強震記録にはそれがどの規模の地震により、断層からどの程度の距離において、どのような地形・地盤条件の下で得られたか、また、1.10 5)に示したように、その際の周辺の地震被害状況がどの程度であったかという、耐震設計に重要な情報が付属しているためである。

したがって、ある強震記録をベースとして適合波形を求める際には、できるだけ修正範囲を小さくして元の強震記録の特性を残すことが重要である。

振動数領域で地震動波形の特性を調整するためには、a) 位相特性は変化させず、振幅特性だけを変化させる、b) 振幅特性は変化させず、位相特性だけを変化させる、c) 振幅特性および位相特性を振動数領域で変化させる、の 3 種類の方法がある。このうち、c) の方法は新たに人工地震動を作成することに等しく、実測記録を基本とする意味が失われてしまい、b) の方法では位相特性が地震動波形の形状を支配するため、これを変化させると波形の形状が大きく変化する。このため、ここでは a) の方法に基づく実測記録の振幅調整法を示そう[A9]。

いま、目標とする加速度応答スペクトルを $S_A(f)$、振幅特性を調整しようとする加速度記録を $\ddot{u}_a(t)$ とし、その加速度応答スペクトルを $\tilde{S}_A(f)$ とする。加速度応答スペクトルは $S_A(T)$ のように固有周期 T の関数として表わすのが一般的であるが、以下では式の展開上、振動数 f の関数として $S_A(T)$ を $S_A(f)$ と表わす。加速度応答スペクトル $S_A(f)$ と $\tilde{S}_A(f)$ を計算する際の減衰定数 h は、解析しようとする構造物に卓越する減衰定数 h を用いる等、任意の値として良いが、$S_A(T)$ と $\tilde{S}_A(f)$ の計算には必ず同一の減衰定数 h を用いなければならない。

いま、等時間間隔の加速度記録 $a(t)$ を a_m ($m=1$、2、$\cdots$、$N-1$)と表わす。ここで、$N-1$ はデータ個数である。a_m をフーリエ変換すると、

$$C_k = \frac{1}{N}\sum_{m=0}^{N-1} a_m \exp\left(-i\frac{2\pi km}{N}\right) \tag{2.35}$$

ここで、$k=0$、1、2、$\cdots$、$N-1$ であり、C_k は複素フーリエ係数(複素振幅)である。複素フーリエ振幅 C_k を実数と虚数に分離すると、

$$C_k = \frac{1}{2}(A_k - iB_k) \quad (k=0、1、2、\cdots、N-1) \tag{2.36}$$

となる[O10]。ここで、A_k、B_k はそれぞれ有限フーリエ cos 係数、有限フーリエ sin 係数である。

これより、k 次成分の振幅 X_k および位相 ϕ_k は次のように与えられる。

$$X_k = \sqrt{A_k^2 + B_k^2}、\phi_k = \tan^{-1}\left(\frac{B_k}{A_k}\right) \quad (k=0、1、2、\cdots、N-1) \tag{2.37}$$

したがって、強震記録の持つ位相特性は変化させないで振幅特性を調整するためには、式(2.37)において各振動数 f ごとに B_k/A_k を一定に保ったまま、A_k、B_k に一定の倍率を乗じれば良い。

いま、目標とする加速度応答スペクトル $S_A(f)$ に対する強震記録の加速度応答スペクトル $\tilde{S}_A(f)$ の比 α を

$$\alpha(f) = \frac{S_A(f)}{\tilde{S}_A(f)} \tag{2.38}$$

と定義し、修正した複素フーリエ振幅 C_k' を次のように求める。

$$C_k' = \alpha(f) C_k \tag{2.39}$$

これを次のように逆フーリエ変換すれば、修正した加速度波形 a_m' を求めることができる。

$$a_m' = \sum_{k=0}^{N-1} C_k' \exp\left(i\frac{2\pi km}{N}\right) \tag{2.40}$$

なお、地震応答スペクトルとフーリエ振幅の間には一義的な対応関係はないため、一度の振幅調整では a_m' から求めた地震応答スペクトル $\tilde{S}_A'(f)$ は目標とする加速度応答スペクトル $S_A(f)$ とよく一致しない。このため、式(2.35)～式(2.40)の解析を数回繰り返し、最終的に式(2.38)の $\alpha(f)$ が動的解析に必要な周期範囲において、1.0 ± 0.05 等、目標とする一致度の範囲に収れんするようにする。

以上の解析法をフローチャートにより示したのが図 2.21 である。

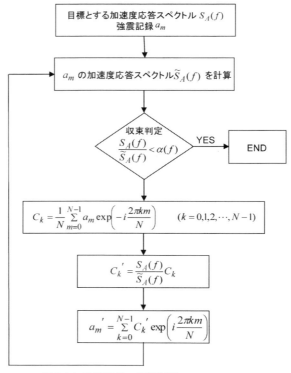

図 2.21 強震記録の振幅調整のフローチャート

3) 振幅特性を調整した波形とこれによる動的解析例

　上記の方法の適用例として、1978 年宮城県沖地震(M_w7.6)により開北橋周辺地盤上で得られた記録と 1968 年日向灘沖地震(M_J7.5)により板島橋周辺地盤上で得られた記録をベースとし、これを図 2.21 に基づいて振幅調整した加速度波形が図 2.22 である。比較のためここには元波形も示している。元波形と振幅調整した波形の加速度応答スペクトル(減衰定数 0.05)の比較が図 2.23 である。振幅調整することにより波形の細部は変化するが、位相特性は変化させていないため、全体として波形の形状は元の強震記録の特徴を保っている。いずれの場合にも振幅調整波形の加速度応答スペクトルは目標加速度応答スペクトルとよく一致している。なお、振幅特性調整後の波形の最大加速度は目標加速度応答スペクトル(特に、短周期領域)をどのように与えるかによって結果的に決まる。

　上記の例では、振幅調整波形が 0.1～3 秒の固有周期範囲で目標加速度応答スペクトルと一致するように、0.07～5 秒の範囲で式(2.35)～式(2.40)の解析を 10 回繰り返した。各繰り返し計算ごとに式(2.38)による加速度応答スペクトル比 $\alpha(f)$ がどのように収れんするかを開北橋記録を例に示した結果が図 2.24 である。固有周期によって $\alpha(f)$ が上から収れんしたり下から収れんしたりするが、いずれの場合にも振幅調整を繰り返すにつれて、$\alpha(f)$ はおおむね単調に 1.0 に収れんする。

　次に、橋長 120m、高さ 20m の 2 径間連続橋を対象に、開北橋調整波形と板島橋調整波形を入力して時刻歴地震応答解析を行い、両波形による揺れがどの程度一致するかを見てみよう。

　上述した例では、振幅調整が有効であるのは 0.1～3 秒の固有周期範囲であるため、この周期範囲にある 1 次～9 次の振動モードを考慮して時刻歴地震応答解析を行い、橋の各部の水平変位、水平加速度、曲げモーメントおよびせん断力の最大応答を求めた結果が、図 2.25 である。振幅調整した開北橋記録および板島橋記録はいずれも連続橋にほぼ同程度の最大応答を与える。

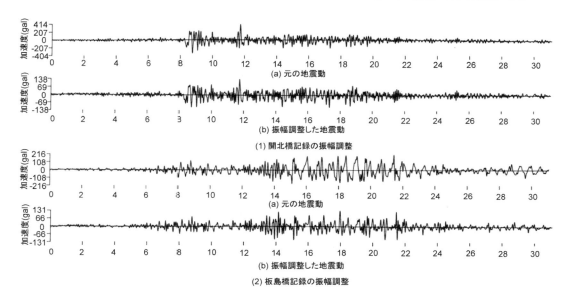

図 2.22 強震記録の振幅調整の例

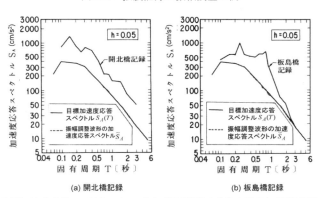

(a) 開北橋記録　　　　　　　　(b) 板島橋記録

図 2.23 目標加速度応答スペクトルと、これに振幅調整する前と後の加速度応答スペクトル

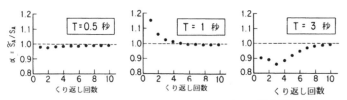

図 2.24 加速度応答スペクトル比 $\alpha(f)$ の収れん（開北橋記録）

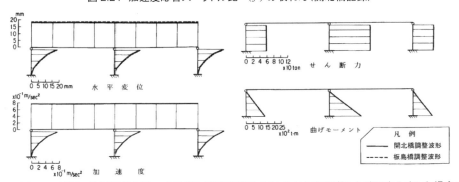

図 2.25 異なる 2 種類の強震記録を同一の目標加速度応答スペクトルに振幅調整した波形を入力した場合の 2 径間連続橋の最大応答の比較

4) 振幅特性を調整する波形の選定基準

以上に示した方法を用いれば、基本的に任意の波形を任意の加速度応答スペクトルを持つように振幅調整可能である。しかし、目標とする加速度応答スペクトルと大きく異なった加速度応答スペクトル特性を持つ波形を振幅調整することは意味が無い。これは、2)に示したように、強震記録にはこれに付随する固有の情報があり、大きく振幅調整すると元の強震記録が持つ特性が失われてしまうためである。

振幅特性の調整をなるべく小さい範囲とするためには、ベースとする元の強震記録を以下のように選定するのが良い。

① 建設地点と同じ地盤種別に属する地点において、耐震解析の目的に適う規模（マグニチュード）の地震によりできるだけ断層近傍で得られた強震記録であること。
② 目標とする加速度応答スペクトルに強度および周期特性が近い特性を持つ強震記録であること。

2.9 相対変位応答スペクトル

1) 構造系間に生じる相対変位の重要性

異なる固有周期を持つ相隣る2つの構造系間には、地震時に相対変位が生じる。この問題の端的な例は図2.26に示す橋梁の掛け違い部である。掛け違い部では相隣る設計振動単位がそれぞれ異なった揺れ方をするため、強震動の作用下で桁どうしが接近し過ぎると桁間衝突が起こり、反対に桁どうしが離れ過ぎると桁が下部構造頂部から逸脱して落下する。

桁遊間や桁かかり長をどのようにすればよいかを理解するために重要な指標が、相対変位応答スペクトルである。相隣る2つの構造系をそれぞれ1自由度系で表わした簡単なモデルであるが、構造系間に生じる相対変位が固有周期や地震動によってどのように変化するかを理解するために有効である。

ここでは構造系どうしが衝突しない場合を対象に、構造系間に生じる相対変位の特性を相対変位応答スペクトルに基づいて見てみよう[K44]。なお、構造系どうしが衝突する場合の相対変位応答スペクトルは9.9に示す。

2) 相対変位応答スペクトルの定義

図2.26に示す相隣る2つの構造系1と構造系2を図2.27のようにそれぞれ1自由度系にモデル化してみよう。1自由度系の固有周期はT_1、T_2、減衰定数はともにhとする。

構造系1、2に同一の地震動が作用したときに生じる応答変位をそれぞれ$u_1(T_1,h,t)$、$u_2(T_2,h,t)$とし、構造系1と構造系2間の相対変位$\Delta u(T_1,T_2,h,t)$を次のように定義する。

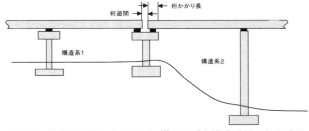

図2.26 桁遊間と桁かかり長に影響を及ぼす構造系間の相対変位

$$\Delta u(T_1,T_2,h,t) = u_2(T_2,h,t) - u_1(T_1,h,t) \tag{2.41}$$

図2.26に示した例では、$\Delta u(T_1,T_2,h,t) > 0$であれば構造系1よりも構造系2の方が応答変位が大きく、$\Delta u(T_1,T_2,h,t)$が桁かかり長を超えると桁は落下する。一方、$\Delta u(T_1,T_2,h,t) < 0$であれば、構造系1と2間の距離が縮まり、桁遊間が充分確保されていないと桁衝突が起こる。

いま、式(2.41)の$u_1(T_1,h,t)$と$u_2(T_2,h,t)$の最大値を次のように変位応答スペクトル$S_D(T_1,h)$と$S_D(T_2,h)$によって表わし、

$$S_D(T_i,h) = |u_i(T_i,h,t)|_{max} \quad (i=1,2) \tag{2.42}$$

いろいろな固有周期、減衰定数に対して求めた相対変位$\Delta u(T_1,T_2,h,t)$の最大値を次のように$\Delta S_D(T_1,T_2,h)$と表わす。

$$\Delta S_D(T_1,T_2,h) = |\Delta u(T_1,T_2,h,t)|_{max} \tag{2.43}$$

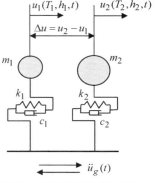

図2.27 相対変位応答スペクトル

変位応答スペクトルとのアナロジーから、$\Delta S_D(T_1,T_2,h)$ を相対変位応答スペクトルと呼ぶ。相対変位応答スペクトル $\Delta S_D(T_1,T_2,h)$ は、2 つの異なる 1 自由度系間に生じる相対変位の最大値をいろいろな固有周期 T_1、T_2 の組み合わせと減衰定数 h に対して求めたものである。

また、基本とする構造系 1 の変位応答スペクトル $S_D(T_1,h)$ によって相対変位応答スペクトル $\Delta S_D(T_1,T_2,h)$ を正規化して、相対変位応答スペクトル比 $r_D(T_1,T_2,h)$ を次のように定義する。

$$r_D(T_1,T_2,h) = \frac{\Delta S_D(T_1,T_2,h)}{S_D(T_1,h)} \tag{2.44}$$

ここで、2 つの構造系間の固有周期差 ΔT を

$$\frac{\Delta T}{T_1} = \frac{T_2 - T_1}{T_1} \tag{2.45}$$

と無次元化し、減衰定数 h は構造系 1、2 ともに 0.05 として、式(2.44)の相対変位応答スペクトル比 $r_D(T_1,T_2,h)$ を次のように表わす。

$$r_D(T_1,\Delta T/T_1) = \frac{\Delta S_D(T_1,\Delta T/T_1)}{S_D(T_1)} \tag{2.46}$$

相対変位応答スペクトル比 $r_D(T_1,\Delta T/T_1)$ は構造系 1 を基準とし、その最大応答変位を変位応答スペクトル $S_D(T_1)$ として与えた場合に、構造系 2 との間に生じる相対変位の最大値 $\Delta S_D(T_1,\Delta T/T_1)$ を求めるために定義されたものである。

3) 相対変位応答スペクトル比の解析例

相対変位応答スペクトル比 $r_D(T_1,\Delta T/T_1)$ を求めるために、まず、固有周期 T_1 が 0.25 秒、0.5 秒、1.0 秒の各 1 自由度系に生じる応答変位 $u(t)$ を求めた結果が図 2.28 である。入力地震動は 1968 年日向灘沖地震(M_j7.5)の際に板島橋近傍地盤上で観測された強震記録(板島記録)である。この入力地震動の加速度波形も図 2.28 に示している。

これから、固有周期 $T_1=0.5$ 秒を基準とし、式(2.45)による固有周期差比 $\Delta T/T_1$ が -0.5、0.5、1.0 の場合(それぞれ、固有周期 T_2 が 0.25 秒、0.75 秒、1.0 秒の場合に相当)の相対変位 $\Delta u(T_1=0.5\text{s},\Delta T/T_1,t)$ を求めた結果が図 2.29 である。ここには示していないが、当然、$\Delta T/T_1=0$ の場合には相対変位 $\Delta u(T_1=0.5\text{s},\Delta T/T_1,t)$ は 0 となる。

このような解析をいろいろな固有周期 T_1 と固有周期差比 $\Delta T/T_1$ に対して行なった結果を、それぞれ、相対変位応答スペクトル $\Delta S_D(T_1,\Delta T/T_1)$ 、相対変位応答スペクトル比 $r_D(T_1,\Delta T/T_1)$ と呼び、これらを求めた結果が図 2.30(b),(c) である。入力地震動の変位応答スペクトル $S_D(T_1)$ も(a)に示している。

相対変位応答スペクトル $\Delta S_D(T_1,\Delta T/T_1)$ は固有周期 T_1 が短い領域では小さく、固有周期 T_1 の増加につれて単調に増加して入力地震動の卓越周期にあたる 0.7 秒付近でピークとなる。これは変位応答スペクトル $S_D(T_1)$ がこの付近で大きくなるためである。

式(2.43)による相対変位応答スペクトル $\Delta S_D(T_1,\Delta T/T_1)$ の

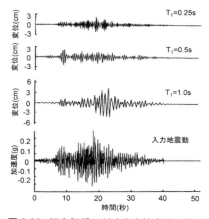

図 2.28 板島記録に対する応答変位 $u(T_1,t)$

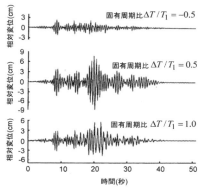

図 2.29 板島記録に対する固有周期 $T_1=0.5$ 秒の場合の相対変位 $\Delta u(T_1,\Delta T,t)$

定義から明らかなように、T_1 と T_2 の値を入れ替えても $\Delta S_D(T_1, \Delta T/T_1)$ の値は変わらない。たとえば、T_1 が 0.5 秒で $\Delta T/T_1 = 1$（すなわち、$T_2 = 1$ 秒）の場合と、T_1 が 1 秒で $\Delta T/T_1 = -0.5$（すなわち、$T_2 = 0.5$ 秒）の場合の $\Delta S_D(T_1, \Delta T/T_1)$ は同じ値となる。

一方、相対変位応答スペクトル比 $r_D(T_1, \Delta T/T_1)$ は固有周期 T_1 が短い領域で大きい。これは短周期になるほど $\Delta S_D(T_1, \Delta T/T_1)$ に比較して $S_D(T_1)$ が相対的に小さくなるためである。

固有周期 T_1 が 0.5 秒の場合を例に、図 2.30(c)の結果を固有周期差比 $\Delta T/T_1$ として整理した結果が図 2.31 である。r_D は $\Delta T/T_1 = 0$（すなわち、$T_2 = T_1$ の場合）で 0 となり、$\Delta T/T_1 = 0.4$ すなわち $T_2 = 0.7$ 秒付近で最大値となる。

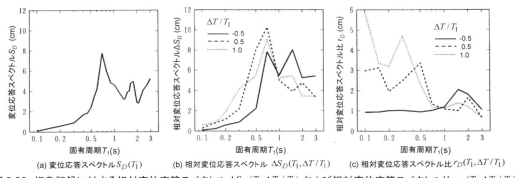

図 2.30 板島記録に対する相対変位応答スペクトル $\Delta S_D(T_1, \Delta T/T_1)$ および相対変位応答スペクトル比 $r_D(T_1, \Delta T/T_1)$

また、図 2.31 では $\Delta T/T_1$ がおおむね -0.4 以下になると r_D は次第に 1.0 に漸近していく。これは、式(2.41)の定義から明らかなように、T_2 が小さくなると変位 $u_1(T_1, h, t)$ に比較して $u_2(T_2, h, t)$ が小さくなり、結果的に $\Delta u \approx u_1$ となるためである。

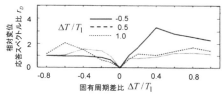

図 2.31 板島記録に対する相対変位応答スペクトル比 $r_D(T_1, \Delta T/T_1)$ と固有周期差比 $\Delta T/T_1$ の関係（$T_1 = 0.5$ 秒の場合）

4) 多数の強震記録に基づく相対変位応答スペクトル

以上の解析をわが国で得られたマグニチュード M_j が 6.5 以上の 63 成分の強震記録に対して行い、相対変位応答スペクトル比 $r_D(T_1, \Delta T/T_1)$ の平均値 m と標準偏差の ±1 倍の範囲を示した結果が図 2.32 である。r_D の平均値は $\Delta T/T_1 = 0$ で 0 となり、$\Delta T/T_1$ が -0.4 程度以下になるとほぼ 1.0 になる。これは上述したように、$\Delta u \approx u_1$ となるためである。

これに対して、$\Delta T/T_1 > 0$ では $\Delta T/T_1$ が増加するにつれて r_D は大きくなる。ただし、固有周期が 1.5 秒の場合には $\Delta T/T$ が 0.6～0.8 程度で r_D は最大となる。これは固有周期 T_2 が 2.4～2.7 秒以上になると、地震動の卓越周期からはずれるためである。

相対変位応答スペクトル比 r_D を利用する際に重要な点は、地震動ごとのばらつきが大きいことである。このため、図 2.32 の平均値 m ではなく、これに標準偏差の 1 倍程度を加えた値を見込む等、安全側に余裕を見込むのがよい。

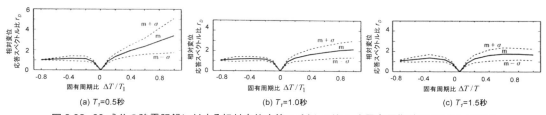

図 2.32 63 成分の強震記録に対する相対変位応答スペクトル比 r_D と固有周期差比 $\Delta T/T_1$ の関係

第3章 塑性ヒンジの履歴特性とモデル化

3.1 はじめに

構造物の耐震解析では塑性ヒンジにおける履歴特性とその解析モデル化が重要である。塑性ヒンジとは強震動が作用した際に塑性化し、この箇所の変形性能を高めることによって構造物のじん性を高めて崩壊を免れようとするキャパシティーデザインの基本となる部材である。これにより、構造物が予期しない箇所で破断し、予期しないモードで崩壊しないようにすることを目的としている。

本章では、曲げ損傷型の鉄筋コンクリート橋脚を対象に、帯鉄筋や炭素繊維シートによるコアコンクリートの横拘束効果、鉄筋の履歴モデル、ファイバー要素解析を中心とした塑性ヒンジ部の解析モデル化等を示す。

3.2 曲げ破壊先行型橋脚における損傷の進展

図 3.1(a)に示すように、曲げ破壊がせん断破壊に先行するように設計された曲げ破壊先行型の片持ちばり式鉄筋コンクリート橋脚を例に、塑性ヒンジに求められる特性とそのモデル化を考えてみよう。

変位制御によって橋脚上端に与える水平変位振幅 u を順次増大させながら正負繰り返して載荷していくと、やがて引張側となる最外縁の鉄筋が降伏し始める。一般に、この状態を初降伏と呼ぶ。

さらに水平変位 u を増大させながら繰り返し載荷を続けると、順次、断面の内側の軸方向鉄筋も降伏し始め、全ての軸方向鉄筋が降伏すると、やがて図 3.1(b)および(c)に示すように復元力 F が飽和し始める。一般にこの段階を降伏と呼び、このときの橋脚の水平変位を降伏変位 u_y、水平力を降伏耐力 F_y と呼ぶ。

降伏後に、さらに水平変位 u を増大させながら繰り返し載荷していくと、耐力は微増しやがて最大耐力に達した後、次第に減少し始める。これは、最大耐力に達する前後からコアコンクリートが圧壊し始め、軸方向鉄筋が面外座屈したり破断し、これらが相互に影響し合いながら損傷が進展していくためである。帯鉄筋も塑性化して所定の位置からずれたり破断してコアコンクリートに対する拘束を失い、これが軸方向鉄筋の面外座屈を助長する。軸方向鉄筋の座屈とコアコンクリートの圧壊は橋脚の曲げ耐力とエネルギー吸収性能を大きく低下させる。

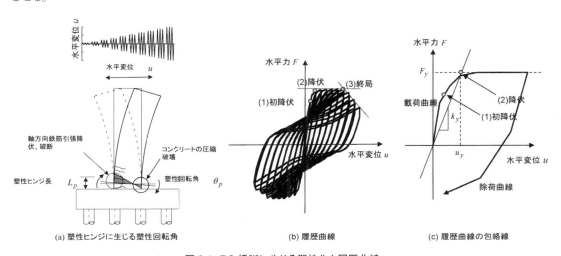

図 3.1 RC 橋脚に生じる塑性化と履歴曲線

さらに繰り返し加震を加えると、やがて圧壊したコアコンクリートが軸方向鉄筋と帯鉄筋の間から飛び出すようになり、これが軸方向鉄筋の座屈と破断をより進展させて、橋脚の耐力は大きく低下していく。一般に、この状態を終局と呼び、このときの水平変位を終局変位 u_u と呼ぶ。

以上のように、最終的にせん断破壊することなく、急速な曲げ耐力の低下が起こらないようにヒンジ化していく箇所あるいは部材を塑性ヒンジと呼ぶ。

3.3 塑性ヒンジとモデル化

以上のプロセスでは、橋脚上端に生じる水平変位 u は次のように与えられる。

$$u = u_e + u_p \tag{3.1}$$

ここで、u_e は橋脚の弾性曲げ変形によって生じる水平変位、u_p は塑性ヒンジの塑性化によって生じる水平変位である。

高さ h、曲げ剛性 EI の片持ちばりの上端に水平力 F を作用させたときに、橋脚の弾性曲げ変形によって生じる水平変位 u_e は次のように求められる。

$$u_e = \frac{Fh^3}{3EI} \tag{3.2}$$

ここで、E は橋脚の弾性係数、I は橋脚の断面2次モーメントである。

図 3.2(a)に示す片持ちばり構造を例にとると、橋脚に水平力 F が作用して塑性ヒンジ（橋脚基部）が曲げ降伏し水平力作用点が u_p だけ変位したときの塑性曲率 $\phi_{pt}(y)$ の分布は図 3.2(b)のようになる。水平力作用点を原点とし、鉛直下方に座標軸 y を定義すると、塑性曲率 $\phi_{pt}(y)$ は基部（$y = h$）で最も大きく、基部から塑性ヒンジ長 L_p に相当する高さ（$y = h - L_p$）において 0 となる。

水平力作用点から下向きに y の高さに生じる塑性曲率を $\phi_{pt}(y)$ とすると、これによる塑性回転角は $\theta_{pt}(y) = \phi_{pt}(y) y$ と与えられるため、水平力作用点に生じる塑性変位 u_p は次式のように求められる。

$$u_p = \int_{h-L_p}^{h} \phi_{pt}(y) y \, dy = \int_{h-L_p}^{h} \theta_{pt}(y) \, dy \tag{3.3}$$

式(3.3)による橋脚の塑性変位 u_p を簡単に求めるために用いられるモデルが塑性ヒンジである。橋脚基部から塑性ヒンジ長 L_p に相当する区間において塑性曲率が一定値 ϕ_p と仮定できれば、図 3.2(c)のように塑性ヒンジの中間高さ、すなわち橋脚基部から $L_p / 2$ の点を回転中心として橋脚は角度 θ_p だけ回転すると近似することができる。この場合には、塑性曲率 ϕ_p によって水平力作用点に生じる変位 u_p は次式により求められる。

$$u_p = \left(h - \frac{L_p}{2}\right) \cdot \theta_p = \left(h - \frac{L_p}{2}\right) \cdot \phi_p L_p \tag{3.4}$$

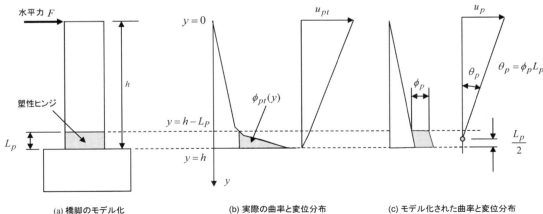

(a) 橋脚のモデル化　　(b) 実際の曲率と変位分布　　(c) モデル化された曲率と変位分布

図 3.2　塑性ヒンジ長 L_p と平均塑性曲率 ϕ_p

したがって、塑性ヒンジ長 L_p は式(3.4)による u_p が式(3.3)による u_p と同じになるように定めればよいことになる。塑性ヒンジ長 L_p の定め方には次のようにいろいろな提案がある。

$$L_p \approx 0.5W \tag{3.5}$$

$$L_p = 0.08H + 0.022\sigma_{sy}d_b \geq 0.044\sigma_{sy}d_b \tag{3.6}$$

$$L_p = 9.5\sigma_{sy}^{1/6}\beta_n^{-1/3}d_b \tag{3.7}$$

ここで、W は橋脚幅、H は塑性ヒンジの中心から水平力作用点までの高さ（$H = h - L_p/2$）、d_b は軸方向鉄筋径、σ_{sy} は軸方向鉄筋の降伏強度、β_n は帯鉄筋の抵抗の度合いを表わすばね定数である。

このように、塑性ヒンジ長 L_p は構造物の曲げ塑性変形によって生じる変位 u_p を簡単に解析するために仮定する架空の長さである。したがって、重要な構造物や特殊な構造では載荷実験に基づいて式(3.4)による u_p が式(3.3)の u_p とほぼ一致するように塑性ヒンジ長 L_p を定めるのがよい。

3.4　曲げ損傷モードを確保するための条件

上記では鉄筋コンクリート橋脚に十分な曲げ変形性能があることを前提としているが、このためには次に示す損傷が生じないようにしておかなければならない[P5]。

a)　コンクリートの曲げ圧縮破壊

曲げ圧縮力を受けてコアコンクリートが圧壊すると、橋脚の曲げ耐力は急速に低下する。帯鉄筋によってコアコンクリートを十分に横拘束し、コンクリートの圧縮強度を高めることが重要である。帯鉄筋によるコンクリートの横拘束については、3.6 に示す。

b)　コンクリートのせん断破壊

わが国では、建設コストを下げるため、伝統的に大断面、低鉄筋の思想で橋脚が建設されてきており、1995年兵庫県南部地震前には、横拘束に対する帯鉄筋の重要性が認識されていなかった。こうした思想で建設された橋脚は無筋コンクリートに近い状態で曲げ破壊やせん断破壊する。

大断面の橋脚では、コアコンクリートを横拘束するためには外周面に帯鉄筋を配置するだけでは不十分であり、十分な量の中間帯鉄筋を配置する必要がある。

c)　軸方向鉄筋の座屈

曲げ圧縮を受けて図 3.3 に示すように軸方向鉄筋が面外座屈すると、橋脚の曲げ耐力は急速に低下する。また、軸方向鉄筋が座屈と引張降伏を繰り返すと、塑性ひずみが蓄積され軸方向鉄筋の破断が早まる。

軸方向鉄筋の座屈は(a)のように複数の帯鉄筋にまたがって生じる全体座屈と、(b)のようにある一区間の帯鉄筋間で生じるローカル座屈がある。十分な帯鉄筋を密に配置し、全体座屈はもちろんのことローカル座屈も極力防止することが橋脚の曲げ変形性能を向上させるために重要である。

d)　軸方向鉄筋の引張破断

軸方向鉄筋量が過小な場合に起こる被害で、橋脚内だけでなく橋脚とフーチングとの結合部等でも生じる。特に、震度法の時代に建設された橋ではこうした被害が生じやすい。図 3.4 は 1995

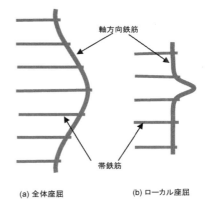

(a) 全体座屈　　(b) ローカル座屈
図 3.3　軸方向鉄筋の座屈

年兵庫県南部地震によりフーチングとの定着部に生じた橋脚の軸方向鉄筋の引張破断である。地震力の過小評価が根本的な原因で、これによる鉄筋量の不足と定着長の不足によって生じた被害である。

図3.4 軸方向鉄筋の破断

e) 軸方向鉄筋の重ね継手部の破壊

重ね継手とは、図3.5(a)のように鉄筋を重ねて定着する構造である。重ね継手を用いた橋脚に地震力が作用すると、重ね継手部において軸方向鉄筋どうしが軸方向にずれ、(b)のように、橋脚表面に直交する破壊面と橋脚表面に平行する破壊面が形成され、放射状にひび割れが進展し、軸方向鉄筋と橋脚コアコンクリートとの間にずれが生じる。軸方向鉄筋に作用する軸力は(c)のように上側の鉄筋と下側の鉄筋間に形成されるストラットによって伝達されるが、この過程でコンクリートと鉄筋のすべりやコンクリートの破壊が生じる。

重ね継手部の破壊を防止するためには、重ね継手長(鉄筋を重ねる区間長)を十分長くし、周囲に十分な量の帯鉄筋を配置してコンクリートと鉄筋のすべりを小さくする必要がある。塑性ヒンジ区間には、重ね継手ではなく信頼性のある機械的継手や溶接継手を用いる必要がある。

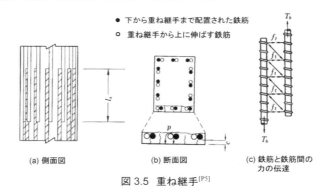

図3.5 重ね継手[P5]

3.5 鉄筋コンクリート構造物の履歴モデル

1) 経験的履歴モデル

図3.6は鉄筋コンクリート構造物の耐震解析によく使用される履歴モデルである。バイリニア型モデルは降伏剛性k_yと降伏後剛性k_{py}から構成され、非線形応答の特徴を簡単に表現する代表的なモデルとして各種構造解析に広く用いられる。完全弾塑性型モデルはバイリニア型モデルの降伏後剛性k_{py}を0としたモデルである。トリリニア型モデルは2箇所で履歴曲線が折れ曲がるモデルで、初期剛性、初降伏後の剛性、降伏後の剛性の変化を表わすことができる。

Takedaモデルは鉄筋コンクリート構造の解析に広く用いられる。再載荷や除荷するときの塑性率μ_rに応じて再載荷剛性や除荷剛性k_μを次のように与えている。

$$k_\mu = k_y \cdot \mu^{-\beta} \tag{3.8}$$

ここで、k_yは降伏剛性、βは剛性低減係数である。

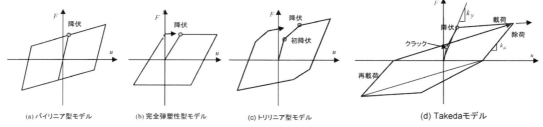

図 3.6 主要な鉄筋コンクリート構造の履歴モデル

2) ファイバー要素解析法

経験的履歴モデルと並んでコアコンクリートの圧壊や鉄筋の破断、変動軸力を受ける構造物の耐震解析によく用いられるのが、ファイバー要素解析と有限要素法である。有限要素法ではいろいろな材料の構成則を取り入れることが可能で、汎用性が高い。DIANA、ABAQUS、TDAP をはじめ、いろいろな解析ソフトが利用可能である。

ファイバー要素解析は、曲げ理論に基づいて、コンクリートおよび軸方向鉄筋の構成則を与え、時々刻々の断面の力のつり合いから RC 構造の非線形復元力特性を表わす解析手法である。ファイバー要素では、コンクリートのひび割れ後も平面保持の仮定を満足し、せん断変形は無視すると同時に、コンクリートと鉄筋は完全に付着されていると仮定される。

図 3.7(a)のように、長さ L の 2 次元要素を考え、この要素の中央部に位置する断面を(b)のように n 個のファイバーに分割する。ここで、(a)に示すように i 端に x 方向の増分変位 Δu_i と増分回転角 $\Delta \theta_i$、j 端に x 方向の増分変位 Δu_j と増分回転角 $\Delta \theta_j$ が与えられたとき、(b)に示す断面の図心位置における軸方向増分ひずみ $\Delta \varepsilon_c$ と断面の増分曲率 $\Delta \phi$ は、それぞれ次のように与えられる。なお、要素内では軸方向ひずみと曲率は一定と仮定する。

$$\Delta \varepsilon_c = \frac{\Delta u_j - \Delta u_i}{L} \tag{3.9}$$

$$\Delta \phi = \frac{\Delta \theta_j - \Delta \theta_i}{L} \tag{3.10}$$

ここで、平面保持の仮定に基づき、(c)に示すように断面のひずみ分布を与えると、図心からの距離が y_k である k 番めのファイバーの軸方向増分ひずみ $\Delta \varepsilon_k$ は

$$\Delta \varepsilon_k = \Delta \varepsilon_c - y_k \cdot \Delta \phi \tag{3.11}$$

であるから、k 番めのファイバーの時刻 t における接線弾性係数を E_{kt}、ファイバーの断面積を A_k とすると、断面の増分軸力 ΔN、増分曲げモーメント ΔM は次のようになる。

$$\Delta N = \int_A \Delta \sigma dA = \sum_{k=1}^{n} \Delta \varepsilon_k E_{kt} A_k = EA^* \Delta \varepsilon_c - EG_t^* \Delta \phi \tag{3.12}$$

$$\Delta M = -\int_A \Delta \sigma y dA = -\sum_{k=1}^{n} \Delta \varepsilon_k E_{kt} A_k y_k = -EG_t^* \Delta \varepsilon_c + EI_t^* \Delta \phi \tag{3.13}$$

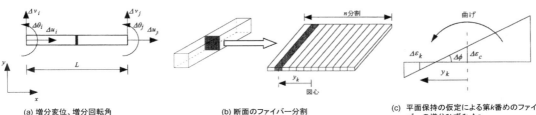

図 3.7 ファイバー要素解析

ここで、

$$EA_t^* = \sum_{k=1}^{n} E_{kt} A_k , \quad EG_t^* = \sum_{k=1}^{n} E_{kt} A_k y_k , \quad EI_t^* = \sum_{k=1}^{n} E_{kt} A_k y_k^2 \tag{3.14}$$

また、増分せん断力 ΔQ は次式で与えられる。

$$\Delta Q = -\frac{d\Delta M}{dx} \tag{3.15}$$

増分変位ベクトル $\{\Delta u\}$ と増分要素節点力ベクトル $\{\Delta f\}$ の関係は、時刻 t におけるファイバー要素の剛性行列を $[k_t]$ とすると、次のように与えられる。

$$\{\Delta f\} = [k_t]\{\Delta u\} \tag{3.16}$$

ここで、

$$\{\Delta f\} = \{\Delta N_i, \Delta Q_i, \Delta M_i, \Delta N_j, \Delta Q_j, \Delta M_j\}^T \tag{3.17}$$

$$\{\Delta u\} = \{\Delta u_i, \Delta v_i, \Delta \theta_i, \Delta u_j, \Delta v_j, \Delta \theta_j\}^T \tag{3.18}$$

要素内の軸方向変位 $u(x)$、軸直角方向変位 $v(x)$ を次のように仮定すると、

$$u(x) = c_0 + c_1 x \tag{3.19}$$

$$v(x) = c_2 + c_3 x + c_4 x^2 + c_5 x^3 \tag{3.20}$$

ファイバー要素の剛性行列 $[k_t]$ は次のように求められる。

$$[k_t] = \begin{bmatrix} \frac{EA_t^*}{L} & 0 & -\frac{EG_t^*}{L} & -\frac{EA_t^*}{L} & 0 & \frac{EG_t^*}{L} \\ 0 & \frac{12EI_t^*}{L^3} & \frac{6EI_t^*}{L^2} & 0 & -\frac{12EI_t^*}{L^3} & \frac{6EI_t^*}{L^2} \\ -\frac{EG_t^*}{L} & \frac{6EI_t^*}{L^2} & \frac{4EI_t^*}{L} & \frac{EG_t^*}{L} & -\frac{6EI_t^*}{L^2} & \frac{2EI_t^*}{L} \\ -\frac{EA_t^*}{L} & 0 & \frac{EG_t^*}{L} & \frac{EA_t^*}{L} & 0 & -\frac{EG_t^*}{L} \\ 0 & -\frac{12EI_t^*}{L^3} & -\frac{6EI_t^*}{L^2} & 0 & \frac{12EI_t^*}{L^3} & -\frac{6EI_t^*}{L^2} \\ \frac{EG_t^*}{L} & \frac{6EI_t^*}{L^2} & \frac{2EI_t^*}{L} & -\frac{EG_t^*}{L} & -\frac{6EI_t^*}{L^2} & \frac{4EI_t^*}{L} \end{bmatrix} \tag{3.21}$$

一般の非線形はり要素では、時間的に曲げ剛性 EI_t だけが変化するが、ファイバー要素では各ファイバーの接線弾性係数 E_{kt} が時々刻々変化するため、式(3.14)より EA^*、EG^*、EI^* も変化する。また、一般のはり要素の剛性行列と大きく異なる点は、EG^*/L の項が軸力と曲げモーメントの連成項として加わっていることである。これにより、変動軸力に伴う復元力特性の変化を表わすことができる。

3.6 コンクリートの横拘束効果とそのモデル化

1) 帯鉄筋による横拘束効果

コンクリートを帯鉄筋等の横拘束筋によって側方から拘束すると、横拘束されないコンクリートに比較して圧縮強度が高まることは早い時代から知られていた。たとえば、Richard らは 1929 年に横拘束されていないコンクリートの強度 σ_{c0} と横拘束したコンクリートの強度 σ_{cc} の間に次の関係があることを示した[R1]。

$$\sigma_{cc} = \sigma_{c0} + \alpha \sigma_{lu} \tag{3.22}$$

ここで、σ_{lu} は帯鉄筋によりコンクリートに一様に与えた横拘束圧であり、平均横拘束応力と呼ぶ。上式は σ_{lu} の横拘束を与えると、その α 倍の増分強度がコンクリートに生じることを意味している。

係数 α がどの程度であるかが重要であるが、Richard らは 4.1 程度と提案した。式(3.22)は横拘束効果を表

現するためにシンプルでわかりやすいことから、次節に示すように、その後の研究の多くはこの形で横拘束効果を与えてきている。

式(3.22)の両辺を σ_{c0} で割ると、次式となる。

$$\frac{\sigma_{cc}}{\sigma_{c0}} = 1 + \alpha C \tag{3.23}$$

ここで、

$$C = \frac{\sigma_{lu}}{\sigma_{c0}} \tag{3.24}$$

式(3.23)において αC は帯鉄筋による横拘束効果を表わすことから、横拘束効果係数と呼ばれる。

図 3.8 に示すように、帯鉄筋で横拘束されたコンクリートに一様な軸圧縮力を作用させると、コンクリートは周方向に体積膨張しようとし、これに抵抗する帯鉄筋の働きによって側方から拘束される。このとき、図 3.9 に示すように、直径もしくは一辺の長さ（辺長）が d のコンクリート柱を中央で輪切りにし、帯鉄筋の配置間隔 s の間にある一対の帯鉄筋に生じる軸力 F_h によって、$d \times s$ の範囲のコンクリート断面に一様に平均横拘束応力 σ_{lu} が生じるとすると、力のつり合いから

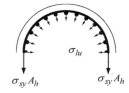

図 3.8 帯鉄筋によるコアコンクリートの横拘束モデル

$$2F_h = s d \sigma_{lu} \tag{3.25}$$

となる。ここで、d はコンクリートの直径(円形断面)もしくは辺長（正方形断面）、s は高さ方向の帯鉄筋の配置間隔である。

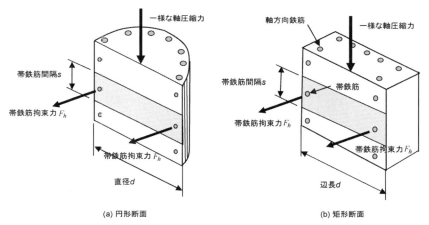

図 3.9 帯鉄筋比と横拘束効果係数

一般に、コンクリートに作用する圧縮応力 σ_c が最大圧縮応力 σ_{cc} に達する段階では、横拘束筋はおおむね降伏強度 σ_{sy} に達する。横拘束筋の降伏後には横拘束筋の応力は σ_{sy} 一定になると仮定すると、コンクリートに作用する平均横拘束応力 σ_{lu} は次のようになる。

$$\sigma_{lu} = \frac{2A_h}{sd}\sigma_{sy} \tag{3.26}$$

ここで、A_h は帯鉄筋断面積である。ただし、これはあくまでも帯鉄筋の拘束力が一様にコアコンクリートに作用すると仮定できる場合であり、矩形断面やたとえ円形断面でも断面が大きいと、このように単純ではない。これについては後述する。

帯鉄筋量を表わすために、単位体積当たりのコンクリートに配置された帯鉄筋の体積を帯鉄筋比 ρ_s と呼ぶ。

相隣る帯鉄筋間隔 s の範囲を考えると、コンクリートの体積 V_c は、

$$V_c = \begin{cases} \dfrac{\pi d^2}{4} s & \cdots\cdots 円形断面 \\ d^2 s & \cdots\cdots 正方形断面 \end{cases} \tag{3.27}$$

であり、1対の帯鉄筋の体積 V_s は、

$$V_s = \begin{cases} \pi d A_h & \cdots\cdots 円形断面 \\ 4 d A_h & \cdots\cdots 正方形断面 \end{cases} \tag{3.28}$$

であるから、円形断面、正方形断面ともにコンクリートの帯鉄筋比 ρ_s は次のようになる。

$$\rho_s \equiv \frac{V_s}{V_c} = \frac{4A_h}{sd} \tag{3.29}$$

　上式による帯鉄筋比 ρ_s は帯鉄筋量を表わす指標として広く使用されている。なお、太径の帯鉄筋を粗く配置しても細径の帯鉄筋を密に配置しても、帯鉄筋比 ρ_s が同じであれば横拘束効果は同じかというと、そうではない。これについては後述の4)に示す。

　式(3.29)を式(3.26)に代入すると、平均横拘束応力 σ_{lu} は次のようになる。

$$\sigma_{lu} = \frac{\rho_s \sigma_{sy}}{2} \tag{3.30}$$

2) 初期の横拘束モデル

　1971年米国サンフェルナンド地震により橋や建物に大規模な被害が生じたことが契機となり、鉄筋コンクリート構造物の強度と変形性能に及ぼす横拘束効果に関する研究が盛んに行われるようになった。こうした研究では、軸方向鉄筋と帯鉄筋を配置した円柱や正方形断面の柱に軸力を与え、平均軸応力～平均ひずみの関係から、鉄筋コンクリート柱の圧縮応力～圧縮ひずみの関係が求められている。高さ方向にできるだけ一様な軸圧縮応力を作用させるためには供試体の縦横比をどのようにすべきか、供試体の上下端面と載荷装置の間の摩擦力をどのように低減すべきかが重要である。これらについては現在でも定まった考え方がある訳ではない。供試体の縦横比は2～3の範囲とし、上下端面の摩擦がないようにセットすることが難しいことから特殊な支持はしない研究が多い。

　さらに、現在までの研究では、供試体全長にわたって鉄筋コンクリート柱の平均的な圧縮応力～圧縮ひずみの関係が求められてきたが、解析手法に応じて供試体のどの範囲で評価された関係式であるかを知っておくことが重要である。これは、図3.10 に示すように、最大圧縮応力 σ_{cc} に達した後の損傷が高さごとに一様ではないためである。損傷が集中する領域でひずみを求めると終局ひずみ σ_u は大きく評価され、ポストピーク領域での応力の低下も小さく評価される。有限要素法のようにローカルな要素ごとの応力～ひずみの関係を議論するためには、ローカルな領域の応力～ひずみ関係が重要である。

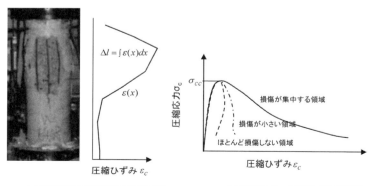

(a) 供試体の高さ方向の圧縮ひずみ　　　　(b) 圧縮応力～圧縮ひずみの関係

図3.10　一軸圧縮実験から求められるコンクリートの横拘束モデル

一方、ファイバー要素解析のように塑性ヒンジ部のコンクリートの応力〜変形の関係をマクロに捉える解析では、平均化されたコンクリートの応力〜ひずみ関係が必要とされる。このため、以下に示すコンクリート柱の圧縮応力〜圧縮ひずみの関係は絶対的なものではなく、最終的には解析手法に応じて繰返し載荷実験や震動台加震実験等に基づいてキャリブレーション解析を行い、実験結果と適合性が良い圧縮応力〜圧縮ひずみ関係式を使用するのがよい。

なお、以上では"鉄筋コンクリート柱に対する圧縮応力〜圧縮ひずみの関係"とか"帯鉄筋で横拘束されたコンクリート柱"と表現してきたが、以下の実験式はいずれも橋や建築物等の柱・はりに用いられる高さと幅、断面形状を想定した"コンクリートの圧縮応力〜圧縮ひずみ"に対する経験式として開発されてきた。このため、以下では特に限定しない限り、これらを"コンクリートの応力〜ひずみ関係"と呼ぶ。

コンクリートに対する帯鉄筋の横拘束効果に関する初期の頃の代表的なモデルとして、ニュージーランド・カンタベリー大学のParkらの研究がある。このモデルでは、矩形断面コンクリートを対象に、横拘束されたコンクリートの圧縮応力 σ_c (MPa)とそのときのひずみ ε_c の関係が、次のように与えられている[P1,K71]。

$$\sigma_c = \begin{cases} K\sigma_{c0}\left\{\dfrac{2\varepsilon_c}{0.002K} - \left(\dfrac{\varepsilon_c}{0.002K}\right)^2\right\} & \cdots\cdots\text{応力上昇域} \\ K\sigma_{c0}\{1 - Z_m(\varepsilon_c - 0.002K)\} & \cdots\cdots\text{応力下降域} \end{cases} \quad (3.31)$$

ここで、応力上昇域とはコンクリートの応力が0から最大圧縮応力 σ_{cc} まで増加する過程、応力下降域とは応力が最大圧縮応力 σ_{cc} から終局ひずみ ε_u まで減少する過程である。

Parkらは、横拘束されていないコンクリートの最大圧縮応力 σ_{c0} とそのときのひずみ ε_{c0} は、横拘束を与えたときのコンクリートの最大圧縮応力 σ_{cc} とそのときのひずみ ε_{cc} と、次の関係があると仮定した。

$$\frac{\sigma_{cc}}{\sigma_{c0}} = \frac{\varepsilon_{cc}}{\varepsilon_{c0}} = K \quad (3.32)$$

ここで、Kは拘束効果係数と呼ばれ、次式のように定義されている。

$$K = 1 + \frac{\rho_s \sigma_{sy}}{\sigma_{c0}} \quad (3.33)$$

ここで、σ_{sy} は横拘束筋(帯鉄筋)の降伏強度である。

同じくカンタベリー大学のManderらはコンクリート強度25〜28MPaの円形、長方形、壁式の各断面に対して、図3.11に示すように、応力の上昇域と下降域を次式のように一つの式で表わした[M2,M3,N8]。

$$\sigma_c = \frac{\sigma_{cc} x r}{r - 1 + x^r} \quad (3.34)$$

ここで、$x \equiv \varepsilon_c/\varepsilon_{cc}$、$r \equiv E_c/(E_c - E_{\text{sec}})$ であり、ε_{cc} は最大圧縮応力 σ_{cc} のときのコンクリートのひずみ、E_c はコンクリートの初期弾性係数、E_{sec} は原点と最大圧縮応力点を結ぶ割線弾性剛性である。

上式では、σ_{cc} と ε_{cc} が次のように与えられている。

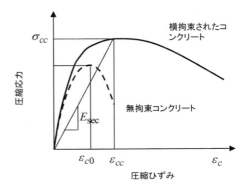

図3.11 Manderモデル

$$\sigma_{cc} = \sigma_{c0}\left(-1.254 + 2.254\sqrt{1 + \frac{7.94\sigma_{lu}}{\sigma_{c0}}} - 2\frac{\sigma_{lu}}{\sigma_{c0}}\right) \quad (3.35)$$

$$\varepsilon_{cc} = \varepsilon_{c0}\left\{1 + 5\left(\frac{\sigma_{cc}}{\sigma_{c0}} - 1\right)\right\} \quad (3.36)$$

ここで、σ_{lu} は帯鉄筋からコンクリートに伝えられる平均横拘束応力である。

国内では、六車ら[M12]は応力上昇域を 2 つの双曲線でモデル化し、帯鉄筋間に生じる非拘束域の存在を考慮した横拘束モデルを、また、藤井ら[F4]は応力上昇域を二次曲線と三次曲線を組み合わせ、さらに六車らの拘束モデルを参考にした横拘束モデルを提案している。

このほかにも多数の横拘束モデルが開発されているが、応力〜ひずみ関係を次のように二次曲線により与えている研究が多い。

$$\sigma_c = \sigma_{cc}\left\{\frac{2\varepsilon_c}{\varepsilon_{cc}} - \left(\frac{\varepsilon_c}{\varepsilon_{cc}}\right)^2\right\} \tag{3.37}$$

これはシンプルな表現で実用性に優れているが、本来、横拘束式は次の 4 つの境界条件を満足しなければならない。

i) 初期条件　　$\varepsilon_c = 0$ で $\sigma_c = 0$ (3.38)
ii) 初期勾配　　$\varepsilon_c = 0$ で $d\sigma_c/d\varepsilon_c = E_c$ (3.39)
iii) 最大応力点　$\varepsilon_c = \varepsilon_{cc}$ で $\sigma_c = \sigma_{cc}$ (3.40)
iv) 最大応力点　$\varepsilon_c = \varepsilon_{cc}$ で $d\sigma_c/d\varepsilon_c = 0$ (3.41)

たとえば、式(3.31)は i)、iii)、iv)の 3 条件を満足する最大応力点を頂点とする二次曲線式であるが、ii)の初期勾配の条件は満足していない。このため、帯鉄筋比 ρ_s によって初期勾配の値 ($2f_{cc}/\varepsilon_{cc}$) がばらつくという問題がある。

3) 横拘束を取り入れた応力〜ひずみ包絡線

以上に示した横拘束モデルでは帯鉄筋比 ρ_s が 1%程度以上の鉄筋コンクリートが対象とされており、中には 2%を超えるものもある。これは多くの横拘束式が密に帯鉄筋を配置する建築柱を対象としているためで、橋脚に適用するためには大断面低鉄筋の構造に適したモデルが必要とされる。

星隈らは、直径20cm、高さ60cm の供試体に加えて、直径50cm、高さ1.5m という世界最大級の大型供試体を用いた載荷実験に基づき、式(3.38)〜式(3.41)による 4 つの境界条件を満足する横拘束式として次式を提案した[H11,H12]。

$$\sigma_c = \begin{cases} E_c\varepsilon_c\left\{1 - \frac{1}{n}\left(\frac{\varepsilon_c}{\varepsilon_{cc}}\right)^{n-1}\right\} \cdots\cdots\cdots 0 \leq \varepsilon_c \leq \varepsilon_{cc} \\ \sigma_{cc} - E_{des}(\varepsilon_c - \varepsilon_{cc}) \cdots\cdots\cdots\cdots \varepsilon_{cc} \leq \varepsilon_c \leq \varepsilon_{cu} \end{cases} \tag{3.42}$$

ここで、

$$n = \frac{E_c\varepsilon_{cc}}{E_c\varepsilon_{cc} - f_{cc}} \tag{3.43}$$

ここに、σ_{c0} は無補強コンクリートの圧縮強度(MPa)、σ_{cc} と ε_{cc} はコンクリートの最大圧縮応力(MPa)とそのときの圧縮ひずみ、E_c はコンクリートの初期弾性係数(MPa)、ε_{cu} はコンクリートの終局ひずみ、E_c はコンクリートの初期弾性係数(MPa)、E_{des} は最大圧縮応力 σ_{cc} に達した後の下降勾配(MPa)、σ_{yh} は帯鉄筋の降伏強度(MPa)であり、それぞれ次式のように与えられる。

$$\sigma_{cc} = \begin{cases} \sigma_{c0} + 3.80\rho_s\sigma_{yh} \cdots\cdots\cdots 円形断面 \\ \sigma_{c0} + 0.76\rho_s\sigma_{yh} \cdots\cdots 正方形断面 \end{cases} \tag{3.44}$$

$$\varepsilon_{cc} = \begin{cases} 0.002 + 0.033\dfrac{\rho_s\sigma_{yh}}{\sigma_{c0}} \cdots\cdots\cdots 円形断面 \\ 0.002 + 0.0132\dfrac{\rho_s\sigma_{yh}}{\sigma_{c0}} \cdots\cdots 正方形断面 \end{cases} \tag{3.45}$$

$$E_{des} = 11.2 \frac{\sigma_{c0}^2}{\rho_s \sigma_{yh}} \tag{3.46}$$

式(3.42)は c_1、c_2、c_3、n の 4 個を未定定数にして次式のようにコンクリートの応力 σ_c 〜ひずみ ε_c 関係を表わして得られたものである。

$$\sigma_c = c_1 \varepsilon_c^n + c_2 \varepsilon_c + c_3 \tag{3.47}$$

式(3.31)、式(3.34)等では、圧縮応力 σ_c が最大圧縮応力 σ_{cc} に達した後、その 20〜30%まで低下した領域が対象とされているのに対して、式(3.42)では最大圧縮応力 σ_{cc} に達した後、その 50%まで低下したときのひずみを ε_{cu} とし、それ以上の圧縮領域は対象とされていない。これは、それ以上の圧縮領域では帯鉄筋の破断や軸方向鉄筋の座屈等が卓越し、橋脚の耐震解析で考慮すべき領域ではないためである。

式(3.44)、式(3.45)では、$\rho_s \sigma_{yh}$ は帯鉄筋が降伏したときにコンクリートに与えられる最大の拘束圧を表わしている。これだけの拘束圧を加えることによりコンクリートの最大圧縮応力 σ_{cc} とそのときのひずみ ε_{cc} を無補強コンクリートに比較してそれぞれ $(3.80〜0.76) \times \rho_s \sigma_{yh}$、$(0.033〜0.0132) \times \rho_s \sigma_{yh} / \sigma_{c0}$ だけ増加できることを意味している。これらの係数が正方形断面よりも円形断面の方が大きいのは、正方形断面よりも円形断面の方が帯鉄筋の横拘束効果がより大きいためである。

同様に、式(3.46)は帯鉄筋によって拘束圧 $\rho_s \sigma_{yh}$ を加えることにより、最大圧縮応力 σ_{cc} に達した後の応力の下降勾配 E_{des} を小さくできることを示している。

以上に示した Mander モデル、六車モデル、藤井モデル、星隈モデルを帯鉄筋比 $\rho_s = 0.58\%$ の条件で比較した結果が図 3.12 である。(a)は直径 50cm、高さ 1.5m の円形断面、(b)は一辺が 20cm、高さが 60cm の正方形断面模型に対する適用例を実験結果と比較して示している。他のモデルに比較して星隈モデルは応力の下降勾配が小さく評価され、実験値との一致度が良い。

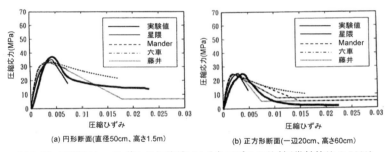

(a) 円形断面(直径50cm、高さ1.5m)　　(b) 正方形断面(一辺20cm、高さ60cm)

図 3.12　圧縮応力〜ひずみの包絡線による各モデルの比較(帯鉄筋比 0.58%)

4) 帯鉄筋間隔を考慮した横拘束応力の補正

帯鉄筋比 ρ_s が同じでも、帯鉄筋の配置間隔によって横拘束効果は同じではない。たとえば、図 3.13 は星隈らによる載荷実験後の供試体の損傷である。(a)では径 10mm の帯鉄筋が 15cm 間隔で配置されているのに対して、(b)では径 13mm の帯鉄筋が 30cm 間隔で配置されている。両者の帯鉄筋比 ρ_s はそれぞれ 0.39%、0.34%と同程度であるが、コアコンクリートや軸方向鉄筋の座屈からみた損傷は、(b)帯鉄筋間隔が 30cm の場合が(a)帯鉄筋間隔が 15cm の場合よりもはるかに著しい。同様に、(c)と(d)は帯鉄筋比 ρ_s はそれぞれ 0.58%、0.54%とほぼ同じであるが、損傷は(d)帯鉄筋間隔が 30cm の場合が(c)帯鉄筋間隔が 10cm の場合よりも著しい。

図 3.14 はこのときの応力〜ひずみの履歴の比較である。損傷状況を反映して、(a)に比較して(b)の方が、また、(c)に比較して(d)の方が最大応力に達した後の圧縮応力の低下が著しい。これは同じ帯鉄筋比 ρ_s の帯鉄筋を配置するのであれば、太径の帯鉄筋を粗く配置するよりも細径の帯鉄筋を密に配置する方が有利であることを示している。

(a) D10mm@15cm間隔 （ρ_s= 0.39%）
(b) D13mm@30cm間隔 （ρ_s= 0.34%）
(c) D10mm@10cm間隔 （ρ_s= 0.58%）
(d) D16mm@30cm間隔 （ρ_s=0.54%）

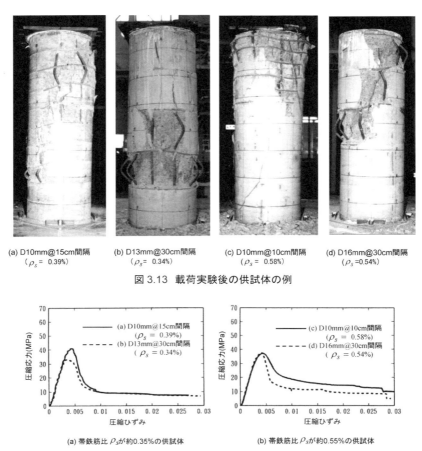

図 3.13　載荷実験後の供試体の例

(a) 帯鉄筋比 ρ_sが約0.35%の供試体
(b) 帯鉄筋比 ρ_sが約0.55%の供試体

図 3.14　供試体の損傷に与える帯鉄筋間隔の影響

このようになるのは、式(3.26)によって帯鉄筋からコアコンクリートに一様に伝えられると仮定される平均横拘束応力 σ_{lu} が、実際には**図 3.15** のように高さ方向にも水平方向にも一様ではなく、帯鉄筋から離れるに従って減少するためである。この効果を取り入れるために、堺らにより帯鉄筋からコアコンクリートに伝えられる応力 σ_{lc} を、次のように補正して求めるモデルが提案されている[S4,S5,S6,S7,S8,S9]。

$$\sigma_{lc} = \kappa_s \kappa_d \sigma_{lu} \tag{3.48}$$

ここで、κ_s は高さ方向の帯鉄筋間隔 s に基づく低減係数、κ_d は水平方向の帯鉄筋（中間帯鉄筋も含めて）間隔 d_t に基づく低減係数である。

帯鉄筋間隔による高さ方向の横拘束効果を表わすため、**図 3.16** に示すように高さ方向に帯鉄筋から離れるに従って角度 θ_s で横拘束効果が低減すると仮定すると、上下方向の低減係数 κ_s は次のようになる。

$$\kappa_s = \begin{cases} 1 - \dfrac{s}{d \tan \theta_s} \cdots\cdot s < d \tan \theta_s \\ 0 \cdots\cdots\cdots\cdots\cdot s \geq d \tan \theta_s \end{cases} \tag{3.49}$$

ここで、κ_s は帯鉄筋がその位置から $1/\tan\theta_s$ の勾配で線形に減少すると仮定し、相隣る 2 段の帯鉄筋の中間位置における横拘束圧を、帯鉄筋位置における横拘束圧で除した値である。

ただし、帯鉄筋間隔 s が $d\tan\theta_s$ よりも大きい場合には、**図 3.16(b)**のように帯鉄筋からまったく横拘束が働かない範囲が生じる。このようになると、たとえ帯鉄筋の直近では横拘束圧効果があっても、高さ方向には横拘束効果は見込めないため、κ_s は 0 となる。

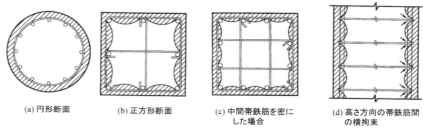

図 3.15 帯鉄筋間隔による横拘束の変化[P5]

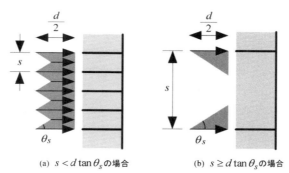

図 3.16 高さ方向の帯鉄筋間隔 s に基づく低減係数 κ_s

一方、図 3.17 に示すように水平方向に帯鉄筋(中間帯鉄筋含む)から離れるに従って、角度 θ_d で横拘束効果が線形に減少すると仮定すると、κ_s は次のようになる。

$$\kappa_d = \begin{cases} \dfrac{d_x \tan\theta_d}{2d_t} \cdots\cdots d_t > d_x \tan\theta_d \\ 1 - \dfrac{d_t}{2d_x \tan\theta_d} \cdots\cdots d_t \leq d_x \tan\theta_d \end{cases} \tag{3.50}$$

ここで、低減係数 κ_d は帯鉄筋や中間帯鉄筋から与えられる一様な横拘束圧の大きさを $d_x d_y / 2$ と仮定して、帯鉄筋や中間帯鉄筋から離れた領域における横拘束圧を $d_x d_y / 2$ に対する面積比として表わしたものである。円形断面では $\kappa_d = 1$ である。

ただし、帯鉄筋や中間帯鉄筋の間隔 d_t が $d_x \tan\theta_d$ よりも大きくなると、帯鉄筋や中間帯鉄筋の間では横拘束が作用しない領域が生じる。しかし、上述した高さ方向の場合とは異なり、このようになっても帯鉄筋や中間帯鉄筋から与えられる横拘束応力は高さ方向には連続して存在するため、低減係数 κ_d は 0 とはならない。

実験結果に基づくと、式(3.49)、式(3.50)の θ_s、θ_d はそれぞれ 30 度、45 度程度である。

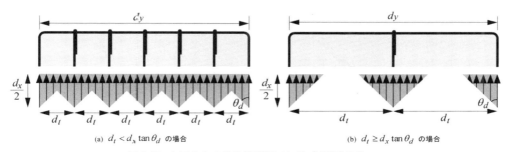

図 3.17 水平方向の帯鉄筋間隔 d に基づく低減係数 κ_d

5) 除荷および再載荷履歴の定式化

　動的解析ではコンクリートに生じる応力やひずみは地震動によって増減するため、応力～ひずみの包絡線に加えて、ひずみが増加する過程（載荷過程）と減少する過程（除荷過程）の応力～ひずみ関係が必要となる。このため、図3.18に示すように、タイプⅠ～Ⅳの4つの履歴モデルを組み合わせて任意の応力～ひずみの増減の履歴を表現するモデルが開発されている[S3]。対象とするのは帯鉄筋比 ρ_s が 0.67%～2.67%、コンクリート強度が 23～36MPa のコンクリートである。

　ここで、タイプⅠ載荷履歴とは、(a)に示すように、単調にひずみを増加させた場合の履歴(包絡線)で、前節までに示した通りである。

　タイプⅡ載荷履歴とは、(b)に示すように、応力～ひずみの包絡線から応力が完全に 0 になるまで除荷し、その後再載荷する履歴である。包絡線から初めて除荷し始める点のひずみを除荷点ひずみ ε_{ul}、その時の応力を1回目の除荷点応力 $\sigma_{ul\cdot 1}$、除荷後に応力が 0 になった時のひずみを1回目の塑性点ひずみ $\varepsilon_{pl\cdot 1}$ と呼ぶ。ここから除荷点ひずみ ε_{ul} まで再載荷した時の応力が 2 回目の除荷点応力 $\sigma_{ul\cdot 2}$ で、$\sigma_{ul\cdot 1}$ よりも小さい値となる。以下、同様に除荷、再載荷を n 回繰り返した場合の塑性点ひずみと除荷点応力をそれぞれ n 回目の塑性点ひずみ $\varepsilon_{pl\cdot n}$、n 回目の除荷点応力 $\sigma_{ul\cdot n}$ と呼ぶ。

　タイプⅢ載荷履歴とは、(c)に示すように、除荷点ひずみ ε_{ul} から除荷し、タイプⅡのように応力が 0 になる前に再載荷する履歴である。再載荷するときのひずみを再載荷点ひずみ ε_{rl}、そのときの応力を再載荷点応力 σ_{rl} と呼ぶ。

　タイプⅣ載荷履歴とは(d)に示すように、完全除荷の状態から再載荷し、除荷点ひずみ ε_{ul} に達する前に再び除荷する履歴である。これを完全除荷・部分再載荷履歴と呼び、除荷点ひずみ ε_{ul} に達する前に再び除荷することを内部除荷と呼ぶ。このときの除荷点ひずみと除荷点応力は包絡線からの除荷を含めると、2 回目の除荷に相当することから、それぞれ、内部除荷点ひずみ $\varepsilon_{pl\cdot in}$、内部除荷点応力 $\sigma_{in\cdot 2}$ と呼ぶ。

　包絡線上の任意の点から完全除荷と完全再載荷を繰り返すと、塑性点ひずみ $\varepsilon_{pl\cdot n}$ は大きくなり、除荷点応力度 $\sigma_{ul\cdot n}$ は低下すること、ただし、繰り返し回数が多くなるにつれて、塑性点ひずみ $\varepsilon_{pl\cdot n}$ の増加割合や除荷点応力 $\sigma_{ul\cdot n}$ の低下割合は減少すること、載荷回数が包絡線や除荷、再載荷履歴を含む応力～ひずみ関係に与える影響は小さいこと等を考慮して、タイプⅡ～タイプⅣの定式化が行われている。

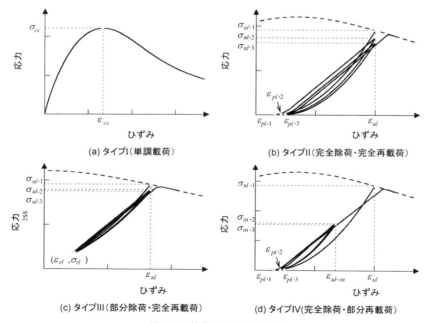

図 3.18　載荷および除荷履歴

たとえば、完全除荷・完全再載荷した場合の除荷履歴と再載荷履歴は、それぞれ次のように表わされる。
除荷履歴

$$\sigma_c = \sigma_{ul \cdot n} \left(\frac{\varepsilon_c - \varepsilon_{pl \cdot n}}{\varepsilon_{ul} - \varepsilon_{pl \cdot n}} \right)^2 \tag{3.51}$$

再載荷履歴

$$\sigma_c = \begin{cases} 2.5\sigma_{ul \cdot n} \left(\dfrac{\varepsilon_c - \varepsilon_{pl \cdot n}}{\varepsilon_{ul} - \varepsilon_{pl \cdot n}} \right)^2 \cdots\cdots\cdots 0 \leq \dfrac{\varepsilon_c - \varepsilon_{pl \cdot n}}{\varepsilon_{ul} - \varepsilon_{pl \cdot n}} \leq 0.2 \\ E_{rl}(\varepsilon_c - \varepsilon_{ul}) + \sigma_{ul \cdot n+1} \cdots\cdots\cdots 0.2 \leq \dfrac{\varepsilon_c - \varepsilon_{pl \cdot n}}{\varepsilon_{ul} - \varepsilon_{pl \cdot n}} \leq 1 \end{cases} \tag{3.52}$$

ここで、E_{rl} は $0.2 \leq (\varepsilon_{ul} - \varepsilon_{pl \cdot n})/(\varepsilon_{ul} - \varepsilon_{pl \cdot n}) \leq 1.0$ における再載荷履歴の平均弾性係数であり、次式により与えられる。

$$E_{rl} = \frac{\sigma_{ul \cdot n+1} - 0.1\sigma_{ul \cdot n}}{0.8(\varepsilon_{ul} - \varepsilon_{pl \cdot n})} \tag{3.53}$$

図 3.19 は載荷実験から求められた完全除荷・完全再載荷の履歴曲線を式(3.51)、式(3.52)で求めた結果と比較した結果である。ここでは完全除荷・完全再載荷履歴の推定精度だけに着目して、包絡線には実験結果を使用し、除荷点ひずみ ε_{ul} で除荷し始めてから再載荷により再び包絡線に戻るまでには、解析値を示している。また、図 3.20 は同一の除荷点ひずみから 10 回完全除荷・完全再載荷を繰り返した場合の 1 回目、5 回目、10 回目の履歴を実験値と比較した結果である。これより、式(3.51)、式(3.52)が実験値をよく表わすことがわかる。

さらに、部分除荷・完全再載荷履歴、完全除荷・部分再載荷履歴に対する解析も実験値との一致度が良いことが明らかになっている。

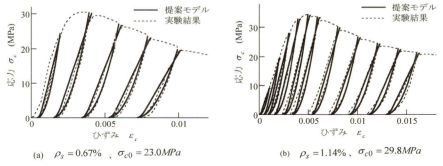

図 3.19 　最初に完全除荷・完全再載荷した場合の履歴(n=1)に対する式(3.51)および式(3.52)の適用性

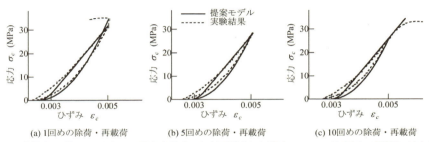

図 3.20 　同一除荷点ひずみ ε_{ul} から 10 回完全除荷・完全再載荷した場合の 1, 5, 10 回目の履歴に対する式(3.51)および式(3.52)の適用性

6) 幅広い強度レンジをカバーする円形断面の横拘束モデル

円形断面に対して、コンクリート強度 σ_{c0} が 30～90MPa と幅広い強度レンジをカバーする横拘束モデルも開発されている[N8]。コンクリート強度 σ_{c0} が 30MPa、60MPa、90MPa のコンクリートに対して、実験により求められた応力～ひずみ関係が図 3.21 である。これから次のような特性を知ることができる。

まず、コンクリート強度 σ_{c0} が大きくなるほど初期弾性係数 E_{c0} は大きくなり、最大圧縮応力 σ_{cc} に達するときのひずみ ε_{cc} が増加する。また、帯鉄筋比 ρ_s を増加させると最大強度 σ_{cc} に達するときのひずみ ε_{cc} が増加するが、その度合いはコンクリートの圧縮強度 σ_{c0} が大きくなるに従って小さくなる。これはコンクリート強度 σ_{c0} が大きくなるにつれて帯鉄筋による横拘束効果が相対的に低下するためである。

また、コンクリートのひずみ ε_c が増大すると、コンクリートの応力 σ_c は 0 になるのではなく、ある一定値 σ_u に漸近していくことも重要である。これは、コンクリートが破壊されても、コンクリートの固まりが存在し続ける限りは、見かけのコンクリート強度が完全に 0 になる訳ではないためである。

なお、多くの横拘束式では無補強コンクリートの圧縮強度 σ_{c0} によらず圧縮強度となるときのコンクリートひずみ ε_{c0} は一定と考えられているが、実際には ε_{c0} と σ_{c0} にはおおよそ次の関係がある。

$$\varepsilon_{c0} = 1.54 \times 10^{-5} \cdot \sigma_{c0} + 1.04 \times 10^{-3} \tag{3.54}$$

これは、従来検討されてきた σ_0 の範囲が限られていたために、ε_{c0} の σ_{c0} 依存性が見過ごされてきたためである。

これらを考慮して、コンクリートの応力～ひずみの包絡線を $c_i (i=1～4)$ と n の 5 個を未定定数として、次式のように仮定し、

$$\sigma_c = \frac{c_1 + c_2 \cdot \varepsilon_c}{1 + c_3 \cdot \varepsilon_c^n} + c_4 \tag{3.55}$$

式(3.38)～式(3.41)の 4 条件に $\varepsilon_c \to \infty$ ではコンクリート応力 σ_c は σ_u に収れんするという条件を加えて未定定数を定めると、横拘束式が次のように求められる。

$$\sigma_c = \sigma_u + \frac{-\sigma_u + E_{c0} \cdot \varepsilon_c}{1 + \dfrac{E_c \cdot \varepsilon_{cc} - \sigma_{cc}}{\sigma_{cc} - \sigma_u} \cdot \left(\dfrac{\varepsilon_c}{\varepsilon_{cc}}\right)^n} \tag{3.56}$$

ここで、

$$n = \frac{E_{c0} \cdot \varepsilon_{cc}}{\sigma_{cc} - \sigma_u} \tag{3.57}$$

ここで、圧縮ひずみが 2%に達したときの応力を σ_u と見なして、σ_u は次のように与えられている。

$$\sigma_u = 0.315 \cdot \rho_s^{0.4} \sigma_{cc} \tag{3.58}$$

式(3.56)の特徴は、Mander による式(3.34)と同様に応力上昇域と下降域を一つの式で表わしている点である。なお、Mander の式では $\varepsilon_c \to \infty$ とすると $\sigma_c \to 0$ となり、σ_u の存在は考慮されていない。

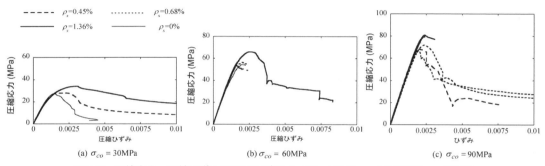

図 3.21 圧縮応力～圧縮ひずみ関係に及ぼすコンクリート強度 σ_{c0} と帯鉄筋比 ρ_s の関係

同様にして、前述の5)に基づいて除荷および再載荷履歴も求められている。**図3.22**は実験結果と式(3.56)による包絡線の比較を、また**図3.23**、**図3.24**、**図3.25**はそれぞれ完全除荷・完全再載荷、完全除荷・部分再載荷、部分除荷・完全再載荷した場合の実験値と解析値の比較を示している。解析値は実験値の特徴をよく捉えている。

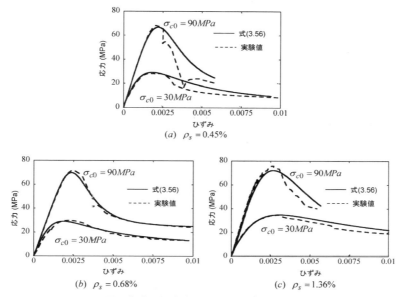

図 3.22 履歴曲線の包絡線に対する式(3.56)と実験値の比較

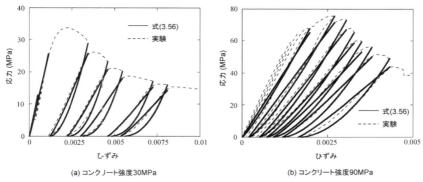

図 3.23 完全除荷・完全再載荷に対する式(3.56)と実験値の比較（帯鉄筋比 $\rho_s = 0.68\%$ の場合）

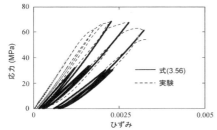

図 3.24 完全除荷・部分再載荷した場合に対する式(3.56)と実験値の比較（コンクリート強度90MPa、帯鉄筋比 $\rho_s = 0.68\%$ の場合）

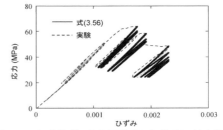

図 3.25 部分除荷・完全再載荷した場合に対する式(3.56)と実験値の比較（コンクリート強度90MPa、帯鉄筋比 $\rho_s = 0.68\%$ の場合）

7) 炭素繊維シート(CFS)による横拘束モデル

炭素繊維(以下、CFSという)は、強度が高く軽量で変形にも追従でき施工性が良いこと等から、変形性能が不十分な鉄筋コンクリート構造物に巻き立て、耐震補強として利用されている[O11]。CFSの弾性係数は3,500～4,500N/mm^2、引張強度は3,500～4,400N/mm^2、公称破断ひずみは約1.5%で、帯鉄筋に比較して弾性係数は約10倍、強度は約8倍である。単位面積当たりのCFSの質量を繊維目付量と呼び、これに応じていろいろなシリーズのCFSが使用されている。

コンクリート柱の表面にCFSを巻き立てた場合の横拘束効果に関しては多くの研究が行われてきている。このうち、ここでは細谷により開発された横拘束モデルを見てみよう[H13,H14,H15,Z2]。

まず、式(3.29)で定義される帯鉄筋比ρ_sと同様に、炭素繊維シート比(以下、CFS比という)ρ_{CF}をCFSの体積とコンクリートの体積から、次のように定義する。

$$\rho_{CF} = \frac{4Nt_{CF}}{d} \tag{3.59}$$

ここで、t_{CF}は1層のCFSの厚さ(mm)、NはCFSの巻き立て層数、dは橋脚の直径(円形断面)もしくは辺長(正方形)である。

帯鉄筋比ρ_sを0.41%、0.62%、1.24%の3通り、CFS比ρ_{CF}を0.056%、0.167%、1.336%の3通りに変化させ、いろいろな組み合せの帯鉄筋とCFSによって横拘束したコンクリート柱に一軸圧縮実験を行って、応力～ひずみ関係を求めた結果を円形断面について示すと、図3.26(a)～(d)のようになる。ここには、後述する経験式による解析値も比較のため示している。

a) CFSだけで横拘束した場合

図3.26 (b)～(d)の中で$\rho_s = 0$と示されているのが、帯鉄筋は配置せずCFSだけで横拘束した場合である。コンクリート柱に軸力を作用させていくと、CFS比ρ_{CF}が0.056、0.167%と低い(b)、(c)では、コンクリートの応力は軸方向ひずみが3～3.5%程度で最大値σ_tに達した後、ひずみの増加とともに直線的に減少していく。

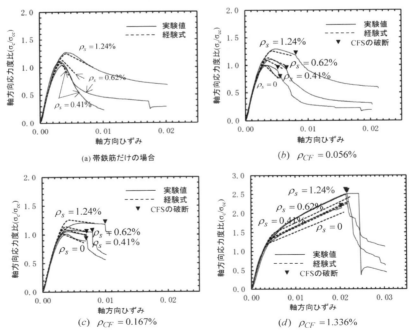

図3.26 帯鉄筋比ρ_sと炭素繊維シート比ρ_{CF}を変化させた場合の応力～ひずみ関係(円形断面の場合)

これに対して、ρ_{CF} を 1.336%と大きくした(d)では、横拘束が大きくなった結果、軸方向ひずみが 0.4%程度を境に応力の増加割合は低下するが、その後もほぼ直線的に軸応力は増加し続け、最終的に軸方向ひずみが 2%程度に達すると、CFSがほぼいっせいに破断して軸方向応力はいっきに低下する。

b) 帯鉄筋とCFSで横拘束した場合

帯鉄筋とCFSの両方で横拘束した場合には、CFSだけで横拘束した場合と帯鉄筋だけで補強した場合の中間的な破壊形態となる。すなわち、CFSだけで横拘束した場合にはCFSの一部が破断し始めるや直ちに全てのCFSが破断して瞬間的に軸応力は低下するが、帯鉄筋とCFSで横拘束した場合にはCFSが破断し始めてもいっきに全てのCFSが破断せず、さらに軸応力を増加させると、残りのCFSが逐次的に破断して次第に軸応力が低下するというプロセスを繰り返す。この結果、軸応力は徐々に低下して、最終的にある値に収れんしていく。

損傷の進展は円形断面でも正方形断面でもほぼ同様であり、CFSと帯鉄筋の両者で横拘束した場合の軸方向応力～軸方向ひずみ関係は図 3.27 のようになる。軸方向ひずみの増加に伴って応力が指数関数的に上昇する第 1 領域と、軸方向ひずみが ε_t に達した後、ρ_{CF} に応じてコンクリートの応力が直線的に減少したり増加する第 2 領域に分けられる。これらの応力～ひずみ関係は次のように定式化できる。

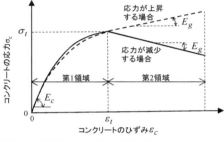

図 3.27 帯鉄筋とCFSにより横拘束されたコンクリートの履歴曲線のモデル化

a) 第 1 領域 ($0 \leq \varepsilon_c \leq \varepsilon_t$)

$$\sigma_c = \begin{cases} E_c \varepsilon_c \left\{ 1 - \dfrac{1}{n_1} \left(\dfrac{\varepsilon_c}{\varepsilon_t} \right)^{n_1 - 1} \right\} \cdots\cdots\cdots E_g \leq 0 \text{の場合} \\ E_c \varepsilon_c \left\{ 1 - \dfrac{1}{n_2} \left(1 - \dfrac{E_g}{E_c} \right) \left(\dfrac{\varepsilon_c}{\varepsilon_t} \right)^{n_2 - 1} \right\} \cdots\cdots E_g > \text{の場合} \end{cases} \quad (3.60)$$

b) 第 2 領域 ($\varepsilon_t \leq \varepsilon_c \leq \varepsilon_{cu}$)

$$\sigma_c = \sigma_t + E_g (\varepsilon_c - \varepsilon_t) \tag{3.61}$$

ここに、

$$n_1 = \frac{E_c \varepsilon_t}{E_c \varepsilon_t - \sigma_t}, \quad n_2 = \frac{(E_c - E_g) \varepsilon_t}{E_c \varepsilon_t - \sigma_t} \tag{3.62}$$

ここで、E_c はコンクリートの初期弾性係数である。σ_t および ε_t は第 1 領域から第 2 領域に変化する点のそれぞれコンクリートの応力とひずみ、E_g は第 2 領域における応力～ひずみ関係の平均勾配(N/mm^2)、ε_{cu} はCFSの破断時を終局と定義した場合の終局ひずみであり、それぞれ次のように与えられる。

$$\sigma_t = \begin{cases} \sigma_{c0} + \left(1.93 \rho_{CF} \varepsilon_{CFt} E_{CF} + 2.2 \rho_s \sigma_{yh} \right) \cdots\cdots 円形断面 \\ \sigma_{c0} + \left(1.53 \rho_{CF} \varepsilon_{CFt} E_{CF} + 0.76 \rho_s \sigma_{yh} \right) \cdots\cdots 正方形断面 \end{cases} \tag{3.63}$$

$$\varepsilon_t = \begin{cases} 0.003 + \left(0.00939 \dfrac{\rho_{CF} \varepsilon_{CFt} E_{CF}}{\sigma_{c0}} + 0.0107 \dfrac{\rho_s \sigma_{yh}}{\sigma_{c0}} \right) \cdots\cdots 円形断面 \\ 0.003 + \left(0.00995 \dfrac{\rho_{CF} \varepsilon_{CFt} E_{CF}}{\sigma_{c0}} + 0.0114 \dfrac{\rho_s \sigma_{yh}}{\sigma_{c0}} \right) \cdots\cdots 正方形断面 \end{cases} \tag{3.64}$$

$$E_g = \begin{cases} -0.658 \dfrac{\sigma_{c0}^{\ 2}}{\rho_{CF} \varepsilon_{CFt} E_{CF} + 0.098 \rho_s \sigma_{yh}} + 0.078 \sqrt{\rho_{CF} E_{CF}} \cdots\cdots 円形断面 \\ -1.198 \dfrac{\sigma_{c0}^{\ 2}}{\rho_{CF} \varepsilon_{CFt} E_{CF} + 0.107 \rho_s \sigma_{yh}} + 0.012 \sqrt{\rho_{CF} E_{CF}} \cdots\cdots 正方形断面 \end{cases} \tag{3.65}$$

$$\varepsilon_{cu} = \begin{cases} 0.00383 + 0.1014\left(\dfrac{\rho_{CF}\sigma_{CF} + \rho_s\sigma_{yh}}{\sigma_{c0}}\right)^{\frac{3}{4}}\left(\dfrac{\sigma_{CF}}{E_{CF}}\right)^{\frac{1}{2}} \cdots\cdots\text{円形断面} \\ 0.00340 + 0.0802\left(\dfrac{\rho_{CF}\sigma_{CF} + \rho_s\sigma_{yh}}{\rho_{co}}\right)^{\frac{3}{4}}\left(\dfrac{\sigma_{CF}}{E_{CF}}\right)^{\frac{1}{2}} \cdots\cdots\text{正方形断面} \end{cases} \quad (3.66)$$

ここで、σ_{yh} は帯鉄筋の降伏強度(N/mm^2)、ε_{CFt} は第1領域から第2領域に変化するときのCFTの周方向ひずみ(1500μ)、E_{CF} は CFS の弾性係数(N/mm^2)、σ_{CF} は CFS の破断時応力、ρ_s は帯鉄筋比である。

式(3.60)において $E_g \leq 0$ の場合の横拘束式は帯鉄筋で横拘束した場合の式(3.42)と同じであるが、$\sigma_{cc} \to \sigma_t$、$\varepsilon_{cc} \to \varepsilon_t$、$E_{dec} \to E_g$ と置き直した上で、式(3.38)～式(3.41)に示した境界条件を図 3.27 に適合するように、次のように与えている。

i) 初期条件　$\varepsilon_c = 0$ で $\sigma_c = 0$　　　　　　　　　　　　　　　　　　　　(3.67)

ii) 初期勾配　$\varepsilon_c = 0$ で $d\sigma_c/d\varepsilon_c = E_c$　　　　　　　　　　　　　　　(3.68)

iii) 第1領域から第2領域への変化点　$\varepsilon_c = \varepsilon_t$ で $\sigma_c = \sigma_t$　　　　(3.69)

iv) 第1領域から第2領域への変化点　$\varepsilon_c = \varepsilon_t$ で $d\sigma_c/d\varepsilon_c = 0$　(3.70)

また、実験結果との整合性が良いように、式(3.60)の第1項の式の係数を式(3.42)から微調整するとともに、式(3.60)において、$E_g > 0$ の場合には式(3.70)による第1領域から第2領域への変化点における境界条件が $\varepsilon_c = \varepsilon_t$ で $d\sigma_c/d\varepsilon_c = E_g$ と置き替えられている。

なお、式(3.63)において、円形断面の場合を例に取ると、$\rho_{CF}\varepsilon_{CF}E_{CF}$ は第1領域から第2領域への変化点において CFS からコンクリートに与えられる拘束圧を表わしており、この拘束圧を加えることにより、無補強コンクリートの応力 σ_{c0} を $\rho_{CF}\varepsilon_{CFt}E_{CF}$ の 1.93 倍に相当するだけ大きくできることを示している。一方、$\rho_s\sigma_{yh}$ は帯鉄筋が降伏するときにコンクリートに与えられる拘束圧を表わしており、この拘束圧を加えることにより、コンクリートの最大圧縮応力 σ_{cc} を $\rho_s\sigma_{yh}$ の 2.2 倍に相当するだけ大きくできることを表わしている。

また、式(3.63)は、無補強コンクリート強度 σ_{c0} に CFS による応力の増分と帯鉄筋による応力の増分を加え合せることによって、第1領域から第2領域への変化点における応力 σ_t が求められると仮定しており、同様な仮定を式(3.64)～式(3.66)においても行なっている。

式(3.63)～式(3.66)による第1領域から第2領域に変化するときの応力 σ_t とひずみ ε_t、第2領域の平均勾配 E_g、終局ひずみ ε_u を、円形断面に対して実験値と比較した結果が図 3.28 である。解析値は実験値とよく一致している。

正方形断面に対してもほぼ同様な結果が得られるが、終局変位 u_u だけは解析値が実験値を過大評価する。この原因は円形断面と正方形断面ではCFSによる横拘束効果が大きく異なるためである。すなわち、円形断面では図 3.29(a)に示すように、コアコンクリートがはらみ出すと、CFSにより橋脚には大きな拘束力が与えられる。これに対して、正方形断面では(b)のようにコンクリートがはらみ出すと、CFS は隅角部を両端としてはりのように変形する。1 枚当たりの CFS の厚さは 0.1～0.2mm に過ぎず、曲げに対する抵抗力はないため、正方形断面では円形断面のように CFS により拘束力が与えられないためである。

ここで重要な点は、(c)のように正方形断面のコンクリート柱でも、一様な軸圧縮力を加えると全周から拘束力が与えられるのに対して、水平力により曲げモーメントを加えたときには、曲げ圧縮側となる面にしか拘束力が作用しないため、拘束効果が低下するという点である。

この点を補正するためには、終局時に実際に CFS に生じる周方向ひずみ ε_{CFr} を CFS の破断ひずみ ε_{CFu} を基準に次式のように与え、

$$\varepsilon_{CFr} = c_m\varepsilon_{CFu} \quad (3.71)$$

式(3.66)により ε_{cu} を求める際には、σ_{CF} を次のように入れ替えるのがよい。

$$\sigma_{CF} = c_m\varepsilon_{CFu}E_{CF} \quad (3.72)$$

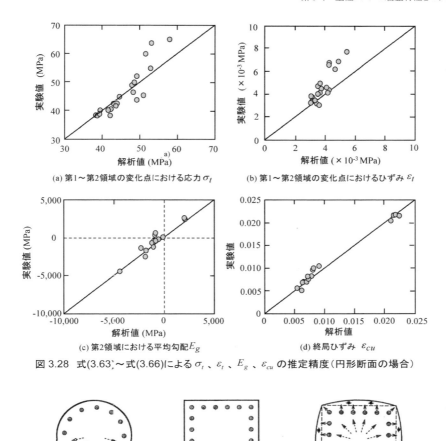

図 3.28 式(3.63)～式(3.66)による σ_t、ε_t、E_g、ε_{cu} の推定精度（円形断面の場合）

図 3.29 断面形状および載荷方法による拘束状態の違い

ここで、ε_{CFu} はCFSの破断ひずみ、c_m は断面形状による補正係数で次のように与えられる。

$$c_m = \begin{cases} 1.0 \cdots\cdots\cdots 円形断面 \\ 0.5 \cdots\cdots 正方形断面 \end{cases} \tag{3.73}$$

なお、これらの応力～ひずみ関係式によって表わされた炭素繊維の補強効果は、模型橋脚に対する繰返し載荷実験や動的解析によって検討されている[H15,Y11,Z2]。

3.7 鉄筋の応力～ひずみ履歴

1) MP モデル

　RC 構造物の履歴特性は鉄筋の抵抗に大きく依存するため、鉄筋の除荷や再載荷過程における履歴をより詳しく解析するため、いろいろなモデルが開発されている。

　この代表例がローマ大学の Menegotto と Pinto が提案した通称 MP モデルである[M13]。MP モデルがよく用いられているのは、ひずみの関数として応力が陽に与えられること、ひずみが反転した点から次に反転するまでを一つの式で与えることができること等から、実用性に優れているためである。

　ただし、MP モデルでは部分的な除荷・再載荷を与えると、その直後に剛性が急に大きくなって応力を過大評価する場合があり、Cianmpi、Ristic 等によってモデルの修正が行われてきた[C2,R3]。

図 3.30 に示すように、MP モデルでは無次元化した応力 $\tilde{\sigma}$ とひずみ $\tilde{\varepsilon}$ の関係が次のように与えられている。

$$\tilde{\sigma} = R_s \tilde{\varepsilon} + \frac{(1-R_s)\,\tilde{\varepsilon}}{\left(1+\tilde{\varepsilon}^{R_b}\right)^{1/R_b}} \tag{3.74}$$

ここで、

$$\tilde{\varepsilon} = \frac{\varepsilon_s - \varepsilon_r}{\varepsilon_0 - \varepsilon_r}\,;\quad \tilde{\sigma} = \frac{\sigma_s - \sigma_r}{\sigma_0 - \sigma_r}\,;\quad R_s = \frac{E_{s2}}{E_s} \tag{3.75}$$

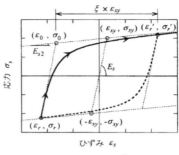

図 3.30 MP モデル

ここに、R_s はひずみ効果係数、E_s は鉄筋の初期弾性係数、E_{s2} は鉄筋の降伏後の弾性係数、ε_r と σ_r はそれぞれ載荷反転点のひずみと応力である。ε_0 と σ_0 は漸近線の交点で、それぞれ次式の交点として求められる。

$$\sigma = E_s(\varepsilon - \varepsilon_r) + \sigma_r \tag{3.76}$$

$$\sigma = \begin{cases} E_{s2}(\varepsilon - \varepsilon_{sy}) + \sigma_{sy} & (\text{ひずみが増加する場合}) \\ E_{s2}(\varepsilon + \varepsilon_{sy}) - \sigma_{sy} & (\text{ひずみが減少する場合}) \end{cases} \tag{3.77}$$

ここで、ε_{sy} は鉄筋の降伏ひずみ、σ_{sy} は鉄筋の降伏強度である。上式を整理すると、ε_0 と σ_0 は次のように求められる。

$$\sigma_0 = E_s(\varepsilon_0 - \varepsilon_r) + \sigma_r \tag{3.78}$$

$$\varepsilon_0 = \begin{cases} \dfrac{\sigma_{sy} - \sigma_r + E_s(\varepsilon_r - R_s \varepsilon_{sy})}{E_s(1-R_s)} \cdots\cdots\cdots \dot{\varepsilon} \geq 0 \\ \dfrac{-\sigma_{sy} - \sigma_r + E_s(\varepsilon_r + R_s \varepsilon_{sy})}{E_s(1-R_s)} \cdots\cdots \dot{\varepsilon} < 0 \end{cases} \tag{3.79}$$

式(3.74)において、R_b は Bauschinger 効果を表わすパラメーターであり、次のように与えられる。

$$R_b = R_{b0} - \frac{a_1\,\xi}{a_2 + \xi} \tag{3.80}$$

ここで、R_{b0} は R_b の初期値、a_1、a_2 は材料定数であり、$R_s = 0.02$、$R_{b0} = 20$、$a_1 = 18.5$、$a_2 = 0.15$ とする場合が多い。ξ は 1 回前の載荷反転点(ε_r', σ_r')から現在の載荷反転点(ε_r, σ_r)までに生じる塑性ひずみ量を表す指標で、次式で与えられる。

$$\xi = \frac{|\varepsilon_0 - \varepsilon_r'|}{\varepsilon_{sy}} \tag{3.81}$$

上式において、弾性域から載荷して降伏後に除荷する場合には、ε_r' を次のように与える。

$$\varepsilon_r' = \begin{cases} \varepsilon_{sy} \cdots\cdots\cdots \dot{\varepsilon}_s \geq 0 \\ -\varepsilon_{sy} \cdots\cdots\cdots \dot{\varepsilon}_s < 0 \end{cases} \tag{3.82}$$

式(3.80)の R_b は、鉄筋のひずみ軟化の程度を表わすパラメーターであり、図 3.31 に示すように、R_b を大きくするとシャープに1次剛性から 2 次剛性に移行し、バイリニア型に近い履歴となる。一方、R_b を小さくすると、はっきりした剛性変化点をもたずにゆっくり 1 次剛性から 2 次剛性に変化するようになる。式(3.75)の $\tilde{\varepsilon}$ の分母 $\varepsilon_0 - \varepsilon_r$ も R_b を変化させることと同様な効果を持ち、$\varepsilon_0 - \varepsilon_r$ を小さくするとシャープに1次剛性から2次剛性に移行し、反対に、これを大きくすると1次剛性から2次剛性に緩やかに移行する。

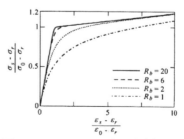

図 3.31 Bauschinger 効果を表わすパラメータ R_b の影響

2) MP モデルの問題点とこれに対する修正

MP モデルではどういう問題が生じるかを示した一例が、図 3.32 である。これは一般的な RC 橋脚を想定して、$E_s = 200\text{GPa}$、$\sigma_{sy} = 400\text{MPa}$、$\varepsilon_{sy} = 0.002$、$R_s = 2\%$、$R_{b0} = 20$、$a_1 = 18.5$、$a_2 = 0.15$ とし、MP モデルを用いて部分再載荷したときの鉄筋の履歴である。

点 O から点 A まで単調引張した後、圧縮ひずみが －0.01 になる点 B まで除荷し、その後、点 B からひずみが －0.005 になる点 C まで再除荷した。ここから点 D までわずかに 0.001（降伏ひずみ 0.002 の 5%）だけ再び部分除荷し、点 D に至った段階で再載荷した場合の履歴が図 3.32 である。

このようにすると、本来予想される点線の履歴から大きく外れ、1 次剛性と 2 次剛性の交点である点 F を通って 2 次剛性に従って応力が増加するという不自然な履歴となる。この結果、ひずみが －0.0035 に達した段階では、点 C から部分除荷せず載荷し続けた場合には点 a（応力 249MPa）を通るのに対して、点 C でほんのわずかに部分除荷すると点 a'（応力 376MPa）に達し、51%も大きく応力を評価する。

このようになるのは、部分除荷しない場合には、1 回前の載荷反転点（$\varepsilon'_r, \sigma'_r$）、載荷反転点（$\varepsilon_r, \sigma_r$）、漸近線の交点（$\varepsilon_0, \sigma_0$）はそれぞれ点 A、点 B、点 C であるのに対して、点 D からの載荷過程ではこれらがそれぞれ点 C、D、F に更新されるため、式(3.75)の $\bar{\varepsilon}$ の分母 $\varepsilon_0 - \varepsilon_r$ が 0.004 から 0.00104 と大きく減少し、式(3.80)による R_b が 1.84 からこの 3.3 倍の 5.99 へと増加した結果、図 3.31 に示したように履歴曲線が大きく 1 次剛性から 2 次剛性に変化するためである。

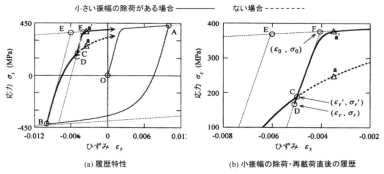

図 3.32 小振幅の除荷を受けた場合の MP モデルの履歴特性

このように小さな部分除荷・再載荷を繰り返すと、MP モデルで解析してもほとんどバイリニア型の履歴となる例が図 3.33 である。これは、1 サイクルごとにひずみを 0.003 ずつ増加させ、ひずみが 0.001 増加するかもしくは減少する度に 0.0001 だけ部分除荷・再載荷させた場合の履歴を MP モデルで解析した例である。

MP モデルの問題点を解決するため、いろいろな提案が行われてきた。たとえば、Ciampi はそれまでに経験した最大および最小のひずみを通る履歴曲線をそれぞれ上限および下限の履歴曲線として与え、問題を生じる部分除荷・再載荷後の履歴がこれらに達した場合には、上限あるいは下限履歴曲線に従うようにしたり、部分除荷後に再載荷する度に Baushinger 効果を表わす式(3.83)の R_b を更新しない方法を提案している。

また、堺は、部分除荷・再載荷を受けた場合にも、これを受けない場合と同じ履歴に従う方法を提案している[S7]。以下では、このモデルを用いた解析例を見てみよう。

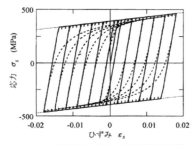

図 3.33 小振幅の除荷・再載荷の影響

3.8 ファイバー要素解析例

1) 解析対象とする模型橋脚

ファイバー要素解析の例として、図3.34 に示す片持ちばり式 RC 橋脚模型の載荷実験に対する解析シミュレーションを行ってみよう[S2]。模型は一辺が 40cm の正方形断面で、橋脚基部から載荷点までの高さは 1.35m である。載荷面を A 面、その反対面を C 面と呼ぶ。

まず、無次元化した水平変位をドリフト比 d_r として次のように定義する。

$$d_r = \frac{u}{H} \quad (3.83)$$

ここで、u は橋脚に生じる(与える)水平変位、H は橋脚基部から水平力作用点までの高さ(有効高さ)である。H は 1.35m であり、降伏変位 u_y は約 4.5mm であるため、1%ドリフト比(13.5mm)は約 $3u_y$ に相当する。この実験では、3MPa の軸応力に相当する 480kN の軸圧縮力を作用させた状態で、変位制御によってドリフト比を 0.5%、1%、1.5%、2%、…と順次大きくしながら正弦波によって各 3 回ずつ動的アクチュエーターによって変位を与えた。

さて、3MPa の軸応力に相当する圧縮力の作用下でドリフト比が 3%、4%となるように載荷した場合の損傷が図 3.35 である。ドリフト比 1.5%載荷後にはまだコンクリート表面にクラックが生じた程度であるが、ドリフト比 3%載荷後にはクラックが大きく成長し、ドリフト比 4%載荷後になるとかぶりコンクリートが大きく剥落し、軸方向鉄筋が座屈するとともに帯鉄筋も降伏した。

このときの水平荷重 P〜水平変位 u の履歴が図 3.36 である。模型に作用させた水平荷重は模型の復元力とつり合っているため、水平力と表現しても復元力と表示しても同じことである。ここには、後述する塑性ヒンジ長を 200mm と仮定した場合のファイバー要素解析結果も示している。水平力はドリフト比 1.5%のときに正載荷側で 174kN と最大値になる。

図 3.36 から、ドリフト比 1.5%、2.5%、3.5%の場合の各最初の履歴だけを取り出すと図 3.37 のようになる。ドリフト比が大きくなるにつれて、履歴曲線はほぼ線形の状態から次第に紡錘形に太く大きくなってくる。後述する 6.4 に示すように、履歴ループが囲む面積は 1 サイクルの載荷によって模型が吸収した履歴吸収エネルギーを表わしている。載荷変位が大きくなるとともに、模型の等価剛性は減少するが、減衰定数は増加することがわかる。

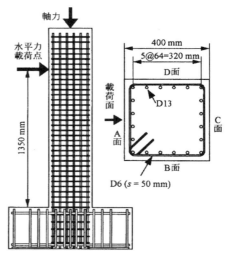

図 3.34 解析対象とする RC 橋脚模型

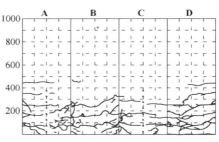

(a) ドリフト dr = 3.0% 載荷後

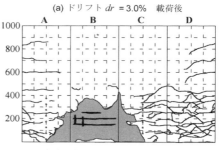

(b) ドリフト dr = 4.0%で 1 サイクル載荷後

図 3.35 載荷に伴う損傷の進展

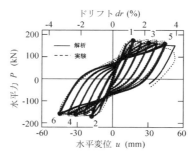

図 3.36 水平力 P〜水平変位 u の履歴

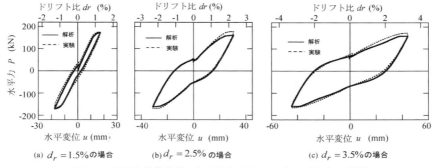

図 3.37 主要な載荷段階における水平力 P 〜ドリフト比 d_r の履歴

2) ファイバー要素解析によるシミュレーション

解析では図 3.38 に示すように、橋脚基部から塑性ヒンジ長 L_p の区間をファイバー要素によってモデル化し、そこから水平力作用点までの間は降伏剛性を有する線形はり要素によってモデル化している。

塑性化した軸方向鉄筋がフーチングから伸び出してくる影響は線形回転ばねによってモデル化し回転ばね定数 k_θ は次のように定められている。

$$k_\theta = \frac{P_{dr=1.5\%}(h-h_r)}{\theta_r} \quad (3.84)$$

ここで、$P_{dr=1.5\%}$ は軸方向鉄筋が降伏し始める1.5%ドリフト比のときの水平力であり、h は橋脚基

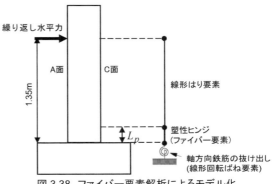

図 3.38 ファイバー要素解析によるモデル化

部から水平力載荷点までの高さ、h_r は基部から回転角を測定した点までの高さ(25mm)、θ_r は基部から h_r の高さで計測した回転角である。ばね定数を線形と仮定したのは、軸方向鉄筋の降伏後には塑性ヒンジ部の塑性化が進展するため、伸び出しによる影響は小さくなるためである。

塑性ヒンジ長は橋脚幅の 1/2(200mm)と仮定し、この区間を 3 次元ファイバー要素でモデル化した。橋脚断面はコアコンクリートとかぶりコンクリートに分けて塑性化の様子がわかるように、それぞれ 64 分割、40 分割と細かく分割されている。コンクリートの応力〜ひずみ関係は式(3.42)による星隈モデル[H10,H11]、鉄筋の応力〜ひずみモデルは 3.7 に示した堺による修正 MP モデル[S7]が使用されている。また、帯鉄筋間隔に基づく横拘束低減効果は 3.6 4)に示した方法により解析に取り入れられている。

以上のようにして、ファイバー要素解析により求めた水平力〜水平変位の履歴が前出の図 3.36 および図 3.37 である。ファイバー要素解析の結果は模型の水平力〜水平変位の履歴特性をよく表わしている。

ファイバー要素解析により求めた A 面の最外縁における軸方向鉄筋と C 面の最外縁におけるコアコンクリートの応力〜ひずみ履歴は、図 3.39 と図 3.40 の通りである。ここでは、塑性ヒンジ長 L_p の値を 100mm、200mm、300mm と変化させた場合の結果を示している。これは、3.4 に示したように、塑性ヒンジ長の与え方にはまだ大きな幅があるためである。

図 3.39 によれば、塑性ヒンジに生じる最大曲率は塑性ヒンジ長を 300mm と仮定すると 0.1/m 程度であるが、塑性ヒンジ長を 100mm と仮定すると 0.3/m 程度と約 3 倍になる。短い塑性ヒンジで同じ回転角を与えるために塑性曲率が大きくなるためである。

一方、塑性曲率が大きくなると、軸方向鉄筋やコアコンクリートに生じる圧縮ひずみが大きくなる。たとえば、図 3.40 は C 面の最外縁のコアコンクリートに生じる圧縮ひずみの履歴である。塑性ヒンジ長を 300mm と仮定

した場合には5回めの載荷でもまだコアコンクリートに生じる圧縮ひずみは0.01/m程度であるが、塑性ヒンジ長を100mmと仮定した場合にはすでに3回目の繰返し載荷において0.02/m近い圧縮ひずみになる。

このため、ファイバー要素解析においては塑性ヒンジ長を短く仮定するほどコアコンクリートが負担できる圧縮応力が早い段階で低下し始めるため、橋脚の曲げ耐力の低下が早く進展するという結果が得られる。たとえば、図3.39に示したように、5回めのピーク時の曲げ耐力は塑性ヒンジ長を短く仮定するほど小さめに求められる。

このように、ファイバー要素解析では軸方向鉄筋やコアコンクリートの損傷状況をより実際に近く再現できるように塑性ヒンジ長を定めることが重要であり、実験とのキャリブレーションが重要である。建設例の多い構造形式にはすでに式(3.5)〜式(3.7)等、いろいろな塑性ヒンジ長の提案式が開発されているので、塑性ヒンジ長を選定する際に参考とするとよい。

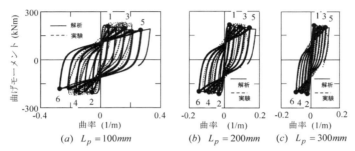

図 3.39 曲げモーメント〜曲率に及ぼす塑性ヒンジ長 L_p の影響

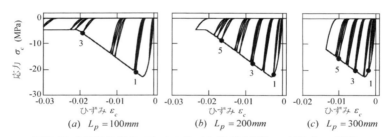

図 3.40 C面最外縁のコアコンクリートに及ぼす塑性ヒンジ長 L_p の影響

第4章 載荷実験に基づく構造物の履歴特性

4.1 はじめに

　地震動による構造物の耐震解析は、弾性範囲の揺れであれば、今日ではかなりの精度で可能である。しかし、強震動を受けて構造物が塑性域に入ったり破壊を伴う揺れの耐震解析は、現在でも困難な場合が多い。破壊の様式とその進展のメカニズム、塑性ヒンジの特性を理解しないと、解析モデル化できないためである。

　こうした未知の領域の問題や解析的な蓄積が低い問題の解決には、実験は有効な手段である。実験により破壊メカニズムがわかればモデル化の糸口をつかむことが可能となり、実験データの分析から経験的な解析モデルを構築したり、新たな解析モデルの開発につながるためである。

　構造物の履歴特性や地震応答特性を求めるために、実験的検討が重要な事例は以下の通りである。
① 構造物あるいは構造部材が大きく非線形域に入った場合の履歴特性や震動特性の解明
② 新たな材質、構造、接合法、施工法を用いた構造部材や構造物の塑性域の変形特性や耐力の解明
③ 新たな解析手法の妥当性、適用性を検証するための実験データの提供

　この章では、RC橋脚を中心に実験に基づく破壊特性や履歴特性の検討例を示す。

4.2 載荷実験法

1) 震動台加震実験

　震動台上に模型をセットして正弦波や地震動等によって加震し、損傷の進展や破壊状況等を求める実験法であり、加震に伴う損傷の進展を求めることができる。しかし、震動台の加震能力の制約から実大サイズの加震には制約が大きく、対象範囲を絞ったり縮小模型に対する実験となる場合が多い。

2) 繰返し載荷実験

　反力床や反力壁に固定した模型を動的あるいは静的アクチュエーターによって加力する実験である。構造物全体に対する実験も可能であるが、一般には構造物の中から塑性化が進展する部材を取り出して実験する場合が多い。震動台実験に比較して実寸法に近い模型に対する実験が可能となる。

　繰返し載荷実験には荷重の大きさが所定の値となるようにコントロールする荷重制御と、変位の大きさを所定の値となるようにコントロールする変位制御がある。荷重制御では模型が塑性化し最大耐力点に達すると、いっきに塑性化が進展して崩壊する場合がある。これに対して、変位制御では最大耐力点から耐力が減少するポストピーク領域に入っても荷重制御のようにいっきに崩壊することなく、荷重～変位の履歴特性を求めることができる。

　構造物の一部を取り出して模型化する場合には、本来、模型が支持する構造部分の重さを鉛直アクチュエーターによって与えた状態で水平アクチュエーターによって水平力を作用させるのが一般的である。多数のアクチュエーターを使用して、水平2方向に加力したりねじりモーメントを与えたりと、さまざまなバリエーションの実験が行われている。載荷装置の性能によっては、震動台加震実験のようにほぼリアルタイムで載荷することも可能となっている。

　軸力の作用下で2方向の水平力を作用させる場合によく用いられるセットアップが図4.1である。上下方向アクチュエーターを荷重制御して所定の軸力を作用させた状態で、水平方向には複数のアクチュエーターを変位制御して所定の変位を与える場合が多い。

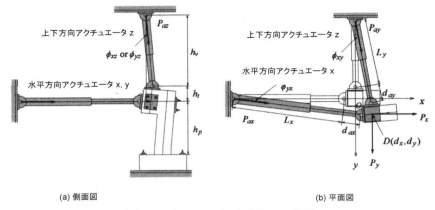

(a) 側面図　　(b) 平面図

図 4.1 アクチュエーターによる $P-\Delta$ 効果

どのアクチュエーターにどの制御を与えるかとは関係なく、荷重を与えるとアクチュエーターが変位するため、たとえば x 方向に載荷した状態で y 方向に載荷すると、幾何学的な $P-\Delta$ 効果により y 方向載荷による分力成分が x 方向に生じ、この結果、実際に模型に作用する荷重や変位が目的とする値とは異なってくる。この効果は繰返し載荷実験だけでなく、次に示すハイブリッド載荷実験においても大きな応答の誤差をもたらす。このため、適切に $P-\Delta$ 効果を補正する必要がある[N3,U5]。

繰返し載荷実験でよく用いられる変位制御には、一定振幅変位漸増方式と一定振幅変位漸減方式がある。一定振幅変位漸増方式とは、図 4.2(a)に示すように、基準とする変位の 1 倍、2 倍、・・・というように変位振幅を順次増加させながら、毎回 3 回とか 5 回といったように、ある回数だけ繰返し載荷する方法である。基準とする変位としては模型の降伏変位がよく用いられる。

これに対して、一定振幅変位漸減方式とは、(b)のように変位振幅を順次減少させながら、ある回数だけ繰返し載荷する方法である。一定振幅変位漸増方式は、地震による構造物の揺れが次第に大きくなる状態をイメージした載荷履歴、一定振幅変位漸減方式は、直下型地震による断層近傍地震動のように最初に強烈な地震動が作用する状態をイメージした載荷履歴と見ることができる。

いずれの載荷方法でも毎回の変位振幅の増減幅や繰返し回数が載荷結果に影響する。構造物の損傷や破断が生じる原因には鉄筋の破断(引張破断、座屈による破断、疲労破断等)やコンクリートの破断(圧壊、引張、せん断等)等いろいろある。基本的には、対象地震動を作用させた震動台加震実験によって生じる損傷と同じメカニズムの損傷が生じるように、変位振幅の増減幅や繰返し回数を定めるのがよい。

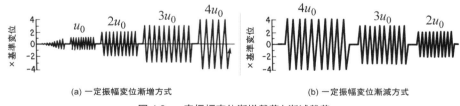

(a) 一定振幅変位漸増方式　　(b) 一定振幅変位漸減方式

図 4.2 一定振幅変位漸増載荷と漸減載荷

3) プッシュオーバー載荷実験

プッシュオーバー載荷とは、模型が破壊するまで変位制御によって水平力をある一方向に作用させ続ける実験である。繰返し載荷と違って、水平力の作用方向を交互に変化させず、ある一方向だけに単純化しているため、実際の地震力の作用とは異なるが、基本的な破壊の進展のメカニズムを知ることができる。強烈な衝撃的な地震力を一方向に受けて構造物がいっきに破壊する場合の実験に相当すると考えればよい。

4) ハイブリッド載荷実験

ハイブリッド載荷実験とは、コンピューターを用いて構造物の復元力や変形を取り入れながら、所定の地震動を作用させて構造物の揺れを実験的に求める手法である。地震動を受ける1自由度系の構造物の運動方程式は、次のようになる。

$$F_I(t) + F_D(t) + F_R(t) = F(t) \tag{4.1}$$

ここで、F_I は慣性力、F_D は減衰力、F_R は復元力、F は外力、t は時間である。このうち、外力はあらかじめ与えられており、慣性力は質量から容易に求められる。減衰力は**第6章**に示すようにいろいろなメカニズムによって生じるが、粘性減衰等によって適切にモデル化すれば実験に取り入れられる。

しかし、構造物が塑性化したときの復元力は構造物の材質や強度、周辺地盤等の影響によって複雑に変化する。複雑な復元力～変位の関係を近似的に解析モデルで表現するのではなく、実際に実験を行って復元力を求めながらその結果を使って実験すれば良いという発想に基づいて、伯野らがはりの動的破壊実験を行ったのがハイブリッド載荷実験の始まりである[H1,H2,O9,I4,Y7]。当初はオンライン・リアルタイム実験と呼ばれた。

この手法はアナログコンピューターからディジタルコンピューターに進化するにつれて、構造物に対する有力な実験手法として急速に進化し、現在では世界的に広く使用されている。海外ではPseudo-dynamic test(仮動的載荷実験)と呼ばれているが、ハイブリッド載荷実験のことである。

ハイブリッド載荷実験の特長は、非線型化する部材や地盤との相互作用等、メカニズムが複雑で解析モデル化が困難な構造部分だけを実物や模型によってモデル化し、その他の部材は計算機の中でモデル化することによって実験の規模を大幅に縮小できることである。

5) 応答載荷実験

応答載荷実験とは予め震動台加震実験で求めたり動的解析で計算された構造物の応答変位を、変位制御によりアクチュエーターで模型に強制的に与え、被害の進展を確認する実験である。

前述したハイブリッド載荷実験では、模型に変位を与えたときの復元力に基づいて次の微小時間後の模型の応答変位を計算し、これを模型に強制的に与え、その時の復元力を測定するというステップを繰り返す。

これに対して、応答載荷実験では、予め定められている応答変位をそのまま変位制御によって強制的に模型に与えるという点が異なっている。与えるべき応答変位がわかっていれば実験する必要がないともいえるが、破壊の進展を注意深く模型で観察したり、震動台加震実験等で求められた応答変位を実大模型に与えて、損傷の進展を確認するために有効な手法である。

4.3 載荷実験の例

1) はじめに

載荷実験によって何を知ることができるかを、**図4.3**に示す5体のRC橋脚に対する震動台加震実験、繰返し載荷実験、応答載荷実験から見てみよう[K34,K36]。

橋脚模型は断面が40cm×80cm、高さは2.265mであり、40.1tfの桁を支持した状態で設計水平震度0.15に相当する地震力に弾性的に抵抗できるように許容応力度法によって設計された。基部はフーチングによって震動台もしくは反力床に固定されている。震度法の時代に設計され、式(3.29)による帯鉄筋比 ρ_s が 0.08%と現在の耐震基準によって設計される橋脚の半分以下と、損傷の進展が著しい橋脚である。

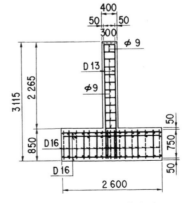

図4.3 震動実験と繰返し載荷実験に用いられた橋脚模型

2) 震動台加震実験

a) 模型と加震条件

図 4.4 が震動実験のセットアップである。同一仕様の 3 体の模型が 3 レベルの入力強度により橋軸方向に加震された。模型は震動台中央に固定され、これに 2 連の桁がともに固定支承により支持されている。桁の他端は可動支承によって震動台外に設置された柱によって支持されている。桁には 40.1tf の鋼製の重りが取り付けられている。

入力は 1983 年日本海中部地震(M_w7.7～7.9)によって八郎潟干拓堤防上で観測された加速度記録の時間軸を 1/2 に縮めた波形である。入力強度を 3 通りに変化させて加震した結果、震動台に生じた最大加速度は 2.75m/s^2、3.6m/s^2、4.02m/s^2 であった。以下、これらを実験 A、実験 B、実験 C と呼ぶ。

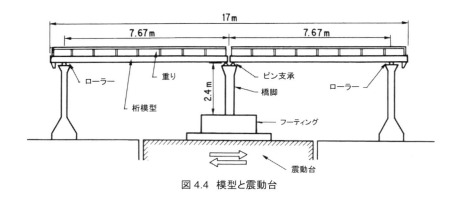

図 4.4 模型と震動台

b) 震動台加震実験による損傷と履歴特性

図 4.5、図 4.6、図 4.7 はそれぞれ実験 A、B、C によって桁に生じた応答加速度と応答変位である。震動台の最大加速度は、実験 A を 1.0 とすると、実験 B、実験 C ではそれぞれ 1.3、1.46 である。これに対して、桁に生じた最大加速度はそれぞれ 2.16m/s^2、2.31m/s^2、2.38m/s^2 で、実験 A を 1.0 とすると実験 B、実験 C では 1.07、1.1 にしか増えない。

一方、桁に生じる最大変位は、それぞれ 4.5cm、11.4cm、16.3cm となり、実験 A を 1.0 とすると、実験 B、実験 C では 2.5、3.6 と大きく増加する。すなわち、入力強度が 1.46 倍に増加しても、桁に生じる最大加速度は 1.1 倍しか増えないが、最大応答変位は 3.6 倍に増えたことになる。

この実験で重要なことは、加震終了後に桁に残る残留変位である。残留変位が大きいと地震後の構造物の再利用に問題となることは 2.7 に示した通りである。加震終了後、橋脚は実験 A ではわずかに正側に偏っただけであるが、実験 B では 2.5cm、実験 C では 5.1cm の残留変位が残った。残留変位を橋脚高さで除して加震後に残った橋脚の残留ドリフト比を求めると、実験 B、C ではそれぞれ 1%、2.1%に達する。明らかにこのような状態では地震後の車両の走行に支障をきたすことになる。

残留変位は、実験 B では 12 秒前後、実験 C では 12～16 秒にかけて生じ、元に戻ることなくほぼそのまま加震終了まで残った。入力地震動や模型の特性によっては、ある方向に生じた残留変位がその後の加震で反対向きに生じたり、最初に生じた残留変位が次第に大きくなったり小さくなったりと、さまざまなケースがある。降伏後の接線剛性によって時間的に変化する固有周期(瞬間固有周期)と地震動の卓越周期の時間的変化によって、残留変位の大きさと向きが変化するためである。

桁に生じた最大加速度に桁の質量を乗じると桁に作用した慣性力(地震力)が求められる。橋軸方向の地震力と桁変位の履歴を求めると図 4.8 のようになる。地震力が増大すると橋脚が降伏し、履歴曲線の接線勾配、すなわち、瞬間ごとの地震力/水平変位(接線剛性)が小さくなる。

第 4 章 載荷実験に基づく構造物の履歴特性

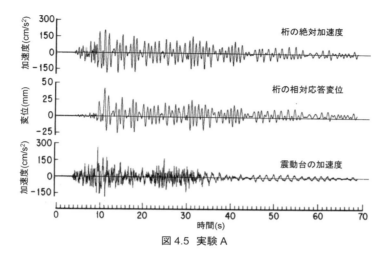

図 4.5 実験 A

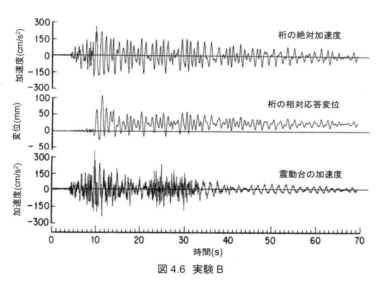

図 4.6 実験 B

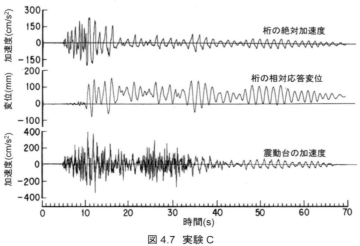

図 4.7 実験 C

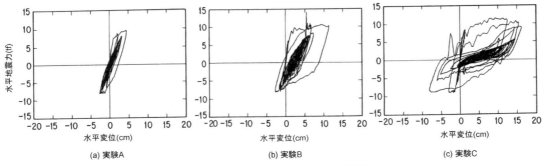

図 4.8 橋脚の水平力〜水平変位の履歴

橋脚に限らず構造物は塑性化すると急速に剛性が低下し、単位変位の増加に伴う地震力の増加が小さくなる。逆に言うと、わずかな地震力の増加でも大きな変位が生じる。

実験 A と実験 B では加震終了後に、外見上は橋脚基部から中間高さにかけて数本の細いクラックが生じただけであるが、実験 C では図 4.9 のようにかぶりコンクリートが剥落して軸方向鉄筋や帯鉄筋が露出すると同時に、軸方向鉄筋が外側に向って座屈した。かぶりコンクリートは橋脚内部の鉄筋の腐食防止が目的であり、これ自体は耐震構造的には必ずしも重要ではないが、コアコンクリートも大きく損傷し軸方向鉄筋も塑性化するだけでなく座屈し始めたことを表わしている。

重要な点は、軸方向鉄筋が面外座屈すると圧縮抵抗だけでなく引張抵抗も大きく減少するため、橋脚の曲げ耐力が低下するとともに、座屈と引張を繰り返して破断が早まることで

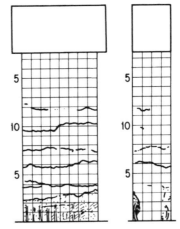

図 4.9 実験 C の終了後に橋脚に生じた損傷

ある。一般に軸方向鉄筋が座屈する段階ではすでに帯鉄筋も降伏している。帯鉄筋が降伏して横拘束が弱まったために軸方向鉄筋が座屈したのか、軸方向鉄筋が座屈し始めたため帯鉄筋が降伏したのかは、軸方向鉄筋量と帯鉄筋量の関係によって変化するが、多くの場合、両者は相互に影響しあってほとんど同時に生じる。

帯鉄筋の降伏後は、軸方向鉄筋の座屈に対する拘束とコアコンクリートに対する横拘束が失われる結果、コアコンクリートの圧壊が広範囲に生じる。コアコンクリートが圧壊すると曲げ圧縮に対する抵抗力が失われ、軸方向鉄筋の座屈をより促進し、より広範囲にコアコンクリートが圧壊する。

したがって、橋脚の耐震性を高めるためには十分な帯鉄筋を配置し、軸方向鉄筋の座屈とコアコンクリートの圧壊を遅らせることが重要である。これは 3.6 に示したように、横拘束を与えることによってコアコンクリートの変形性能を高め、最大耐力以降の耐力低下を小さくできるためである。

図 4.8 に示した履歴曲線から 1 回ごとの地震力〜変位のループを図 4.10 のようにモデル化して、等価剛性 k_{eq} および等価減衰定数 h_{eq} を次式により求める。

$$k_{eq} = \frac{F_{\max} - F_{\min}}{u_{\max} - u_{\min}} \quad (4.2)$$

$$h_{eq} = \frac{1}{4\pi} \frac{\Delta U}{\tilde{U}} \quad (4.3)$$

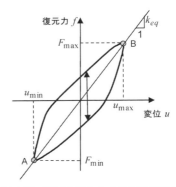

図 4.10 履歴曲線から求めた等価剛性 k_{eq} および等価減衰定数 h_{eq}

ここで、u_{max} と F_{max} は履歴曲線の中の最大応答変位とその時の水平力、u_{min} と F_{min} は最小応答変位とその時の水平力、ΔU と $\bar{U}$ は履歴吸収エネルギーとひずみエネルギーである。式(4.3)の誘導は後述の 6.4 に示す。

図 4.11 と図 4.12 が式(4.2)、式(4.3)によって求めた等価剛性 k_{eq} と等価減衰定数 h_{eq} である。等価剛性 k_{eq} は 3 回の実験とも加震後わずか 5 秒で大きく低下し、この間に損傷が大きく進展したことがわかる。これに対して、等価減衰定数 h_{eq} は損傷が著しかった実験 A、B、C の順に大きくなる。これは、エネルギー吸収が不能となるほど著しい被害にならない範囲では、損傷が大きいほど履歴吸収エネルギー ΔU が大きいためである。重要な点は、実験 B と C では応答変位が最大となった 11～12 秒における等価減衰定数 h_{eq} は最大で約 0.4 と大きな値になることである。この値は後述する式(6.133)のように起振機等を用いて実橋の微小振動実験から求められた減衰定数よりもはるかに大きな値である。

なお、図 4.11、図 4.12 では、桁の揺れが最大となる 11～12 秒を過ぎると、等価剛性 k_{eq} と等価減衰定数 h_{eq} が大きく低下する。これは震度法により設計された模型であり、軸方向鉄筋と帯鉄筋がともに少ない時代の橋脚の模型であったためである。

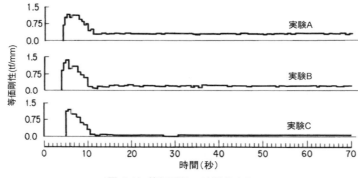

図 4.11 等価剛性の時間的変化

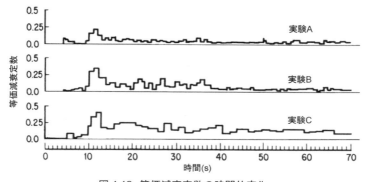

図 4.12 等価減衰定数の時間的変化

3) 繰返し載荷実験

一定振幅変位漸増方式により、変位振幅を降伏変位 u_y の 1 倍、2 倍、…と順次増やしながら、各 10 回ずつ繰返し載荷したときの履歴曲線が図 4.13、このときの損傷を応答塑性率 3、4、6 の場合に対して示した結果が図 4.14 である。応答塑性率 4 (振幅 4.8cm)で繰返し載荷した段階で橋脚基部のかぶりコンクリートが剥落し、応答塑性率が 6 (7.2cm)の段階で軸方向鉄筋が破断し始めた。履歴曲線を見ると、応答塑性率 2 (2.4cm)で最大耐力となったあと、早くも応答塑性率 3 (3.6cm)から耐力低下し始め、軸方向鉄筋が破断し始めた応答塑性率 6 (7.2cm)では最大耐力の 2/3 程度まで耐力低下している。

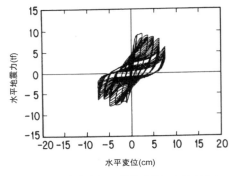

図4.13 一定振幅繰返し載荷実験による水平力〜水平変位の履歴曲線

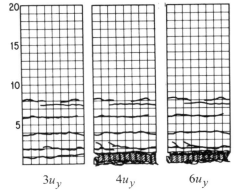

図4.14 一定振幅繰返し載荷実験による損傷の進展

　これを前述した震動台加震実験と比較すると、震動台加震実験では実験Cにおいて応答塑性率が12.1(振幅15cm)に達し、かぶりコンクリートが剥落して軸方向鉄筋は大きく面外座屈したが、まだ破断には至っていない。明らかに毎回の繰返し回数を10回とした一定振幅変位漸増方式の繰返し載荷の方が震動台加震実験よりも過酷な結果を与える。

　このように2つの載荷方法により大きく損傷レベルが異なる理由は、繰返し載荷実験の方が載荷の繰返し回数が多く、軸方向鉄筋の破断が早まるためである。同じ変位振幅に至る載荷でも、その荷重〜変位の履歴によって大きく損傷が異なることは、実験結果を評価する際に重要である。載荷履歴は構造物の耐力低下の度合いに大きな影響を与え、結果的に応答変位も大きく変化する。

4) 応答載荷実験

　震動台加震実験で求められた橋脚の応答変位を測定し、これを作用させて応答載荷実験を行えば、震動台加震実験とよく似た損傷の進展と履歴特性が得られるはずである。これを示すために実験Bに対して行われた応答載荷実験による履歴曲線が図4.15である。この履歴曲線は図4.8(b)に示した震動台加震実験から求められた履歴曲線とよく一致しており、同じ応答変位を与えれば実験方法によらず同じ履歴特性となることがわかる。

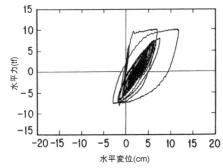

図4.15 応答載荷実験による履歴曲線(実験B)

4.4 荷重作用によって変化する履歴特性

1) 載荷履歴の影響

a) 載荷履歴と実験条件

　鉄筋コンクリート構造物の耐力や変形性能は載荷変位の与え方によって大きく異なる。これを高さ1.245m、40cm×40cmの正方形断面を持つRC橋脚模型に対する載荷実験に基づいて見てみよう[T1]。帯鉄筋比ρ_sは0.57%で、コンクリートの平均圧縮強度は33〜37MPaである。

　4体の模型に図4.16に示す4種類の履歴で変位制御により水平力が加えられた。ここで、タイプ1、2、3載荷はともに一定振幅変位漸増方式であり、降伏変位u_y(6mm)を基準として、タイプ1では載荷変位を毎回±6mmずつ

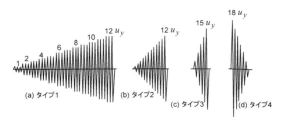

図4.16 載荷履歴

±6mm（±1u_y）、±12mm（±2u_y）、…のように、3回ずつ繰り返して載荷した。同様にタイプ2では毎回±12mm（±2u_y）ずつ、タイプ3では毎回18mm（±3u_y）ずつ振幅を増加させて、各1回載荷した。

これに対してタイプ4は載荷変位振幅を順次減少させる一定振幅変位漸減方式で、最初は±108mm（±18u_y）、これ以降は±90mm、…、±18mmと毎回18mm（±3u_y）ずつ載荷変位振幅を減少させて、各1回ずつ繰返し載荷した。

b）載荷履歴の影響

図4.17はタイプ1～4の水平力～水平変位の履歴曲線である。明らかに同一振幅における繰返し回数が多いほど、小さい変位振幅の段階から耐力は低下し始める。塑性化後、最大耐力付近で安定していた耐力が急速に低下し始める点を終局変位u_uと定義すると、終局変位u_uはタイプ3のように終局変位に至るまでの繰返し回数が4回と少ない場合には72mmであるが、タイプ1および2のように終局変位に至るまでの繰返し回数が18回、7回と多い場合には、それぞれ36mm、42mmと、タイプ3の約1/2でしかない。より多数回繰返し載荷することによって終局変位が低下するのは、軸方向鉄筋の座屈や破断、コアコンクリートの圧壊が早く進展するためである。

さらに、**図4.17**では、載荷繰返し回数が多いほど、同一変位振幅で載荷したときの履歴ループの面積ΔUが小さい。したがって、式(4.3)による等価減衰定数h_{eq}も載荷繰返し回数が多い程小さくなる。

このことは、構造物に同レベルの応答変位が生じたとしても、強震動の継続時間が長い地震動と短い地震動では、橋脚の終局変位や減衰定数が異なってくることを示している。

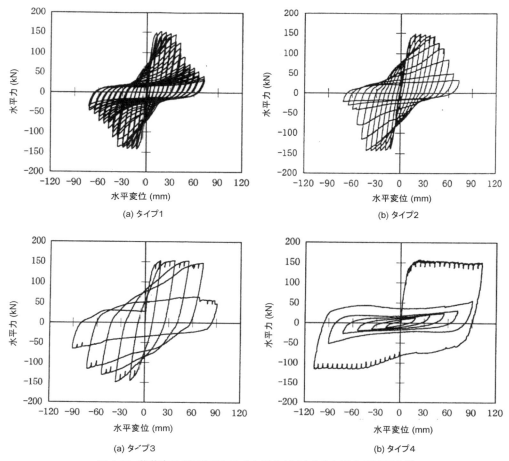

図4.17 載荷変位を順次増加させた場合と減少させた場合の履歴曲線

一方、タイプ4では、1サイクルめに変位を単調増加させていき、変位が108mm（$6u_0$）に至って圧縮側コンクリートが圧壊し始めたが、ここまでほぼ同レベルの耐力を保っている。タイプ3では終局変位は72mm（$4u_0$）であったから、タイプ4の終局変位は少なくともタイプ3より1.5倍大きいことになる。

さらに、タイプ4では1サイクルめの除荷過程に入ると圧縮側の軸方向鉄筋が面外座屈したため、第III象限での耐力が100kN程度に低下した。ただし、その後 –114mm までこの耐力を保っており、タイプ3のように大きな耐力低下は生じない。

以上のように、終局変位や等価減衰定数 h_{eq} は構造物ごとに固有な値ではなく、載荷方法によって大きく異なるという点が重要である。

2） 2方向地震力の作用の影響

耐震解析では計算の煩雑さを避けるため、主軸方向と弱軸方向に分けて独立に解析する場合が多いため、構造部材の耐力や変形性能も一方向に地震力を作用させた研究が多い。

水平 2 方向に地震動を作用させた場合の影響を図 4.18 に示す同一仕様の 4 体の片持ちばり式 RC 橋脚模型を対象に検討してみよう[H4,K33]。模型は高さが 1.35m で 断面が 400mm×400mm の正方形である。上部構造から作用する圧縮応力を 1MPa と見込み、これに相当する 160kN の軸力をアクチュエーターにより作用させた。軸方向鉄筋として D13(SD295A)が 16 本、帯鉄筋として D6(SD295A)が 50mm 間隔（ただし、基部から高さ1.1mより上では100mm間隔）で配置されている。軸方向鉄筋比は 1.27%、帯鉄筋比は 0.79%で、コンクリートには普通ポルトランドセメントと最大粒径 20mm の骨材が用いられている。

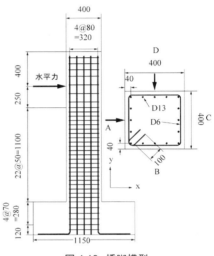

図 4.18 橋脚模型

図 4.19 に示すように、水平 2 方向地震力の作用を、斜め方向載荷、矩形載荷、円形載荷の 3 通りに単純化し、一定振幅変位漸増方式によりドリフト比 d_r = 0.5%(6.75mm)に相当する変位を基準として、0.5%、1%、1.5%、…と順番に大きくしながら、各 3 回ずつ作用させている。ここで、ドリフト比 d_r は、式(3.83)に示した通りである。ここでは、降伏変位 u_y は 4.5mm であるから、1%ドリフト比 d_r (13.5mm)は約 $3u_y$ に相当する。また、斜め載荷と矩形載荷では、最初に第 I、第 III 象限で載荷したら、次は第 II、第 IV 象限というように載荷の向きを交互に変えている。

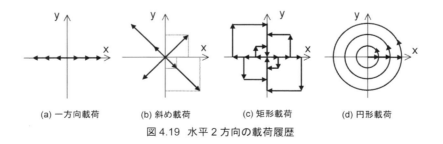

図 4.19 水平 2 方向の載荷履歴

a) 1方向載荷と斜め方向載荷

まず比較対象とする1方向載荷の場合を先に示すと、ドリフト比 d_r が 4%と 4.5%載荷後の損傷が図 4.20 である。A 面と C 面方向に載荷したため、この両面に集中して損傷が生じている。ドリフト比 d_r が 4%でコアコンクリートに著しい損傷が生じ、軸方向鉄筋も面外座屈して外側にはらみ出し、ドリフト比 d_r が 4.5%ではそれがさらに進展した。水平力～水平変位の履歴は図 4.21 の通りである。耐力はドリフト比 d_r が 3.5%までは 120kN 程度で安定しているが、ドリフト比 d_r が 4%から低下し始め、4.5%になると最大耐力の 63%にまで低下する。

これに対して、斜め方向載荷では、図 4.22 に示すように隅角部から損傷が始まる。たとえば、ドリフト比 d_r が 2.5%では、AD 隅角部（A 面と D 面の隅角部、以下、同じ）と BC 隅角部を結ぶ方向に載荷するため、AD と BC 隅角部で損傷が進み、次のドリフト比 d_r が 3%載荷では、AB 隅角部と CD 隅角部を結ぶ方向に載荷するため、AB と CD 隅角部で大きな損傷が生じる。このようにして、損傷は 4 箇所の隅角部で先行し、さらにドリフト比 d_r が 3.5%になると 4 面にも拡大し、軸方向鉄筋が破断し始める。

斜め方向載荷した場合の履歴曲線が図 4.23 である。履歴曲線は x 方向、y 方向ともによく似た特性を示すため、ここでは x 方向の履歴を示している。ドリフト比 d_r が 1.5%で最大耐力に達し、3.5%になると耐力は最大耐力の約 80%にまで低下する。これは隅角部から 4 面に進展した軸方向鉄筋やコアコンクリートの損傷が著しいためである。

以上のように、斜め方向に載荷した場合には、明らかに 1 方向に載荷した場合よりも損傷が著しい。

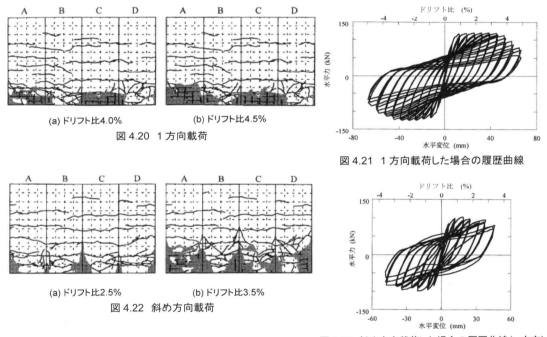

(a) ドリフト比4.0%　(b) ドリフト比4.5%
図 4.20　1 方向載荷

図 4.21　1 方向載荷した場合の履歴曲線

(a) ドリフト比2.5%　(b) ドリフト比3.5%
図 4.22　斜め方向載荷

図 4.23　斜め方向載荷した場合の履歴曲線（x 方向）

b) 矩形載荷と円形載荷

同様に、矩形載荷した場合の損傷が図 4.24 である。斜め方向載荷した場合と同じように隅角部に損傷が先行し、やがて 4 面に拡大していく。ドリフト比 d_r が 3.5%になると A、C、D 面でコアコンクリートに著しい損傷が生じ、ここには示していないが、4%になると全面にわたって帯鉄筋の拘束が失われ、ほとんどの軸方向鉄筋がいろいろな方向に複雑にねじ曲げられて座屈する。

図 4.25 は x 方向の履歴曲線である。変位が 0 付近でくびれると同時に、最大変位に達した後に荷重を反転させると耐力が大きく低下するという、特異な履歴となる。このようになるのは、図 4.19(c)の載荷履歴では、たとえば x 方向の変位が所定の最大値に達した状態で、その値を保ったまま y 方向に変位を増加もしくは減

少させる間と、x 方向の変位がゼロに戻った状態で、y 方向の変位を増加もしくは減少させる間に進展する損傷によって、x 方向の復元力が減少するためである。

耐力はドリフト比 d_r が 1%の時に最大(120kN)となり、ドリフト比 d_r が 3%になると最大耐力の 80%程度まで低下する。ドリフト比 d_r が 3.5%になると、2 回目、3 回目の繰返しによって耐力は急速に低下し、損傷の進展が著しいことを表わしている。

次に、円形載荷による損傷の進展が図 4.26 である。4 隅で先行した損傷が載荷の進展とともに 4 面に拡大していく点は斜め方向載荷や矩形載荷と似ている。図 4.27 が履歴曲線(x 方向)である。履歴曲線のコーナーが丸みを帯びるのは、たとえば x 方向の変位が最大となる付近で、y 方向の変位の増減に伴う耐力低下が連続的に起きるためである。

このように、一方向載荷に比較して、矩形載荷と円形載荷では耐力低下が著しい。

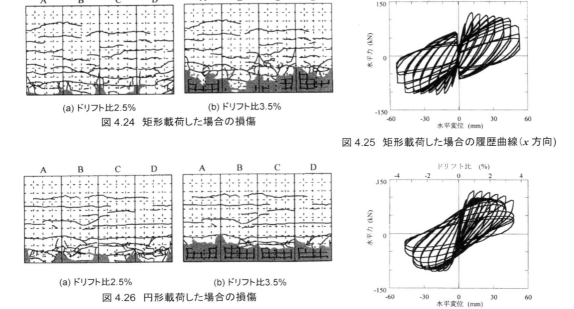

(a) ドリフト比2.5%　(b) ドリフト比3.5%
図 4.24　矩形載荷した場合の損傷

図 4.25　矩形載荷した場合の履歴曲線(x 方向)

(a) ドリフト比2.5%　(b) ドリフト比3.5%
図 4.26　円形載荷した場合の損傷

図 4.27　円形載荷した場合の履歴曲線(x 方向)

c) 最大耐力と終局変位の評価

以上の実験より、最大耐力と終局変位が載荷履歴によってどのように影響されるかを示すと、表 4.1 のようになる。ここで、終局変位とは降伏後、最大耐力付近で安定していた耐力が 20%以上低下し始める変位と定義されている。最大耐力と終局変位はともに正側と負側の値の平均値であり、( ) 内は一方向載荷に対する比率(%)である。

実際の地震時に生じる揺れが一方向載荷よりも矩形載荷や円形載荷に近いことを考えると、実際の地震時の耐力や終局変位は、一方向載荷時の耐力や終局変位より 10〜20%小さくなると考えなければならない。

表 4.1　載荷履歴による最大耐力と終局変位(一方向載荷に対する比(%))

載荷履歴	最大耐力 (kN)	終局変位(mm)
1方向	122 (100%)	4.25 (100%)
斜め	97.7 (80%)	3.5 (82%)
矩形	109.7 (90%)	3.38 (80%)
円形	103.2 (84%)	3.25 (76%)

d) ファイバー要素解析

以上に示した特異に見える履歴特性も 3.8 に示したファイバー要素解析により再現することができる。矩形載荷した場合を例にファイバー要素解析を見てみよう。

解析では、塑性ヒンジ長 L_p を橋脚幅の 1/2 としてファイバー要素でモデル化し、塑性ヒンジから上の橋脚部分は線形はり要素で、また、フーチングから軸方向鉄筋が抜け上がることによる影響は線形回転ばねによってモデル化する。実験と同じように変位制御によって解析モデルに変位を強制して、荷重作用点における水平力～水平変位の履歴を解析する。

矩形載荷した場合の水平力～水平変位の履歴曲線を解析した結果が図 4.28 である。変位が 0 付近のくびれや最大変位における急速な耐力低下を含めて、ファイバー要素解析は実験結果の特徴をよく表わしている。

図 4.29 は、中央面に比較してより大きく損傷が集中する隅角部（AD 隅角部）におけるコアコンクリート最外縁とかぶりコンクリート、軸方向鉄筋の応力～ひずみ関係を、ファイバー要素解析により求めた結果である。AD 隅角部ではドリフト比 d_r を 1%、2%、3%、…として載荷した場合には水平 2 方向の地震力が重なり合うため、コアコンクリートはドリフト比 d_r が 1% の 1 サイクルめで最大強度 σ_{cc} に達し、ドリフト比 d_r が 2% になると 1 サイクルめで最大強度の 91% に低下し、2～3 サイクルめ以降では最大強度の 20% にまで低下する。

かぶりコンクリートではコアコンクリートよりもさらに耐力低下が著しく、ドリフト比 d_r が 3% の載荷では、軸方向鉄筋には 0.07 程度の軸ひずみが生じる。

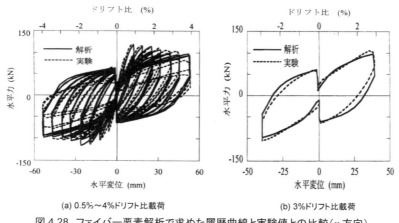

(a) 0.5%～4%ドリフト比載荷 (b) 3%ドリフト比載荷

図 4.28 ファイバー要素解析で求めた履歴曲線と実験値との比較（x 方向）

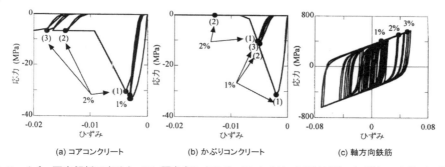

(a) コアコンクリート (b) かぶりコンクリート (c) 軸方向鉄筋

図 4.29 ファイバー要素解析で求めた AD 隅角部におけるコアコンクリート（最外縁）、かぶりコンクリート、軸方向鉄筋の応力～ひずみの履歴（矩形載荷した場合）。（ ）内は同一ドリフト比における載荷での載荷繰返し回数

このようなファイバー要素解析結果を基に、図 4.24 に示した実験結果を評価すると、隅角部から 4 面に損傷が進展するという特徴を説明できる。ファイバー要素解析では、ドリフト比 d_r が 1.5%になるとかぶりコンクリートの最外縁が圧縮破壊し、さらに 2%になるとコアコンクリートの最外縁でも大きく損傷が進展すると予想されることも、実験結果とよく一致している。

以上の点から、水平 1 方向に載荷した場合に比較して、矩形や円形載荷など水平 2 方向に載荷すると、同一水平変位が生じたときの曲げ耐力の低下が著しく、変形性能も低下する。水平 1 方向に載荷した場合には載荷面に直交する面から損傷が進展するのに対して、矩形や円形載荷する場合には隅角部から損傷が始まりこれが 4 面に進展していく。ファイバー要素解析はこのような実験結果をよく説明することができる。

3) 軸力変動の影響

ラーメン橋脚やアーチリブのように地震力を受けると曲げモーメントと同時に軸力が生じる構造がある。これは水平と上下方向の変形が独立ではなく連成しているためである。構造系によっては引張力が作用する場合もある。引張力と曲げを同時に受けたときにどのように損傷するかを RC 橋脚に対する繰返し載荷実験から見てみよう[K55,M6,S6,S8]。

対象は前出の図 4.18 と同一仕様の模型である。この橋脚に以下に示すように 3 種類の軸力（図 4.30 参照）を作用させた状態で、一定振幅変位漸増方式により繰り返し水平力を作用させた。

① 一定圧縮軸力：480kN の一定圧縮軸力を作用させた場合
② 一定引張軸力：−160kN の一定引張軸力（軸応力=−1MPa）を作用させた場合
③ 変動軸力：−160 〜430kN（軸応力=−1 〜2.7MPa）の範囲で軸力を変化させた場合

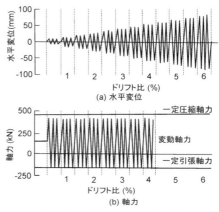

図 4.30 水平変位と軸力の履歴

履歴曲線は図 4.32 に示す通りであり、①一定圧縮軸力を作用させた場合には図 4.31(a)のように基部からおおむね橋脚幅に相当する範囲において、かぶりコンクリートの剥落、コアコンクリートの圧壊、軸方向鉄筋の降伏、座屈と損傷が進展し、それまで安定していた曲げ耐力がドリフト比 d_r 4%載荷から大きく低下し始めた。このときの水平力〜水平変位の履歴曲線が図 4.32(a)である。

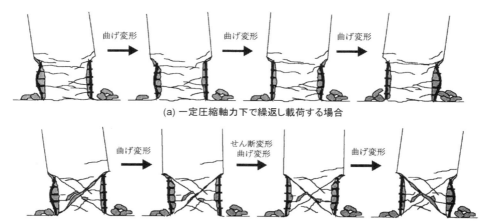

図 4.31 軸方向鉄筋の座屈と変形状態

これに対して、②−160kN の一定引張軸力を受けた状態で繰り返し水平力を与えた場合の損傷が図4.31(b)である。最初は一定圧縮軸力を受けた場合と同様に水平ひび割れしか生じないが、ドリフト比 d_r が2.5%あたりから斜めひび割れが顕著に生じ始める。この結果、軸方向鉄筋が局部座屈するだけでなく水平方向にずれ始め、コアコンクリートが破壊して橋脚基部全体がせん断変形し始める。こうなると、橋脚上部がフーチングに対して横ずれするようになる。ドリフト比 d_r が 4%になると、せん断変形による横ずれ量は全水平変位の 22%に達する。

この結果、履歴曲線は図 4.32(b)のようになり、最大耐力は約 95kN(ドリフト比 d_r = 1%)と、一定圧縮軸力を受ける場合の最大耐力の 60%以下にまで低下する。

一方、③軸応力を 1MPa(引張)〜2.7MPa(圧縮)の間で水平力と同位相で変化させた場合の水平力〜水平変位の履歴曲線が図 4.32(c)である。プラス側に水平変位すると軸力は増加し、マイナス側に水平変位すると軸力は減少するため、水平力はプラス側では増加し、マイナス側では減少するというユニークな履歴となる。一定引張軸力を受ける場合と同様に、基部の塑性区間ではせん断変形が生じるが、これによるせん断変位はドリフト比 d_r が 4%のマイナス側載荷で 2mm と、上述した②一定引張軸力を受ける場合と比較すると小さい。これは、マイナス載荷を受ける側では軸力がほとんど作用しないかわずかな引張力にしかならないため、コアコンクリートの損傷が小さいためである。

これらに対してファイバー要素解析を行った結果が図 4.33 である。一定圧縮軸力を受ける場合には、ファイバー要素解析は実験から得られた履歴曲線をよく再現することができる。しかし、一定引張軸力を受ける場合には、ドリフト比 d_r が 2.5%を超えると徐々に履歴ループが細くなるという、実験の特徴を表わせない。これは、3.8 に示したファイバー要素解析では、要素のせん断変形や軸方向鉄筋の座屈による耐力低下の影響が取り入れられていないためである。

これに対して、変動軸力を受ける場合には、ファイバー要素解析はおおむね実験の特徴を再現できる。ただし、ドリフト比 d_r が 3.5%以上になると除荷時の履歴に対する解析精度が低下する。これもファイバー要素解析にはせん断変形が取り入れられていないためである。

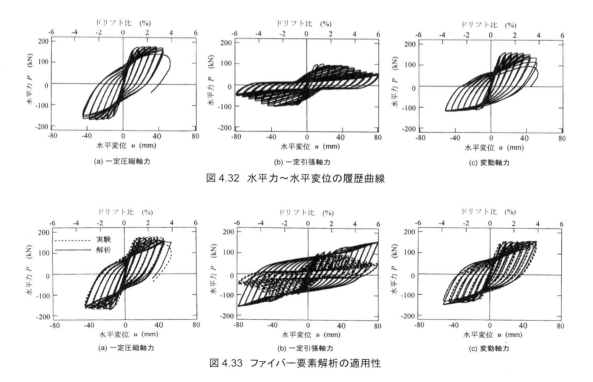

図 4.32 水平力〜水平変位の履歴曲線

図 4.33 ファイバー要素解析の適用性

4.5 主鉄筋段落としがある RC 橋脚の破壊メカニズム

1) 主鉄筋段落とし

主鉄筋段落としとは、曲げモーメントの大きさに応じて軸方向鉄筋本数を順次減らしていく工法である。よく行われる例としては、基部では3段配筋とし、上に行くにつれて2段配筋、1段配筋と減らしていくというものである。途中定着することによって鉄筋の段数を減らすことから、段落としと呼ばれる。段落としするためには、曲げモーメント図から段落とし可能な高さを求め、これにある余裕長を加えた高さまで下側の鉄筋を伸ばしてそこで定着する。この余裕長が不足すると段落とし部で破壊する場合がある。

この問題が知られ始めたのは1982年浦河沖地震により静内橋が落橋寸前の被害を受けたときである[A2]。1995年兵庫県南部地震ではピルツ橋をはじめとする都市高架橋に大々的な被害が生じ、この問題の重要性が広く知られた。

主鉄筋段落としは建設コストを少しでも下げるために導入された標準工法であった。これが地震被害につながった原因には大きく2つある。

① 震度法に基づいて設計震度0.15～0.3程度に相当する地震力を用いて許容応力度法で設計すれば大地震にも耐えられると過信されていたこと。弾性状態しか考えなくてよい許容応力度法では、強震動を受けて橋脚には鉄筋の座屈や破断、コンクリートの曲げ破壊が起こった後の耐震性がどうなるかを考える必要がなかったためである。

② 構造解析では構造物の中心線に沿って構造物をモデル化することが多いため、構造物には幅があることが見逃されていたこと。ある高さで生じた損傷が斜め方向に拡がっていくことを考えていなかったため、破壊の進展が橋脚の崩壊につながることが見逃されていた。

余裕長の与え方には、計算上段落としてよい高さからある一定の余裕長を見込んで段落とし高さを求める方法と、段落とし部よりも先に橋脚基部で曲げ損傷が生じるように段落とし高さを定める方法などがある。

余裕長を見込んで段落とし高さを与える方法では、橋脚が大断面になったときに余裕長が過小評価となりやすいため、後者の方法の方が適切である。これにはいろいろな方法が提案されている。たとえば、橋脚基部と段落とし部に作用する曲げモーメントをそれぞれ M^B、M^T、橋脚基部と段落とし部の降伏曲げモーメントをそれぞれ M_y^B、M_y^T とし、これらに基づいて橋脚基部と段落とし部の安全率 F_y^B、F_y^T を次のように求める方法である[K43]。

$$F_y^B \equiv \frac{M_y^B}{M^B}、F_y^T \equiv \frac{M_y^T}{M^T} \tag{4.4}$$

損傷形態判別係数 S を

$$S = \frac{F_y^T}{F_y^B} \tag{4.5}$$

と定義すると、段落とし位置で損傷が生じるのは

$$S < 1.1 \tag{4.6}$$

の場合で、特に

$$F_y^T < 1.2 \tag{4.7}$$

の場合には落橋につながる著しい被害が生じやすい。

2) 標準模型実験

2箇所で段落としされた橋脚の破壊特性が3種類の載荷実験により検討されている。模型は兵庫県南部地震で大被害を受けた橋脚をモデル化したもので、基部から載荷点までの高さが1.68m、直径0.4mの円柱である。基部から0.44m、0.88mの2箇所でそれぞれ2.5段配筋(軸方向鉄筋比2.3%)から2段配筋(同、1.8%)、1段配筋(同、0.9%)へと段落としされている。

同一仕様の4体の模型に対して、1方向にプッシュオーバー載荷、繰返し載荷、2種類の地震動を用いたハイブリッド載荷実験が行われている。プッシュオーバー載荷は強烈な地震動が主応答方向に作用して一撃

で構造物に致命傷を与える場合の破壊特性を知るために行われた。ハイブリッド載荷では、1995年兵庫県南部地震の際にJR鷹取で観測された記録（**図1.14**参照）と1983年日本海中部地震の際に津軽大橋近傍で観測された記録が用いられた。JR鷹取記録は主要動部の継続時間が10秒程度と短いが、強烈なパルスを持つ代表的な断層近傍地震動である。これに対して津軽大橋記録は主要動部が40秒程度と長いが、短周期成分が卓越するだけで、構造物に対する影響が限られる地震動である。

　実験から求められた損傷モードが**図4.34**である[S15,S16]。プッシュオーバー載荷すると、上部段落とし部に作用する圧縮力が圧縮ストラットに沿って基部に伝えられる結果、上部段落とし部から下部段落し部に向けて斜めせん断ひび割れが生じ、これが載荷変位振幅の増大に伴って斜めせん断破壊に進展した。

　これに対して、繰返し載荷を加えると、最初はプッシュオーバー載荷と同様に圧縮ストラットに沿って斜めひび割れが生じるが、やがて上部段落とし部においてコンクリートの剥離や軸方向鉄筋の座屈が生じ始めると、それ以降はここに損傷が集中し、斜めひび割れは進展しない。最終的に上部段落とし部で曲げ圧縮破壊した。

　重要な点は、以上の2体の模型と同様な破壊モードが入力地震動に応じてハイブリッド載荷でも生じる点である。すなわち、強力なパルス地震

(a) プッシュオーバー載荷　(b) 繰返し載荷(2.5%ドリフト)　(c) ハイブリッド載荷(JR鷹取記録)　(d) ハイブリッド載荷(津軽大橋記録)

図4.34　載荷履歴による損傷の違い

動がないままに長い時間単調な揺れが繰り返す津軽大橋記録を作用させると、**図4.34**(d)のように上部段落とし部で曲げ圧縮破壊するのに対して、パルス地震動を持つJR鷹取記録を作用させると、**図4.34**(c)に示すように上部段落とし部から下部段落し部に至る斜めせん断破壊が生じる。

　以上の4ケースの荷重作用高さにおける水平力〜水平変位の履歴曲線が**図4.35**である。上部段落とし部で曲げ圧縮破壊した繰返し載荷と津軽大橋記録を作用させたハイブリッド載荷では、載荷繰返しによって次第に耐力が低下するのに対して、上部段落とし部から下部段落とし部に向けて斜めせん断破壊したプッシュオーバー載荷とJR鷹取記録を作用させたハイブリッド載荷では、3%ドリフト比以降、急速に耐力が低下する。

　このように、同じように主鉄筋段落としがある橋脚でも載荷方法によって損傷形態は異なってくる。

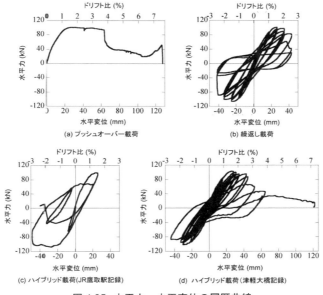

図4.35　水平力〜水平変位の履歴曲線

3) 実大模型加震実験

a) 橋脚模型と加震条件

(独)防災科学技術研究所の実大三次元震動破壊実験施設(以下、E ディフェンス)では、実大橋脚を用いた震動台加震実験が行われている[N6,U1]。1995 年兵庫県南部地震で倒壊した高速道路の橋脚をモデルにして、これが準拠した 1964 年鋼道路橋設計示方書に基づいて震度法により模型橋脚が造られた。水平震度は 0.23、鉛直震度は ±0.11 である。この基準には耐震設計に関連する規定としては設計震度の値しか示されていなかったが、戦後高度成長期にあたっていたことから、多数の橋がこの基準によって設計された。地震時保有耐力法が初めて導入されたのは 1990 年道路橋示方書・V耐震設計編であるから、それ以前の橋では地震時保有耐力法による照査は行われていない。

図 4.36 に示すように、橋脚模型は高さ 7.5m、径 1.8m の円柱である。基部から 1.86m と 3.86m の 2 箇所で軸方向鉄筋が段落としされている。径 32mm の軸方向鉄筋(SD345)が基部から下部段落としまでは、外側、中央、内側にそれぞれ 32 本、32 本、16 本と、計 80 本が配置されている。これを 2.5 段配筋という。下部段落としから上部段落としの間では内側の軸方向を除いた 2 段配筋で、外側、中央に各 32 本、計 64 本、上部段落としから上では外側の 1 段配筋だけで 32 本が配置されている。

帯鉄筋(SD345)は径 13mm で、内側、中央、外側に各 300mm 間隔で配置されている。帯鉄筋の両端は鉄筋径の 30 倍(390mm)だけ重ねた重ね継手で定

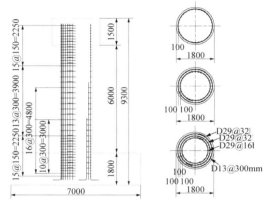

図 4.36 C1-2 橋脚(主鉄筋段落としがある橋脚)

着されているだけである。3.4 に示した帯鉄筋による横拘束効果の重要性が知られていなかった時代の設計であり、帯鉄筋量も少なく、定着も不十分であった。この模型を C1-2 模型と呼ぶ。

図 4.37 のように橋脚模型は橋軸方向が東西方向(EW)、橋軸直角方向が南北方向(NS)となるように E ディフェンスに据え付けられ、水平 2 方向と上下方向の 3 方向に同時加震された。支承等を含めた総質量 307t(3011kN)の 2 径間単純桁がピン支承により橋脚模型に固定され、他端は可動支承により鋼製の支持台で支持されている。

ただし、この桁は本来の桁ではなく、重りを固定しその慣性力を橋脚模型に伝達するための治具である。できるだけ桁が橋脚の揺れを拘束しないように、特殊な支承構造が用いられた。模型が大きく損傷して倒壊しないように、模型の周りには鋼製フレーム製の転倒防止装置が設けられた。図 4.38 が模型のセットアップ状況である。

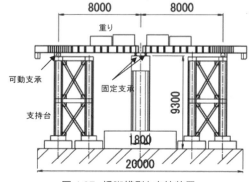

図 4.37 橋脚模型と支持装置

図 4.38 実大加震震動実験のセットアップ

b) 加震実験

1995年兵庫県南部地震による3成分のJR鷹取記録（図1.14参照）をC1-2橋脚に作用させた。なお、震動実験ではフーチング模型が直接震動台に固定されているのに対して、実橋ではフーチングは地盤中に埋め込まれており、後述の6.6に示すように、逸散減衰に大きな違いがある。このため、地盤と構造物の動的相互作用の影響を考慮して、加速度振幅は元波形の80%に縮小されている。これを震動実験に用いる基準加速度と呼ぶ。

基準加速度と模型を載せた状態で加震したときの震動台の加速度を比較した結果が図4.39であり、これを加速度応答スペクトル（減衰定数0.05）によって比較した結果が図4.40である。震動台の揺れは基準加速度の特徴をおおむね再現していると言ってよい。

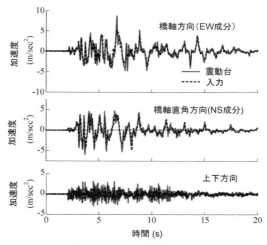

図4.39 基準加速度と震動台に生じた加速度

加震後7秒には、図4.41に示すように、上部段落とし部を起点として下部段落とし部に至る範囲で激しく破壊した。桁はほぼNE〜SW方向に卓越して震動したため、この震動方向に沿った破壊の進展をN面〜SW面に生じたクラックによって示すと、図4.42の通りである。破壊は次のように進展した[S15]。

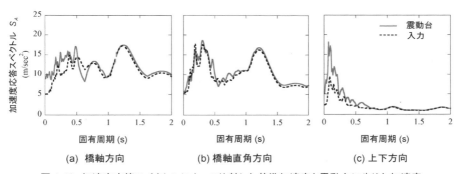

(a) 橋軸方向　　(b) 橋軸直角方向　　(c) 上下方向

図4.40 加速度応答スペクトルによって比較した基準加速度と震動台に生じた加速度

(a) 上部段落とし部から始まった斜めクラックの幅が大きく拡がった瞬間

(b) 上部断落し部から下部段落とし部にかけて爆発したように崩壊した瞬間

図4.41 上部段落とし部から拡がったせん断破壊(C1-2橋脚)

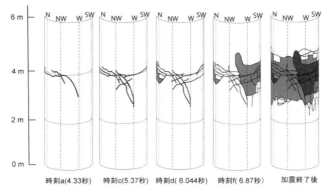

図 4.42 損傷の進展(S 面~NE 面、C1-2 橋脚、時刻 a~f は図 4.43、図 4.44 参照)

① 橋脚が SW 方向に揺れた際、引張側となった NW 面~E 面において上部段落とし高さに沿って生じた水平曲げひび割れが時刻 a(4.33 秒)になると、NW 面から W 面にかけて斜め下に進展し始めた。図 4.41(a) に示した水平曲げひび割れから斜めせん断ひび割れに移行した瞬間である。

② 揺れが NE 方向に反転すると、上記①と同じように、まず上部段落とし高さに沿って W 面~SE 面にかけて水平曲げひび割れが生じ、時刻 b(4.87 秒)~c(5.37 秒)では、この曲げひび割れが斜め下に向って進展し、W 面から NW 面に達した。

このように、水平曲げひび割れから斜めせん断ひび割れに移行して橋脚の剛性が大きく損なわれた結果、揺れが大きくなるとひび割れ幅が拡大して、やがて次のようにせん断破壊に進展していった。

③ NE 方向に揺れた時刻 d(6.04 秒)では、上部段落とし位置において N 面~NW 面にかけて軸方向鉄筋が局部座屈して外側にはらみ出した。ここには示していないが、揺れが反転して SW 方向に揺れた時刻 e(6.50 秒)では、同様な損傷が反対側の S~SW 面に生じた。

④ 時刻 f(6.87 秒)では橋脚の揺れが大きくなって、横ばりが転倒防止装置に衝突した。その後、時計回りに W 面、NW 面、N 面、NE 面、E 面の順に、上部段落とし位置を中心としてコアコンクリートが砕けて爆発したかのように鉄筋かごから飛び出し、軸方向鉄筋が大きく面外方向に座屈した。これが前出の図 4.41(b)である。

このときの水平 2 成分の桁の応答変位とこれらのオービットがそれぞれ図 4.43、図 4.44 である。水平 2 成分を合成した変位が最大となったのは横ばりが転倒防止装置に衝突した直後の 7.13 秒で、このときの応答変位は橋軸方向には 0.439m(ドリフト比 d_r 5.5%)、橋軸直角方向には 0.253m(ドリフト比 d_r 2.7%) である。桁がほぼ NE~SW 方向に卓越して震動したことは図 4.44 から明らかである。

橋脚が破壊したのは加震のほんの初期の段階である。転倒防止装置によって桁の揺れが拘束されていなければ、時刻 f(6.87 秒)に橋脚はそのまま倒壊した可能性がある。時刻 f 以降、橋脚の固有周期は 2~3 秒に延び、フラフラの状態で SW 面方向に傾き、最終的に橋軸方向に 205mm(ドリフト比 d_r 2.7%)、橋軸直角方向に 343mm(ドリフト比 d_r 4.6%)の残留変位を残して停止した。

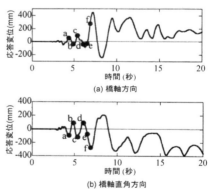

図 4.43 橋脚上端における応答変位(C1-2 橋脚)

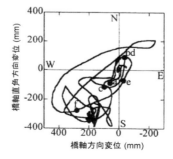

図 4.44 橋軸方向と橋軸直角方向の応答変位のオービット(C1-2 橋脚)

c) 段落とし部の破壊モード

C1-2 橋脚を撤去するため、破壊したコアコンクリートを取り除いた状態の段落とし部が図 4.45 である。大きく外側に座屈してはらみ出した最外縁の軸方向鉄筋と、その内側に段落としされた中間の軸方向鉄筋が見える。帯鉄筋は重ね継手が完全に外れ、コアコンクリートに対する横拘束効果が失われた。重ね継手で定着されただけの帯鉄筋では、かぶりコンクリートが剥落した瞬間に機能を失ってしまうことがよくわかる。帯鉄筋の定着に重ね継手を用いてはならないことは明らかである。

撤去のために上部段落とし部をつり上げると、図 4.46 に示すように容易に段落とし部から上側の橋脚、下側の橋脚、両者間の円筒状のコンクリートブロックの 3 つに分断された。円筒状のコンクリートブロックと接する上部橋脚の下面には、(a)に示すように、20～30mm 程度の凹凸が生じているが、ほぼ水平に破断されている。

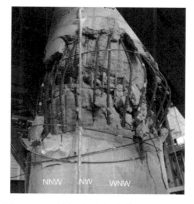

図 4.45　破壊した上部段落とし部（NNW～WNW 面、C1-2 橋脚）

(a) 上部橋脚部の下面

(b) コンクリートブロックの下面（天地反転に置かれている）

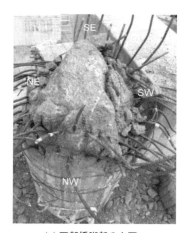

(c) 下部橋脚部の上面

図 4.46　上部段落とし部の破壊状況（C1-2 橋脚）

一方、コンクリートブロックの下面と下側の橋脚の上面には、それぞれ(b)、(c)に示すように、NW 面から SE 面を結ぶ方向が凸状に残り、NE 面と SW 面は大きくえぐられていた。これは橋脚の卓越震動方向が NE～SW 方向であったため、図 4.47 に示すようにコアコンクリートが破壊したことを示している。

段落とし部の破壊メカニズムに関しては、いろいろな検討が行われている[S10,S14,S16]。

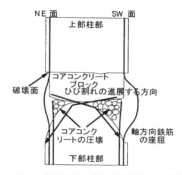

図 4.47　上部段落とし部の破壊（C1-2 橋脚）

4.6 建設年代によって異なる曲げ破壊型 RC 脚の耐震性

1) 模型と加震

不十分な定着長で主鉄筋が段落としされた橋脚がせん断破壊することは上述の通りである。もし、主鉄筋段落としがなければ、この RC 橋脚は兵庫県南部地震による揺れに耐えられたであろうか。

この問題を明らかにするため、C1-2 橋脚と同一仕様で主鉄筋段落としがない橋脚に対する加振実験が行われた[K58, U2]。これを C1-1 橋脚と呼ぶ。すなわち、C1-1 橋脚とは 1964 年鋼道路橋設計示方書に基づいて設計水平震度を 0.23、鉛直震度を ±0.11 として許容応力度法により設計された模型である。

図 4.48 に示すように、高さは 7.5m、径 1.8m の円柱で、厚さ 1.8m のフーチングで支持されている。軸方向鉄筋は径 32mm の SD345 鉄筋で、外側、中央、内側の 3 段にそれぞれ 32 本、32 本、16 本が、また、帯鉄筋は径 13mm の SD345 鉄筋で、3 段の軸方向鉄筋を取り囲んで各 300mm 間隔で配置されている。帯鉄筋の両端は鉄筋径の 30 倍を定着長とする重ね継手で定着されただけである。ただし、外側の帯鉄筋は基部から 0.95m の範囲だけ、150mm 間隔で配置されており、ここでは軸方向鉄筋比は 2.02%、帯鉄筋比は 0.32% である。

さらに、この橋脚と比較するため、2002 年道路橋示方書に基づいて地震時保有耐力法により設計された橋脚模型も製作された。これを C1-5 橋脚と呼ぶ[K60, U3]。

図 4.49 に示すように、C1-5 橋脚は C1-1 橋脚、C1-2 橋脚と同じ高さであるが、柱径は 2m と一回り大きくなり、軸方向鉄筋には径 35mm の SD345 が 2 段で計 72 本配置されている。軸方向鉄筋比は 2.19% である。主鉄筋の段落としはされていない。帯鉄筋には径 22mm の SD345 が、外側には 150mm 間隔、内側には 300mm 間隔で配置されている。重ね継手で定着されただけの C1-1 橋脚や C1-2 橋脚とは異なり、長さ 220mm の 135 度曲がりフックによってコアコンクリート内に定着されている。

帯鉄筋が外側と内側の 2 層に配置されている場合の帯鉄筋比 ρ_s を式(3.29)に基づいて算出する際、横拘束に対する外側と内側の帯鉄筋の寄与率をどのように評価するかはまだよく研究されていない。コアコンクリートに対する外側の帯鉄筋と内側の帯鉄筋の寄与率をそれぞれ α、β と仮定すると、式(3.29)は次のように拡張される。

$$\rho_s = \alpha \rho_{sO} + \beta \rho_{sI} \tag{4.8}$$

ここで、ρ_{sO}、ρ_{sI} はそれぞれ外側、内側の帯鉄筋がそれぞれ単独に横拘束に寄与するとした場合の帯鉄筋比であり、次式で与えられるとする。

$$\rho_{si} = \frac{4A_{hi}}{s_i d_i} \quad (i = O, I) \tag{4.9}$$

ここで、A_{hi} は外側および内側の帯鉄筋の断面積、d_i はそれぞれ外側および内側の帯鉄筋の内側にあるコンクリート断面の直径、s_i は外側および内側の帯鉄筋の高さ方向の配置間隔である。

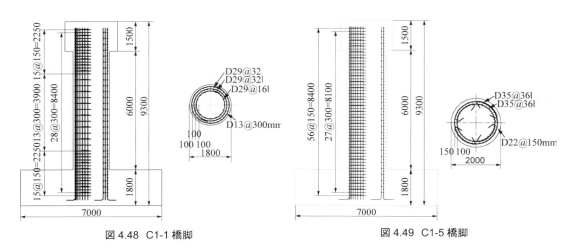

図 4.48 C1-1 橋脚　　　　　　　　　　図 4.49 C1-5 橋脚

帯鉄筋によって 2 重に巻き立てられたコアコンクリートの横拘束効果を単純に加え合わせれば橋脚に対する横拘束効果を評価できるのかはまだよくわかっていないが、ここでは外側と内側の帯鉄筋がそれぞれ独立に横拘束に寄与すると仮定して、$\alpha = \beta = 1.0$ と仮定してみよう。そうすると、ρ_{sO} は 0.59%、ρ_{sI} は 0.33%であるため、ρ_s は 0.92%となる。前述した C1-1 橋脚において基部から 0.95m の範囲の帯鉄筋比 ρ_s（0.32%）も、このようにして求められた値である。

C1-5 橋脚では表 4.2 に示すように合計 5 回の加震が行われている。加震 1、加震 2 では前述の C1-2 橋脚と同様に 307t の桁質量で、図 4.39 に示した基準加速度を作用させた。

2 回の加震後、桁質量を 307t から 372t へと 21%増加させ、基準加速度で 1 回加震（加震 3）した後、さらに、桁質量は 372t のままで加震強度を基準加速度の 125%に増加させて 2 回加震された（加震 4、加震 5）。加震 1 と加震 2 がこの橋脚の設計で想定した桁質量と加震強度であるため、単純に損傷の進展やこれによる固有周期等の変化の影響を考慮しなければ、慣性力は加震 1、加震 2 に比較して加震 3 では 21%、加震 4、加震 5 では 51%大きいことになる。

前述したように、C1-1 橋脚では加震 1 と加震 2 だけが行われた。加震 2 の段階で橋脚は倒壊の危険性が出てきたためである。

表 4.2 C1-1 橋脚と C1-5 橋脚に対する加震条件

加震	桁質量	加震加速度
加震 1	307t (100%)	100%
加震 2		
加震 3	372t (121%)	
加震 4		125%
加震 5		

注）C1-1 橋脚では加震 1、加震 2 のみ

表 4.3 は地震時保有耐力法に基づく両橋脚の耐震性の照査結果である。ここで、ディマンドとは構造物（構造部材）が持つべき性能、キャパシティーとは構造物（構造部材）が持つ性能である。ディマンドやキャパシティーには構造物の耐力だけでなく変形性能も含まれる。たとえば、橋脚のキャパシティーとしての変形性能を表わす塑性率 μ とディマンドとしての応答塑性率 μ_r は次のように定義されている。

$$\mu = \frac{u_u}{u_y} \tag{4.10}$$

$$\mu_r = \frac{u_m}{u_y} \tag{4.11}$$

ここで、u_u：終局変位、u_m：最大応答変位、u_y：降伏変位である。

表 4.3 1970 年代の橋脚(C1-1)と 1995 年以降の橋脚(C1-5)の比較

実験橋脚模型		C1-1 橋脚	C1-5 橋脚	
			標準質量	桁質量増加
桁質量 M (t)		302	307	372
キャパシティー（保有耐力・保有変位性能）	地震時保有耐力 P_a (kN)	1,614	2,347	2,371
	降伏変位 u_y (m)	0.046	0.045	0.045
	終局変位 u_u (m)	0.099	0.230	0.227
	設計変位 u_d (m)	0.080	0.168	0.166
	設計塑性率 μ_d	1.75	3.77	3.73
ディマンド(要求耐力・要求変位)	設計加速度 S_A (m/s²)	17.16	17.16	17.16
	荷重低減係数 R	1.58	2.56	2.54
	要求応答加速度 S_A/R (m/s²)	10.89	6.67	6.77
	設計震度 k_{hc}	1.11	0.68	0.69
	自重 W (kN)	3,407	3,451	4,093
	要求耐力 $k_{hc}W$ (kN)	3,782	2,347	2,824

前述した通り、C1-1 橋脚は震度法で設計されただけであるため、表 4.3 に示す C1-1 橋脚の評価結果は仮に地震時保有耐力法で耐震照査するとどうなるかを示すだけである。これによれば、キャパシティーとしては、地震時保有耐力 P_a が C1-5 では 2,347kN であるのに対して、C1-1 では 1,614kN と C1-5 の約 70%のレベルである。C1-5 と C1-1 の降伏変位 u_y はそれぞれ 0.045m、0.046m とほぼ同じレベルであるが、終局変位 u_u にはそれぞれ 0.23m、0.099m と大きな違いがある。このため、C1-5 と C1-1 の設計変位 u_d はそれぞれ 0.168m、0.080m となり、設計塑性率 $\mu_d = u_d / u_y$ はそれぞれ 3.77、1.75 と 2 倍以上の違いがある。

一方、ディマンド側は、II 種地盤を想定すると、設計加速度応答スペクトル S_A は 17.16m/s² であり、設計塑性率 μ_d に基づいて荷重低減率 R は C1-5 では 2.56、C1-1 では 1.58 となるため、C1-5、C1-1 に対する要求応答加速度 S_A / R はそれぞれ 6.67m/s²、10.89m/s² と、C1-1 の方が C1-5 よりも 1.6 倍大きくなる。この結果、C1-5、C1-1 の要求耐力はそれぞれ 2,347kN、3,782kN となる。したがって、C1-5 は地震時保有耐力法の照査を満足するが、C1-1 ははるかにこれを下まわる。

桁質量を 372t に増加させた場合には、C1-5 の要求耐力 $k_{hc}W$ は 2,824kN と地震時保有耐力 P_a =2,371kN を上まわり、地震時保有耐力法の照査を満足しない。すなわち、桁質量を 372t にした加震 3、さらに、加震強度を 25%増加させた加震 4、加震 5 は C1-5 橋脚にとっては設計で想定したレベルを超える過酷な条件となる。

2) 実大模型加震実験

a) C1-1 橋脚

橋軸および橋軸直角方向がそれぞれ EW、NS 方向となるように E ディフェンスに模型をセットして 2 回の加震が行われた。損傷の進展は図 4.50 の通りである。主応答方向は WSW〜ENE 方向であり、ここでは損傷が著しかった WSW 面の損傷を示している。

加震 1 ではかぶりコンクリートが大きく剥落し、外側の軸方向鉄筋のうち 2 本が局部座屈した。コアコンクリートも大きく損傷している。加震 2 では全周にわたって基部から高さ 0.5m の範囲でかぶりコンクリートが剥落しただけでなく、圧壊が進んだコアコンクリートがこぼれ出てきた。重ね継手の機能が失われて帯鉄筋は完全に開き、外側だけでなく中間の軸方向鉄筋も座屈して横拘束効果を完全に失った。

重ね継手は弾性状態に留まる範囲では有効な場合もあるが、仮に重ね継手長を十分長くしても、地震時に塑性化する箇所には使用してはならないことは明らかである。帯鉄筋が機能を喪失した結果、横拘束によるコアコンクリートの強度と変形性能が失われ、無筋コンクリート状態となってコンクリートの圧壊を招いた。さらに軸方向鉄筋の局部座屈に対する拘束効果も完全に失われ、橋脚の曲げ耐力を大きく損なった。明らかに C1-1 橋脚に対するこれ以上の加震は危険であったことから、加震は 2 回で打ち切られた。

図 4.51 は橋脚上端における主応答方向の応答変位、図 4.52 は橋脚基部の曲げモーメント〜橋脚上端の応答変位の履歴である。ここには、道路橋示方書によって解析された降伏変位 u_y、設計変位 u_d、終局変位 u_u も示している。これによれば、終局変位 u_u は解析では約 0.1m と求められるが、実際に生じた最大応答変位は加震 1 ではその 1.7 倍、加震 2 では 3 倍に達している。さらに加震 1 に比較して加震 2 になると最大耐力は約 25%も低下している。

(a) 加震1

(b) 加震2

図 4.50 2 回の加震後の損傷（C1-1 橋脚）

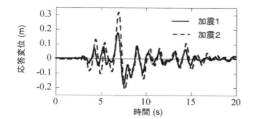

図 4.51 橋脚上端における主応答方向の応答変位
（C1-1 橋脚）

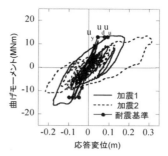

図 4.52 橋脚基部の曲げモーメント～橋脚上端の応答変位の履歴（C1-1 橋脚）

b) C1-5 橋脚
① 加震による損傷の進展

C1-5 橋脚では表 4.2 に示した 5 回の加震が行われた。加震 1 では全周にわたって最大幅 1mm の水平ひび割れが生じ、加震 2 では基部を中心に曲げひび割れが進展し、一部では基部から 200mm 程度の高さまでかぶりコンクリートが剥落した。

図 4.53 は加震 1～加震 5 における橋脚上端における主応答方向の変位である。加震 1 では最大応答変位は 84mm である。降伏変位 u_y は 46mm であるから、応答塑性率は 1.8 である。加震 2 になると主応答方向の最大変位は 125mm に増加するが、応答塑性率はまだ 2.7 にとどまっている。図 4.54 は加震 1、加震 2 における橋脚基部の曲げモーメント～橋脚上端の応答変位の履歴である。この段階ではまだ耐力低下は顕著ではない。

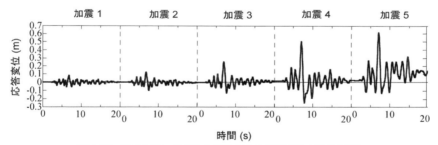

図 4.53 橋脚上端における主応答方向の応答変位(C1-5 橋脚)

加震 3 では、図 4.55(a)に示すように主応答方向の WSW 面から SSW 面において、基部から 0.5m までの範囲でかぶりコンクリートが剥落した。主応答方向の最大変位は 254mm（ドリフト比 d_r 3.4%、応答塑性率 5.6）と、加震 1 の 3 倍に増えた（図 4.53）。これは道路橋示方書による終局変位 $u_u = 215$mm の 1.2 倍にあたる。図 4.56 に示すように、加震 3 における曲げモーメントは加震 1、加震 2 からさらに約 17% 増大している。まだ塑性化の進展により曲げ耐力が増加する段階にあったためである。

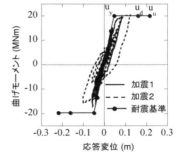

図 4.54 橋脚基部の曲げモーメント～橋脚上端の応答変位の履歴（C1-5橋脚、加震1、加震2）

さらに加震 4 になると、主応答方向の最大応答変位は 506mm（ドリフト比 d_r は 6.7%）に増大し、応答塑性率は 11.1 に達した。加震 4 終了時の損傷は図 4.55(b) の通りである。コアコンクリートが圧壊し軸方向鉄筋が大きく局部座屈したが、135 度曲がりフックによる定着はまだ完全には失われておらず、帯鉄筋による拘束はわずかながら残っている。

(a) 加震3終了後 　　　　　　(b) 加震4終了後

(c) 加震5の途中(7.17s)　　　(d) 加震5終了後

図 4.55　加震3、加震4、加震5による損傷（C1-5 橋脚）

しかし、加震5になると橋脚は大きくSW方向に変位し、SW面でコアコンクリートが圧壊して破砕し、図 4.55(c)に示すように軸方向鉄筋と帯鉄筋のすき間から破砕したコアコンクリートがまるで爆発したかのように噴出した。その後、橋脚は時計回りに回転するように変位し、圧縮側や引張側となった面で次々に大きくコアコンクリートが破砕して鉄筋カゴから飛び出した。図 4.55(d)が加震5終了後の損傷である。

圧壊してぼろぼろに砕けたコアコンクリートが鉄筋かごから噴出することは、従来の小型模型実験では知られていなかった現象である。C1-5 橋脚では、粗骨材の最大粒径は 20mm であるため、コアコンクリートが圧壊すると破砕

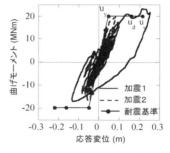

図 4.56　橋脚基部の曲げモーメント～橋脚上端の応答変位の履歴（C1-5 橋脚、加震 3）

したコンクリートブロックは 40mm 程度まで小さくなる。帯鉄筋のあきは 128mm、軸方向鉄筋のあきは 132mm であるため、破砕したコアコンクリートは容易に鉄筋かごから飛び出し、曲げ耐力が低下した。

なお、仮に幾何学的相似則を 1/5 として C1-5 橋脚をモデル化し、直径 400mm の縮小模型を製作したとすると、帯鉄筋のあきは 26mm 程度となる。仮にこの模型の粗骨材の最大粒径を 12mm とすると、粗骨材のまわりを囲んでいるコンクリートがあるため、小型模型では破砕したコアコンクリートは容易には鉄筋かごから抜け出せない。従来、小型模型の方が塑性変形性能を過大評価することが指摘されているが、このような骨材による寸法効果が影響している可能性がある[K65,H12]。

加震5終了後には外側および内側のそれぞれ 36 本の軸方向鉄筋のうち、外側の 22 本と内側の 19 本が大きく局部座屈していた。しかし、まだ帯鉄筋は破断しておらず、定着部のフックも完全にははずれておらず、最後まで抵抗していた。これは C1-1 橋脚の重ね継手とは大きく異なる点である。

加震5による主応答方向の最大応答変位 u_{max} は 620mm（ドリフト比 d_r 8.3%、応答塑性率 13.5）に達した。

道路橋示方書による終局変位 u_u (215mm) の 2.9 倍にあたる。このように大きな応答が生じても崩壊には至らなかったが、133mm の残留変位が残った。式 (3.83) に基づいて残留ドリフト比 d_r を求めると 1.8% になる。

加震 4 および加震 5 における橋脚基部の曲げモーメント～橋脚上端の応答変位の履歴が図 4.57 である。曲げ耐力は、加震 4 では 25.5MN·m と加震 3 からさらに 10% 増大したが、加震 5 になると 24.8MNm に低下した。

② 帯鉄筋の役割

加震時に帯鉄筋がどのように横拘束に寄与したかを見てみよう。図 4.58 は主応答方向の変位が最大となった瞬間に、基部から 350mm 高さの帯鉄筋に生じたひずみである。加震 1、加震 2 では外側および内側の帯鉄筋に生じるひずみは 1,000μ 以下であり、まだ降伏していない。加震 3 になると、主応答方向に相当する SW 面や W 面に位置する外側帯鉄筋ではひずみは最大 2,850μ となり、降伏し始めている。ただし、内側帯鉄筋はまだ降伏していない。

加震 4 になると、外側帯鉄筋のひずみは SW 面で 10,000μ を越す。しかし、内側帯鉄筋のひずみは 2,000μ とようやく降伏した程度である。

帯鉄筋のひずみがほぼ同じ高さと位置にある軸方向鉄筋のひずみと時間的にどのように変化したかを示した結果が図 4.59 である。帯鉄筋のひずみが大きかった SW 面における基部から 350mm 高さの帯鉄筋のひずみと基部から 300mm 高さの軸方向鉄筋のひずみの関係を示している。加震 1 から軸方向鉄筋は

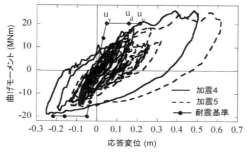

図 4.57 橋脚基部の曲げモーメント～橋脚上端の応答変位の履歴（C1-5 橋脚、加震 4、加震 5）

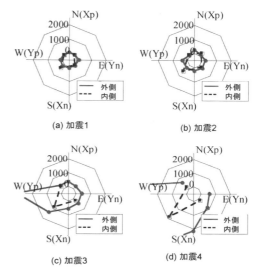

図 4.58 応答変位が最大となるときの基部から 350mm 高さの帯鉄筋に生じるひずみ（C1-5 橋脚）

引張降伏するが、圧縮側には加震 1、加震 2 では降伏していない。コアコンクリートが圧縮力に抵抗しているためであり、この段階ではまだコアコンクリートが健全であることを示している。

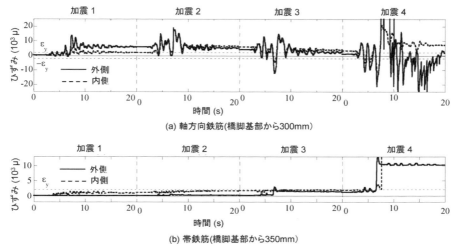

図 4.59 軸方向鉄筋および帯鉄筋のひずみ（C1-5 橋脚）

しかし、加震3になると、時刻6.8秒から軸方向鉄筋には大きな圧縮ひずみが生じ始め、やがて最大14,000μに達した瞬間に帯鉄筋には2,800μの引張ひずみが生じた。この瞬間に、圧縮を受けたコアコンクリートが圧壊し始め、帯鉄筋が外側にはらみ出そうとするコアコンクリートと局部座屈しようとする軸方向鉄筋を拘束し始めたためである。さらに、加震4になると、外側帯鉄筋には12,000μ、内側帯鉄筋には13,000μ以上の引張ひずみが生じる。

以上の関係を軸方向鉄筋ひずみと帯鉄筋ひずみの履歴として示した結果が図4.60である。加震4に入ると、軸方向鉄筋の局部座屈とコアコンクリートの圧壊による外側へのはらみ出しに抵抗するため、外側帯鉄筋には12,000μに達する大きな引張ひずみが生じる。ただし、重要な点は外側帯鉄筋に比較し内側帯鉄筋のひずみははるかに小さいことである。これは内側帯鉄筋は外側帯鉄筋と外側軸方向鉄筋に拘束されているためと見られる。帯鉄筋を多段に配置した場合には、式(4.9)で仮定したように内側と外側の帯鉄筋が同じように横拘束に寄与しないことを示している。そうであれば、外側、内側に同量の帯鉄筋を配置するより、外側により多くの帯鉄筋を配置することが有効である。

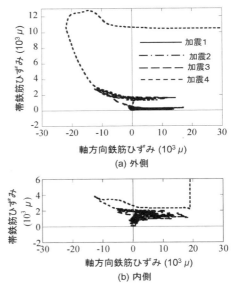

図4.60 軸方向鉄筋ひずみと帯鉄筋ひずみ（基部から350mm）の履歴（C1-5橋脚）

③ 加震終了後の損傷

図4.61(a)は加震5終了後に基部から0.5mの高さで軸方向鉄筋を切断し、これより上部の橋脚躯体を撤去した破壊面である。破壊面は比較的滑らかで、破壊面から下側の橋脚躯体の上面は下向きにえぐられ、破壊面から上側の橋脚躯体の下面はこれにかみ合うように下向きに出っ張っている。主応答方向に相当するSW面側では、(b)に示すように橋脚外周面から550mm程度、すなわち最外縁軸方向鉄筋から400mm程度内側に入った領域まで、最大200mmの深さにわたってコアコンクリートが破砕している。

(a) 軸方向鉄筋を切断後の破壊面

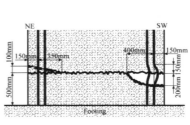
(b) 破断面

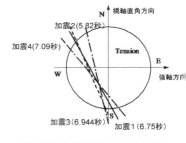
(c) 主応答方向の応答変位が最大となる瞬間の橋脚外周面から中立軸までの距離

図4.61 加震5終了後の塑性ヒンジ部の損傷（C1-5橋脚）

計測記録から主応答方向の変位が最大となった瞬間の中立軸の位置を加震1～加震4に対して求めた結果が(c)である。橋脚外周面から中立軸までの距離は546～685mmの範囲にある。上述したように、SW面では橋脚外周面から550mmの位置までコアコンクリートが破砕したが、これは外周面から中立軸までの距離に相当する。すなわち、地震力を受けてSW面が圧縮側になった際にコアコンクリートがえぐられた結果、(b)のように破砕したことを示している。

図 4.62 は SW 面における外側帯鉄筋の定着部である。帯鉄筋は 135 度曲がりフックで外側および内側の軸方向鉄筋を取り巻いてコアコンクリートに定着されており、かなり緩んではいるが、まだ完全には抜け出していない。

以上のように、帯鉄筋はコアコンクリートの損傷が激しくなってから機能し始め、ダイラタンシーによるコアコンクリートの変形を拘束すると同時に、軸方向鉄筋の局部座屈を拘束した。損傷したコアコンクリートのダイラタンシーによる変形や、さらにはひび割れを拘束するためには、縦方向、横方向にもっと密に帯鉄筋を配置するのが有効である。C1-5 橋脚では外側帯鉄筋は高さ方向には 150mm 間隔で配置されていた

図 4.62 135 度曲がりフックによる帯鉄筋の定着部（C1-5 橋脚）

が、帯鉄筋の中心間隔が 1,757mm と大きいため、コアコンクリートの横拘束効果が十分発揮されるには広過ぎるといえる。中間帯鉄筋を密に配置すると、さらに変形特性が向上すると考えられる。

4.7 曲げとねじりを受ける構造

1) 曲げとねじりの同時作用

ねじりモーメントを受けるように橋脚を設計することは多くはないが、橋脚の中心から水平方向にずれた位置に地震力が作用すると橋脚には曲げモーメントに加えてねじりモーメントが作用する。よくある例は、後述の 4.8 に示す逆 L 字型橋脚で支持された場合や 10.2、10.3 に示す斜橋や曲線橋が並進と同時に回転する場合である。ねじりによる損傷はせん断破壊と似ており、いったん斜め引張キレツが生じると短時間のうちに進展する。

図 4.63 のように、橋脚の上端に桁の自重 W が作用した状態で、橋軸および橋軸直角方向の慣性力 F_{LG}、F_{TR} に加えてねじりモーメント M_T を受ける場合の履歴特性を考えてみよう[T5]。このとき、橋脚に作用する軸力 P、橋軸および橋軸直角軸まわりの曲げモーメント M_{LG}、M_{TR}、橋脚まわりのねじりモーメント M_T は次のようになる。

$$P = W 、 M_{LG} = F_{TR}h 、 M_{TR} = F_{LG}h 、 M_T = M_T \tag{4.12}$$

ここで、h は橋脚基部から桁の慣性力作用位置までの高さである。なお、以下では、簡単のため、橋軸直角方向の慣性力 F_{TR} は 0 とし、$M_{LG} = 0$ の状態を考えよう。

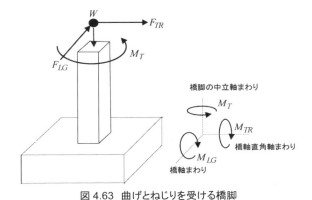

図 4.63 曲げとねじりを受ける橋脚

2) 模型と載荷

図 4.64 のように、400mm×400mm の正方形断面を持つ有効高さ 1.35m の鉄筋コンクリート橋脚模型を取り上げる。径 13mm の軸方向鉄筋と径 6mm の帯鉄筋がそれぞれ 80mm、60mm 間隔で配置されている。軸方向鉄筋比と帯鉄筋比はそれぞれ 1.27%、0.79% である。

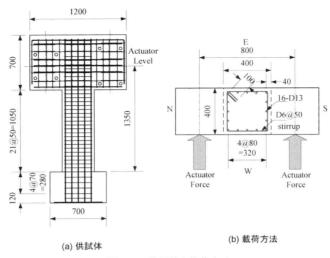

図 4.64 供試体と載荷方法

　鉛直アクチュエーターによって橋脚中心に160kNの一定圧縮軸力 P（橋脚に作用する軸応力度は1MPa）を作用させた状態で、橋脚中心から橋軸直角方向に $\pm d$（± 400mm）離れた横ばりに 2 台の水平アクチュエーターによって変位制御により変位 u_1、u_2 を与え、橋脚に曲げモーメント M_{LG} とねじりモーメント M_T を加える。このとき、橋脚に生じる曲げ変位 u と鉛直軸まわりの回転角 θ は次のようになる。

$$u = \frac{u_1 + u_2}{2}、\theta = \frac{u_2 - u_1}{2d} \quad (4.13)$$

橋脚基部から水平力の作用点までの高さを h とし、水平変位のドリフト比 $\Delta = u/h$ とねじり回転角 θ の比 r_{FT} を

$$r_{FT} = \frac{\theta}{\Delta} \quad (4.14)$$

と定義する。これを曲げ・ねじり比と呼ぶ。
　曲げ・ねじり比 $r_{FT} = 0$ は純曲げ、$r_{FT} = \infty$ は純ねじりに相当する。

3) 曲げとねじりを同時に受ける RC 橋脚の履歴特性

　曲げ・ねじり比 r_{FT} を 0、0.5、1.0、2.0、4.0、∞ と変化させて各 3 回ずつ繰返し載荷した場合の損傷の進展が図 4.65 である。純曲げ（$r_{FT} = 0$）を受けると橋脚基部に曲げ損傷が生じるのに対して、$r_{FT} = 1$、$r_{FT} = 4$ のようにねじりも同時に作用させると、曲げひび割れに加えて斜めせん断ひび割れが生じる。曲げとねじりを同時に受ける場合には、曲げ・ねじり比 r_{FT} が大きくなる（ねじりが曲げに対して卓越する）につれて、橋脚の中間高さに損傷が生じるようになる。これは橋脚の上下端はそれぞれフーチングと横ばりによって拘束されているため、曲げに対してねじりが卓越するにつれて、上下端の拘束が少ない橋脚中間高さに損傷が生じるようになるためである。
　また、橋軸直角面（N面とS面）に生じるクラックは、$r_{FT} = 1$ の場合にはほぼ斜め 1 方向に生じるのに対して、$r_{FT} = 4$ になると斜め 2 方向に生じる。これは $r_{FT} = 1$ の場合には曲げに対してねじりの影響が小さいため、曲げによるせん断ひび割れとねじりによるせん断ひび割れが重なる方向に斜めクラックが入るのに対して、$r_{FT} = 4$ になると曲げ変形よりもねじり変形が卓越するため、斜め 2 方向にクラックが入るためである。
　純ねじりを受ける場合（$r_{FT} = \infty$）には、4 面のいずれにおいても橋脚中間高さを中心に 2 方向に斜めせん断クラックが生じる。ねじり回転角 θ が 0.03rad 程度になるとかぶりコンクリートが剥落し始め、0.06rad 程度になると軸方向鉄筋や帯鉄筋が露出して、一部の軸方向鉄筋は外向きに局部座屈し始める。

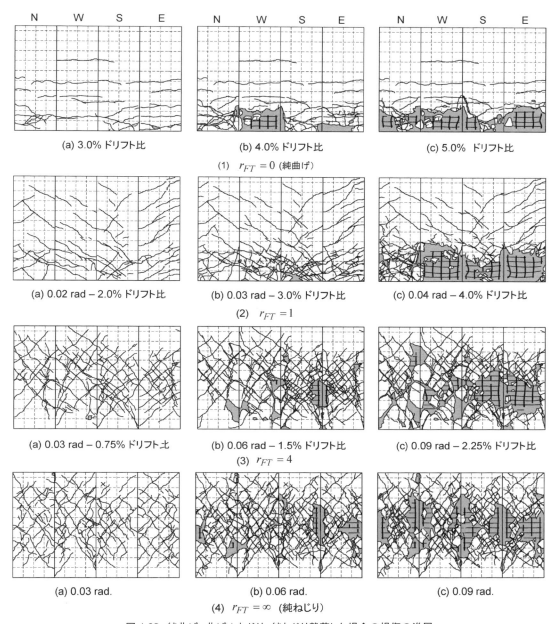

図 4.65 純曲げ、曲げ＋ねじり、純ねじり載荷した場合の損傷の進展

このときの、水平力〜水平変位の履歴曲線とねじりモーメント〜ねじり回転角の履歴曲線が図 4.66 である。純曲げを受ける場合にはドリフト比 4%程度までは曲げ耐力は安定しているが、ねじりも同時に作用すると、曲げ耐力は大きく減少する。

また、ねじりと同時に曲げも受けると、ねじりモーメントが最大値に達した後にはねじりモーメントは曲げ耐力よりも急速に低下していく。特に、曲げ・ねじり比 r_{FT} が 2 以下になると、ねじり耐力はその最大値に達した途端に低下し始める。

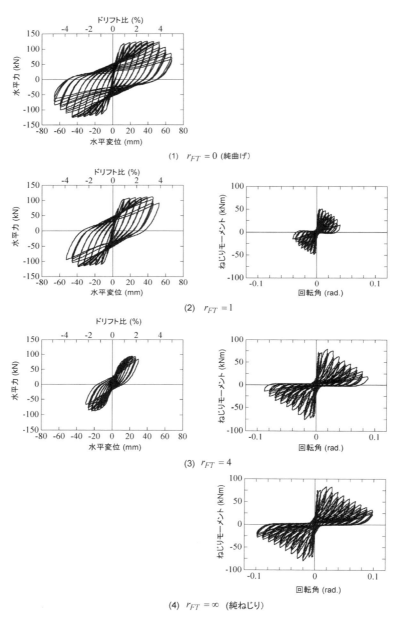

図 4.66 曲げおよびねじりを同時に受ける場合の履歴曲線

これを履歴曲線の包絡線によって示した結果が**図 4.67** である。ねじりを同時に受けると曲げ耐力も顕著に劣化し、変形性能も低下する。このため、ねじりの作用下では、単に曲げ耐力の低下だけでなく曲げ塑性率も低下することになる。

同様に、純ねじりを受ける場合に比較して曲げとねじりモーメントを同時に受けるとねじり耐力の低下も著しい。ねじり耐力の低下は曲げ耐力の低下よりも急速に進展するため、曲げとねじりを同時に受ける構造では、ねじり耐力の急速な低下に注意しなければならない。

曲げとねじりを同時に受ける場合の履歴曲線の包絡線を**図 4.68** のように、また、ねじりの履歴曲線を**図 4.69** のようにモデル化した場合の各パラメーターの求め方が提案されている[T6]。

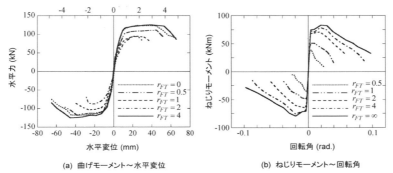

図 4.67 曲げおよびねじりを同時に受ける場合の履歴曲線の包絡線

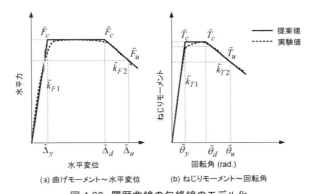

図 4.68 履歴曲線の包絡線のモデル化

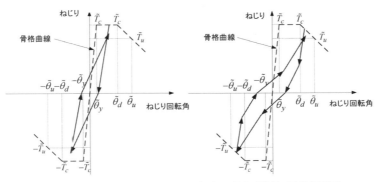

図 4.69 ねじりモーメント～ねじり回転角に対する除荷・再載荷履歴

4.8 逆L字型橋脚

1) 逆L字型橋脚の特性

用地や車線等の制約から桁の自重Wの作用点直下に橋脚を設けることができない場合に、図4.70のように、横ばりの中心から橋軸直角方向にある距離e(偏心距離)だけ離れた位置に橋脚を設置することがある。これを逆L字型橋脚と呼ぶ。逆L字型橋脚は4.7に示した軸力P、橋軸および橋軸直角方向の曲げM_{LG}、M_{TR}とねじりモーメントM_Tに加えて、偏心して作用する軸力による$P-\Delta$効果の影響を受ける特異な構造である。

偏心曲げを受ける橋脚の問題点は振動台実験に基づいて明らかにされ、その後、いろいろな検討が行われてきている[K40,K57,K61]。

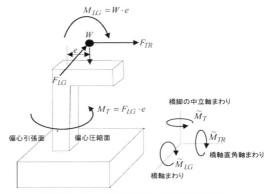

図4.70 逆L字型橋脚に作用する地震力

一般の橋脚であれば、橋軸および橋軸直角に作用する桁の慣性力をF_{LG}、F_{TR}とすると、橋脚に作用する軸力P、橋軸および橋軸直角軸まわりの曲げモーメントM_{LG}、M_{TR}は次のようになる。

$$P = W 、M_{LG} = F_{TR} \cdot h 、M_{TR} = F_{LG} \cdot h \tag{4.15}$$

ここで、Wは橋脚が支持する上部構造の重量、hはそれぞれ橋脚基部から桁の慣性力作用位置までの高さである。

これに加えて、逆L字型橋脚では次式のように橋軸まわりの曲げモーメントM_{LG}と鉛直軸まわりの偏心モーメント(ねじりモーメント)M_Tが作用する結果、

$$M_{LG} = W \cdot e \tag{4.16}$$
$$M_T = F_{LG} \cdot e \tag{4.17}$$

逆L字型橋脚に作用する軸力P、橋軸および橋軸直角軸まわりの曲げモーメントM_{LG}、M_{TR}、鉛直軸まわりのねじりモーメントM_Tは次のようになる。

$$P = W 、M_{LG} = F_{TR} \cdot h + W \cdot e 、M_{TR} = F_{LG} \cdot h 、M_T = F_{LG} \cdot e \tag{4.18}$$

すなわち、逆L字型橋脚では4.7に示した曲げとねじりを受ける橋脚と同じように、曲げモーメントM_{LG}およびM_{TR}の耐力低下とねじりモーメントM_Tの耐力低下が影響しあって同時に起こると同時に、偏心した桁自重による$P-\delta$効果の影響を受ける。

以下、偏心モーメントM_{LG}の作用により圧縮力を受ける面を偏心圧縮面、引張力を受ける面を偏心引張面と呼ぶ。

2) 震動台加震実験から見た残留変位

地震後に生じる残留変位の重要性が指摘された初期の頃の研究に、逆L字型橋脚に対する震動台加震実験がある[K40]。加震実験が行われたのは、図4.71に示すように、ある実物橋脚を1/4.6に縮小した橋脚模型である。図4.4に示したと同様に、建設省土木研究所(当時)の大型震動台により加震された。橋脚模型に支間7.67mの単純桁2連を載せて橋軸直角方向に加震した際に生じた損傷が図4.72である。地震動の最大加速度は0.35gであった。偏心圧縮側となるC面側の基部でコアコンクリートが圧壊し、この方向に図4.73に示すように約0.2mの残留変位が生じた。

加震実験から求められた橋脚に作用した橋軸直角方向の地震力とこの方向に生じた橋脚の水平変位の履歴が図4.74である。加震力が小さい間は正負両方向に震動するが、加震力が少し大きくなると偏心曲げモーメントが作用する方向のみに変位が蓄積していき、これとは反対方向にはほとんど変位しない。

この実験で重要な点は、まだ橋脚基部は破壊した訳ではなく、曲げ変形性能を保っているにもかかわらず大きな残留変位が生じたことである。

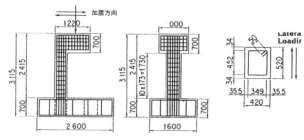

図 4.71 震動台加震実験に用いられた 1/4.6 縮小模型

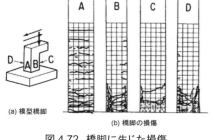

図 4.72 橋脚に生じた損傷

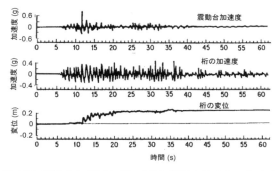

図 4.73 震動台加速度と桁に生じた橋軸直角方向の加速度および変位

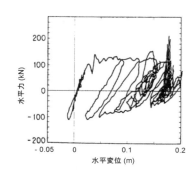

図 4.74 地震力〜水平変位の履歴曲線

3) 繰返し載荷実験に基づく基本的な履歴特性

逆 L 字型橋脚が地震力を受けるとどのように損傷が進展していくかを、図 4.75 に示す 2 種類の模型に対する繰返し載荷実験から見てみよう[K57]。(a)は偏心がない一般の橋脚で、(b)は橋脚幅 D と同じだけ偏心した(偏心量 $e = D$)逆 L 字型橋脚である。断面は 400mm×400mm の正方形で、橋脚基部に作用する軸応力が 1MPa 程度となるように 160kN の軸力が作用する状態で断面と配筋が定められている。

偏心がない橋脚では 4 面とも 1 段配筋であり、軸方向鉄筋比は 1.27%、帯鉄筋比は 0.79%である。これに対して、逆 L 字型橋脚では、式(4.17)による偏心モーメント M_T の作用により、偏心圧縮側(C 面)には曲げ圧縮力が、また、偏心引張側(A 面)には曲げ引張力が作用するため、A 面、C 面では 2 段に配筋されている。軸方向鉄筋比は 1.9%、帯鉄筋比は 1.19%である。

橋脚模型に対して橋軸方向(偏心直角方向)、橋軸直角方向(偏心方向)、鉛直方向にそれぞれ動的アクチュエーターをセットし、水平 1 方向や水平 2 方向同時載荷、繰返し載荷やコンピューター制御によるハイブリッド載荷等、いろいろな載荷が行われている。ここでは、基本となる偏心鉛直荷重を作用させた状態で橋軸方向に繰返し載荷した場合と橋軸直角方向に繰返し載荷した場合を見てみよう。

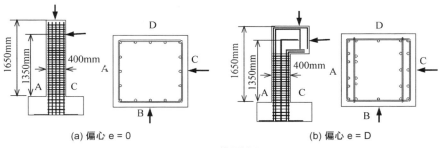

(a) 偏心 e = 0　　　(b) 偏心 e = D

図 4.75 模型橋脚

桁を設置した段階ですでに逆 L 字型橋脚は偏心圧縮側に変位するため、実験ではまず鉛直アクチュエーターによって桁死荷重に相当する鉛直荷重を作用させ、その状態から水平アクチュエーターによって正負同一変位振幅で橋軸方向もしくは橋軸直角方向に繰返し載荷した。橋軸および橋軸直角方向の載荷は 0.5%ドリフト比に相当する 6.75mm を基準変位とし、その整数倍の変位で各 3 回ずつ与えられている。

　損傷の一例として、偏心がない 1 体と偏心がある 2 体、計 3 体の模型に対する 3%ドリフト比載荷終了後の損傷を示した結果が図 4.76 である。偏心がない場合には、載荷方向に直角な A 面と C 面で損傷が著しく、基部から 200mm あたりまでかぶりコンクリートが剥落し、軸方向鉄筋が座屈する。

　これに対して逆 L 字型橋脚を偏心方向に載荷していくと、最初は載荷方向に平行な B 面と D 面に斜めひび割れが生じ始めるが、やがて C 面（偏心圧縮）側に傾斜して、この面の損傷が大きく進展していく。橋脚の傾斜は載荷の進展とともに著しくなり、ドリフト比 d_r が 4%になると、C 面では基部から高さ 600mm 程度までコンクリートが剥落する。ただし、これは変位制御による載荷であり、震動台加震実験を行えば、偏心圧縮側に大きく倒れ込んで行くはずである。これは後述の 4)に示す。

　一方、逆 L 字型橋脚を偏心直角方向に載荷した場合には、ドリフト比 d_r が 3%載荷になった段階で C 面の損傷が著しく、終局状態に達したため載荷が打ち切られた。このため、図 4.76(2)(b)にはドリフト比 d_r が 3%の段階の損傷を示している。

　図 4.77 は以上の載荷実験による水平力～水平変位の履歴曲線である。当然のことながら、偏心がない場合と比較すると、偏心直角方向(橋軸方向)に載荷した場合に履歴曲線の劣化が著しい。上述した理由でこの方向には安定した履歴が得られなかったため、2%ドリフト比までしかプロットされていないが、載荷ごとの耐力低下が著しい。一方、偏心方向(橋軸直角方向)の履歴曲線も水平変位の正側（偏心圧縮側）では復元力の包絡線の傾きが負となり、偏心圧縮側に変形が進み、残留変位が生じやすい。

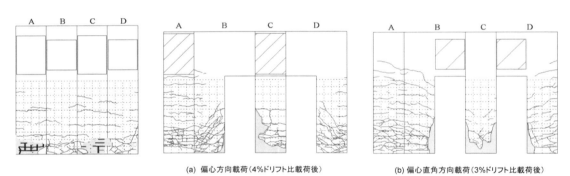

図 4.76　繰返し載荷した場合の損傷(4%ドリフト比載荷後)

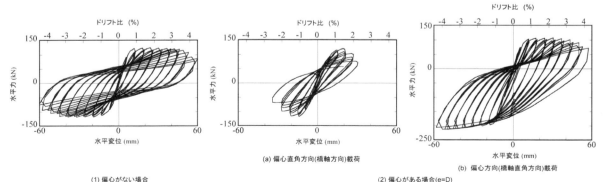

図 4.77　繰返し載荷した場合の履歴曲線

偏心直角方向に載荷した場合には，**図 4.78** のように橋脚にはねじり回転角が生じる。ドリフト比 d_r が 2.5%の段階ですでに 0.01rad のねじり回転が生じ，ドリフト比 d_r が 3%になるとねじり回転角が 0.045%以上に達したため，載荷が打ち切られた。

偏心直角方向に載荷したことにより，どのように偏心圧縮方向に残留変位が進展したかを示した結果が**図 4.79** である。ここには，参考のため，偏心量 e が $0.5D$ の橋脚に対する結果も示している。当然，偏心量 e が $0.5D$ よりも $1.0D$ の方が残留変位が大きいが，重要な点は，偏心量 $e = 1.0D$ の場合を例にとると，偏心直角方向の変位が 2.5%ドリフト比になった段階で偏心圧縮方向への残留変位はドリフト比で 1%に達し，載荷を打ち切った段階ではドリフト比が 7.6%にも達したことである。

以上から明らかなように，逆 L 字型橋脚の問題は，橋脚の損傷が進むにつれて，偏心圧縮側が大きく損傷し，この方向に橋脚の残留変位が増加して倒れ込んでいくことである。これは，式(4.16)による橋軸まわりの曲げモーメント M_{LG} による $P-\Delta$ 効果と式(4.17)による鉛直軸まわりの偏心モーメント（ねじりモーメント）M_T の相乗効果による。

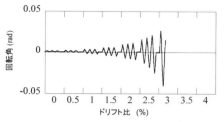

図 4.78 ねじり回転角（偏心直角方向に載荷した場合）

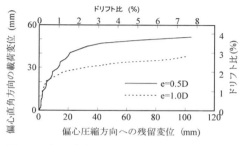

図 4.79 偏心直角方向に載荷した場合に偏心圧縮方向に生じる残留変位

4) ハイブリッド載荷実験から見た逆 L 字型橋脚の履歴特性

偏心圧縮方向に対する残留変位の進展をハイブリッド載荷で再確認してみよう[N2,N4]。**図 4.75** と同一仕様の橋脚模型 2 体に対して，偏心方向，偏心直角方向，鉛直方向に各 1 台の動的アクチュエーターをセットし，コンピューター制御によってハイブリッド載荷実験が行われた。入力地震動は**図 1.13** に示した 1995 年兵庫県南部地震の際に JMA 神戸海洋気象台で得られた強震記録である。

これにより橋軸直角方向(偏心方向)に生じた橋脚の変位が**図 4.80** である。偏心がない橋脚の場合にもわずかに残留変位は生じるが，逆 L 字型橋脚では加震開始直後からほぼ単調に偏心圧縮側に残留変位が生じ始め，加震終了時には残留変位はドリフト比で 4.1%に達した。

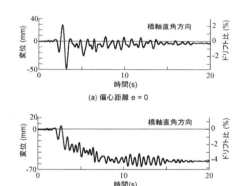

図 4.80 偏心がある場合とない場合の応答変位

偏心圧縮側に大きな残留変位が生じるのは，偏心曲げモーメント M_{LG} によって**図 4.81** に示すように偏心圧縮面(C 面)に大きな曲げ圧縮破壊が生じたためである。偏心がない橋脚では，CD 面のコーナーで損傷が大きかったほかは 4 面の損傷はほぼ同程度である。

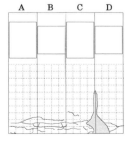
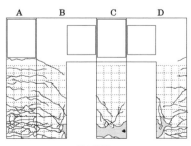

図 4.81 橋脚の損傷

このようにハイブリッド載荷実験においても偏心圧縮側への残留変位の蓄積が生じることがわかる。

4.9 模型実験における寸法効果

1) 寸法効果の検討

載荷実験では載荷装置や実験コスト等の制約から縮小模型を用いた実験とならざるを得ない場合が多い。縮小模型実験の問題は、縮小模型が実物の破壊特性をどの程度再現できるかである。ここでは、4.6 に示した C1-5 橋脚に対する震動台加震実験とその 6/35 縮小模型に対する応答載荷実験に基づいて、縮小模型がどの程度実物の破壊過程を表わすかを見てみよう[K65,O12]。

ここで、応答載荷実験とは、C1-5 模型の震動台実験で計測された上下方向慣性力を力の相似則に基づいて縮小した上で動的アクチュエーターにより荷重制御で縮小模型に加え、C1-5 模型の橋脚上端で計測された水平 2 方向の応答変位を相似率に基づいて縮小した上で 2 台の動的アクチュエーターにより変位制御で縮小模型に与える実験である。精度良く変位と荷重を制御できる載荷装置を用いれば、実物との対応が良い載荷が可能となる。

2) 縮小模型の考え方と制約条件

縮小模型の製作では、長さや力、時間の縮小率を決めれば、残りの諸元の縮小率は自動的に定まってくる。これを π 定理と呼ぶ[B2]。実際には π 定理通りに縮小模型を製作することは難しく、いろいろな判断の下に縮小率を定めなければならない。

C1-5 橋脚では軸方向鉄筋として D35 異形鉄筋が、帯鉄筋として D22 異形鉄筋がそれぞれ用いられている。縮小模型のために任意の径や表面の突起(模様)を持つ異形鉄筋を削り出して製作することは困難であることから、入手可能な細径鉄筋を用いて縮小模型を製作しなければならない。

実際に使用できる細径の異形鉄筋の種類は限られていることから、模型の軸方向鉄筋には D6 異形鉄筋を使用し、模型の幾何学的縮尺率は 6/35 とする。実物と模型はいずれも RC 構造であるため、密度の縮小率は 1.0 とし、曲げ復元力に着目して応力の縮小率も 1.0 とした。

これより他の主要なパラメーターの縮小率を π 定理から求めると、表 4.4 のようになる。時間の縮小率は本来は 6/35 とすべきであるが、応答載荷実験に使用する動的アクチュエーターの載荷速度の制約から 10 とされている。このため、本来は 1 とすべき載荷速度の縮小率が模型では 6/350 と遅くなる。しかし、もっと高速で載荷しなければ RC 橋脚の破壊特性に及ぼす載荷速度の影響は著しいものではないため、この影響は大きな問題とはならない。

表 4.4 縮小率

物理量	次元	相似比に基づく縮尺	実際に用いられた縮尺
長さ	L	6/35	6/35
密度	ρ	1	1
応力	σ	1	1
質量	$M = \rho L^3$	$(6/35)^3$	$(6/35)^3$
時間	$T = \sqrt{\rho L^3 / \sigma L}$	6/35	10
速度	$v = L/T$	1	6/350
加速度	$a = L/T^2$	35/6	6/3500
力	$f = \sigma L^2$	$(6/35)^2$	$(6/35)^2$
ひずみ	$\varepsilon (=1)$	1	1
剛性	$k = \sigma L^2 / \varepsilon L$	6/35	6/35

3) 最大骨材寸法と鉄筋径の評価

C1-5 橋脚では最終的に破砕されたコアコンクリートが鉄筋かごから噴出してきた。軸方向鉄筋のあきと帯鉄筋のあきがそれぞれ 132mm、128mm と、粗骨材の最大寸法 20mm より大きかったためである。

しかし、C1-5 橋脚のあきを 6/35 に縮小すると、模型では 24×20mm となり、模型実験によく使用される最大寸法が 13mm の粗骨材を用いると、破砕したコンクリート片は鉄筋かごから容易には飛び出せない。縮尺通りにするためには最大寸法 3.4mm の粗骨材を用いる必要があるが、一般に入手可能な最小の粗骨材の最大寸法は 5mm である。このため、模型には最大寸法が 5mm の粗骨材が用いられた。このようにすると、粗骨材の最大寸法は鉄筋かごのあきの 1/4 程度となり、破砕したコンクリートが鉄筋かごから逸脱可能となる。

一方、前述したように、C1-5 橋脚では軸方向鉄筋に D35 異形鉄筋、帯鉄筋に D22 異形鉄筋が用いられている。この 35mm とか 22mm は呼び径と呼ばれ、この径を持つ円形断面の断面積を呼び径断面積 A_d と呼ぶ。

異形鉄筋の表面には図 4.82 のように凹凸の模様が設けられている。突起の形状は D35 筋では軸方向に 2 本のリブがあり、軸直角方向に互い違いに節が設けられている。一方、D6 筋では短い彫りが螺旋状に設けられており、両者の断面形状は同じではない。

実際に鉄筋に軸力が作用した場合には、呼び径断面積 A_d ではなく最小断面積 A_{min} が重要であることから、A_{min} を次のように求める。

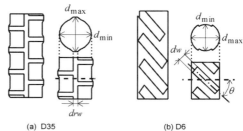

図 4.82 異形鉄筋の形状と最小断面積

$$A_{min} = \begin{cases} \dfrac{\pi \cdot d_{min}^2}{4} + (d_{max} - d_{min}) \cdot d_{rw} & \cdots\cdots\text{D35鉄筋} \\ \dfrac{\pi \cdot d_{min}^2}{4} - (d_{max} - d_{min}) \cdot \dfrac{d_w}{\sin\theta} & \cdots\cdots\text{D6鉄筋} \end{cases} \quad (4.19)$$

ここで、d_{max}、d_{min} は断面積が最小となる位置における鉄筋の最大径と最小径、d_w、θ は彫りの幅と角度である。

表 4.5 が C1-5 橋脚の軸方向鉄筋と帯鉄筋に用いられた D35 鉄筋と D22 鉄筋、縮小模型の軸方向鉄筋と帯鉄筋に用いられた D6 鉄筋と D4 鉄筋の呼び径断面積 A_d と最小断面積 A_{min} である。比較のため、公称断面積 A_n も示している。呼び径断面積 A_d が一番大きく、最小断面積 A_{min} が一番小さい。

表 4.5 異形鉄筋の公称断面積 A_n、呼び径断面積 A_d、最小断面積 A_{min} (mm²)

模型	鉄筋	公称断面積 A_n	呼び径断面積 A_d	最小断面積 A_{min}
C1-5 橋脚	D35	956.6 (1.0)	962.1 (1.01)	901.4 (0.94)
	D22	387.1 (1.0)	380.1 (0.98)	345.7 (0.89)
縮小模型橋脚	D6	31.7 (1.0)	28.3 (0.89)	31.2 (0.98)
	D4	14.1 (1.0)	12.6 (0.89)	12.1 (0.86)

注)( )は公称断面積に対する比率

いろいろな検討が行われたが、表 4.6 に示す S-1 と S-2 の 2 体の模型橋脚に対する応答載荷実験結果を見てみよう。S-1、S-2 にはともに最小骨材寸法が 5mm の骨材が使用されており、軸方向鉄筋としては S-1 では呼び径断面積に基づいて 72 本の D6 が配置されているのに対して、S-2 では最小断面積に基づいて 64 本の D6 が配置されている。

表 4.6 縮小模型

模型	軸方向鉄筋断面の評価法	軸方向鉄筋本数	最大粗骨材寸法 (mm)
S-1	呼び径寸法	72 本	5
S-2	最小断面寸法	64 本	5

4) 縮小模型の損傷とC1-5橋脚との比較

表 4.2に示したように、C1-5橋脚では合計5回の加震が行われており、縮小模型でも同様にこれら5回に対する載荷が行われた。このうち、第5回目の加震終了後の損傷をS-1模型、S-2模型と比較した結果が**図 4.83**である。S-1模型、S-2模型ともに、外周面のコアコンクリートが大きく圧壊してかぶりコンクリートが剥落し、帯鉄筋がむき出しとなる。ただし、C1-5橋脚では軸方向鉄筋と帯鉄筋のすき間からまるで爆発したかのように圧壊して破砕したコアコンクリートが噴出したのに対して、S-1模型、S-2模型の損傷度は低い。これには載荷速度も影響している可能性がある。

加震による橋脚の曲げモーメント〜橋脚上端の水平変位の履歴曲線を第4回目加震と第5回目加震を例に示した結果が**図 4.84**である。履歴曲線の形状は全体としてC1-5橋脚とS-1およびS-2橋脚はよく似ている。最大曲げモーメントに着目すると、4回目の加震に対してS-1模型の最大曲げモーメントをC1-5橋脚に換算すると28.44MNとなり、C1-5橋脚に比較して11%大きくなるが、S-2模型では最大曲げモーメントは25.3MNmとC1-5橋脚と同程度となる。

また、5回目の加震では、最大曲げモーメントはC1-5橋脚では24.86MNmであるのに対して、S-1模型では26.9MNmとC1-5橋脚より8%大きいのに対して、S-2模型では最大曲げモーメントは24.0MNmとC1-5橋脚より3%小さい程度である。

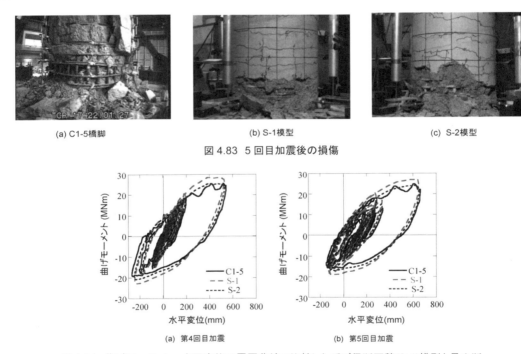

図 4.83 5回目加震後の損傷

図 4.84 曲げモーメント〜水平変位の履歴曲線で比較した呼び径断面積(S-1)模型と最小断面積（S-2模型）の違い

他の加震に対する最大曲げモーメントは**表 4.7**に示す通りである。いずれの加震でもS-1模型よりもS-2模型の方がC1-5橋脚との一致度がよい。

以上の点から、実物と模型の軸方向鉄筋の断面積を呼び径に基づいて評価すると実物の橋脚の曲げモーメントを過大評価するため、最小断面寸法に基づいて軸方向鉄筋を定めるのが良いと考えられる。

RC橋脚の曲げモーメントに対してはコンクリートの分担より鉄筋の分担がはるかに大きいため、コンクリートが損傷しても鉄筋が所定の位置に存在する限りは、最小断面鉄筋量を相似則を介して実物と模型間で等しくしておけば、縮小模型によって実物の曲げ復元力をある程度の精度で推定可能である。

表 4.7 各加震後との最大曲げモーメント(MNm)

加震	C1-5	S-1	S-2
1回目	18.62	20.90 (1.07)	18.63 (1.00)
2回目	20.37	23.68 (1.16)	21.50 (1.05)
3回目	23.14	28.15 (1.22)	25.08 (1.08)
4回目	25.54	28.44 (1.11)	25.32 (0.99)
5回目	24.86	26.87 (1.08)	24.00 (0.97)

注)( )は C1-5 に対する比率

なお、実物で鉄筋のひずみを測定した位置に合わせて模型でも同じ位置で鉄筋のひずみを測定しようとすると、図 4.85 に示すようにひずみゲージを近接して貼付することになる。ひずみゲージの防護のために巻くテープ等によって、この間では鉄筋とコンクリートの付着が失われ、ひずみを過小評価することになることにも注意しておく必要がある。

図 4.85 実大模型に合わせて縮小模型にひずみゲージを多数貼付し過ぎると、鉄筋のひずみが正しく測定できない

第5章 RC橋脚の変形性能の向上技術

5.1 はじめに

鉄筋コンクリートはり理論では、曲げモーメントの作用に対して圧縮にはコンクリートが、引張には鉄筋が抵抗すると考える。しかし、これはあくまでも弾性状態にある場合であり、強震動が作用した場合には構造物には塑性域の変形が生じる。

前章までに示したように、鉄筋コンクリート構造は塑性域で繰り返して変形を受けると圧縮側になるコアコンクリートが圧壊してブロック状に砕けていき、最終的にはボロボロのブロックの集合体になる。コンクリートの圧壊と鉄筋の座屈・破断は互いに損傷を誘発し合い、圧縮と引張を交互に受ける度に損傷が進展する。

強震動の作用下では、塑性ヒンジにおいて軸力とせん断力に対する抵抗能力を保ちつつ、曲げに対する変形性能を高めることが求められる。このためには一般に考えられる方策は次の通りである。

① 帯鉄筋によるコアコンクリートの横拘束を十分高めて、コアコンクリートの圧縮強度とコアコンクリートが圧壊し始めるときのひずみを大きくし、橋脚の曲げ耐力と変形性能を向上させる。

② 鉄筋かごから圧壊したコアコンクリートが抜け出しにくくするため、帯鉄筋を密に配置したり、強度や変形性能に優れた材質で橋脚の外周を取り巻く。

③ 高強度・高じん性コンクリートを使用し、コアコンクリートの圧壊を生じにくくする。

以下ではこれらの適用性について示す。

5.2 コンクリートの横拘束を高める構造

1) インターロッキング橋脚

インターロッキング橋脚とは、帯鉄筋の代わりに複数の円形スパイラル筋を図5.1のように平面的にオーバーラップさせて建設する橋脚である。ニュージーランド・カンタベリー大学の Robert Park 教授らのグループによって開発され、ニュージーランドや米国等で利用されている[Y1, T4]。

インターロッキング橋脚の利点は、円形スパイラル筋を配置することによって有効にコアコンクリートを横拘束できること、建設時には図5.2に示すように横置きにした円形スパイラル筋に軸方向鉄筋を差し込んで鉄筋かごを組み上げ、所定の位置に運んでコンクリートを打設する等、施工面からも優れている点にある。

一方、インターロッキング橋脚の問題点は、スパイラル筋のオーバーラップ区間がいわば断面欠損に相当することである。オーバーラップ長が小さ過ぎると強軸方向(一般には橋軸直角方向)の一体性が低下し、スパイラル筋間でズレを生じてせん断破壊する可能性がある。一方、せん断破壊を防止するためにはオーバーラップ区間に軸方向鉄筋を配置しなければならないが、これらの軸方向鉄筋は強軸、弱軸のいずれの方向にも曲げ耐力に寄与する度合いが低い。カリフォルニア州交通局では、隣り合うスパ

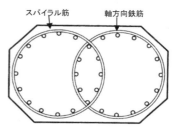

図5.1 インターロッキング橋脚

図5.2 横置きにして組み立て中のインターロッキング橋脚

イラル筋どうしの中心間隔を橋脚径の 0.75 倍以下、スパイラル筋のオーバーラップ部の面積を橋脚全体の面積の 14.3% 以上、インターロッキング部に配置する軸方向鉄筋は 4 本以上とする等の規定が設けられている。

インターロッキング橋脚を日本に適用する際の問題は、日本では大断面の単柱式橋脚が建設される事例が多いため、インターロッキング橋脚を建設しようとすると図 5.3 のように組み立て方法を工夫する必要があること、日本ではスパイラル筋の使用例が少ないため、帯鉄筋を用いて現場で組み立てなければならない点である。

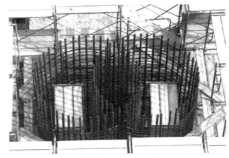

図 5.3 円形帯鉄筋を重ねて組み立て中の大断面橋脚

矩形断面橋脚とインターロッキング橋脚の耐震性の得失を、繰返し載荷実験と震動台加震実験に基づいて見てみよう[F5,O3,T4,Y1,M8]。なお、以下に示す比較実験で注意しなければならないのは、異なった国の耐震基準に基づいて製作された模型実験から、いずれの国の耐震技術が優れているかを判断することの難しさである。道路下空間の活用や見通しの良さから大断面の 1 本足橋脚が好まれる日本と空間的スペースに余裕がありラーメン式橋脚が好まれる米国では、橋脚断面の大きさだけでなく、そこに使用される配筋も異なっている。設計地震動の強度や終局状態の考え方にも違いがある。

姿形や設計地震動強度が異なる橋脚に対する実験では相互比較できないため、これらを近づけて模型製作すると、いろいろな矛盾が出てくる。これを調整して日本人が模型を造るとどうしても日本的な橋脚にならざるを得ないが、完全に日本的でもなく、日本的に変えられた米国基準による橋脚は米国の橋脚でもない。折衷的な橋脚の耐震実験から、いずれの国の橋脚が優れているかという視点ではなく、耐震性を向上させるために何が有効かという視点で以下に示す実験結果を評価する必要がある。

2) 繰返し載荷実験

繰返し載荷実験によって図 5.4 に示すように中間帯鉄筋を配置した小判型橋脚と 3 連のインターロッキング橋脚の耐震性が検討されている[F5]。いずれもフーチング底面を固定した片持ちばり式橋脚である。ここでは、中間帯鉄筋を配置した小判型橋脚を R-1 橋脚、インターロッキング橋脚を I-1 橋脚と呼ぶ。

R-1 橋脚と I-1 橋脚はともに橋軸方向および橋軸直角方向の幅がそれぞれ 0.4m、0.9m で、橋脚基部から水平力作用点までの高さ(有効高さ)は 1m である。いずれの橋脚も死荷重による軸圧縮応力度を 0.51MPa と見込み、地震時保有耐力法による終局水平耐力 P_u が 185kN(R-1 橋脚)、200kN(I-1 橋脚)となるように設計されている。軸方向鉄筋には径 10mm の SD295 異形鉄筋を用い、両橋脚の水平曲げ耐力がほぼ同じになるように設計すると、軸方向鉄筋は R-1 橋脚では 34 本となるのに対して、I-1 橋脚ではインターロッキング部に配置する 6 本×2 箇所を含めて 38 本となる。したがって、主鉄筋比は R-1 橋脚では 0.74%であるのに対して、I-1 橋脚では 0.83%と大きくなる。

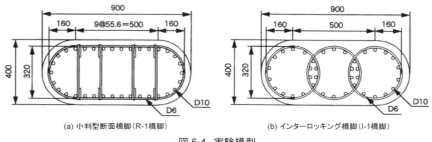

(a) 小判型断面橋脚(R-1橋脚)　　(b) インターロッキング橋脚(I-1橋脚)

図 5.4 実験模型

R-1 橋脚では帯鉄筋および中間帯鉄筋に径 6mm の SD295 異形鉄筋を用い、高さ方向に 150mm 間隔で配置した。帯鉄筋は 135 度曲がりフックで定着した。一方、日本ではスパイラル筋が入手しにくかったため、I-1 橋脚ではスパイラル筋の代わりに SD295 鉄筋をフレアー溶接した径 6mm の帯鉄筋を使用し、R-1 橋脚と同様に高さ方向に 150mm 間隔で配置した。

降伏変位 u_y は R-1 橋脚、I-1 橋脚とも 2.5mm で、式(3.83)によるドリフト比 d_r は 0.25%となる。

一定軸力の作用下で、同一変位振幅の載荷回数を 3 回とした一定変位振幅漸増法により橋軸方向に繰返し載荷した。この結果、R-1 橋脚、I-1 橋脚ともドリフト比 1.75%でかぶりコンクリートが剥落し始め、図 5.5 に示すようにドリフト比 2.25%で基部とその上 150mm の高さに配置された最下段の帯鉄筋間で軸方向鉄筋が面外座屈した。

図 5.6 は水平力～水平変位の履歴曲線である。曲げ耐力は R-1 橋脚ではドリフト比 3%まで 190kN を、また I-1 橋脚ではドリフト比 4%まで 2000kN 程度を保ち、その後は軸方向鉄筋の座屈によって急速に低下する。

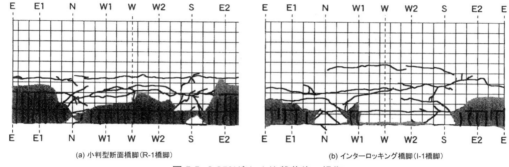

図 5.5　2.25%ドリフト比載荷後の損傷

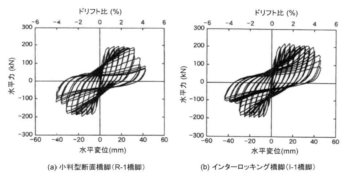

図 5.6　水平力～水平変位の履歴曲線

3) 震動台加震実験

a) 模型

以上のように橋軸(弱軸)方向に繰返し載荷した場合には、インターロッキング橋脚は中間帯鉄筋を有する小判型橋脚よりもドリフト比で 1%弱変形性能が高い。それでは、橋軸、橋軸直角、上下の 3 方向に地震力を受けた場合の耐震性を震動台加震実験によって検討した例を見てみよう[M8]。

実験されたのは図 5.7 に示す 2 連のインターロッキング橋脚と 2 本の中間帯鉄筋を配置した矩形断面橋脚である。基本的に矩形断面橋脚は道路橋示方書に、またインターロッキング橋脚はカリフォルニア州交通局の基準に基づいてそれぞれ設計されている。震動台の性能に基づいて、長さと弾性係数(弾性応力)の相似率はともに 1/6、時間の相似率は $\sqrt{6}$ とされている。このようにすると、加速度の相似率は 1.0 となる。模型は東京工業大学で製作され、カリフォルニア大学バークレイ校に運ばれて実験された。

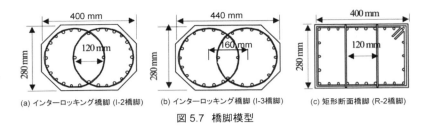

図 5.7 橋脚模型

インターロッキング橋脚ではスパイラル筋の中心間隔を 120mm と 80mm の 2 種類として、それぞれ断面は 400mm×280mm と 440mm×280mm とされている。以下、これらをそれぞれ I-2 橋脚、I-3 橋脚と呼ぶ。また、比較のため I-2 橋脚に近い 400mm×280mm の矩形断面橋脚も加震されている。以下、これを R-2 橋脚と呼ぶ。

軸方向鉄筋の本数は設計震度 0.2 に相当する静的地震力に対して軸方向鉄筋が降伏するように定められている。この結果、軸方向鉄筋は I-2 および I-3 橋脚ではインターロッキング部に配置された 4 本を含めて計 30 本、R-2 橋脚では 26 本が配置された。同じ地震力に対して必要となる軸方向鉄筋が R-2 橋脚で 4 本少ないのは、I-2、I-3 橋脚では断面 2 次モーメントに対する寄与率が低いインターロッキング部にも軸方向鉄筋を配置しなければならないためである。したがって I-2、I-3、R-2 橋脚の軸方向鉄筋比はそれぞれ 2.16%、1.94%、1.66%となる。

前述した I-1 橋脚と同様に、スパイラル筋の代わりに径 6mm の SD345 異形鉄筋を円形に加工した帯鉄筋が用いられた。カリフォルニア州交通局の基準では塑性ヒンジ区間における横拘束筋の高さ方向の間隔は 200mm 以下とされていることから、幾何学的相似率(1/6)に基づいて、37mm 間隔でスパイラル筋が配置された。R-2 橋脚でも同径の帯鉄筋を用いて 2 箇所に中間帯鉄筋が配置された。帯鉄筋と中間帯鉄筋の高さ方向の配置間隔は 37mm と、I-2、I-3 橋脚と同じである。

有効長の取り方によって帯鉄筋比は異なってくるため、直接コンクリートの体積と帯鉄筋の体積から帯鉄筋比(グロス帯鉄筋比)を求めると、I-2、I-3、R-2 ではそれぞれ 1.30%、1.17%、1.15%となる。軸方向鉄筋比とグロス帯鉄筋比は R-2 橋脚では I-2 橋脚に比較してそれぞれ 24%、12%小さい。

橋脚頭部に正直方体のコンクリートブロック 3 個(総重量 226.6kN)を剛結して、図 5.8 に示すように震動台に模型をセットした。コンクリートブロックによって橋脚基部に作用する軸圧縮応力度は I-2、I-3、R-2 橋脚に対してそれぞれ 2.28MPa、2.05MPa、2.02MPa である。

図 5.8 震動実験

b) 加震条件

加震には 1995 年兵庫県南部地震による JR 鷹取記録(図 1.14 参照)を相似則に基づいて補正して用いた。これを実験基準地震動と呼ぶ(図 4.39 参照)。模型の橋軸方向を NS 方向、橋軸直角方向を EW 方向とし、実験基準地震動の NS、EW、UD 成分を、それぞれ模型の橋軸、橋軸直角、上下方向に作用させた。

実験基準地震動を入力としたとき、模型橋脚に道路橋示方書に規定される初降伏変位、降伏変位、設計変位、終局変位に相当する変位が生じるレベルを解析すると、実験基準地震動のそれぞれ 8%、14%、90%、120%に相当することから、次のように加震実験が行われた。

まず、初期の弾性固有周期を知るために初降伏変位相当の揺れが生じるように基準地震動の 8%で加震した。これを加震 1 と呼ぶ。その後、降伏変位レベル(同 14%、加震 2)、設計変位レベル(同 90%、加震 3)、終局変位レベル(同 120%、加震 4)で加震した後、さらに設計変位レベル(同 90%、加震 5)、終局変位レベル(同 120%、加震 6)で加震した。

c) 加震結果

　道路橋示方書では安全側に設計変位や終局変位が定められているため、上記の一連の加震では模型の損傷は限られていた。このため、終局変位レベルの1.17倍（同140%、加震7）で加震し、さらに終局変位レベルの1.6倍で5回繰り返して加震した（同192%、加震8～12）。最後に、設計変位レベルに対する応答を確認するため、設計変位レベル（同90%、加震13）を行って加震を終えた。

　以上の合計13回の加震をすべて行ったのはR-2橋脚で、I-2橋脚では実験日程の都合により加震10で、またI-3橋脚では損傷の進展のため加震8で加震を終えた。

　図5.9は加震8終了後のI-3橋脚の損傷である。コアコンクリートが著しく損傷するとともに、少なくとも3本の軸方向鉄筋が局部座屈し、1本が破断した。局部座屈や破断が生じたのは基部から1段めと2段めのスパイラル筋の間である。この間は本来37mmとすべきスパイラル筋間隔が曲率測定用の鋼棒を配置するために50mmと大きくなっており、これが軸方向鉄筋の局部座屈と破断を早めた。

　図5.10は加震10終了後のI-2橋脚とR-2橋脚の損傷である。I-2橋脚では基部から520mmまでのかぶりコンクリートが剥落し、スパイラル筋が露出したが、著しいコアコンクリートの圧壊や軸方向鉄筋の座屈、破断は生じていない。実験日程の都合で加震10で打ち切られたが、さらに加震を続行可能な状態にあった。

図5.9　加震8終了後のI-3橋脚の損傷

(a) I-2橋脚　　(b) R-2橋脚
図5.10　加震10終了後の損傷

　一方、R-2橋脚では、3箇所の隅角部において軸方向鉄筋が2本局部座屈し、1本が破断した。上述したI-3橋脚と同様に、軸方向鉄筋が破断した隅角部では、曲率測定用の鋼棒を配置するために帯鉄筋間隔が52mmと目標の37mmよりも広くなっており、これが軸方向鉄筋の局部座屈や破断を促進した。

　図5.11が加震13終了後のR-2橋脚である。加震10以降、さらに軸方向鉄筋1本が局部座屈した。なお、135度曲げフックでコアコンクリートに定着された帯鉄筋は最後の加震まで顕著な抜け出しは生じなかった。

　図5.12は断面寸法が近いI-2とR-2の橋軸方向の固有周期、最大応答変位、最大曲げモーメント（曲げ復元力）を加震10までの範囲で比較した結果である。弾性加震段階（加震1, 2）では0.5～0.6秒であった固有周期が塑性化の進展によって加震3以降約2倍に長くなる様子は、I-2橋脚とR-2橋脚でほぼ同じである。ただし、より剛性に寄与する外周面に沿って軸方向鉄筋が配置されているR-2橋脚ではI-1橋脚よりも10～20%程度固有周期が短い。最大応答変位や橋脚基部に作用する最大曲げモーメント（曲げ復元力）の変化の様子は、R-2橋脚とI-2橋脚ではほぼ同じとみて良い。

図5.11　加震13終了後のR-2橋脚の損傷

図5.13は応答変位が最大となる瞬間の橋軸方向の曲率分布である。曲率は基部から300mm付近までほぼ三角形状に分布しており、I-2とR-2では大きな違いは見られない。R-2橋脚では軸方向鉄筋の局部座屈やコアコンクリートの圧壊が生じた後にも著しい耐力低下は生じておらず、損傷が限定的であったI-2橋脚と似た特性を示す。

　図5.14は加震1～加震10までの弱軸(橋軸)方向の応答変位の推移である。両橋脚間には各加震に伴う応答変位には大きな違いは見られない。ただし、I-2橋脚では加震7以降、残留変位が顕著となり始め、加震10終了後には48mm(ドリフト比 d_r = 2.2%)に達した。これに対して、加震10終了後のR-2橋脚の残留変位は8.7mm(ドリフト比 d_r = 0.4%)と小さい。これはR-2橋脚の方がI-2橋脚よりも剛性が15～28%大きいためである。

d) 矩形断面橋脚とインターロッキング橋脚の耐震性

　以上によると、I-2橋脚とR-2橋脚はほぼ同程度の耐震性があるといえる。円形帯鉄筋で横拘束したI-1橋脚では、加震10に至るまで軸方向鉄筋の局部座屈やコアコンクリートの著しい損傷は生じていない。隅角部の隅を切り落として8角形にすると、隅角部の損傷を緩和できるためである。これに対して、矩形断面のR-2橋脚では、加震10の段階で隅角部のコンクリートが大きく損傷し、軸方向鉄筋が破断したり局部座屈した。水平2方向地震力の作用下では隅角部が弱点となることは4.4 2)に示した通りである。

　一方、矩形断面橋脚が優れているのは、同じ曲げ耐力を得るためにはインターロッキング橋脚よりも軸方向鉄筋本数を減らせることであり、同じ軸方向鉄筋を使用するのであれば断面剛性が大きいことから、残留変位を小さくできることである。

　米国等で採用されているインターロッキング橋脚よりも大断面の単柱式橋脚が好まれる日本の実状に合わせて、施工性、建設費も含めたトータルとしての評価が重要であろう。

　なお、R-2とI-3橋脚のいずれも、帯鉄筋間隔を37mmとすべき橋脚基部でこれより35%大きい50mmとなっていた箇所において、軸方向鉄筋が局部座屈した。帯鉄筋間隔は軸方向鉄筋の局部座屈に敏感に影響することに注意しなければならない。

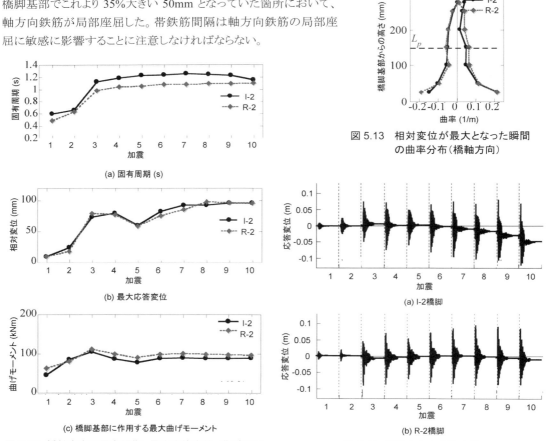

図5.13　相対変位が最大となった瞬間の曲率分布(橋軸方向)

(a) 固有周期 (s)

(b) 最大応答変位

(c) 橋脚基部に作用する最大曲げモーメント

図5.12　橋軸方向の固有周期、最大応答変位、曲げ耐力

(a) I-2橋脚

(b) R-2橋脚

図5.14　橋軸方向の応答変位

5.3 繊維補強コンクリートを用いた構造

1) 繊維補強コンクリート

近年いろいろな繊維補強コンクリート(Fiber Reinforced Concrete/Cement Composite(FRCC))が用いられるようになってきている。ECC(Engineered Cementitious Composite)もFRCCの一つである。ECCの特性は各種の材質の短繊維をコンクリートモルタルあるいは細骨材を用いたモルタルに混入することにより、モルタルに変形が生じた際に短繊維がクラックの進展を抑える結果、クラックの集中を避け分散させることができる点である[L1]。

この結果、短繊維を混入したコンクリートモルタルでは、圧縮力を受けた際に最大圧縮応力に達するときのひずみを大きくしたり、ポストピーク領域における応力低下を緩やかにすることができる。また、ファイバーが破断しない範囲で引張力に対する抵抗力を高めることができる。

この特性を強震動を受けるRC橋脚に適用すると、曲げ圧縮を受けた際にコアコンクリートやかぶりコンクリートが圧壊して破砕し始めるひずみを大きくでき、さらにポストピーク領域の応力低下を緩やかにすることにより、急速な曲げ耐力の低下を遅らせて、じん性を向上できる。また、かぶりコンクリートの剥落を遅らせたり剥離する範囲を小さくすることができれば、軸方向鉄筋の座屈や破断を遅らせることによって曲げ変形性能を向上できる。

一方、短繊維の弱点は、現状ではコストや施工性の問題は別にして、いったん短繊維が破断するような大きな変形を受けた後には効果が期待できないこと、モルタルと粗骨材の代わりに細骨材を用いる必要があるため、一般のコンクリートに比較して圧縮強度と弾性係数が低いことである。このため、曲げ圧縮領域においてより大きな圧縮力が軸方向鉄筋に作用する結果、低サイクル疲労による破断を早める可能性がある。また、短繊維が混入されているため、地震被害後の復旧において一般のコンクリートよりもモルタルのはつりに手間を要する場合もある。

短繊維を用いた構造部材の特性に関してはいろいろな研究が行われてきている。たとえば、鋼繊維補強コンクリート(Steel Fiber Reinforced Concrete (SFRC))は過密配筋になりやすい柱はり接合部に有効であることが繰返し載荷実験に基づいて報告されている[F3]。鋼繊維長を長くすると最大耐力に達するひずみを大きくでき、クラックの数や長さを減少させることができるが、ポストピーク領域のじん性向上には寄与しないという研究もある[D2]。また、ポリビニールアルコールファイバー(PVA)を用いると塑性ヒンジ部の変形性能向上と残留変位の緩和に効果があることも示されている[S1]。

ここでは、ECCの一種であるポリプロピレンファイバーコンクリート(PFRC)と鋼繊維補強コンクリート(SFRC)を使用することにより、一般のRC橋脚に比較してどのように橋脚の耐震性が向上するかを繰返し載荷実験に基づいて検討された例を見てみよう[Z1,K63]。

2) 模型と載荷方法

図5.15に示すように有効高さ1.68m、一辺が0.4mの正方形断面の3体の模型が実験に用いられた。3体とも配筋は同一であり、基部から0.6mまでの塑性ヒンジ部とフーチングがそれぞれ鋼繊維補強コンクリート(SFRC)、ポリプロピレン繊維コンクリート(PFRC)、RC構造となっている。以下、それぞれSFRC橋脚、PFRC橋脚、RC橋脚と呼ぶ。

RC橋脚に使用されたのは最大粒径13mmの骨材を配合した公称強度60MPaのコンクリートである。一方、SFRC橋脚には両端にフックが付いた長さ30mm、直径0.55mmの鋼繊維が最大骨材寸法13mmのコンクリートに体積比で1%混入されている。

PFRC橋脚には平田らによって開発された直径42.6μm、長さ12mmのポリプロピレンファイバーが最大粒径30mmの骨材を用いたセメントモルタルに体積比で3%混入された[H8,H9]。PFRCではRCやSFRCのように高い強度を出すことが難しいため、設計圧縮強度は40MPaとされている。

図5.16はRC、SFRC、PFRCの試験体を一軸圧縮した場合の応力〜ひずみ関係である。PFRCでは最大圧縮強度は40MPa程度とRCやSFRCの2/3程度でしかないが、ポストピーク領域ではRCは1%ひずみで応力が0となるのに対して、PFRCでは4%ひずみまで軟化領域が存在する[Z1]。

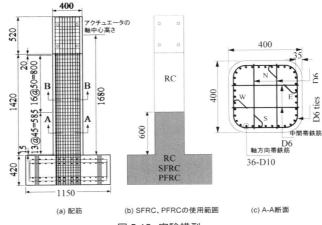

(a) 配筋　(b) SFRC、PFRCの使用範囲　(c) A-A断面

図 5.15　実験模型

さらに、図 5.17(a)に示すように、PFRC には 2MPa 程度の引張強度がある。ただし、引張強度を発揮できるのは、(a)のように単純引張を加えたり、(b)のようにファイバーが破断しないように最大圧縮ひずみに達する前に除荷した場合で、(c)のように一度でも最大圧縮ひずみ以上のひずみが生じてファイバーが破断した後には、引張強度は失われる[Z1]。

このように、ファイバーが破断しない状態では PFRC はポストピーク領域において高い塑性域の変形能を持ち、さらに引張抵抗能力を持つことは、後述するようにねばり強い橋脚を建設するために大きく貢献する。

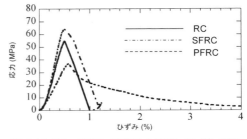

図 5.16　RC、SFRC、PFRC の強度〜ひずみ関係

3 体とも軸方向鉄筋には径 10mm、強度 685MPa の高強度鉄筋（SD685）、帯鉄筋には径 6mm、強度 345MPa の鉄筋（SD345）が用いられた。図 5.15 に示したように、帯鉄筋は径の 40 倍だけラップさせた上で両端の 135 度曲がりフックによって軸方向鉄筋に定着させ、高さ方向に 45mm 間隔で配置されている。塑性ヒンジ部には中間帯鉄筋が配置され、帯鉄筋比は 2.17%である。

高強度鉄筋を軸方向鉄筋として用いると過密配筋を抑えることができ、施工性は向上するが耐震的には不都合な点もある。それは鉄筋の降伏ひずみが大きくなるため、これがコアコンクリートが圧壊し始めるときのひずみを上まわると、コアコンクリートから先に塑性化して圧壊し始めることである。

3 模型ともに軸応力 1.2MPa に相当する 183kN の一定軸力を作用させた状態で、水平方向には図 4.19(d)に示した円形載荷を与えた。ドリフト比 d_r = 0.5%の振幅で 3 回円形載荷し、次はドリフト比 d_r = 1%で 3 回円形載荷するというように、ドリフト比を順次 0.5%ずつ増加させていった。ただし、制御装置の問題により水平 2 方向の変位間に 12.6 度の位相差が生じたため、完全に円形載荷にはならず、NE〜SW 方向に主軸を持つ楕円形載荷となった。

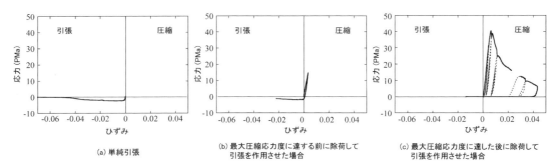

(a) 単純引張　(b) 最大圧縮応力度に達する前に除荷して引張を作用させた場合　(c) 最大圧縮応力度に達した後に除荷して引張を作用させた場合

図 5.17　PFRC の履歴特性

3) 繊維補強コンクリートの効果

3 模型とも軸方向鉄筋が破断することにより、ドリフト比 4.5%で載荷を終了した。最終的な損傷が図 5.18 である。損傷の進展には大きな違いがある。RC 橋脚の損傷の進展は今までに示してきた通りであり、ドリフト比 2%で基部から150mmまでのかぶりコンクリートが剥離し始め、ドリフト比 4%で完全に剥落した。ドリフト比 4.5%終了までに 24 本の軸方向鉄筋のうち 14 本が破断した。

一方、SFRC 橋脚では RC 橋脚ほど著しい損傷は生じなかったが、ドリフト比 3%になるとかぶりコンクリートが剥離し、軸方向鉄筋の局部座屈に対する抵抗が失われ始めた。ドリフト比 4%になると、基部から 50mm の範囲で圧壊したかぶりコンクリートが剥離、剥落し始めた。

これに対して、PFRC 橋脚では 4.5%載荷終了に至るまでかぶりコンクリートにクラックが入っただけである。PFRCではSFRCよりもさらにかぶりコンクリートの剥落を遅らせることができるのは、ポリプロピレンファイバーが鋼繊維ファイバーよりも剛性が低く、フレキシブルに変形に追従できるためである。

載荷終了後にかぶりコンクリートを剥ぎ取ってコアコンクリーがどの深さまで圧壊したかを調べた結果が図 5.19 である。RC 橋脚では基部から 15mm～150mm のほぼ全域にわたって深さ 10mm 以上圧壊しており、一部では 45mm の深さまでコアコンクリートが圧壊した。SFRC 橋脚でも同様な位置において深さ 40mm までコアコンクリートが圧壊した。これに対して、PFRC 橋脚ではコアコンクリートの圧壊は生じなかった。

帯鉄筋にどれだけのひずみが生じたかを基部から 105mm 高さにおける SW 隅角部について示した結果が図 5.20 である。帯鉄筋の降伏ひずみは 2,000μ であり、RC 橋脚、SFRC 橋脚ではそれぞれドリフト比が 3%と 3.5%で、このレベルを超えて帯鉄筋は降伏した。これに対して、PFRC 橋脚では、最終的にドリフト比 4.5%になっても帯鉄筋は降伏しなかった。ポリプロピレンファイバーが軸方向鉄筋に対する横拘束効果に貢献したためである。

水平力～水平変位の履歴曲線を NS 方向について示すと、図 5.21 のようになる。3 体とも軸方向鉄筋の破断により終局状態を迎えたため、いずれも終局時のドリフト比は 4.5%と同じになる。これは、繰返し載荷実験では軸方向鉄筋の低サイクル疲労試験と同じ状態になるためで、PFRC 橋脚の効果は次節に示す実地震記録を用いた震動台加震実験により評価しなければならない。

(a) RC橋脚

(b) SFRC橋脚

(c) PFRC橋脚

図 5.18 4.5%ドリフト比載荷後の塑性ヒンジ部の損傷

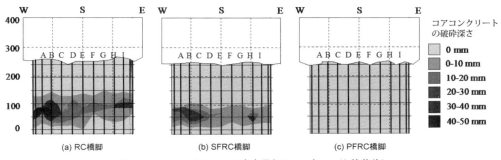

図 5.19 コアコンクリートの破砕深さ(4.5%ドリフト比載荷後)

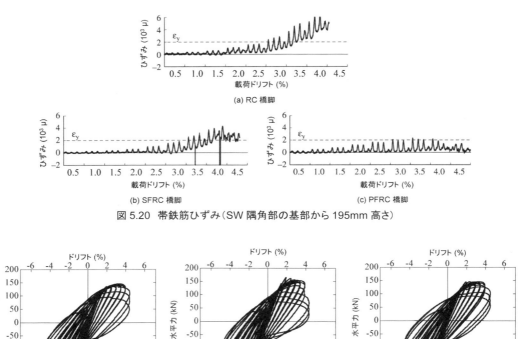

図 5.20 帯鉄筋ひずみ（SW 隅角部の基部から 195mm 高さ）

(a) RC 橋脚
(b) SFRC 橋脚
(c) PFRC 橋脚

図 5.21 水平力～水平変位の履歴曲線

(a) RC 橋脚
(b) SFRC 橋脚
(c) PFRC 橋脚

5.4 ポリプロピレンファイバーセメントを用いた高耐震性橋脚

1) 模型と加震

5.3 の結果を参考にして、平田らによって開発された PFRC を用いて実大橋脚に対する加震実験が、E-ディフェンスにおいて行われた[K64]。橋脚模型は図 5.22 に示すように高さ 7.5m で、4 隅を丸く仕上げた 1.8m×1.8m の正方形断面である。これを C1-6 橋脚と呼ぶ。5.3 に示したのと同じ特性の PFRC が、変形性能に影響するフーチングの上部 0.6m と橋脚基部から高さ 2.7m の間に用いられた。

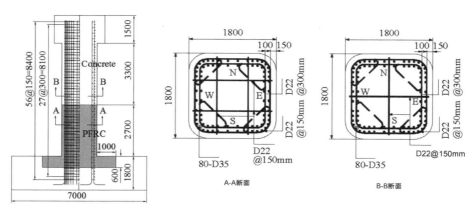

図 5.22 C1-6 橋脚

加震は 4.6 に示した C1-5 橋脚と同じ方式で行われた。入力地震動は 1995 年兵庫県南部地震による JR 鷹取記録の加速度振幅を 80%に縮小した基準加速度（図 4.39 参照）である。この地震動に対して桁質量と加震加速度を表 5.1 のように変化させて 6 回の加震が行われた。表 4.2 に示した C1-5 橋脚に対する 5 回の加震後にさらに加震 6 が加えられている。

表 5.1　C1-6 橋脚に対する加震条件

加震	桁質量	加震加速度
加震 1	307t (100%)	100%
加震 2		
加震 3	372t (121%)	125%
加震 4		
加震 5		
加震 6		

2) 損傷の進展

加震 1 では橋脚基部にごく微小なクラックが生じただけであり、加震 2 でも 0.1〜0.2mm の曲げクラックが全周にわたって基部から高さ 1.6m まで生じた程度である。

図 5.23 に示すように、桁質量を 21%増加させた加震 3 になると、その後の損傷につながる 2 つのクラックが発生した。NE 面の基部から 0.6m の高さに生じた最大幅 8mm の水平曲げ引張クラックと SW 面の基部から高さ 0.6m の高さまで生じた縦方向のクラックである。縦方向のクラックはファイバーの効果によってかぶりコンクリートがほぼ一体的にシェル構造として抵抗したため、橋脚が曲げ変形したときに圧縮側になったシェルの底面がフーチングと接触して圧縮力を受けた結果、生じたものである。

加震加速度を 25%増加させて加震 4、加震 5 を行った後、さらに加震 6 を行うと、図 5.24 に示すように NE 面の水平クラックが全周に広がり、加震中には最大 20mm 開き、SW 面の縦クラックも最大 15mm 開いた。

(a) NE面

(b) SW面

図 5.23　加震 3 中に生じ始めた NE 面の水平クラックと SW 面基部に生じ始めた縦クラック

(a) NE面

(b) SW面

図 5.24　加震 6 中に最も大きくクラックが開いた瞬間

加震6終了後にNE面のクラックを跨いで基部から高さ0.9mまでかぶりコンクリートを撤去し、さらに外側の帯鉄筋を取り除いた結果が図5.25である。加震中に最大20mm開いた水平曲げクラックは厚さ110mmのかぶりコンクリートを貫通しただけで、コアコンクリートには進展しておらず、外側の軸方向鉄筋が外向きに約8mm局部座屈したが、内側の軸方向鉄筋はまったく局部座屈していなかった。これは内側と外側の軸方向鉄筋間に無傷で残ったかぶりコンクリートが内側の軸方向鉄筋を拘束したためである。

なお、合計6回の加震を受けても破断した軸方向鉄筋がなかったことは、PFRCが曲げ耐力の劣化を遅らせ、変形性能を高めるために有効であることを示している。

図5.25 かぶりコンクリートを除去し、外側帯鉄筋を取り去った状態（加震6中に最も大きくクラックが開いた箇所）

3） 応答の評価

主応答方向（NE〜SW方向）に生じた橋脚上端の応答変位が図5.26である。桁質量や加震強度が設計条件通りであった加震1および加震2では、橋脚上端に生じた最大応答変位は0.08m（ドリフト比1.1%）と小さい。

桁質量を21%増加させた加震3、さらに加震加速度強度を25%増加させた加震4、加震5を経て、加震6になると、最大応答変位は0.45m（ドリフト比6.0%）に増加する。

加震3後に0.004m（ドリフト比0.05%）の残留変位が生じ、それ以降、残留変位は加震5後では0.037m（ドリフト比0.49%）に増加したが、加震6後には0.013m（ドリフト比0.17%）と減少した。2.7に示したように、残留変位は構造系の瞬間固有周期と地震動の特性により、増加するばかりでなく減少することもあるためである。

橋脚基部に作用する主応答方向の曲げモーメント〜橋脚上端の応答変位の履歴が図5.27である。最大20mmのクラックを生じた加震6も含めて、いずれの加震においても履歴ループは安定しており、高いエネルギー吸収性能を保持している。

4） C1-5橋脚との比較

C1-6橋脚の応答を4.6 2)に示したC1-5橋脚と比較してみよう。設計条件に対応する桁重量と加震強度下における加震1、加震2では、C1-5橋脚とC1-6橋脚間には大きな違いはない。しかし、加震3〜加震5と設計条件を上まわる加震条件下では、C1-5橋脚では図4.55(c)に示したように軸方向鉄筋と帯鉄筋のすき間からまるで爆発したかのように破砕したコアコンクリートが噴出したり、図4.61に示したように加震5終了時にははっきりした破壊面ができ、コアコンクリートが大きくえぐられるように損傷したこと等からみて、耐震余裕度はC1-5橋脚よりもC1-6橋脚の方が高い。

C1-6橋脚では、ファイバーによる架橋効果により、コアコンクリートのみならず、かぶりコンクリートも一体的に抵抗し、これが軸方向鉄筋の局部座屈を拘束し、曲げ耐力の劣化を抑えるために有効に機能する。

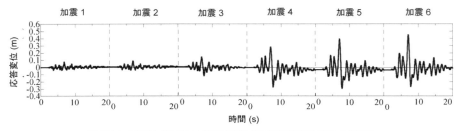

図5.26 橋脚上端における主応答方向の応答変位（C1-6橋脚）

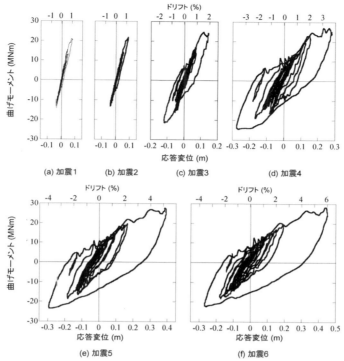

図 5.27 橋脚基部の曲げモーメント～橋脚上端の応答変位の履歴（主応答方向、C1-6 橋脚）

5.5 超高強度コンクリートを用いた構造

1) 超高強度コンクリート

前節では変形性能の高い PFRC の利用による高じん性橋脚の例を示したが、これとは正反対の超高強度コンクリート（Ultrahigh-Performance Concrete (UHPC)）を用いた高耐震性橋脚の例を見てみよう。

UHPC とは緻密な構造のセメントに特殊な超細径鋼繊維を混入して 200MPa 級の強度を持つ超高強度コンクリートの総称である。蒸気養生が必要な製品が多いが、建設資材として利用できるように養生温度を低くした製品も開発されている。

UHPC を用いた高耐震性橋脚の研究は山野辺らを中心に行われてきている[Y9,Y10]。図 5.28 は UHPC の応力～ひずみ関係の一例である。弾性係数は 45GPa で一般のコンクリートの 1.5 倍程度ある。約 0.5%ひずみで 195MPa 程度の非常に高い最大圧縮強度を発揮する。引張強度も 10MPa 程度ある。

ここには最大圧縮応力点までしか示していないが、これを越すと爆裂的に破壊するため、特殊な装置を用いないと実験データが得られない。玉野らはポストピーク領域の変形性能が 1.5%ひずみ程度まで発揮できるとしている[T3]。

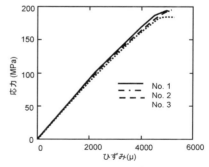

図 5.28 UFPC の応力～ひずみ関係の一例

2) 超高強度コンクリートを用いた耐震性向上

UHPC を橋脚の耐震性向上に利用するためには、橋脚を丸ごと UHPC と高強度鉄筋で建設し、強震動作用下においても橋脚が弾性状態にあるように設計するという使用法から、一般のコンクリートのように塑性変形を許しその範囲で橋脚の強度あるいは変形性能を向上させるために活用するという従来型の使用法までいろいろ考えられる。

現状ではまだ UHPC は高価であることから、従来型の変形性能を高めるという考え方の中でもいろいろな UHPC の活用法が模索されている。現在までに検討が進んでいるのは、塑性ヒンジ区間全体を UHPC とするのではなく、かぶりコンクリートに UHPC セグメントを用いて、強震動作用下でもかぶりコンクリートの剥離を防ぎ、軸方向鉄筋の局部座屈を拘束して橋脚の変形性能を高めようとする方法である[Y9,Y10,D3,H5]。

これに近い考え方として、かぶりコンクリートと同時にコアコンクリートの一部として橋脚の外周に UHPC セグメントを配置し、UHPC セグメント内部に軸方向鉄筋を配置する構造が図 5.29 である[I1,I2,I3]。塑性ヒンジ区間の変形性能を確保するために、UHPC セグメントはドライジョイントによって高さ方向に切り離し、引張を受けた場合には目開きできるようになっている。ただし、ある特定の UHPC セグメント間に目開きが集中しないように、軸方向鉄筋のひずみをできるだけ高さ方向に均一化するため、塑性ヒンジ区間内では軸方向鉄筋をアンボンド化する[K50]。図 5.30 が UHPC セグメントである。アンボンドさせて軸方向鉄筋を配置するための穴が設けられている。

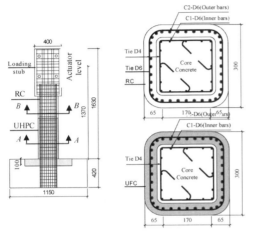

図 5.29　内側 RC 構造の模型

図 5.30　UHPC セグメント

3) 加震と損傷の進展

この模型の基部に作用する圧縮応力が 1MPa となるように 86kN の一定軸力を作用させた状態で、ハイブリッド載荷実験が行われた。入力地震動は図 1.14 に示した 1995 年兵庫県南部地震による JR 鷹取記録の水平 2 成分である。NS 成分、EW 成分の強震記録を作用させた方向をそれぞれ橋脚の NS 方向、EW 方向と呼ぶ。入力強度は UHPC 橋脚がほぼ弾性状態で変形するレベル、塑性域に移行するレベル、塑性化の程度が小さいレベル、塑性化の程度が大きいレベルの 4 種類とし、以下、それぞれ原記録の 2.58%、6.45%、25.8%、38.7% に縮小した加震が行われた。これをそれぞれ加震 1, 2, 3, 4 と呼ぶ。

加震 1 は問題ないレベルであるため、加震 2～加震 4 の応答変位を示すと図 5.31 の通りである。全体として東北東～西南西方向の応答が卓越するため、ここでは東西方向の応答を示している。加震 2 では最大応答は 6.3mm（ドリフト比 0.46%）と小さく、まだ軸方向鉄筋は降伏しておらず模型は損傷していない。

加震 3 になると、最大応答は東西方向に 52.6mm（主応答方向には 56mm（ドリフト比 4.1%））と大きくなり、図 5.32 のように SW 隅角部において UHPC セグメントの表面が薄く剥離し始めた。これは、UHPC セグメントが 2 方向地震力を受けて、隅角部でつま先立つように揺れたときに、先端のわずかな面積で自重と曲げ圧縮力を支持する結果、高圧縮ゾーンとなったセグメントの上下端面を始点として剥離し始めたためである。

加震 4 になると、最大応答は EW 方向に 150mm（主応答方向には 183mm（ドリフト 13.4%））に達した。一般には、これほど大きなドリフトが生じる状態を設計で想定することはないが、最終的にどうなったかという意味で結果を示すと、12 段中 5 段めまでの UHPC セグメント間に目開きが生じた。特に、フーチングと最下段セグメント間、最下段と 2 段めのセグメント間では目開きがそれぞれ 16mm、10mm に達し、軸方向鉄筋が破断して、最下段のセグメントでは図 5.33 のように NE 隅角部で幅 17mm のクラックが貫通した。

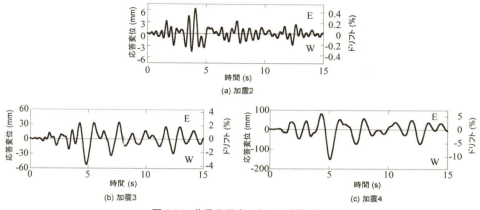

図 5.31 荷重作用点における応答変位

図 5.32 加震 3 終了後の基部 UHPC セグメント隅角部（SW 隅角部）の損傷

図 5.33 加震 4 終了後の基部 UHPC セグメント隅角部（NE 隅角部）の損傷

図 5.34 は荷重作用高さにおける EW 方向の水平力〜水平変位の履歴曲線である。加震 2 の段階ではまだほぼ線形状態にあり、最大復元力も 26kN と小さいが、最大復元力は加震 3 では 70kN、加震 4 では 90kN と増加していく。加震 4 になると軸方向鉄筋の破断と最下段セグメントのクラックの貫通によって急速に復元力は低下した。しかし、ドリフト 13.4%は明らかに実用的に必要とされるレベルを超えた大きな揺れである。加震 3 あたりが強震動下における設計変位となるように橋脚を設計すると同時に、2 方向地震動作用による隅角部の応力集中の影響を見込んだ構造を開発すれば、実用化の目処がつくと考えられる。

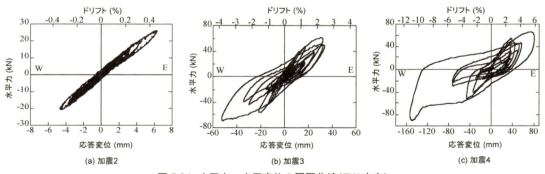

図 5.34 水平力〜水平変位の履歴曲線（EW 方向）

第6章 構造物の減衰特性

6.1 はじめに

耐震解析では質量、剛性、減衰、荷重の4つが必要とされる。このうち、質量は構造物の寸法、材質から精度良く求められる。第4章に示したように、剛性の評価には非線形域に入る構造物ではいろいろな課題が残されているが、実験的な研究に先導されて次第に解析モデル化が進んできている。こうした中で不明な点も多く定式化が遅れているのが減衰の評価である。

耐震工学で重要なエネルギー消費・逸散のメカニズムには、構造部材の履歴エネルギー吸収、構造部材間の摩擦によるエネルギー損失、基礎から周辺地盤へのエネルギー逸散、空気との摩擦によるエネルギー逸散等、いろいろある。それぞれ、履歴減衰、摩擦減衰、逸散減衰、粘性減衰と呼ばれる。減衰作用を正確に求めるためには、エネルギー吸収メカニズムに立ち返って評価しなければならない。

いろいろな減衰メカニズムがある中で、構造解析で広く利用されているのが粘性減衰である。粘性減衰力は粘性係数cと速度$\dot{u}$の積$c\dot{u}$として与えられ、減衰力が速度$\dot{u}$に比例することから、速度比例型減衰とも呼ばれる。典型的な例は空気との摩擦である。これに対して、履歴減衰、摩擦減衰、逸散減衰では減衰力は速度に比例しないため、非速度比例減衰あるいは非粘性減衰と呼ばれる。

実は、耐震工学における主たる減衰メカニズムは履歴減衰、逸散減衰、摩擦減衰で、粘性減衰が問題となることはほとんどない。しかし、コンピューターによる数値解析が自由にできるようになるまでは、減衰作用を粘性減衰としてモデル化して運動方程式を解いて揺れを求めるという方法しかなかったという歴史的な経緯と、粘性減衰では減衰作用の大きさを減衰定数という無次元量で表現できるため、異種構造物間の減衰作用の大きさを客観的に評価、比較しやすいというメリットがある等の理由で、現在でも粘性減衰は広く用いられている。

この章では、速度比例型の粘性減衰の他、非速度比例型の履歴減衰、摩擦減衰、逸散減衰について、そのメカニズムとモデル化について考えてみよう。

6.2 粘性減衰

1) 速度比例型減衰

粘性減衰を用いた線形系の運動方程式とその解は古典的な振動学の教科書には必ず示されている。このため、本書では古典的な粘性減衰の取り扱いについては必要最小限の記述に止め、非速度依存型減衰をどのように粘性減衰として取り扱うかを中心に示す。

粘性減衰の作用を受ける構造物を1自由度系ばね・質点系にモデル化すると、運動方程式は次のようになる。

$$m\ddot{u} + c\dot{u} + ku = p(t) \tag{6.1}$$

ここで、m、c、kは質点系の質量、粘性係数、ばね定数であり、$p(t)$は外力である。

式(6.1)の解は次式の一般解u_cと式(6.1)の特解u_pの和によって与えられる。

$$\ddot{u} + 2h\omega_n \dot{u} + \omega_n^2 u = 0 \tag{6.2}$$

ここで、ω_nは非減衰円固有振動数、hは減衰定数であり、次のように求められる。

$$\omega_n = \sqrt{\frac{k}{m}} \tag{6.3}$$

$$h = \frac{c}{2\omega_n m} = \frac{c}{2\sqrt{mk}} \tag{6.4}$$

なお、質点系の固有周期 T は次のように定義される。

$$T = \frac{2\pi}{\omega_n} = 2\pi\sqrt{\frac{m}{k}} \tag{6.5}$$

C と λ を未定定数として、式(6.2)の解を $u = Ce^{\lambda t}$ と置いて代入すると、$Ce^{\lambda t}(\lambda^2 + 2h\omega_n\lambda + \omega_n^2) = 0$ となり、$Ce^{\lambda t}$ が 0 ではない有意な解を得るためには、$\lambda^2 + 2h\omega_n\lambda + \omega_n^2 = 0$ が成立しなければならない。したがって、この一般解は次のようになる。

$$u_c = C_1 e^{\lambda_1 t} + C_2 e^{\lambda_2 t} \tag{6.6}$$

ここで、

$$\lambda_{1,2} = -h\omega_n \pm \sqrt{\omega_n^2(h^2 - 1)} \tag{6.7}$$

未定定数 C_1、C_2 は初期条件から定めなければならない。式(6.2)の解は $h^2 - 1$ の符号によって、以下の 2)〜4)の 3 通りとなる。

2) 臨界減衰

$h = 1$ の場合には式(6.7)が重根を持つため、これを臨界減衰と言い、このときの減衰係数を臨界減衰係数 c_c と呼ぶ。式(6.4)から、

$$1 = \frac{c_c}{2\sqrt{mk}} \tag{6.8}$$

であるため、臨界減衰係数 c_c は

$$c_c = 2\sqrt{mk} \tag{6.9}$$

となり、これを式(6.4)に代入すると、減衰定数 h は次のようになる。

$$h = \frac{c}{c_c} \tag{6.10}$$

すなわち、減衰定数 h とは臨界減衰係数 c_c に対する減衰係数 c の比である。

さて、$h = 1$ の場合には、式(6.7)の解はともに $-\omega_n$ となるため、一般解は次のようになる。

$$u_c = (C_1 + C_2 t) \cdot e^{-\omega_n t} \tag{6.11}$$

初期条件として、$t = 0$ で $u_c = u_0$、$\dot{u}_c = \dot{u}_0$ とすると、式(6.11)は次式となる。

$$u_c = e^{-\omega_n t}\left\{u_0 + \left(\frac{\dot{u}_0}{\omega_n} + u_0\right)\omega_n t\right\} \tag{6.12}$$

$\dot{u}_0 = 0$ とした場合の解を**図 6.1** に示す。なお、ここには、後述する過減衰の場合も示している。

これからわかるように、臨界減衰 $h = 1$ のときには、質点に初期変位 u_0 を与えて静かに自由振動させたとき、質点が振動するかしないかのちょうど境界となる。すなわち、初速度 $\dot{u}_0 = 0$ の場合を例に取ると、振動するとは応答 u_c が u_0 から減衰してゼロ線を横切ってマイナス側に変位することであるが、臨界減衰 $h = 1$ の場合には質点は最短時間でゼロに収れんしていくだけで、マイナス側には行かない。したがって、$h \geq 1$ の条件では質点は振動しない。

なお、式(6.12)から明らかなように、粘性減衰を受ける系の揺れは時間 t が無限大になっても限りなくゼロに漸近するだけで、永久にゼロにはならない。現実の構造物では、外部から力を作用させない限り振動が永続することはないが、これは粘性減衰だけでなく、後述する摩擦減衰や履歴減衰など他のエネルギー吸収があるためである。

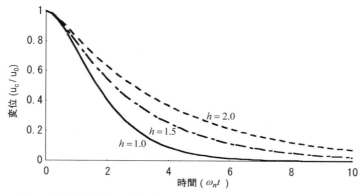

図 6.1 臨界減衰を受ける自由振動（初期変位 u_0、初速度 $\dot{u}_0 = 0$ の場合）

3) 減衰自由振動

耐震工学では $0 < h < 1$ の場合が重要である。多くの構造物はこのカテゴリに属するためである。この場合には、式(6.2)の解は次のように共役複素数となり、

$$\lambda_{1,2} = -h\omega_n \pm i\omega_n\sqrt{1-h^2} \tag{6.13}$$

式(6.6)の一般解は次のようになる。

$$\begin{aligned} u_c &= C_1 e^{-h\omega_n t + i\omega_d t} + C_2 e^{-h\omega_n t - i\omega_d t} \\ &= e^{-h\omega_n t}(C_1 e^{i\omega_d t} + C_2 e^{-i\omega_d t}) \end{aligned} \tag{6.14}$$

ここで、

$$\omega_d = \omega_n\sqrt{1-h^2} \tag{6.15}$$

オイラーの公式を用いると、$e^{\pm i\theta} = \cos\theta \pm i\sin\theta$ であるから、式(6.14)は次のようになる。

$$u_c = e^{-h\omega_n t}\{(C_1 + C_2)\cos\omega_d t + i(C_1 - C_2)\sin\omega_d t\} \tag{6.16}$$

ここで、$C_1' = C_1 + C_2$、$C_2' = i(C_1 - C_2)$ と置くと、式(6.16)は、

$$u_c = e^{-h\omega_n t}\{C_1'\cos\omega_d t + C_2'\sin\omega_d t\} \tag{6.17}$$

すなわち、

$$u_c = e^{-h\omega_n t}U_c\cos(\omega_d t - \varphi) \tag{6.18}$$

ここで、

$$U_c = \sqrt{(C_1')^2 + (C_2')^2}、\quad \varphi = \tan^{-1}\left(\frac{C_2'}{C_1'}\right) \tag{6.19}$$

初期条件として、$t = 0$ で $u_c = u_0$、$\dot{u}_c = \dot{u}_0$ とし、これを式(6.17)に代入すると、

$$C_1' = u_0、\quad C_2' = \frac{\dot{u}_0}{\omega_d} + \frac{h\omega_n u_0}{\omega_d} \tag{6.20}$$

であるから、式(6.17)は次のようになる。

$$\begin{aligned} u_c &= e^{-h\omega_n t}\left\{u_0\cos\omega_d t + \left(\frac{\dot{u}_0}{\omega_d} + \frac{h\omega_n u_0}{\omega_d}\right)\sin\omega_d t\right\} \\ &= U_c e^{-h\omega_n t}\cos(\omega_d t - \varphi) \end{aligned} \tag{6.21}$$

ここで、

$$U_c = \sqrt{u_0^2 + \left(\frac{\dot{u}_0}{\omega_d} + \frac{h\omega_n u_0}{\omega_d}\right)^2}、\quad \varphi = \tan^{-1}\frac{\frac{\dot{u}_0}{\omega_d} + \frac{h\omega_n u_0}{\omega_d}}{u_0} \tag{6.22}$$

式(6.21)の u_c は、振幅が $U_c e^{-h\omega_n t}$、円固有振動数が ω_d の振動を表わす。ω_d を減衰円固有振動数と呼び、式(6.3)に示した非減衰円固有振動数 ω_n と区別する。また、減衰円固有振動数 ω_d に対応する固有周期 T_d を減衰固有周期と呼ぶ。

$$T_d = \frac{2\pi}{\omega_d} \tag{6.23}$$

減衰があることにより ω_d は ω_n よりも $\sqrt{1-h^2}$ 倍だけ小さくなり、T_d は T よりも $\sqrt{1-h^2}$ 倍だけ長くなる。ただし、減衰定数 h を 0.05 とすると $\sqrt{1-h^2} = 0.999$ であり、たとえ h が 0.2 になっても $\sqrt{1-h^2} = 0.980$ であるから、特別に減衰が大きくなければ、実用上 $\omega_d \approx \omega_n$、$T_d \approx T$ と考えても大きな間違いはない。

図 6.2 は、時刻 $t=0$ で $u_c = u_0$、$\dot{u}_c = \dot{u}_0 = 0$ の初期条件下で、自由振動させた場合の u_c を式(6.21)により求めた結果である。$h=0$ の場合には、固有周期が 2π で無限に振動が続き、減衰定数 h が大きくなるにつれて固有周期がわずかに長くなり、振動の減衰が大きくなることがわかる。

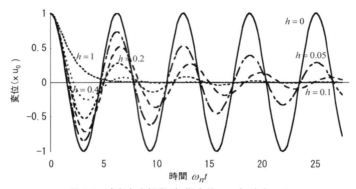

図 6.2 減衰自由振動(初期変位 u_0、初速度 $\dot{u}_0$)

4) 過減衰自由振動

$h>1$ の場合には、式(6.6)の解はともに負の実数になる。したがって、この場合の一般解は次のようになる。

$$u_c = C_1 e^{\left(-h+\sqrt{h^2-1}\right)\cdot\omega_n t} + C_2 e^{\left(-h-\sqrt{h^2-1}\right)\cdot\omega_n t} \tag{6.24}$$

これは、時間 t が増加するにつれて単調に減少するだけで、振動しないことを表わしている。初期条件として $t=0$ で $u_c = u_0$、$\dot{u}_c = \dot{u}_0$ とすると、式(6.24)は次のようになる。

$$u_c = \frac{e^{-h\omega_n t}}{2\omega_n\sqrt{h^2-1}} \left[\left\{\dot{u}_0 + u_0\omega_n\left(h+\sqrt{h^2-1}\right)\right\} e^{\omega_n\sqrt{h^2-1}\cdot t} \right. \\ \left. + \left\{u_0\omega_n\left(-h+\sqrt{h^2-1}\right) - \dot{u}_0\right\} e^{-\omega_n\sqrt{h^2-1}\cdot t} \right] \tag{6.25}$$

時刻 $t=0$ で $u_c = u_0$、$\dot{u}_c = \dot{u}_0$ の初期条件下で $h=1.5$、2.0 とした場合の自由振動 u_c を求めた結果を前出の**図 6.1** に示している。自由振動がゼロに漸近するのは $h=1$ の場合が最も速い。

5) 対数減衰率

1 自由度振動系の自由振動が減衰定数によってどのように変化するかを考えてみよう。減衰定数が $0<h<1$ の場合には、減衰自由振動は式(6.18)により与えられる。いま、図 6.2 に示したように、減衰自由振動が始まってから第 m 番めの振動を考えると、その振幅 u_{cm} は次式となる。

$$u_{cm} = U_C e^{-h\omega_n t_m} \cos(\omega_d t_m - \varphi) \tag{6.26}$$

同様に、$(m+1)$ 番めの振動振幅は次のようになる。

$$u_{cm+1} = U_C e^{-h\omega_n(t_m+T_d)} \cos\{\omega_d(t_m+T_d) - \varphi\}$$
$$= U_C e^{-h\omega_n(t_m+T_d)} \cos(\omega_d t_m - \varphi)$$

したがって、

$$\frac{u_{cm}}{u_{cm+1}} = e^{h\omega_n T_d} = e^{2\pi h/\sqrt{1-h^2}}$$

であり、この自然対数 λ を対数減衰率という。ℓ_n は $\log_e$ である。

$$\lambda = \ell_n \left| \frac{u_{cm}}{u_{cm+1}} \right| = \frac{2\pi h}{\sqrt{1-h^2}} \tag{6.27}$$

前述したように、減衰定数 h が特に大きくなければ $\sqrt{1-h^2} \approx 1$ であるから、減衰定数 h と対数減衰率 λ の関係は、次のようになる。

$$h \approx \frac{\lambda}{2\pi} \tag{6.28}$$

したがって、減衰自由振動の第 m 番めと第 $m+n$ 番めの振幅がわかれば、その振動系の減衰定数 h を式(6.28)のように求めることができる。

なお、式(6.26)において $m+n$ 番目の減衰自由振動に着目すると、

$$u_{cm+n} = U_C e^{-h\omega_n(t_m+nT_d)} \cos\{\omega_d(t_m+nT_d) - \varphi\}$$
$$= U_C e^{-h\omega_n(t_m+nT_d)} \cos(\omega_d t_m - \varphi)$$

であり、

$$\frac{u_{cm}}{u_{cm+n}} = e^{nh\omega_n T_d} = e^{2\pi nh/\sqrt{1-h^2}}$$

となるから、

$$\lambda_n = \ell_n \left| \frac{u_{cm}}{u_{cm+n}} \right| = \frac{2\pi nh}{\sqrt{1-h^2}} \tag{6.29}$$

となる。したがって、式(6.27)より対数減衰定数 λ を次のように求められる。

$$\lambda = \lambda_n / n \tag{6.30}$$

式(6.30)を用いると、減衰自由振動波形にノイズが混ざっている場合には、式(6.27)よりも精度よく対数減衰率を求めることができる。

構造物の耐震解析では、一般に対数減衰率 λ よりも減衰定数 h の方がよく用いられる。

6) 粘性減衰によるエネルギー吸収

粘性減衰を有する 1 自由度系に円振動数 ω の外力 $p(t) = p_0 \cos\omega t$ が作用し、系が振幅 d、位相 φ で定常振動する場合を考えよう。系が 1 サイクル振動する間に減衰力 $c\dot{u}$ がなす仕事、すなわち吸収エネルギー ΔU は次式により与えられる。

$$\Delta U = \int_0^{2\pi/\omega} c\dot{u}^2 dt \tag{6.31}$$

ここで、質点の応答変位 u は $u = d\cos(\omega t - \varphi)$ であるから、これを式(6.31)に代入すると、次式のようになる。

$$\Delta U = \pi\omega c d^2 \tag{6.32}$$

一方、式(6.1)から $u = d$ のときの復元力を f とすると $f = kd$ であるから、ひずみエネルギー U は次式となる。

$$U = \frac{1}{2} k d^2 \tag{6.33}$$

式(6.32)、式(6.33)に式(6.4)を代入すると、吸収エネルギー ΔU とひずみエネルギー U の比は次のようになる。

$$\frac{\Delta U}{U} = \frac{\pi\omega c d^2}{1/2 \cdot k d^2} = 4\pi h$$

したがって、粘性減衰を受ける 1 自由度系の減衰定数 h は式のように与えられる。

$$h = \frac{1}{4\pi}\frac{\Delta U}{U} \qquad (6.34)$$

減衰定数 h は構造物の揺れの減衰の度合いを表わす指標として耐震工学では広く用いられている。この理由は、耐震工学では後述する履歴減衰が重要であるが、履歴減衰では、履歴吸収エネルギーに寄与する部材の材質や大きさ、履歴特性によってエネルギー吸収量 ΔU が異なるため、構造部材の材質や大きさ等を指定しないと、構造物間の減衰作用の大きさを相互に比較できない。

これに対して、減衰定数 h は式(6.10)のように無次元化された値であるため、エネルギー吸収に寄与する部材の材質や大きさ等を考えなくても、異なる構造物間で簡単に減衰作用の大きさを評価できるためである。

このため、式(6.34)は粘性減衰を受ける構造物だけでなく、履歴減衰等、非粘性減衰作用を受けて振動する構造系にも応用される。すなわち、非粘性減衰系においても、1 サイクル振動する間に吸収するエネルギー ΔU を求め、これを式(6.34)に代入すれば減衰定数 h が求められる。これを等価減衰定数 h_{eq} と呼ぶ。

この結果、非粘性減衰系の応答を等価減衰定数を持つ粘性減衰系の応答に置換して近似的に解析する道が開かれることになる。

6.3 多自由度系構造物に対する粘性減衰力の取り扱い

1) 運動方程式

多自由度系に対する動的解析では、減衰作用をどのようにモデル化するかを考えてみよう。古典的な振動学の教科書に示されているように、n 自由度系の線形構造物の運動方程式は次のように与えられる[C1,C3]。

$$[M]\{\ddot{u}\} + [C]\{\dot{u}\} + [K]\{u\} = \{P\} \qquad (6.35)$$

ここで、$[M]$、$[C]$、$[K]$、$\{P\}$ はそれぞれ質量行列、減衰行列、剛性行列、荷重ベクトルであり、$\{u\}$、$\{\dot{u}\}$、$\{\ddot{u}\}$ はそれぞれ相対変位、相対速度、相対加速度ベクトルである。本章で問題にしている減衰力は上式の左辺第 2 項で、減衰力が相対速度に比例すると仮定して粘性減衰によって与えられている。

相対変位、相対速度、相対加速度ベクトルは、一般化された座標 $\{q\}$ を用いて次のように表わされる。

$$\{u\} = [\Phi]\{q\}, \quad \{\dot{u}\} = [\Phi]\{\dot{q}\}, \quad \{\ddot{u}\} = [\Phi]\{\ddot{q}\} \qquad (6.36)$$

ここで、$[\Phi]$ は固有振動モード行列で、i 次の振動モードベクトルを $\{\phi_i\} = \{\phi_{1i} \quad \phi_{2i} \quad \cdots \quad \phi_{ni}\}^T$ とおくと、

$$[\Phi] = [\phi_1 \quad \phi_2 \quad \cdots \quad \phi_n] = \begin{bmatrix} \phi_{11} & \phi_{12} & \cdots & \phi_{1n} \\ \phi_{21} & \phi_{22} & \cdots & \phi_{2n} \\ \cdot & \cdot & & \cdot \\ \cdot & \cdot & & \cdot \\ \phi_{n1} & \phi_{n2} & \cdots & \phi_{nn} \end{bmatrix} \qquad (6.37)$$

ここで、固有値解析から、$\{\phi_i\}$ は次式を満足するように定められている。これを振動モードの直交性と呼ぶ。

$$\{\phi_i\}^T[M]\{\phi_j\} = 0, \quad \{\phi_i\}^T[K]\{\phi_j\} = 0 \qquad (6.38)$$

式(6.36)を式(6.35)に代入し、さらに前から $[\Phi]^T$ を乗じると、式(6.35)は次のようになる。

$$[\Phi]^T[M][\Phi]\{\ddot{q}\} + [\Phi]^T[C][\Phi]\{\dot{q}\} + [\Phi]^T[K][\Phi]\{q\} = [\Phi]^T\{P\} \qquad (6.39)$$

ここで、

$$[\Phi]^T[M][\Phi] = \begin{bmatrix} \{\phi_1\}^T[M]\{\phi_1\} & \{\phi_1\}^T[M]\{\phi_2\} & \cdots & \{\phi_1\}^T[M]\{\phi_n\} \\ \{\phi_2\}^T[M]\{\phi_1\} & \{\phi_2\}^T[M]\{\phi_2\} & \cdots & \{\phi_2\}^T[M]\{\phi_n\} \\ \cdot & \cdot & & \cdot \\ \cdot & \cdot & & \cdot \\ \{\phi_n\}^T[M]\{\phi_1\} & \{\phi_n\}^T[M]\{\phi_2\} & \cdots & \{\phi_n\}^T[M]\{\phi_n\} \end{bmatrix} \qquad (6.40)$$

上式は式(6.38)の振動モードの直交性から次のようになる。

$$[\Phi]^T[M][\Phi] = \begin{bmatrix} m_1^* & 0 & \cdot & \cdot & \cdot & 0 \\ 0 & m_2^* & 0 & \cdot & \cdot & \cdot \\ \cdot & & 0 & & & \cdot \\ \cdot & & & & & \cdot \\ \cdot & & & & & 0 \\ 0 & 0 & \cdot & \cdot & 0 & m_n^* \end{bmatrix} \tag{6.41}$$

ここで、m_i^* は一般化された i 次の質量と呼ばれ、次式で与えられる。

$$m_i^* = \{\phi_i\}^T[M]\{\phi_i\} \tag{6.42}$$

同様に、$[\Phi]^T[K][\Phi]$ は次のようになる。

$$[\Phi]^T[K][\Phi] = \begin{bmatrix} k_1^* & 0 & \cdot & \cdot & \cdot & 0 \\ 0 & k_2^* & 0 & \cdot & \cdot & \cdot \\ \cdot & & 0 & & & \cdot \\ \cdot & & & & & \cdot \\ \cdot & & & & & 0 \\ 0 & & \cdot & \cdot & 0 & k_n^* \end{bmatrix} \tag{6.43}$$

ここで、k_i^* は一般化された i 次のばね定数と呼ばれ、次のように与えられる。

$$k_i^* = \{\phi_i\}^T[K]\{\phi_i\} \tag{6.44}$$

また、$[\Phi]^T\{P\}$ は次のようになる。

$$[\Phi]^T\{P\} = \begin{Bmatrix} p_1^* \\ p_2^* \\ \cdot \\ \cdot \\ \cdot \\ p_n^* \end{Bmatrix} \tag{6.45}$$

ここで、$p_i^* = \{\phi_i\}^T\{P\}$ は一般化された i 次の荷重と呼ばれる。

したがって、式(6.35)で減衰項 $[C]\{\dot{u}\}$ が存在しない場合には、式(6.39)は、次のようになり、

$$\begin{bmatrix} m_1^* & 0 & \cdot & \cdot & \cdot & 0 \\ 0 & m_2^* & 0 & & & \cdot \\ \cdot & & 0 & & & \cdot \\ \cdot & & & & & \cdot \\ \cdot & & & & & 0 \\ 0 & \cdot & \cdot & \cdot & 0 & m_n^* \end{bmatrix} \begin{Bmatrix} \ddot{q}_1 \\ \ddot{q}_2 \\ \cdot \\ \cdot \\ \cdot \\ \ddot{q}_n \end{Bmatrix} + \begin{bmatrix} k_1^* & 0 & \cdot & \cdot & \cdot & 0 \\ 0 & k_2^* & 0 & & & \cdot \\ \cdot & & 0 & & & \cdot \\ \cdot & & & & & \cdot \\ \cdot & & & & & 0 \\ 0 & \cdot & \cdot & \cdot & 0 & k_n^* \end{bmatrix} \begin{Bmatrix} q_1 \\ q_2 \\ \cdot \\ \cdot \\ \cdot \\ q_n \end{Bmatrix} = \begin{Bmatrix} p_1^* \\ p_2^* \\ \cdot \\ \cdot \\ \cdot \\ p_n^* \end{Bmatrix} \tag{6.46}$$

非対角項が全てゼロであるから、i 次の成分だけを抜き出すと、次式となる。

$$m_i^*\ddot{q}_i + k_i^*q_i = p_i^* \quad (i = 1, 2, \cdots\cdots, n) \tag{6.47}$$

すなわち、式(6.35)で与えられる n 次元の連成した運動方程式が n 個の独立した 1 自由度系の運動方程式に分離できることになる。

問題は減衰項である。式(6.38)とは異なり、減衰項に対しては、

$$\{\phi_i\}^T[C]\{\phi_j\} \neq 0 \tag{6.48}$$

であるため、式(6.41)や式(6.43)のように直交化できない。

このため、線形解析においては、式(6.35)の運動方程式を式(6.47)のようにn個の非連成1自由度系に分離した後に、別途、これに減衰係数 c_i^* を加えて次式のようにし、

$$m_i^* \ddot{q}_i + c_i^* \dot{q}_i + k_i^* q_i = p_i^* \tag{6.49}$$

両辺を m_i^* で割って、式(6.4)より i 次の減衰定数 h_i を次式のように定義して

$$\frac{c_i^*}{m_i^*} = 2h_i \omega_{ni} \tag{6.50}$$

i 次の応答 q_i を次式により求める方法がよく用いられる。

$$\ddot{q}_i + 2h_i \omega_{ni} \dot{q}_i + \omega_{ni}^2 q_i = \frac{p_i^*}{m_i^*} \tag{6.51}$$

ここで、ω_{ni} は i 次の(非減衰)円固有振動数である。

式(6.35)の定義に戻ると、質量行列 $[M]$ の要素 m_i や剛性行列 $[K]$ の要素 k_{ij} は材料特性や要素の大きさ等に基づいて定めることができるが、減衰行列 $[C]$ の要素 c_{ij} を定めることは一般に困難である。この理由は、質量行列や剛性行列と異なり、構造部材の特性から減衰係数 c_{ij} を定めることが難しいためである。

さらに、より本質的な問題として、前述したように構造物に生じるエネルギー損失には粘性減衰よりも構造部材の履歴吸収エネルギー、基礎からのエネルギー逸散、構造部材間の摩擦等による損失の方がはるかに大きな割合を占めると同時に、これらはいずれも非速度依存型減衰であることが、c_{ij} の評価を一層困難にしている。

後述するように、構造部材の非線形性(履歴特性)に伴うエネルギー吸収(履歴吸収エネルギー)は、履歴特性を持つ部材を非線形要素によってモデル化することにより、自動的に解析に取り入れることができる。基礎からの逸散減衰や摩擦力によるエネルギー損失も、適切にモデル化して非線形動的解析に取り入れることが可能である。

このようにいろいろな解析が可能であるが、吸収エネルギーの総量がわかっても、これらによる減衰作用は構造物の大きさや材質等に依存するため、減衰定数のように無次元量として減衰作用を表わす指標になりにくい。

以上のように、減衰作用の大きさを表わす無次元の指標として他に有力な指標がないことから、減衰定数 h は履歴減衰、逸散減衰等の粘性減衰以外のメカニズムによって生じるエネルギー吸収に対しても広く用いられている。この場合には、非粘性(非速度依存型)減衰メカニズムによって1サイクル振動する間に吸収されるエネルギー ΔW を式(6.32)の ΔU と解釈して、減衰定数 h を求める。これを等価減衰定数 h_{eq} と呼ぶ。

2) レーリー減衰

式(6.51)に示したように多自由度系でも線形系であれば、非連成1自由度系に分離した後で、別途、減衰定数を与えて解析できるため、減衰行列 $[C]$ を必要とすることは少ない。しかし、直接積分法を用いた非線形動的解析では減衰行列 $[C]$ が必要とされる。

このような場合には、減衰行列が質量行列と剛性行列の線形和であると仮定して、

$$[C] = \alpha[M] + \beta[K] \tag{6.52}$$

とモデル化される場合が多い。ここで、α、β は未定定数である。

減衰作用は必ずしも質量や剛性に比例する訳ではないが、このようにできると仮定すると、式(6.52)に前から $[\Phi]^T$、後ろから $[\Phi]$ を乗じることにより、式(6.41)、式(6.43)の関係を用いて減衰行列 $[C]$ を次のように直交化でき、都合が良いためである。

$$[\Phi]^T [C][\Phi] = \alpha [\Phi]^T [M][\Phi] + \phi [\Phi]^T [K][\Phi]$$

$$= \begin{bmatrix} c_1^* & 0 & \cdot & \cdot & \cdot & 0 \\ 0 & c_2^* & 0 & \cdot & \cdot & \cdot \\ \cdot & 0 & \cdot & \cdot & \cdot & \cdot \\ \cdot & \cdot & \cdot & \cdot & \cdot & \cdot \\ \cdot & \cdot & \cdot & \cdot & \cdot & 0 \\ 0 & \cdot & \cdot & \cdot & 0 & c_n^* \end{bmatrix} \tag{6.53}$$

ここで、

$$c_i^* = \alpha m_i^* + \beta k_i^* \tag{6.54}$$

式(6.52)はレーリー減衰（Rayleigh damping）と呼ばれて、線形動的解析のみならず非線形動的解析にも広く用いられる。

式(6.54)の両辺を m_i^* で除して、次式のように置くと

$$\omega_{nr}^2 = \frac{\{\phi_i\}^T [K] \{\phi_i\}}{\{\phi_i\}^T [M] \{\phi_i\}} = \frac{k_i^*}{m_i^*} \tag{6.55}$$

$$\frac{c_i^*}{m_i^*} = 2 h_i \omega_{ni} \tag{6.56}$$

第 i 次の減衰定数 h_i は次のようになる。

$$h_i = \frac{1}{2} \left(\frac{\alpha}{\omega_{ni}} + \beta \omega_{ni} \right) \tag{6.57}$$

これは、図6.3 に示すように、減衰定数 h_i を円固有振動数 ω_i に比例する項と反比例する項の和として与えることを意味している。したがって、任意の s 次と t 次の 2 つの振動モードを選び、これらの減衰定数 h_s、h_t を与えることができれば、式(6.57)の未定定数 α、β を次のように定めることができる。

$$\begin{Bmatrix} \alpha \\ \beta \end{Bmatrix} = \frac{2 \omega_{ns} \omega_{nt}}{\omega_{nt}^2 - \omega_{ns}^2} \begin{bmatrix} \omega_{nt} & -\omega_{ns} \\ -1/\omega_{nt} & 1/\omega_{ns} \end{bmatrix} \begin{Bmatrix} h_s \\ h_t \end{Bmatrix} \tag{6.58}$$

問題はどのように s 次と t 次を選ぶかであるが、一般には構造物の応答に寄与する振動モードが選ばれる。これについては、6)に示す。

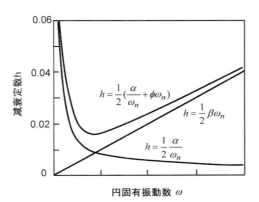

図 6.3 レーリー減衰による振動数依存性減衰

3) ひずみエネルギー比例減衰

減衰は構造物内部で吸収されたり構造物から周辺地盤等に逸散する各種のエネルギー吸収の結果生じるものである。注意すべきは、減衰定数は境界条件が与えられた 1 自由度系に対して定義されたものであり、構造物の材質や構造部材に対して定義されたものではないことである。

したがって、構造物がi次モードで振動する際の構造要素jの減衰定数がh_{ij}であるということは、この構造要素jに生じるi次モードの振動を1自由度系の振動にモデル化した場合に、その減衰定数がh_{ij}であることを意味している。同じ構造要素jでも境界条件が変化すれば、固有周期が変化し減衰定数も異なってくる。

粘性減衰の作用を受けて第i次の振動モードで振動する構造物において、構造要素ごとに減衰定数h_{ij}が異なる場合に、構造物全体としての減衰定数h_iを求めたいという場合が耐震解析ではよくある。このためによく用いられる方法の一つがひずみエネルギー比例減衰法である。ひずみエネルギー比例減衰法とは、構造要素ごとの減衰定数h_{ij}をその構造要素のひずみエネルギーU_{ij}の重みを付けて平均することによって、近似的に構造物の減衰定数h_iを求める方法である。

いま、構造物をその中では減衰定数が同じと見なせるn個の構造要素に分割し、i次モードによって振動したときの第j番目の構造要素の減衰定数をh_{ij} ($j=1, 2, \cdots, n$)とする。i次の振動モードによる構造要素jの変位を$\{u_{ij}\}$とすれば、式(6.36)から構造要素jに相当する項だけを取り出すと、

$$\{u_{ij}\} = \{\phi_{ij}\} q_i \tag{6.59}$$

ここで、$\{\phi_{ij}\}$は構造物がi次振動モードで振動するときの構造要素jの振動モードである。

i次振動モードによる構造要素jのひずみエネルギーU_{ij}は、構造要素jの剛性行列を$[K_j]$とすると、次のように求められる。

$$U_{ij} = \frac{1}{2}\{u_{ij}\}^T\{f_{ij}\} = \frac{1}{2}\{u_{ij}\}^T[K_j]\{u_{ij}\} \tag{6.60}$$

また、第i次モードによって構造要素jが1サイクル振動する間の吸収エネルギーをΔU_{ij}とすると、式(6.34)からi次モードによる構造要素jの減衰定数h_{ij}および構造物の減衰定数h_iは次のように求められる。

$$h_{ij} = \frac{1}{4\pi}\frac{\Delta U_{ij}}{U_{ij}} \tag{6.61}$$

$$h_i = \frac{1}{4\pi}\frac{\sum_{j=1}^{n}\Delta U_{ij}}{\sum_{j=1}^{n}U_{ij}} \tag{6.62}$$

式(6.61)を$\Delta U_{ij} = 4\pi h_{ij}U_{ij}$と変形して式(6.62)に代入すると、$i$次モードに対する構造物の減衰定数$h_i$は次のように与えられる。

$$h_i = \frac{\sum_{j=1}^{n}h_{ij}U_{ij}}{\sum_{j=1}^{n}U_{ij}} = \frac{\sum_{j=1}^{n}h_{ij}\{\phi_{ij}\}^T[K_j]\{\phi_{ij}\}}{\sum_{j=1}^{n}\{\phi_{ij}\}^T[K_j]\{\phi_{ij}\}} \tag{6.63}$$

ここで、i次振動モードにおいて構造物全体のひずみエネルギー$\sum_{j=1}^{n}U_{ij}$に対する構造要素jのひずみエネルギーU_{ij}の比を構造要素jのひずみエネルギー寄与率α_{ij}と定義すると、式(6.63)は次のように表わされる。

$$h_i = \sum_{j=1}^{n}\alpha_{ij}h_{ij} \tag{6.64}$$

ここで、

$$\alpha_{ij} = \frac{U_{ij}}{\sum_{j=1}^{n}U_{ij}} = \frac{f_{ij}u_{ij}}{\sum_{j=1}^{n}f_{ij}u_{ij}} \tag{6.65}$$

式(6.64)は、構造物がi次モードで振動するときに、ひずみエネルギー寄与率α_{ij}の重みをつけて構造要素ごとの減衰定数h_{ij}を平均すれば、構造物のi次の減衰定数h_iを求められることを表わしている。

なお、式(6.63)を実際の変位と荷重で表わすために、式(6.59)より

$$\{\phi_{ij}\} = \{u_{ij}\}/q_i \tag{6.66}$$

であり、構造要素 j の作用力 $\{f_{ij}\}$ は次式により求められるため、

$$\{f_{ij}\} = [K_j]\{u_{ij}\} \tag{6.67}$$

これらを式(6.63)に代入すると、次のようになる。

$$h_i = \frac{\sum_{j=1}^{n} h_{ij}\{u_{ij}\}^T\{f_{ij}\}}{\sum_{j=1}^{n}\{u_{ij}\}^T\{f_{ij}\}} \tag{6.68}$$

ここで、構造要素 j が 1 自由度系の場合には、式(6.68)は次のように簡単になる。

$$h_i = \frac{\sum_{j=1}^{n} h_{ij} f_j u_j}{\sum_{j=1}^{n} f_j u_j} \tag{6.69}$$

同様に、式(6.65)による構造要素 j のひずみエネルギー寄与率 α_{ij} は次のようになる。

$$\alpha_{ij} = \frac{f_j u_j}{\sum_{j=1}^{n} f_j u_j} \tag{6.70}$$

式(6.62)、式(6.63)、式(6.64)、式(6.69)等により求められる減衰定数を、ひずみエネルギー比例減衰と呼ぶ。この方法では、ひずみエネルギーの大きい構造要素の減衰定数が卓越するため、履歴減衰や摩擦減衰等の履歴系の減衰が卓越する構造系に適している。強震動を受けた場合に、構造部材が大きく塑性化し、これが主たるエネルギー吸収を生じる構造系である。

4) 運動エネルギー比例減衰

ひずみエネルギー比例減衰と同様に、式(6.36)の第 2 項から構造要素 j に相当する項だけを取り出すと、構造要素 j の速度は次のようになる。

$$\{\dot{u}_{ij}\} = \{\phi_{ij}\}\dot{q}_i \tag{6.71}$$

ここで、$\{\phi_{ij}\}$ は i 次モードに対する構造要素 j の振動モードである。

また、i 次の振動モードによる構造要素 j の運動エネルギー T_{ij} は次のように求められる。

$$T_{ij} = \frac{1}{2}\{\dot{u}_{ij}\}^T [M_j]\{\dot{u}_{ij}\} \tag{6.72}$$

ここで、$[M_j]$ は構造要素 j の質量行列である。

ここで、i 次モードに従って構造要素 j が 1 サイクル振動する間に減少する運動エネルギーを ΔT_{ij} とすると、式(6.61)において $U_{ij} \rightarrow T_{ij}$、$\Delta U_{ij} \rightarrow \Delta T_{ij}$ と置き換えることにより、i 次モードに対する構造要素 j の減衰定数 h_{ij} と構造物の減衰定数 h_i は次のように求められる。

$$h_{ij} = \frac{1}{4\pi}\frac{\Delta T_{ij}}{T_{ij}} \tag{6.73}$$

$$h_i = \frac{1}{4\pi}\frac{\sum_{j=1}^{n}\Delta T_{ij}}{\sum_{j=1}^{n}T_{ij}} \tag{6.74}$$

式(6.73)を $\Delta T_{ij} = 4\pi h_{ij} T_{ij}$ と変形して式(6.74)に代入すると、i 次振動モードに対する構造物の減衰定数 h_i は次のように求められる。

$$h_i = \frac{\sum_{j=1}^{n} h_{ij} T_{ij}}{\sum_{j=1}^{n} T_{ij}} = \frac{\sum_{j=1}^{n} h_{ij} \{\phi_{ij}\}^T [M_j] \{\phi_{ij}\}}{\sum_{j=1}^{n} \{\phi_{ij}\}^T [M_j] \{\phi_{ij}\}} \tag{6.75}$$

さらに、i 次振動モードにおいて構造物全体の運動エネルギー $\sum_{j=1}^{n} T_{ij}$ に対する構造要素 j の運動エネルギー T_{ij} の比を構造要素 j の運動エネルギー寄与率 β_{ij} として次のように定義すると、式(6.75)は次のように表わすことができる。

$$h_i = \sum_{j=1}^{n} \beta_{ij} h_{ij} \tag{6.76}$$

ここで、

$$\beta_{ij} = \frac{T_{ij}}{\sum_{j=1}^{n} T_{ij}} \tag{6.77}$$

上式は構造要素 j の運動エネルギー T_{ij} を重み係数として構造要素ごとの減衰定数 h_{ij} を平均すれば、構造物の減衰定数 h_i を求められることを表わしている。

式(6.74)、式(6.75)、式(6.76)で与えられる減衰を運動エネルギー比例減衰と呼ぶ。この方法では、運動エネルギーが大きい構造要素の減衰が卓越するため、粘性減衰のように運動に伴う減衰作用が卓越する構造系に適している。吊橋や斜張橋のように長周期構造物で、履歴や摩擦による減衰が小さい構造系である。

5) 要素ごとに異なる減衰メカニズムを持つ構造物のモード減衰定数

以上では、要素ごとに異なる粘性減衰を持つ構造物全体としての減衰定数を、ひずみエネルギー比例減衰法もしくは運動エネルギー比例減衰法によって求める方法を示したが、この方法は、粘性減衰の他に後述する履歴減衰6.4、摩擦減衰6.5、逸散減衰6.6等、異なるメカニズムの減衰作用を受ける構造物の揺れを、便宜的に粘性減衰の作用を受ける構造物としてモデル化する場合の等価減衰定数を求めるために拡張することができる。

このためには、まず i 次モードで1サイクル振動する間に吸収されるエネルギー ΔU とひずみエネルギーの最大値 U に基づいて、式(6.34)により等価減衰定数を求めなければならない。

その後、構造物をその中ではエネルギー吸収メカニズムが同じと見なせる m 個の構造要素に分割し、i 次モードによって振動したときの第 j 番めの構造要素の等価減衰定数を h_{ij} とすれば、その後の誘導は 3)ひずみエネルギー比例減衰と4)運動エネルギー比例減衰に示した通りであり、それぞれ、式(6.64)および式(6.76)によって、構造物全体の等価減衰定数を求めることができる。

なお、ここで注意すべきは、一自由度系であれば、粘性減衰定数 h_v と履歴減衰定数 h_h が同時に作用する場合の、全体としての減衰定数 h_t は次式のように求めることができるが、

$$h_t = h_v + h_h \tag{6.78}$$

多自由度系構造物のある箇所に粘性減衰定数 h_v が作用し、他の箇所に履歴減衰定数 h_h が作用する場合には、この構造物の第 i 次の減衰定数を式(6.78)のように求めることはできない点である。

すなわち、式(6.64)に示したひずみエネルギー比例減衰法を例に示すと、この場合には構造物を粘性減衰が作用する構造要素 ($j=1 \sim k$) と履歴減衰が作用する構造要素 ($j=k+1 \sim m$) に分割し、式(6.65)による構造物のひずみエネルギー寄与率 $\alpha_{v,ij}$、$\alpha_{h,ij}$ を重み係数として、次のように構造物全体の等価減衰定数を求めなければならない。

$$h_i = \sum_{j=1}^{k} \alpha_{v,ij} h_{v,ij} + \sum_{j=k+1}^{m} \alpha_{h,ij} h_{h,ij} \tag{6.79}$$

ここで、

$$\alpha_{v,ij} = \frac{U_{v,ij}}{\sum_{j=1}^{k} U_{v,ij} + \sum_{j=k+1}^{m} U_{h,ij}}$$

(6.80)

$$\alpha_{h,ij} = \frac{U_{h,ij}}{\sum_{j=1}^{k} U_{v,ij} + \sum_{j=k+1}^{m} U_{h,ij}}$$

ここに、$h_{v,ij}$、$\alpha_{v,ij}$ は第 i 次モードで振動する場合に粘性減衰が作用する構造要素 j の、それぞれ減衰定数とひずみエネルギー寄与率、$h_{h,ij}$ と $\alpha_{h,ij}$ は第 i 次モードで振動する場合に履歴減衰が作用する構造要素 j の、それぞれ減衰定数とひずみエネルギー寄与率である。

6) レーリー減衰の係数 α、β の定め方

式(6.57)によるレーリー減衰の係数 α、β を定めるためには、式(6.58)においてどのように i 次と j 次の 2 つの振動モードを選ぶかが重要である。このためには、刺激係数の大きい低次の 2 つの振動モードを選定する等いろいろな方法が提案されているが、ここでは、ひずみエネルギー比例減衰法もしくは運動エネルギー比例減衰法を応用した方法を示そう。

ひずみエネルギー比例減衰法では式(6.64)、運動エネルギー比例減衰法では式(6.76)により各次のモード減衰定数 $\tilde{h}_i$（$i=1 \sim n$）を推定することができる。ここでは、ひずみエネルギー比例減衰法もしくは運動エネルギー比例減衰法により求められる i 次の減衰定数を $\tilde{h}_i$（$i=1 \sim n$）と表わすこととする。

レーリー減衰による減衰定数 h_i をひずみエネルギー比例減衰法もしくは運動エネルギー比例減衰法により求められる減衰定数 $\tilde{h}_i$（$i=1 \sim n$）とできるだけ一致させるためには、次式のように h_i と $\tilde{h}_i$ の残差 η が最小となるように、係数 α、β を定めればよい。

$$\eta = \sum_{i=1}^{n} (h_i - \tilde{h}_i)^2 \to 最小$$

(6.81)

なお、振動モードの中には応答に寄与する度合いが低いモードがあり、これらの影響をできるだけ排除するためには、応答に与える影響度を重み係数として、式(6.81)を次のように与える方法がある[D1,Y5]。

$$\eta = \sum_{i=1}^{n} w_i (h_i - \tilde{h}_i)^2 \to 最小$$

(6.82)

ここで、振動モードの重み係数 w_i としては、その振動モードが地震応答に寄与する度合いを表す刺激係数 β_i がよく用いられる。

$$\beta_i = \frac{\{\phi_i\}^T [M]\{I\}}{\{\phi_i\}^T [M]\{\phi_i\}} = \frac{\sum_{k=1}^{n} m_k \phi_{ki}}{\sum_{k=1}^{n} m_k \phi_{ki}^2}$$

(6.83)

ここで、$[M]$：質量行列、$\{I\}$：単位ベクトル、$\{\phi_i\} = \{\phi_{1i} \quad \phi_{2i} \quad \cdot \cdot \quad \phi_{ni}\}^T$ である。

このようにして、レーリー減衰による減衰定数 h_i とエネルギー比例減衰法および運動エネルギー比例減衰法により求められる減衰定数 $\tilde{h}_i$（$i=1 \sim n$）の関係を求めた一例が図 6.4 である[D1]。式(6.81)では、数の多い高次モードに引きずられて、レーリー減衰による減衰定数は高振動数領域で小さく、低振動数領域では大きくなりがちである。これに対して、式(6.82)では刺激係数の大きい振動モードによってレーリー減衰が支配される結果、高振動数領域における減衰定数が大きく求められる。

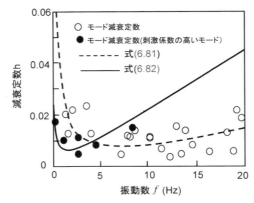

図 6.4 刺激係数による重みを考慮したレーリー減衰の設定例[D1]

7) エネルギー吸収関数

構造物が振動する際には、粘性減衰だけでなく、材料の非線形性による履歴吸収エネルギー、可動部の摩擦によるエネルギー吸収、基礎からの逸散減衰によるエネルギー吸収等、様々な非粘性減衰系のエネルギー吸収作用を受ける。したがって、もともとは粘性減衰を対象として誘導されたひずみエネルギー比例減衰法と運動エネルギー比例減衰法を非粘性減衰系にも拡大することができれば、解析の幅を広げることができる。

このためには、ひずみエネルギー比例減衰法や運動エネルギー比例減衰法と同様に、構造物をその中ではエネルギー吸収メカニズムが同じと見なすことのできるいくつかの構造要素に分割し、各構造要素ごとにエネルギー吸収量を求めればよい。

i 次モードで振動したときの j 番めの構造要素内のエネルギー吸収量 ΔE_{ij} が次のように求められるとしよう。

$$\Delta E_{ij} = f_{ij}(\eta_{ij}) \tag{6.84}$$

ここで、η_{ij} は i 次モードで振動したときの j 番めの構造要素内のエネルギー吸収量あるいはこれを支配するパラメーター、f_{ij} は ΔE_{ij} と η_{ij} と結びつける関数である。η_{ij} をエネルギー吸収支配パラメーター、f_{ij} をエネルギー吸収関数と呼ぶ。

エネルギー吸収関数 f_{ij} は、その構造要素内における支配的なエネルギー吸収メカニズムを表わすように定めなければならない。たとえば、i 次モードによる j 番めの構造要素内のエネルギー吸収 ΔU_{ij} が主として履歴吸収エネルギーに基づく場合には、式(6.84)は次のように与えればよい。

$$\Delta U_{ij} = f_{ij}(U_{ij}) \tag{6.85}$$

ここで、U_{ij} は i 次振動モードによって振動したときの j 番めの構造要素のひずみエネルギーであり、弾性構造物であれば前出の式(6.60)により求められる。

また、ΔU_{ij} が摩擦によるエネルギー吸収のように構造要素内の特定箇所 k における変位 u_{ijk} や速度 $\dot{u}_{ijk}$ によって支配される場合には、式(6.85)は次のように与えられる。

$$\Delta U_{ij} = f_{ij}(u_{ijk}) \quad \text{あるいは} \quad \Delta U_{ij} = f_{ij}(\dot{u}_{ijk}) \tag{6.86}$$

i 次振動モードで振動したときの、構造物全体のエネルギー吸収量 ΔU_i は

$$\Delta U_i = \sum_{j=1}^{n} \Delta U_{ij} \tag{6.87}$$

と求められるから、これを式(6.64)(ひずみエネルギー比例減衰)もしくは式(6.76)(運動エネルギー比例減衰)に代入して、i 次振動モードに対する構造物の減衰定数 h_i を求めることができる。

この手法で重要なことは、式(6.84)のエネルギー吸収関数をいかに精度良く求めるかである。この方法の適用例は 6.7 に示す。

6.4 履歴吸収エネルギーによる減衰作用と等価減衰定数

1) 履歴吸収エネルギー

どのような構造要素も多かれ少なかれ材質的な非線形性を持っており、構造要素に力を作用させていくと、変形が増大するにつれて、単位の変形を与えるために必要な荷重は一般に減少していく。これは、構造要素内における構成材料の塑性化や破断、材料間の摩擦等、いろいろな作用によって抵抗能力が劣化し、これによるエネルギー吸収が起こるためである。

こうした変形に伴う構造要素の抵抗能力の劣化のメカニズムとこれによる吸収エネルギーを、それぞれ、履歴特性、履歴吸収エネルギーと呼び、履歴吸収エネルギーによって生じる減衰作用を履歴減衰と呼ぶ。

第 4 章、第 5 章では構造要素を震動台やアクチュエーター等により加力した場合の荷重～変位の履歴特性を示したが、こうした実験で得られる減衰作用のほとんどは履歴減衰によるものである。

いま、ある構造物あるいは構造要素を加力し、復元力 f ～水平変位 u の関係が図 6.5(a)のように得られたとしよう。点 A から点 B に至る履歴上の復元力を $f_1(u)$、点 B から点 A に戻る履歴上の復元力を $f_2(u)$ とすると、復元力は外力とつり合っているため、1 サイクル変形する間に外力がなす仕事 ΔU、すなわち履歴吸収エネルギー ΔU_{hys} は次のようになる。

$$\Delta U_{hys} = \int_A^B f_1(u)du + \int_B^A f_2(u)du \tag{6.88}$$

いま、履歴曲線の縦距 $\Delta f(u)$ を次のように表わすと、

$$\Delta f(u) = f_1(u) - f_2(u) \tag{6.89}$$

履歴曲線の面積、すなわち、この構造要素が 1 サイクル変形する間に吸収するエネルギーは次のように求められる。

$$\Delta U_{hys} = \oint \Delta f(u)du \tag{6.90}$$

この ΔU_{hys} を履歴吸収エネルギーと呼ぶ。

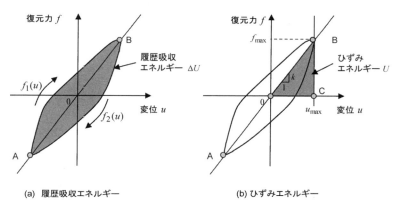

(a) 履歴吸収エネルギー　　(b) ひずみエネルギー

図 6.5 履歴減衰定数

2) 等価履歴減衰定数

前出の式(6.34)は、粘性減衰を受ける 1 自由度系では、粘性減衰による吸収エネルギー ΔU_{vis} とひずみエネルギー U の比に $1/4\pi$ を乗じた値が減衰定数 h となることを示したものであるが、粘性減衰による吸収エネルギー ΔU_{vis} を履歴吸収エネルギー ΔU_{hys} と入れ替えると、履歴によるエネルギー吸収を受ける系の減衰定数 h_{hys} を次のように求めることができる。

$$h_{hys} = \frac{1}{4\pi} \frac{\Delta U_{hys}}{U} \tag{6.91}$$

ここで、U はひずみエネルギーで、図 6.5(b)に示すように、復元力と変位の最大値をそれぞれ f_{max}、u_{max} とすると、次式で求められる。

$$U = \frac{1}{2} f_{\max} u_{\max} \tag{6.92}$$

式(6.91)による h_{hys} を履歴減衰定数と呼ぶ。h_{hys} は、履歴減衰を式(6.34)に示した粘性減衰系における粘性減衰定数として表わしたときの減衰定数であることから、等価減衰定数 h_{eq} とも呼ばれる。

式(6.91)による等価履歴減衰定数 h_{hys} は任意の履歴特性を持つ 1 自由度系に適用可能であり、たとえば、図 6.6 のように初期剛性 k_1、降伏剛性 k_2 のバイリニア型履歴を考えると、これに対する履歴吸収エネルギー ΔU_{hys} とひずみエネルギー U は次のようになる。

$$\Delta U_{hys} = 4(\mu-1)(1-r)k_1 u_y^2 \tag{6.93}$$

$$U = \frac{1}{2}(r\mu - r + 1)k_1 u_y u \tag{6.94}$$

ここで、u_y は降伏変位、μ は応答塑性率($\mu = u/u_y$)、r は 2 次剛性比($r = k_2/k_1$)である。

式(6.93)、式(6.94)を式(6.91)に代入すると、等価履歴減衰定数 h_{hys} は次のようになる。

$$h_{hys} = \frac{2(\mu-1)(1-r)}{\pi\mu(r\mu-r+1)} \tag{6.95}$$

式(6.95)により等価履歴減衰定数 h_{hys} と応答塑性率 μ の関係を主要な 2 次剛性比 r に対して求めた結果が図 6.7 である。等価履歴減衰定数 h_{hys} は 2 次剛性比 r によって大きく変化し、2 次剛性比 $r=0$、すなわち完全弾塑性の場合に最も大きくなり、式(6.95)は次式となる。

$$h_{hys} = \frac{2}{\pi}\left(1 - \frac{1}{\mu}\right) \tag{6.96}$$

式(6.96)による等価履歴減衰定数 h_{hys} は $\mu = 1$ のとき 0 で、$\mu \to \infty$ になると $2/\pi$（=0.637）に漸近する。これが等価履歴減衰定数の最大値である。

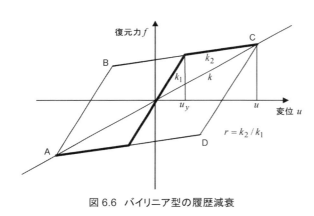

図 6.6 バイリニア型の履歴減衰

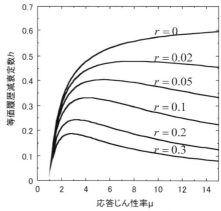

図 6.7 バイリニア型モデルによる等価履歴減衰定数

6.5 摩擦による減衰作用

1) 摩擦力

摩擦力は接触圧が負（圧縮）の場合に、接触圧の絶対値に比例して作用する自己つりあい力であり、接触面が互いに相対運動をしたときに、相手の接面に対する相対変位と反対方向に作用する。接触面が互いに相対運動していないときに接触面に作用する摩擦力は、この構造系に外部から作用する力に応じて、最大の摩擦力と最小の摩擦力の間の任意の値を取る。粘性減衰と異なり、摩擦力は速度に依存しない（非速度依存性）。

このような摩擦力を図 6.8 に示す座標系で表わすと、それぞれ i 点および j 点に作用する摩擦力 f_i、f_j は次のよ

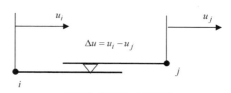

図 6.8 摩擦力と座標系

うに表わされる[K9]。

$$f_t = -f_j = \nu <N> sign(\Delta \dot{u}) \cdots\cdots\cdots\cdots \Delta \dot{u} \neq 0 \text{の場合}$$
$$-\nu <N>|N| < f_i = -f_j < \nu <N>|N| \cdots\cdots \Delta \dot{u} = 0 \text{の場合}$$
(6.97)

ここで、ν：摩擦係数、N：接触圧、Δu、$\Delta \dot{u}$：それぞれ i 点、j 点間の相対変位および相対速度で、

$$\Delta u = u_j - u_i, \quad \Delta \dot{u} = \dot{u}_j - \dot{u}_i \tag{6.98}$$

また、$<N>$ と $\text{sign}(\Delta \dot{u})$ は次式のように定義される。

$$<N> = \begin{cases} 1 \cdots\cdots\cdots N < 0 \\ 0 \cdots\cdots\cdots N \geq 0 \end{cases}$$
$$\text{sign}(\Delta \dot{u}) = \begin{cases} 1 \cdots\cdots\cdots \Delta \dot{u} > 0 \\ 0 \cdots\cdots\cdots \Delta \dot{u} = 0 \\ -1 \cdots\cdots\cdots \Delta \dot{u} < 0 \end{cases}$$
(6.99)

式(6.97)の第 2 項は、接触面において相対速度 $\Delta \dot{u}$ が生じていないときの摩擦力は、この系に作用する力に応じて $-\nu <N>|N| \sim \nu <N>|N|$ の間のいずれかの値をとることを示している。

式(6.97)により与えられる摩擦力を示すと図 6.9 のようになる。ここで、(a)は f_i、f_j と相対変位 Δu の関係、(b)は f_i、f_j と相対速度 $\Delta \dot{u}$ の関係である。(a)を変位制御モデル、(b)を速度制御モデルと呼ぶ。変位制御モデルでは速度が、また、速度制御モデルでは相対変位（すべり量）が直接現れてこないが、両者は本質的に同じ関係を表わしている。

2) 動的解析における摩擦力のモデル化

非線形動的解析では、摩擦力を図 6.9 のようにモデル化して解析に取り入れることができるが、相対変位 Δu や相対速度 $\Delta \dot{u}$ の符号が変化する度に摩擦力の向きが反転するため、動的解析では摩擦力の急変を避ける目的で、図 6.10 に示すように相対変位 Δu や相対速度 $\Delta \dot{u}$ が微小な範囲の間で緩和区間を設ける場合が多い。

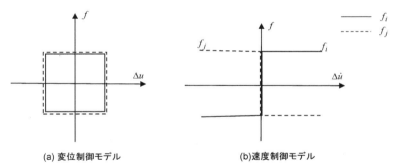

図 6.9 摩擦力の特性

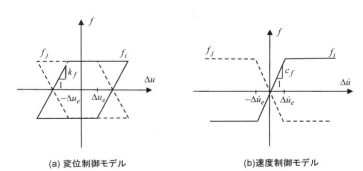

図 6.10 動的解析における摩擦力のモデル化

この場合には、変位制御モデルを例に示すと、微小な時間間隔の間のi点とj点間の増分減衰力$\{\Delta f\}$と増分相対変位$\{\Delta u\}$の関係は次のように表わされる。

$$\{\Delta f\} = [K_f]\{\Delta u\} \tag{6.100}$$

ここで、$\{\Delta f\} = \{\Delta f_i, \Delta f_j\}^T$、$\{\Delta u\} = \{\Delta u_i, \Delta u_j\}^T$である。

いま、時刻tでのすべり量をΔu_sとしたとき、式(6.98)で定義した相対変位Δuに対応する摩擦力$f_i = -f_j$を緩和区間$\Delta u_s - \Delta u_e \leq \Delta u \leq \Delta u_s + \Delta u_e$の間で

$$f_i = -f_j = k_f \Delta u \tag{6.101}$$

と与えると、式(6.100)の剛性行列$[K_f]$は、

$$[K_f] = \begin{bmatrix} k_f & -k_f \\ -k_f & k_f \end{bmatrix} \tag{6.102}$$

となり、時刻tでの摩擦力$f_i = -f_j$は次のように与えられる。

$$f_i = -f_j = \begin{cases} -\nu <N> |N| \cdots\cdots\cdots\cdots\cdots\cdots\cdots\cdots\cdots\cdots\cdots \Delta u \leq \Delta u_s - \Delta u_e \\ k_f <N> (\Delta u - \Delta u_s) \cdots\cdots\cdots\cdots\cdots \Delta u_s - \Delta u_e < \Delta u < \Delta u_s + \Delta u_e \\ \nu <N> |N| \cdots\cdots\cdots\cdots\cdots\cdots\cdots\cdots\cdots\cdots\cdots\cdots \Delta u \geq \Delta u_s + \Delta u_e \end{cases} \tag{6.103}$$

ここで、Δu_sは時刻tでのすべり量、k_fは緩和区間での剛性、Δu_eは緩和区間に生じる弾性変位で、$\Delta u_e = \nu |N| / k_f$である。

3) 摩擦力を受ける1自由度系の応答

摩擦力による減衰作用を知るために、図6.11に示すように摩擦力の作用を受けて自由振動する1自由度系を考えてみよう。

物体の質量をm、重力加速度をg、摩擦係数をνとすると、物体に作用する摩擦力は$F = \nu mg$であるから、復元力と摩擦力がつり合う変位をΔとすると、Δは次のように与えられる。

$$\Delta = \frac{F}{k} = \frac{\nu mg}{k} \tag{6.104}$$

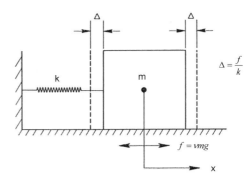

図6.11 解析対象モデル

ここで、kはばね定数であり、Δを平衡変位と呼ぶ。平衡変位Δよりも小さい変位では、復元力よりも摩擦力が大きいため、系は振動しない。

いま、平衡変位Δよりも大きい初期変位u_0を与えて、物体を静かに自由振動させたとすると、このときの運動方程式は次式となる。

$$m\ddot{u} + ku = -F\,\text{sign}(\dot{u}) \tag{6.105}$$

ここで、$\text{sign}(\dot{u})$は$\dot{u} > 0$の時にはプラス、$\dot{u} < 0$の時にはマイナスを表す。

新たに、補助変数として次のようにu_1、u_2を定義すると、

$$u_1 \equiv u + \Delta 、 u_2 \equiv u - \Delta \tag{6.106}$$

式(6.105)は次のように表わすことができる。

$$m\ddot{u}_1 + ku_1 = 0 \qquad \dot{u} > 0 \text{の場合}$$
$$m\ddot{u}_2 + ku_2 = 0 \qquad \dot{u} < 0 \text{の場合}$$

この解は次のように与えられる。

$$u_1 = a_1 \cos(\omega_n t - \gamma_1) \qquad \dot{u} > 0 \text{の場合}$$
$$u_2 = a_2 \cos(\omega_n t - \gamma_2) \qquad \dot{u} < 0 \text{の場合}$$

ここで、ω_n は非減衰円固有振動数 ($\omega_n = \sqrt{k/m}$) であり、a_1、a_2、γ_1、γ_2 は初期条件から決まる未定定数である。上式を式(6.106)に代入すると、式(6.105)の解は次のようになる。

$$u = \begin{cases} -\Delta + a_1 \cos(\omega_n t - \gamma_1) \cdots \dot{u} > 0 \text{ の場合} \\ \Delta + a_2 \cos(\omega_n t - \gamma_2) \cdots \dot{u} < 0 \text{ の場合} \end{cases} \quad (6.107)$$

すなわち、摩擦力を受ける系の振動数は非減衰円固有振動数 ω_n と同じであり、1 周期ごとに振幅は 4Δ ずつ減少していく。応答のピークが Δ よりも小さくなった瞬間に質点は静止する。

式(6.107)を用いて、初期変位 $u_0 = 12\Delta$ とし、初速度ゼロの状態から自由振動させた場合の応答を求めた結果が**図6.12**である。2.5周期を過ぎて、応答変位が $-\Delta$ になった段階でこの物体の運動は終了する。したがって、この物体には $-\Delta$ の残留変位が残ることになる。

以上のように1自由度系の自由振動のような簡単な条件であれば、数式解を得ることができるが、多自由度系になると数式解を得ることには限界があり、動的解析が必要となる

上記の摩擦力を受ける1自由度系の自由振動を動的解析するために、$m = 0.037$kg、$k = 71.4 N/\text{cm}$、$\nu = 0.5$、$u_0 = 12\Delta$ と仮定してみよう。固有振動数 f_n ($= \omega_n / 2\pi$) と平衡変位 Δ は次のようになる。

$$f_n = \frac{1}{2\pi} \sqrt{\frac{71.7}{0.037}} = 6.98 \text{Hz}$$

$$\Delta = \frac{F}{k} = \frac{0.5 \times 980 \times 0.037}{71.4} = 0.254 \text{cm}$$

解析には一定加速度法を用い、必要に応じてイテレーションにより解の精度を高める。

図6.10(a)に示した変位制御モデルでは、緩和区間における剛性係数 k_f をできるだけ大きくし、解析モデルが摩擦の特性をよく再現するようにしなければならない。このため、無次元化した積分時間間隔 $\Delta T \equiv \omega_n \Delta t$ を任意に $\pi/10$ とし、平衡変位 Δ で無次元化した緩和区間の変位 $\Delta u_e / \Delta$ を 0.1、1.0、5.0 と変化させると、系の応答変位 u は**図6.13**のようになる。ここでは、応答変位を平衡変位 Δ により無次元化して示している。

当然、$\Delta u_e / \Delta$ が小さいほど、応答変位 u の解析精度は向上するが、応答変位 u が平衡変位 Δ のおおよそ 5 倍以上大きい領域では、無次元化した緩和区間の変位 $\Delta u_e / \Delta$ をある程度大きくしても正解に近い結果が得られる。

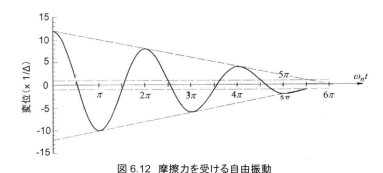

図6.12 摩擦力を受ける自由振動

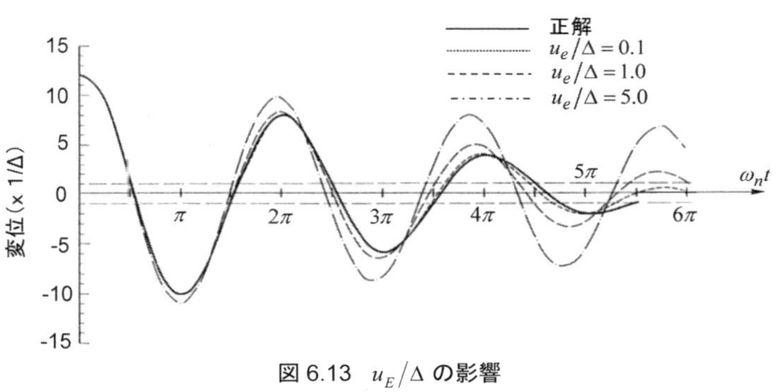

図6.13 u_E / Δ の影響

次に、無次元化した緩和区間の変位 $\Delta u_e/\Delta$ を 0.1 として、無次元化した積分時間間隔 $\Delta T \equiv \omega_n \Delta t$ を $\pi/10$、$\pi/5$、$\pi/3$ と変化させた場合の応答変位 u が図 6.14 である。無次元化した積分時間間隔 ΔT を長くすると、位相遅れが顕著になってくるが、全体として正解を良く近似する。

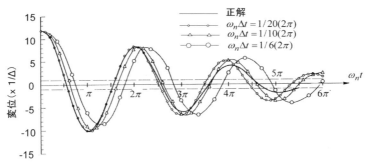

図 6.14 積分時間間隔の影響

4) 摩擦減衰が作用する斜張橋の自由減衰振動

摩擦減衰の作用を図 6.15 に示す橋長 380m の 2 径間連続斜張橋を例に動的解析によって検討してみよう[K26]。斜張橋はファンタイプのケーブルで支持され、重量は桁が 4,435tf、主塔が 734tf、ケーブルが 120tf である。桁の両端は可動支承で支持され、これらが支持する各 563tf の桁自重に摩擦係数 ν を乗じた摩擦力が作用する。その他には斜張橋には減衰力は一切作用しないと仮定する。支承の摩擦係数 ν は 0.1 と 0.2 の 2 種類を考える。

図 6.16 に示すように、橋軸方向の振動には 5 次と 6 次の固有振動モードの寄与が大きいため、これらの振動モードによって斜張橋が変形している状態を考え、桁端を水平方向に 30cm 引っ張った後、静かに離して自由減衰振動させる。固有周期は 5 次が 0.52 秒、6 次が 0.48 秒である。

自由減衰振動させたときの桁の変位波形が図 6.17 である。変位波形がわずかに波打つのは、5 次と 6 次の固有周期が近接しており、さらに他にも近接モードが存在するため、モード間の連成が生じるためである。

桁の自由振動変位が時間経過とともに直線的に減少するのは、前述した摩擦力を受ける系の応答の特徴である。この自由振動変位から、式(6.28)に基づいて減衰定数 h を求めると、図 6.18 のようになる。

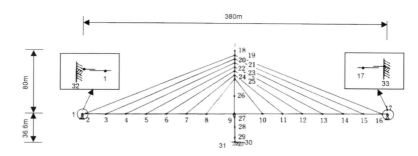

図 6.15 可動支承において摩擦力が作用する斜張橋の減衰

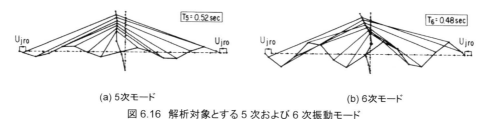

図 6.16 解析対象とする 5 次および 6 次振動モード

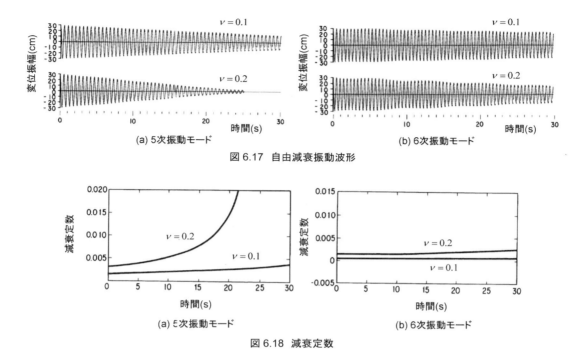

図 6.17　自由減衰振動波形

図 6.18　減衰定数

　これから 2 つの重要な特性がわかる。1 番めは、摩擦減衰を受ける自由振動では、振動振幅が減少するほど減衰定数は大きくなることである。特に、5 次モードにおいて可動支承の摩擦係数 ν を 0.2 にした場合には、変位振幅が小さくなるにつれて減衰定数は 0.02 以上に増加する。これは、摩擦力による減衰作用によって直線的に減少する桁の応答変位を指数関数的に減少する粘性減衰として近似するためである。2 番めは、同じ摩擦力が作用した状態でも、橋の減衰定数は振動モードによって大きく異なることである。

5)　摩擦力による等価減衰定数

　以上のように、摩擦力が作用すると構造物の揺れは時間的に減少していく。これは摩擦力が常に構造物が変位する方向とは反対方向に作用する結果、構造物の運動エネルギーが消費されていくためである。これを摩擦減衰と呼ぶ。

　図 6.9 から明らかなように、摩擦力は図 6.6 に示した履歴減衰と似ているが、完全塑性型の履歴を持つため、$k_1 = \infty$、$k_2 = 0$ とした場合に相当する。したがって、摩擦力による等価減衰定数 h_{fr} は式(6.96)において応答塑性率 $\mu \to \infty$ とおき、次のようになる。

$$h_{fr} = \frac{2}{\pi} = 0.637 \tag{6.108}$$

6.6　エネルギー逸散による減衰作用

1)　逸散減衰

　逸散減衰とは、構造物の振動が周囲に伝わっていくことにより、構造物の運動エネルギーやひずみエネルギーが減少する結果、時間的に構造物の振動が減少していくことを言う。構造物に生じる逸散減衰は、ほとんどの場合、運動エネルギーが周辺地盤に伝わっていくことによる減衰であることから、地下逸散減衰とも呼ばれる。

　簡単のため、図 6.19(a)のように半無限等方弾性体上に半径 a、質量 m の剛な円板を置き、この上下方向に円振動数 ω の周期外力を与えてみよう。

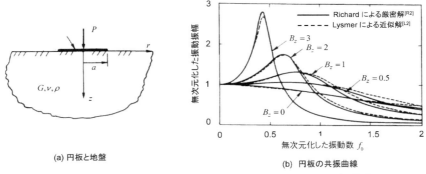

図 6.19 半無限弾性体上の剛体円板とその上下方向共振曲線[R1,L2,Y8]

この条件では波動論を用いて厳密解を得ることができ、円板の共振曲線は(b)のように求められる[R2,L2,Y8]。ここで、f_0、B_z はそれぞれ無次元化された振動数、無次元化された質量であり、次のように与えられる。

$$f_0 = \frac{\omega a}{V_s}$$

$$B_z = \frac{(1-\nu_s)m}{4\rho_s a^3} \quad (6.109)$$

ここで、ω：外力の円振動数、V_s：地盤のせん断波速度、a：円板の半径、ν_s：地盤のポアソン比、ρ_s：地盤の密度である。

ここで重要なことは、円板と半無限弾性体の地盤にはともに減衰作用がないと仮定しているにもかかわらず、共振曲線の値が無限に大きくならず有限であることである。これは、円板が振動することによって振動エネルギーが円板から半無限弾性体の地盤に逃げていく結果、円板に減衰作用が働くためである。前述したように、構造物から周辺地盤への運動エネルギーの移動を逸散と言い、これによって生じる減衰作用を逸散減衰と呼ぶ。

もう一点、図 6.19 で重要なことは、共振曲線は無次元化された円板の質量 B_z によって変化し、B_z が 1 以上にならないとはっきりした共振が現れないことである。B_z を 1 以上とするために必要な円板の質量 m は、図 6.20 に示すように円板と同じ半径 a を持つ半球体の地盤の質量 m_s の何倍が必要かを考えてみよう。

地盤の密度を ρ_s とすると、半径 a の半球体の地盤の質量 m_s は次式となり、

$$m_s = \frac{2}{3}\pi \rho_s a^3 \quad (6.110)$$

式(6.109)の B_z は次のようになる。

$$B_z = \frac{\pi(1-\nu_s)m}{6m_s} \quad (6.111)$$

したがって、地盤のポアソン比 $\nu_s \approx 0.35$ とすると、無次元化した質量が B_z となるために必要な円板の質量 m は次のようになる。

$$m \approx 3m_s B_z \quad (6.112)$$

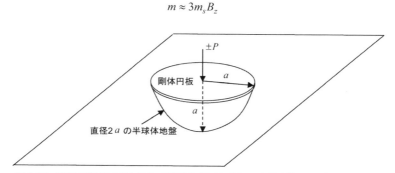

図 6.20 円板が共振するために必要される円板と同じ半径を持つ半球地盤の質量

すなわち、式(6.109)において共振の影響が現れるように $B_z \geq 1.0$ とするためには、円板の質量 m はこれと同じ半径を持つ半球体の地盤の質量 m_s の約3倍以上でなければならない。

なお、直感的に逸散減衰の効果がいかに大きいかを知るためには、次のようにビールビンの揺れを考えるとわかりやすい。いま、机の上にビールビンを置き、ビンの口を横に引っ張って離すと、ビンは数回ロッキング振動する。しかし、ビンの口近くまで土に埋めた状態で瓶の口を横に引っ張ってから離すと、ビンは静かに元の位置に戻るだけで振動しない。ビンの運動エネルギーがまわりの土に逃げてしまうためである。これが逸散減衰の効果である。このときの逸散減衰を減衰定数として評価すると、臨界減衰を上まわる大きな値となる。

以上のように、基礎構造物周辺の地盤は基礎構造物の減衰に大きな影響を与える。たとえば、**図 6.21** は起振機によって強制的に水平加振して杭基礎の固有振動数と減衰定数を求めた一例である[A11]。実験はフーチング側面土 (深さ約 3m) を埋め戻す前と埋め戻した後の 2 回行われた。杭基礎の固有振動数は周辺土の埋め戻し前には 4.4Hz であったが、埋め戻し後には 5.5Hz に増加した。埋め戻し土により、地盤ばね定数が約 50% 大きくなったことになる。

強震曲線からこの基礎の減衰定数を推定すると、埋め戻し前には 0.12 程度であったが、埋め戻し後には 0.7 以上になった。これは埋め戻しによりフーチングの側面や底面からまわりの地盤へ振動エネルギーが逸散していったためである。このように逸散減衰の存在により、周辺土の埋め戻しは、基礎の固有振動数だけでなく減衰定数にも大きな影響を与える。

逸散減衰は基礎の種類と形状、埋め込みの有無、振動の方向、地盤の構成等によって大きく変化する。

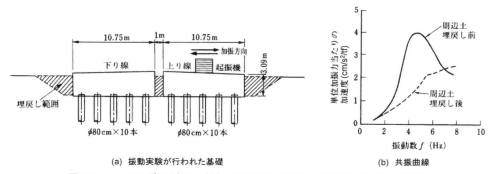

(a) 振動実験が行われた基礎   (b) 共振曲線

図 6.21 フーチングと地盤との接触面積を増大させると、減衰が大きくなる杭基礎

2) 基礎の並進とロッキングのモデル化

ケーソン基礎で支持された橋を対象に逸散減衰の影響を検討するため、**図 6.22** のように地盤を半無限弾性体としてモデル化し、基礎はこの上に置かれた剛な円板としてモデル化して、斜張橋を解析してみよう[K28]。まず、地盤と接している基礎の側面の面積が円板の底面積と等しくなるように円板の半径 a を定めてみよう。実際の地盤条件は図 6.22(a) のように深さごとに変化するが、ここでは剛性が一様な半無限弾性体としてモデル化する。

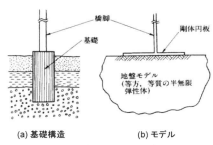

(a) 基礎構造   (b) モデル

図 6.22 基礎構造のモデル化

このようにすると、円板の並進およびロッキング振動に対するばね係数および等価減衰係数は、次のように求められる[Y8]。

$$並進振動 \quad k_t = \frac{8a\rho_s V_s^2}{2-\nu}、\quad h_t = \frac{1}{2}\sqrt{\frac{\pi(2-\nu_s)}{2} \cdot \frac{\rho_s a^3}{M}} \quad (6.113)$$

$$ロッキング振動 \quad k_r = \frac{8a^3\rho_s V_s^2}{3(1-\nu_s)}、\quad h_r = \frac{1-\nu_s}{4}\sqrt{\frac{\pi}{1-2\nu_s} \cdot \frac{\rho_s a^5}{J_y}} \quad (6.114)$$

ここで、k_t、h_tは並進振動に対するばね係数および等価減衰定数、k_r、c_rはロッキング振動に対するばね定数および減衰定数、M、a、J_yはそれぞれ剛円板(基礎)の質量、半径、慣性モーメント、ρ_sは地盤の密度、V_sは地盤のせん断波速度、ν_sは地盤のポアソン比である。

3) 基礎の逸散減衰を考慮した動的解析

式(6.113)、式(6.114)のように減衰係数が与えられた場合には、一般のモーダルアナリシスでは解析できないため、運動方程式の直接積分か複素固有値解析法を用いなければならない。ここでは、複素固有値解析法を行ってみよう。

構造物の運動方程式は式(6.35)により与えられる。すなわち、

$$[M]\{\ddot{u}\} + [C]\{\dot{u}\} + [K]\{u\} = \{P\} \tag{6.115}$$

ここで、$[M]$：質量行列、$[C]$：減衰行列、$[K]$：剛性行列、$\{P\}$：外力ベクトルであり、$\{u\}$、$\{\dot{u}\}$、$\{\ddot{u}\}$は構造物の変位、速度、加速度ベクトルである。

次の恒等式と連立させると、

$$[M]\{\dot{u}\} - [M]\{\dot{u}\} = \{0\} \tag{6.116}$$

式(6.115)は次のようになる。

$$[A]\{\dot{u}\} + [B]\{u\} = \{g\} \tag{6.117}$$

ここで、

$$[A] = \begin{bmatrix} [0] & [M] \\ [M] & [C] \end{bmatrix}, \quad [B] = \begin{bmatrix} -[M] & [0] \\ [0] & [K] \end{bmatrix}$$

$$\{y\} = \{\{\dot{u}\} \quad \{u\}\}^T, \quad \{g\} = \{\{0\} \quad \{P\}\}^T \tag{6.118}$$

すなわち、式(6.115)が n 次元のベクトルであれば、式(6.117)は $2n$ 次元のベクトルとなる。

いま、$\{P\} = \{0\}$ と置いて自由振動方程式の解を次式のように置くと、

$$\{y\} = \{\lambda\{\phi\} \quad \{\phi\}\}^T \exp(\lambda t) \tag{6.119}$$

振動数方程式は次のようになる。

$$|\lambda[A] + [B]| = 0 \tag{6.120}$$

ここで、λ は固有値である。

式(6.120)から、一般には n 組の共役な複素数として $2n$ 個の複素固有値が求められる。j 次の共役な複素固有値を次のようにおけば、

$$\left.\begin{array}{c}\lambda_j \\ \bar{\lambda}_j\end{array}\right\} = -\alpha_j \pm i\beta_j \tag{6.121}$$

これに対応する j 次の固有振動数 ω_j と減衰定数 h_j は次のようになり、

$$\omega_j = \sqrt{\alpha_j^2 + \beta_j^2}, \quad h_j = \alpha_j / \omega_j \tag{6.122}$$

複素固有値 λ_j に対応する複素固有値ベクトルは次のように求められる。

$$\{\Psi^{(j)}\} = \{\lambda_j\{\phi^j\} \quad \{\phi^j\}\} \tag{6.123}$$

式(6.117)を解くと、前述のように一般に n 組の共役複素固有値が得られる。この中には減衰定数が1を超える過減衰振動モードが含まれることがあり、この場合には、共役複素固有値ではなく、相異なる2つの負の固有値が得られる。**表 6.1** はこの場合の固有値と減衰定数の関係である。

なお、上記の解析では、一般のモーダルアナリシスとは異なり、振動モードも複素数で求められる。これは、各節点のモード形の最大振幅が同時には生じず、複素モードから得られる位相だけずれた振動モードとなることを意味している。

表 6.1 複素固有値と非減衰円固有振動数、減衰定数の関係

固有値 λ_j	i) $\pm \beta \cdot i$	ii) $-\alpha \pm \beta \cdot i$	iii) $-\alpha$	iv) $-\alpha_1, -\alpha_2$
非減衰円固有振動数 ω_j	β	$\sqrt{\alpha^2+\beta^2}$	α	$\sqrt{\alpha_1 \cdot \alpha_2}$
減衰定数 h_j	0	$0 < \dfrac{\alpha}{\sqrt{\alpha^2+\beta^2}} < 1$	1	$\dfrac{\alpha_1+\alpha_2}{2\sqrt{\alpha_1 \alpha_2}} > 1$
振動性状	非減衰振動	減衰振動	限界減衰振動	過減衰振動

4) 解析対象橋と解析条件

上記の解析を図 6.23 に示す橋長 380m の 2 径間連続斜張橋に適用してみよう[K28]。高さ 80m の独立 1 本柱形式の主塔により 7 段ファン形式の 1 面ケーブルで支持された鋼斜張橋であり、断面が 26m×22m、根入れが 25m のケーソン基礎で支持されている。

前述したように、地盤と接する外周面積と等しい面積を有する剛な円板によって基礎を

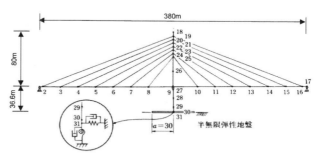

図 6.23 解析対称橋

モデル化すると、円板の半径は 30m となる。ただし、地盤の上下方向ばね係数は十分大きいと仮定する。

地盤条件から、地盤のポアソン比 ν は 0.45、地盤の密度 ρ は 1.86tf/m³ とし、せん断弾性波速度 V_s を 150m/s とした場合と 300m/s とした場合の 2 ケースを考えよう。

これらのパラメーターを無次元化して表わすため、次の 4 つの指標を用いる。

$$T_u = 2\pi / \sqrt{k_u / M_b}, \quad h_u = c_u / 2\sqrt{M_b k_u}$$
$$T_r = 2\pi / \sqrt{k_r / J_r}, \quad h_r = c_r / 2\sqrt{J_b k_r} \tag{6.124}$$

ここで、T_u および T_r はそれぞれ基礎が単独で振動するとした場合の並進およびロッキングの固有周期、M_b および J_b は基礎の質量および回転慣性、h_u および h_r はそれぞれ並進およびロッキングに対する減衰定数である。

なお、解析においては、主塔基礎からの地下逸散減衰だけを考慮し、それ以外の減衰はすべてゼロと仮定する。

5) 逸散減衰の影響

図 6.24 は逸散減衰の影響が大きく上部構造の揺れが卓越する振動モードと基礎の並進およびロッキングが卓越する振動モードを、それぞれ地盤のせん断弾性波速度 V_s を 150m/s とした場合と 300m/s とした場合について示している。上部構造系の振動が卓越するモードでは、主塔の変形によって桁に橋軸方向変位が生じる。これに対して、基礎の並進とロッキングが卓越するモードでは、主塔が変形するが、桁の橋軸方向変位は限られている。

せん断弾性波速度 V_s を 50m/s〜400m/s ともっと大きな範囲で変化させた場合に、これら 3 種類の卓越モードの固有周期がどのように変化するかを図 6.25(a) に示す。上部構造の振動が卓越するモードの固有周期は、V_s が 100m/s 以上となると、基礎固定という条件(V_s が無限に大きいとした場合)で求められる固有周期 0.5 秒に近い値となる。したがって、上部構造が卓越する振動モードの固有周期は $V_s > 100$m/s の範囲ではほとんど変化しないとみて良い。

これに対して、基礎の並進およびロッキングが卓越するモードの固有周期は、V_s が大きくなるに従って短くなる。当然 $V_s \to \infty$ となれば、基礎の並進およびロッキングモードは消滅する。

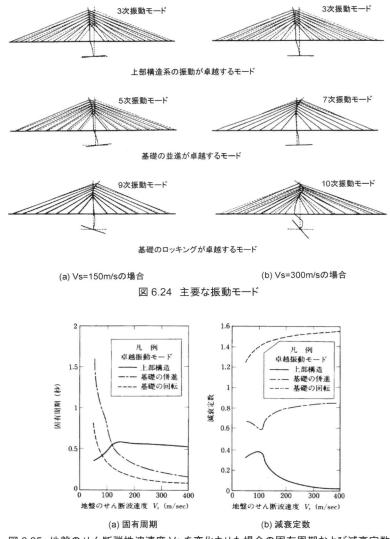

図 6.24 主要な振動モード

図 6.25 地盤のせん断弾性波速度 Vs を変化させた場合の固有周期および減衰定数

　以上の点を念頭に置いて、(b)から基礎の並進とロッキングが卓越するモードの減衰定数が V_s によりどのように変化するかを見ると、$V_s > 100 \text{m/s}$ の領域では減衰定数はそれぞれ 0.6 以上、1.4 以上に達する。ロッキングが卓越する振動モードの減衰定数が臨界減衰定数よりも大きくなるということは、たとえ基礎がロッキング振動したとしてもすぐに振動が収まることを意味している。したがって、耐震解析の視点から見ると、基礎のロッキング振動の影響はほとんど問題とならないことを示している。

　一方、上部構造の振動が卓越する振動モードに対する減衰定数は、$V_s = 100 \text{m/s}$ 付近で最も大きく0.4程度となり、その後、V_s の増加とともに小さくなり、$V_s = 300 \text{m/s}$ では 0.03 程度となる。既往の加振実験から求められた斜張橋の減衰定数は一般に0.01〜0.05の場合が多いが、0.03 程度の減衰定数は逸散減衰だけによっても生じるという点が重要である。

　ただし、$V_s = 100 \text{m/s}$ では、基礎の並進運動の固有周期が上部構造の振動が卓越する固有周期を上まわる。仮にこのような状態になれば、基礎を大きくして振動を抑える必要があり、現実にはこのような状態が生じることはあり得ない。

　以上から、地下逸散減衰が斜張橋の減衰に与える影響はきわめて大きいことがわかる。

6.7 エネルギー吸収関数を用いた減衰定数の評価

1) 模型実験に基づく斜張橋の減衰定数の評価

6.3 7)に示したエネルギー吸収関数を用いて、模型橋の自由振動実験から斜張橋の減衰定数を評価してみよう[K27,K45]。実験に用いられたのは図 6.26 に示すように、実在の斜張橋を相似則に基づいて縮小し、主構造は鋼材によって製作された精巧な模型である。ただし、空気抵抗の影響を小さくするために、桁の重量および剛性は相似則から決まる値のそれぞれ 8 倍、3 倍に大きくしている。

ケーブル張力をコントロールするため、図 6.27 に示すようにケーブルは塔頂部において板ばねで支持されている。また、橋軸直角軸まわりの桁の剛性が橋軸および上下方向の振動に影響しないようにするため、桁質量を調整する鉛の重りは桁の両側に分散させて図 6.28 のように取り付けられている。ただし、模型といえども減衰メカニズムは複雑であり、実験では制御できないエネルギー吸収が起こることを避けるため、桁と主塔は結合させず、桁の両端もモデル化が困難な可動支承で支持せずにフリーとされている。

図 6.29 に示すように、ケーブル形式をファンからハープの 5 種類に変化させて、それぞれ橋軸および上下方向の基本固有振動モードに対する自由振動実験が行われた。図 6.30 のように、基本固有振動モードは橋軸方向には逆対称 1 次モード、上下方向には対称 1 次モードである。

図 6.31 はタイプ A とタイプ E に対する橋軸方向の自由振動変位波形である。タイプ E はタイプ A よりも圧倒的に減衰が大きい。上下方向の自由振動によって桁に生じる変形はタイプ A とタイプ E でそれほど違わないが、橋軸方向の自由振動によって桁に生じる変形はタイプ E の方がタイプ A よりも断然大きいことが、タイプ A とタイプ E 間で橋軸方向の減衰定数が大きく異なる原因である。

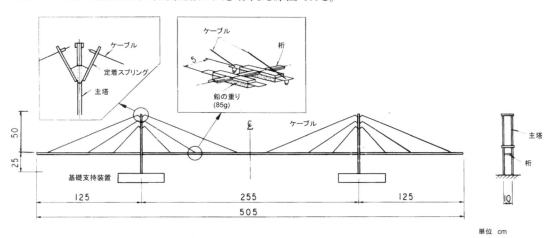

図 6.26 斜張橋模型

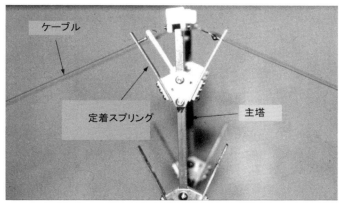

図 6.27 主塔頂部のケーブル定着

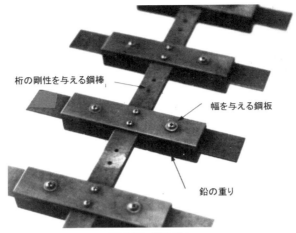

図 6.28 桁モデル

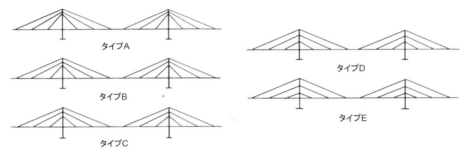

図 6.29 ケーブル形式

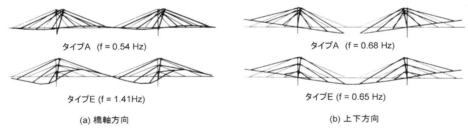

(a) 橋軸方向　　　　　　　　　　　(b) 上下方向

図 6.30 橋軸方向および上下方向の基本固有振動モード

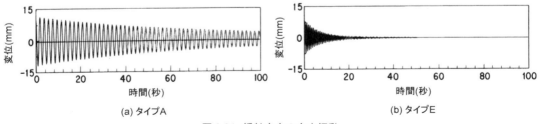

(a) タイプA　　　　　　　　　　　(b) タイプE

図 6.31 橋軸方向の自由振動

式(6.30)に示した対数減衰率 λ を介して減衰定数 h を求め、これが橋軸方向の桁の変位振幅によってどのように変化するかを示した結果が図 6.32 である。ここには、各ケースとも 2、3 回実験を繰り返した結果と同時に、後述するエネルギー吸収関数から求めた減衰定数も示している。

変位振幅が小さい領域では初期変位の与え方によるとみられる変動が含まれるため、水平変位が 1mm 以上の領域に着目すると、いずれのケーブル形式でも変位が大きくなるにつれて減衰定数は大きくなる。

さらに重要な点は、同一変位における減衰定数はタイプ A、タイプ B、…、タイプ E となるにつれて大きくなる点である。たとえば、橋軸方向の変位が 4mm 付近に着目すると、減衰定数はタイプ A では 0.3%程度であるが、タイプ E では 1.5%程度と約 5 倍に増加する。前述したように、これは桁に単位の橋軸方向変位を与えたときに桁に生じる鉛直面内の変形が、タイプ A、B、…、E の順に大きくなるためである。

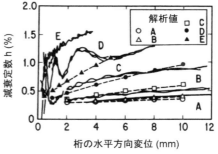

図 6.32 橋軸方向の減衰定数

一方、桁の中央点を 20mm 押し下げた後、静かに自由振動させた場合の上下方向の自由振動波形から減衰定数を求め、この変位依存性を示すと図 6.33 のようになる。ここには、後述するエネルギー吸収関数から求めた減衰定数も比較のために示している。

上下変位振幅が 3mm 以下と小さい領域を別にすると、桁中央点における上下方向変位が増加しても減衰定数はごくわずかに大きくなるだけである。タイプ C、D、E では減衰定数は同程度であるが、これらに比較してタイプ A、タイプ B では減衰定数は大きい。

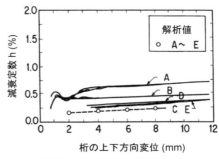

図 6.33 上下方向の減衰定数

2) 構造要素のエネルギー吸収関数

模型橋のエネルギー吸収に貢献する構造要素としては、桁、主塔、主塔基部からの逸散、ケーブル、ケーブル定着部等いろいろある。このうち、弾性体であり、断面が小さいことからケーブルのエネルギー吸収は小さく、主塔基部からの逸散エネルギーは測定が困難なため、できるだけ逸散エネルギーが小さくなるように基部を剛に支持することにし、残りの 3 者を構造要素として取り上げて、次のように個別にエネルギー吸収関数が求められた。

a) 主塔のエネルギー吸収関数

全体系から主塔だけを取り出し、基部を次のように剛に支持した状態で、塔頂に 8.34N(0.85kgf)～50N(5.1kgf)の重りを取り付けて 1 次振動モードで自由振動させた。これより、主塔の減衰定数 h_{T1} を求めると図 6.34 のようになる。主塔の減衰定数 h_{T1} は振動振幅の増加とともに、主塔に与えた軸力の増加につれて大きくなる。主塔に作用する軸力を大きくすると、主塔の減衰定数 h_{T1} が増加する理由は次のように説明される。

軸力が作用した状態で主塔が 1 次振動モードで自由振動するときの主塔のひずみエネルギー U_{T1} は次式で与えられる。

$$U_{T1} = U_{Ts1} + U_{Tg1} \tag{6.125}$$

ここで、U_{Ts1} は主塔の曲げ変形によるひずみエネルギー、U_{Tg1} は主塔に作用する軸圧縮力による幾何学的剛性によるひずみエネルギーである。

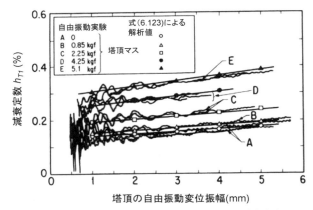

図 6.34 主塔の自由振動実験から求められた減衰定数

ここで、主塔が自由振動するときのエネルギー吸収 ΔU_{T1} は主塔の曲げ変形によるひずみエネルギー U_{Ts1} に依存するため、これをエネルギー吸収関数 f_{T1} によって次式のように表わすと、

$$\Delta U_{T1} = f_{T1}(U_{Ts1}) \tag{6.126}$$

前出の式(6.34)より、1次振動モードで振動するときの主塔の減衰定数 h_{T1} は次のように求められる。

$$h_{T1} = \frac{1}{4\pi} \frac{f_{T1}(U_{Ts1})}{U_{T1}} \tag{6.127}$$

したがって、圧縮軸力 $U_{Tg1}(<0)$ の絶対値が大きくなるほど、式(6.125)の U_{T1} が小さくなるため、主塔の減衰定数 h_{T1} が大きくなる。

さて、主塔の減衰定数 h_{T1} は自由振動実験から図 6.34 のように求められており、また、1次振動モードで自由振動するときの主塔のひずみエネルギー U_{T1} は式(6.125)から求められるため、これらを式(6.127)に代入すると、主塔の曲げ変形によるひずみエネルギー U_{Ts1} を求めることができる。このようにして U_{Ts1} と ΔU_{T1} の関係を求めた結果が図 6.35 であり、これを回帰すると、1次モードに対する主塔のエネルギー吸収関数 f_{T1} は次のように求められる。

$$\Delta U_{T1} = 0.016 U_{Ts1} + 0.0021 U_{Ts1}^{1.5} \tag{6.128}$$

b) 桁のエネルギー吸収関数

桁を片持ちばりとして一端を剛結、他端に付加質量を取り付けた状態の自由振動実験から、桁のエネルギー吸収関数 f_{D1} は次のように求められる。

$$\Delta U_{D1} = 0.016 U_{D1} + 0.083 U_{D1}^{1.37} \tag{6.129}$$

c) ケーブル定着部のエネルギー吸収関数

主塔の上下端をできるだけ剛に支持した状態で桁を2本のケーブルによって弥次郎兵衛式に支持し、主塔のケーブル定着部を中心に桁を回転運動させた。このとき、桁に載せる重りを 25〜70kgf の3種類に変化させた。これより、ケーブル定着部のエネルギー吸収関数 f_{A1} は次のように求められる。

$$\Delta U_{A1} = 0.018 \omega^{2.15} \theta^2 \tag{6.130}$$

ここで、θ は主塔とケーブルのなす角度、ω は桁の回転角速度である。

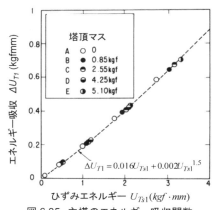

図 6.35 主塔のエネルギー吸収関数

3) 斜張橋全体系の減衰定数

式(6.128)～式(6.130)により求められた桁、主塔、ケーブル定着部のエネルギー吸収関数 f_{D1}、f_{T1}、f_{A1} に基づいて、斜張橋模型のエネルギー吸収 ΔU_1 を次のように求めると、

$$\Delta U_1 = \Delta U_{D1} + \Delta U_{T1} + \Delta U_{A1} \tag{6.131}$$

前出の式(6.61)から 1 次モードに対する斜張橋の減衰定数 h_1 は次のようになる。

$$h_1 = \frac{1}{4\pi} \frac{\Delta U_1}{U_1} \tag{6.132}$$

このようにして求められた斜張橋模型の減衰定数が、前出の図 6.32、図 6.33 である。橋軸方向には、タイプ A、B、C は実験値との対応が良い。ただし、タイプ D、E となるにつれて減衰定数が過小評価される。

以上のように、まだ減衰定数の評価精度は十分とはいえない。この原因は、個々の減衰メカニズムの推定精度が不十分であると同時に、式(6.128)～式(6.130)の他にも、いろいろなエネルギー吸収メカニズムが存在するためと考えられる。今後の研究の積み重ねが求められている。

6.8 実測記録に基づく斜張橋の減衰定数

1) どうすれば実橋の減衰特性を知ることができるか

実橋の減衰定数を知るためには、どのような方法があるだろうか。まず、考えられるのは、起振機を用いて強制加振実験を行い、共振曲線の形状や自由振動波形から減衰定数を推定する方法である。いろいろな橋に対する強制加振実験が行われてきており、その一つが図 6.36 である[K77]。合計 54 ケースの加振実験結果が一般橋（A グループ）と橋脚高さ 25m 以上の高橋脚グループ（B グループ）に分けて示されている。

ばらつきが大きいが、A グループの橋では次式のように減衰定数 h は固有周期 T と逆比例の関係があるとされている。

$$h \approx \begin{cases} \dfrac{0.02}{T} & \text{平均値} \\ \dfrac{0.01 \sim 0.04}{T} & \text{95\%信頼区間} \end{cases} \tag{6.133}$$

また、高橋脚橋グループ（B グループ）では、減衰定数は固有周期によらず 0.013 を平均値とし、0.005～0.03 の間でばらついている。

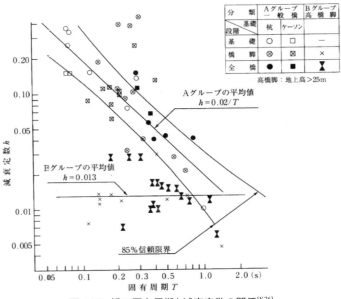

図 6.36 橋の固有周期と減衰定数の関係[K76]

一方、強制加振実験等から求められた斜張橋の減衰定数と固有周期の関係が図 6.37 である[K21]。これらは耐風性の検討のために実施された実験であるため、耐震性に重要な橋軸方向の減衰定数は求められていない。この結果から、斜張橋の減衰定数が 0.02 を下まわる小さい値であることがわかる。

　現場において実橋の強制振動実験を実施することは大変困難で、実験結果は貴重な資料を与えているが、図 6.36 や図 6.37 の評価にはいろいろな問題点が残されている。

　たとえば、図 6.36 において、A グループのうち、全橋に対する加振実験が行われたのは固有周期が 0.3～0.9 秒の間にある 7 橋で、残りは 17 基の基礎構造と 6 基の橋脚に対する加振実験である。また、B グループは 13 橋に対する全橋振動実験と 9 基の橋脚に対する加振実験結果から構成されている。問題は、これらをひとまとめにして、減衰定数と固有周期の関係として整理することが妥当かという点である。

　たとえば、桁を加振したことから「全橋」と分類されているが、起振機により与えた加振力が小さいため、全橋が振動するには至らず、支承によって支持されたある上部構造系だけが揺れ、支承部の摩擦やガタに伴う履歴減衰が減衰定数として測定されている可能性がある。地震動が作用して基礎から揺れが伝わり全橋が揺れたときの減衰定数を表現できているのかという疑問である。

　地盤との設置面積が大きい基礎の減衰には地下逸散減衰が卓越しているはずであり、橋脚では地下逸散減衰と橋脚の曲げに伴う履歴減衰が寄与しているはずである。このように複数の減衰メカニズムによって生じる構造系全体の減衰定数は、前述した 6.3 5)に示したように、各構造要素の特性に応じてひずみエネルギー比例減衰法もしくは運動エネルギー比例減衰法によって求めなければならない。図 6.37 についても同様な検証が必要とされる。

　実構造物の減衰定数を推定する 2 番目の方法は、精巧な模型を作り、自由振動実験や振動台加震実験に基づいて減衰特性を求める方法である。現在までにいろいろな実験が行われ、減衰定数の振動モード依存性等、各種の知見が得られてきている。一方、この方法の弱点は、模型化が難しい構造要素がある場合に減衰メカニズムをどこまで明らかにできるかである。

　3 番目の方法は、あるレベル以上の強震動を受けた橋で観測された強震記録を解析し、動的解析と実測記録との照合から橋の減衰定数を推定する方法である。長期間にわたって観測を継続しないと、耐震設計に有効な強震動作用下の橋の地震応答記録を得ることが難しく、観測点数の制約から重要なポイントの記録が得られない場合が多い等の課題があるが、各方面の努力により少しずつ有効な記録が蓄積されてきている。

　ここでは、強震記録に基づいて斜張橋の減衰定数が推定された 2 橋の例を見てみよう。

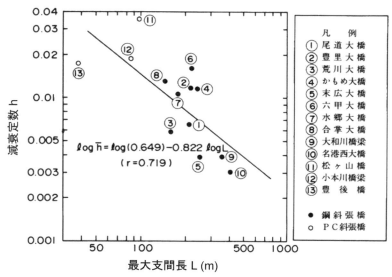

図 6.37　強制加振実験等から求められた斜張橋の減衰定数～固有周期の関係

2) 水郷大橋

水郷大橋は茨城県と千葉県を結ぶ国道 51 号線の斜張橋である。図 6.38 に示すように、橋長 290m の 2 径間連続斜張橋で、高さ 47.2m の単柱式鋼製主塔によって支持されている。主塔基部はケーソン基礎に支持された橋脚上に固定支承により、また桁は一方がケーソン基礎で支持された橋脚、他方は杭基礎で支持された橋脚上にそれぞれ可動支承により支持されている。

水郷大橋では、竣工後に起振機を用いた強制加振実験と自由減衰実験が行われており、減衰定数は鉛直面内の曲げ振動モードに対して 0.99%、橋軸まわりのねじり振動に対して 1.1%と求められている。耐風設計に影響しない橋軸方向や橋軸直角方向のモードに対する実験は行われていない。

水郷大橋では、1987 年 12 月の千葉県東方沖地震(M_j 6.7)により、塔頂(A1)、主塔中間高さ(A2)、主塔基部(A3)、茨城県側の桁中央(A4)、千葉県側の桁中央(A5)の 5 点の他、主塔から 231m 離れた千葉県側の地表面下 15m の地中(A6)で強震記録が得られている。

橋軸方向と橋軸直角方向に分けて主要部の加速度記録を示すと、図 6.39 のようになる。最大加速度が大きかったのは塔頂(A1)で、橋軸方向には約 4.5m/s^2、橋軸直角方向には約 10m/s^2 であった。

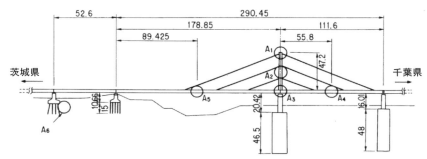

図 6.38 水郷大橋と強震記録の位置(A1〜A8)

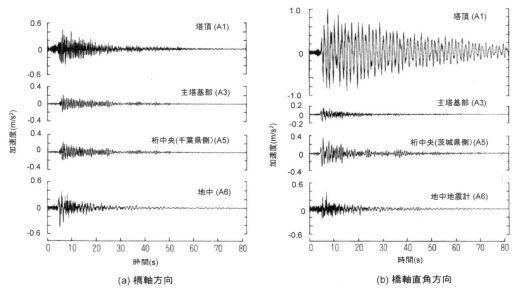

(a) 橋軸方向   (b) 橋軸直角方向

図 6.39 1987 年千葉県東方沖地震による強震記録

図 6.40 は強震記録のフーリエスペクトルである。橋軸方向には、主塔と桁のすべての点において卓越振動数は 1.51Hz で、主塔と桁が一体となって振動したことを示している。

一方、橋軸直角方向には、卓越振動数は主塔基部(A3)では 0.87Hz であるが、塔頂(A1)と主塔の中間高さ(A2)では 0.72Hz とわずかに低く、さらに、支間が長い側の桁中央(A4)では 1.22Hz と 40%ほど高くなっている。これから橋軸直角方向には主塔と桁が異なるモードで振動したことがわかる。

動的解析では、下部構造を無視して、主塔と桁、ケーブルを図 6.41 のように線形骨組み構造によってモデル化された。桁の両端は可動支承で支持されているため、橋軸直角方向には固定、橋軸方向には桁と可動支承間に作用する摩擦力は無視して自由と仮定されている。

主塔基礎(A3)では記録があるが、両端の橋脚上では記録がない。このため、橋軸方向の解析では主塔基礎(A3)だけにこの点で観測された記録を入力し、桁の両端はフリーとした。一方、橋軸直角方向には、主塔基礎(A3)で観測された記録を主塔基礎の他、桁の両端にも作用させた。

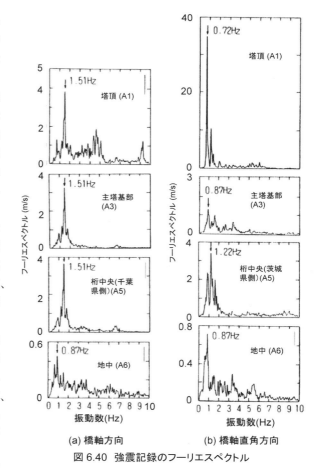

(a) 橋軸方向　　(b) 橋軸直角方向

図 6.40 強震記録のフーリエスペクトル

ケーブルは軸剛性だけを持ち、曲げ剛性はゼロと仮定された。したがって、橋軸直角方向には主塔および桁とケーブルは連成しないことになる。

減衰定数は、すべてのモードに対して 0、0.01、0.02、0.05 と変化させた。

この結果が図 6.42 である[K30]。実線が観測値、破線が解析値である。主塔頂部(A1)においては、減衰定数を橋軸方向には 5%、橋軸直角方向には 0%〜1%とした場合に解析値は実測値との一致度が良い。一方、支間が長い側の桁中央(A5)においては、減衰定数を橋軸方向、橋軸直角方向ともに 5%とした場合に解析値は実測値との一致度がよい。

箇所ごとに実測値と一致度の高い応答を与える減衰定数をまとめた結果が表 6.2 である。ここには、1987 年 12 月の千葉県東方沖地震(M_j 6.7)の前に 2 回起こった地震による記録に対して同様な解析を行った結果も示している。

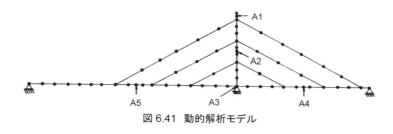

図 6.41 動的解析モデル

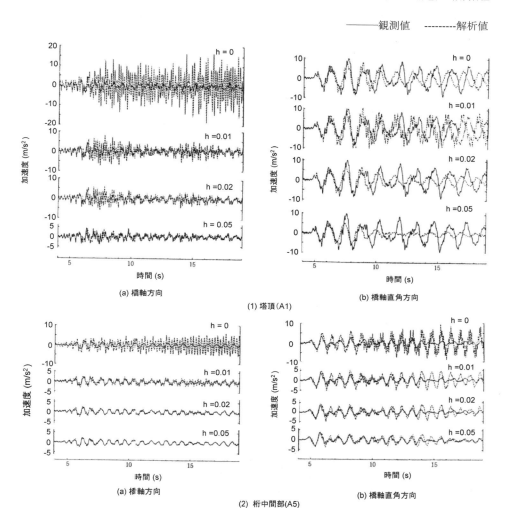

図 6.42 実測値と解析値の比較

表 6.2 実測値と一致度の高い応答を与える減衰定数

解析対象地震（発生年、マグニチュード、発生位置）	橋軸方向				橋軸直角方向		
	A1	A2	A4	A5	A1	A2	A5
1986.6.24 千葉県沖南東地震（M_j6.5）	0.02	0.05	0.05	0.05	0〜0.01	0.01	0.05
1987.2.6 福島県沖地震（M_j6.7）	0.02	0.05	0.05	0.05	0〜0.01	0.01	0.05
1987.12.17 千葉県東方沖地震（M_j6.7）	0.05	0.05	0.05	0.05	0〜0.01	0.01	0.05

　観測記録とよい一致を与える減衰定数は、主塔の橋軸方向には約 0.05 であるのに対して、橋軸直角方向には 0〜0.01 と断然小さい。橋軸直角方向の主塔の揺れに対してケーブルは抵抗しないことから、主塔はフリースタンディング状態で震動したため 0〜0.01 と小さい減衰定数になり、橋軸方向にはケーブルを介して主塔は桁と結ばれているため、約 0.05 という減衰定数になったと考えられる。

　以上より、式(6.75)による運動エネルギー比例減衰を用いて動的解析した結果が**図 6.43** である。ここでは、**表 6.2** に基づいて、減衰定数を、橋軸方向には主塔が卓越するモードに対しては 0.02、桁が卓越するモードに対しては 0.05、橋軸直角方向には主塔が卓越するモードに対しては 0、桁が卓越するモードに対しては 0.05 としている。塔頂(A1)、桁中央部(A5)ともに実測値とよく一致した応答が得られる。

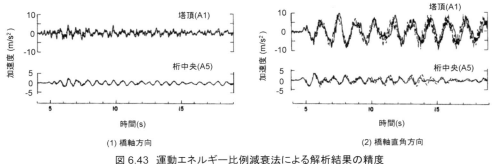

(1) 橋軸方向　　　　　　　　　　　　(2) 橋軸直角方向

図 6.43　運動エネルギー比例減衰法による解析結果の精度

3)　十勝大橋

十勝大橋は図 6.44 に示すように北海道の十勝川に架かる橋長 501m の 3 径間連続 PC 斜張橋であり、RC 独立 1 本柱形式の主塔が剛性の高い小判型壁式橋脚に剛結されている。主桁は主塔から 1 面吊りケーブルで支持されているが、死荷重は鋼製の可動支承によって橋軸方向には可動、橋軸直角方向には固定支持されている。また、桁の両端も鋼製の可動支承を介して逆 T 型橋台によって橋軸方向には可動、橋軸直角方向には固定支持されている。このため、主桁～主塔～ケーブルからなる上部構造系が支承を介して橋脚および橋台に支持されており、地震応答に関しては桁橋に似た特性を持っている。

図 6.44 には加速度計の配置も示している。地表面下 1m と 30m (測点 1 と 2)、P1 主塔頂部 (測点 3)、1/2 高さ (測点 4)、基部 (測点 5)、P1 主塔基礎 (測点 6、7)、中央径間中央 (測点 12) と 1/4 点 (測点 11)、側径間の中央部 (測点 10)、A1 橋台上の桁 (測点 9) 等に加速度計が設置されている。

2003 年 9 月 26 日の十勝沖地震 (M_j 8.0) において橋軸方向および橋軸直角方向に観測された加速度記録を示すと、図 6.45 の通りである。ここには、後述する動的解析結果も示している。特徴的な点は、P1 主塔頂部の橋軸直角方向には、主要動を過ぎた 30 秒付近から、共振したかのように大きな加速度が続いていることである。このような特徴は P1 主塔頂部だけで、側径間中央や中央径間中央では見られない。

水郷大橋と同様に減衰定数を変化させた動的解析によって、実測値と解析値の一致度から本橋の減衰定数が検討されている[K59]。橋脚や橋台に支持された桁橋に似た構造であること、また、上部構造系の減衰定数の解析が目的であることから、P1 主塔基礎上面 (測点 6、7) で観測された加速度を A1 橋台、P2 主塔基礎、A2 橋台に作用させて橋全体系の応答が解析されている。

減衰定数はレーリー減衰として与え、2 つの振動モードの選定とこれらに対する減衰定数をいろいろ変化させて動的解析が行われた。この結果、最も実測値との一致度が高かったのは、主塔の橋軸方向の並進に相当する 1 次モード (固有周期 3.6 秒) と、橋軸直角方向への主塔の曲げに相当する 5 次モード (固有周期 1.44 秒) を対象として、減衰定数をそれぞれ 0.1、0.06 とした場合である。

この条件で解析した応答加速度が前出の図 6.45 である。前述した P1 主塔頂部の橋軸方向に見られる特徴的な揺れを除くと、全体として、解析値は実測値の特徴をよく表わしている。実測加速度を 2 回積分して求めた応答変位 (絶対応答変位) と解析値の比較が図 6.46 である。変位応答による比較は加速度応答による比較より一致度が向上する。

以上のように、十勝大橋の減衰定数は、主塔の橋軸方向の並進に相当する 1 次モードに対しては 0.1、橋軸直角方向への主塔の曲げに相当する 5 次モードに対しては 0.06 とした場合が最も実測値との一致度が良くなった。この値は前述した水郷大橋やその他の斜張橋と比較すると大きめの値である。

この理由は、十勝大橋では桁はケーブルで支持されると同時に、その死荷重が主塔、両橋台位置において可動支承によって支持され、地震応答に対しては桁橋と似た振動特性を持つ構造系であること、また、背が低く断面の大きな橋脚と橋台によって支持された構造であり、基礎からの逸散減衰が大きく寄与するためと考えられている。

第6章 構造物の減衰特性　189

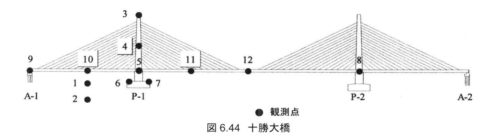

● 観測点

図 6.44　十勝大橋

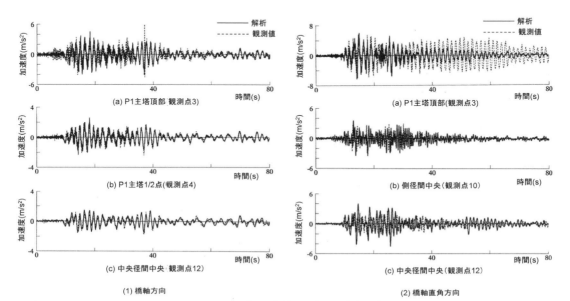

(1) 橋軸方向　　　　　　　　　　　　　　　　(2) 橋軸直角方向

図 6.45　観測値と解析値の比較（加速度応答）

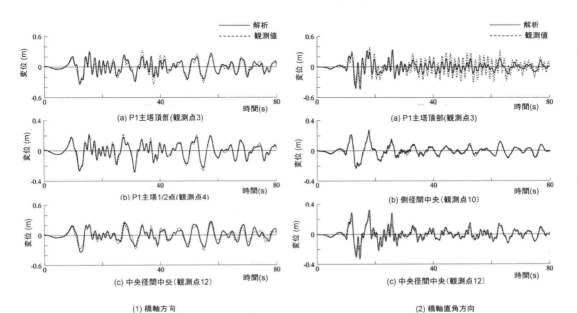

(1) 橋軸方向　　　　　　　　　　　　　　　　(2) 橋軸直角方向

図 6.46　観測値と解析値の比較（変位応答）

6.9 ひずみエネルギー比例減衰法の適用性

1) 模型振動実験

構造要素のエネルギー吸収から全体構造系の減衰定数を推定する方法として、ひずみエネルギー比例減衰法があることは、6.3 3)に示した通りである。ここでは、ひずみエネルギー比例減衰法の適用性を簡単な振動実験に基づいて検討してみよう[K35,A4]。

実験に使われた模型橋は図6.47に示すように、超小型の積層ゴム支承(以下、RBと呼ぶ)と高減衰積層ゴム支承(以下、HDRと呼ぶ)によって支持された単純桁である。桁と橋脚は鋼材で造られ、支間長2.1m、重さ611.7kgfの単純桁が、RBもしくはHDRを介して有効高さ0.95mの2基の橋脚によって支持されている。

RBは有効径52mm、厚さ0.9mmの弾性ゴム25層を厚さ0.3mmの鋼板24枚と、また、HDRは有効径42mm、厚さ0.9mmの高減衰ゴム37層を厚さ0.3mmの鋼板36枚と、それぞれ互層にして加硫接着されたものである。1橋脚上に2個、計4個のRBもしくはHDRによって桁を支持している。

支承と橋脚で主たるエネルギー吸収が起こるように、桁は十分剛に造られており、橋脚下端は剛な架台に剛結されている。

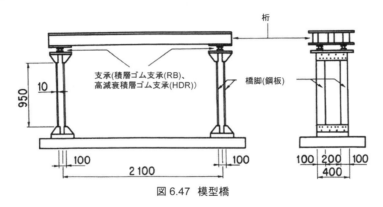

図 6.47 模型橋

2) ひずみエネルギー比例減衰法の適用性

桁を水平方向に引っ張ってから、静かに解放して自由振動させた場合の減衰波形が図6.48である。RBで支持された場合には20サイクル以上の振動が継続するが、HDRで支持された場合には4回程度で振動が収まっていき、高減衰ゴムのエネルギー吸収性能が高いことを示している。

式(6.30)に示した対数減衰率λから、橋全体系の減衰定数hを求めた結果が図6.49である。桁の揺れがRBで支持した場合には24〜33mmの範囲、HDRで支持した場合には6〜28mmの範囲に着目すると、橋全体系の平均的な減衰定数は、RBで支持した場合には1.7%、HDRで支持した場合には11.4%となる。

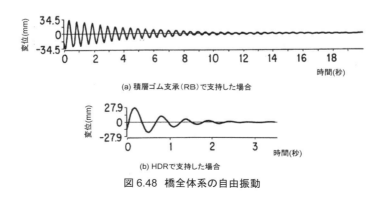

図 6.48 橋全体系の自由振動

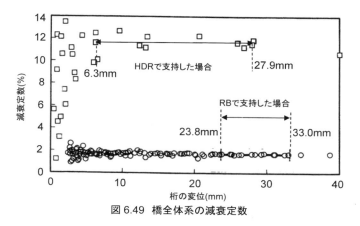

図 6.49 橋全体系の減衰定数

一方、橋脚とゴム支承の減衰定数をそれぞれ独立に求めるため、これらの自由振動実験も行われている。まず、橋脚に対しては、基部剛結、上端フリーの片持ちばり状態で自由振動実験から求められた減衰定数が図 6.50(a)である。わずかであるが、橋脚の揺れが大きくなると減衰定数は大きくなるため、橋全体系の自由振動実験において橋脚に生じた変位の範囲に相当する橋脚の平均的な減衰定数を求めると、RB で支持した場合には 0.46%、HDR で支持した場合には 0.71%である。

これに対して、剛な台上で直接 RB と HDR によって桁を支持した状態の自由振動実験から求められた支承の減衰定数が図 6.50 (b)である。橋全体系の自由振動実験において支承に生じた変位の範囲で平均的な支承の減衰定数を求めると、RB では 3.3%、HDR では 25.4%である。

このようにして、橋脚と支承に対して求められた減衰定数から、式(6.63)に基づいてひずみエネルギー比例減衰法によって橋全体系の減衰定数を求め、これを橋全体系の自由振動実験から求められた減衰定数と比較した結果が図 6.51 である。推定結果は実験結果をよく表わしている。

実橋に比較して単純過ぎる条件であるが、部分構造系の減衰定数を求めることができれば、ひずみエネルギー比例減衰法により橋全体系の減衰定数を推定することができることがよくわかる。

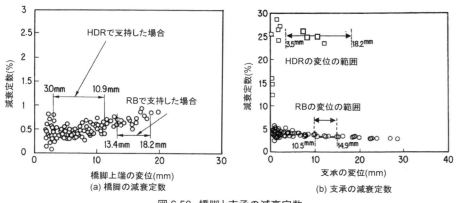

図 6.50 橋脚と支承の減衰定数

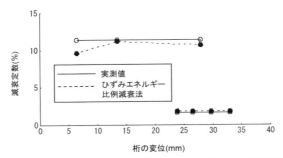

図 6.51 実測とひずみエネルギー比例減衰法によって推定した減衰定数の比較

6.10 静的解析に基づくモード減衰定数の簡易算定法

1) 静的フレーム法に基づくひずみエネルギー比例減衰法の適用

橋を構成する桁、橋脚、橋台、基礎はそれぞれ異なった減衰定数を有している。ひずみエネルギーに比例した減衰作用が卓越する構造要素から構成される構造物の減衰定数を求めるためには、ひずみエネルギー比例減衰法が優れていることは 6.3 3)に示した通りである。

式(6.63)に基づいて、ひずみエネルギー比例減衰法を適用するためには固有値解析が必要とされるが、静的耐震解析の段階では、簡単に橋全体系の減衰定数を略算できることが望ましい。こうした際には、静的フレーム法とひずみエネルギー比例減衰法を組み合わせた解析が有効である[K31,K22,K23]。ここで、静的フレーム法とは後述の 7.7 に示すように、固有値解析を行わずに、自重を作用させたときの静的変位が基本固有振動モードを近似することを利用した静的耐震解析法である。

2) 橋全体系の 1 次モード減衰定数の推定

橋脚高さが 9m から 15m に変化する 5 径間連続橋を例に、橋軸方向の 1 次振動モードに対する減衰定数を求めてみよう。

まず、複数の橋脚で支持された橋では、これを 1 基の橋脚とそれが支持する上部構造部分に分割し、それぞれを図 6.52 のようにモデル化する。対象橋は 6 基の下部構造で支持されているため、1 基の橋脚とそれが支持する上部構造部分は合計 6 個 ($m = 6$) となる。

1 基の下部構造とそれが支持する上部構造部分には、桁、橋脚、積層ゴム支承、フーチング、杭が含まれているとする。このうち、桁とフーチングの剛性は相対的に十分大きいため、エネルギー吸収はわずかであり、解析では省略しても差し支えない。このため、ここでは、橋脚、積層ゴム支承、基礎を支持する並進ばねと回転ばねを構造要素と見なす。なお、橋脚に作用する慣性力は桁に作用する慣性力に比較して小さいため、一般に無視しても差し支えない。

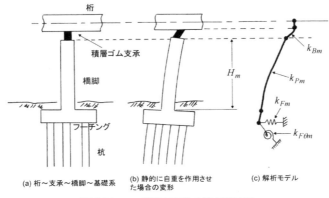

図 6.52 モード減衰定数の簡易算定法

次に、静的フレーム法により、自重に相当する水平力を静的に橋に作用させたときに、1基の下部構造とそれが支持する上部構造部分に生じる変位を各構造要素ごとに求める。この際、橋全体系を同時に解析してもよいし、1基の下部構造とそれが支持する上部構造部分ごとに解析してもよい。

以上より、前出の式(6.63)による1次振動モードに対する減衰定数 h は、近似的に次式のように求められる。

$$h = \frac{\sum_{m=1}^{n}(h_{Em}u_{Bm}^2 k_{Bm} + h_{Pm}u_{Pm}^2 k_{Pm} + h_{Fm}u_{Fm}^2 k_{Fm} + h_{F\theta m}\theta_{Fm}^2 k_{F\theta m})}{\sum_{m=1}^{n}(u_{Bm}^2 k_{Bm} + u_{Pm}^2 k_{Pm} + u_{Fm}^2 k_{Fm} + \theta_{Fm}^2 k_{F\theta m})} \tag{6.134}$$

ここで、下添え字の B、P、F、$F\theta$ は、それぞれ、ゴム支承のせん断変形、橋脚の曲げ変形、フーチングの並進および回転を、また、下添え字の m は m 番めの1基の下部構造とそれが支持する上部構造部分に属することを表わしている。すなわち、

h_{Bm}、h_{Pm}、h_{Fm}、$h_{F\theta m}$：m 番めの1基の下部構造とそれが支持する上部構造部分における、それぞれ積層ゴム支承のせん断変形、橋脚の曲げ変形、フーチングの並進および回転に対する減衰定数

u_{Bm}、u_{Pm}、u_{Fm}、θ_{Fm}：橋の自重に相当する水平力を静的に解析対象方向に作用させた場合の、m 番めの1基の下部構造とそれが支持する上部構造部分における、それぞれ、積層ゴム支承のせん断変位、橋脚の曲げによる水平変位、フーチングの並進および回転による水平変位

k_{Bm}、k_{Pm}、k_{Fm}、$k_{F\theta m}$：m 番めの1基の下部構造とそれが支持する上部構造部分における、それぞれ積層ゴム支承のせん断剛性、橋脚の曲げ剛性、フーチングの並進および回転に対するばね剛性

一方、橋脚上端における水平力と橋脚基部における水平力および曲げモーメントのつり合いから、次の関係が成立する。

$$k_{Bm}u_{Bm} = k_{Pm}u_{Pm} \tag{6.135}$$

$$k_{Pm}u_{Pm} + F_{Pm} = k_{Fm}u_{Fm} \tag{6.136}$$

$$k_{Bm}u_{Bm} \cdot H_m + \frac{1}{2}F_{Pm}H_m = k_{F\theta m}\theta_{Fm} \tag{6.137}$$

ここで、

H_m：橋脚基部から上部構造の慣性力の作用位置までの高さ

F_{Pm}：橋脚に作用する慣性力

上述したように、一般に桁の慣性力に比較して橋脚の慣性力 F_{Pm} は小さいため、これを無視すると、式(6.135)～式(6.137)は次のようになる。

$$u_{Pm} = \frac{k_{Bm}}{k_{Pm}}u_{Bm} \tag{6.138}$$

$$u_{Fm} = \frac{k_{Pm}}{k_{Fm}}u_{Pm} \tag{6.139}$$

$$\theta_{Fm} = \frac{k_{Bm}H_m}{k_{F\theta m}}u_{Bm} \tag{6.140}$$

式(6.138)～式(6.140)を式(6.134)に代入すると、1次振動モードに対する橋全体系の減衰定数 h は次のように求められる。

$$h = \frac{\sum_{m=1}^{n}\left\{k_{Bm}^2 u_{Bm}^2 \left(\frac{h_{Bm}}{k_{Bm}} + \frac{h_{Pm}}{k_{Pm}} + \frac{h_{Fm}}{k_{Fm}} + \frac{h_{F\theta m}H_m^2}{k_{F\theta m}}\right)\right\}}{\sum_{m=1}^{n}\left\{k_{Bm}^2 u_{Bm}^2 \left\{\frac{1}{k_{Bm}} + \frac{1}{k_{Pm}} + \frac{1}{k_{Fm}} + \frac{H_m^2}{k_{F\theta m}}\right\}\right\}} \tag{6.141}$$

3) 解析例

式(6.141)を鉛プラグ入り積層ゴム支承(免震支承、11.4 4b)参照)で支持された橋長 5@39.5m=197.5m の 5 径間連続 PC 箱桁橋に適用してみよう。橋は高さが 9m から 15m に徐々に変化する 6 基の鉄筋コンクリート橋脚で支持されており、基礎は長さ 20m、直径 1.2m の現場打ち杭によって支持されている。

構造要素として橋脚、基礎、積層ゴム支承を考え、1 次振動モードに対する構造要素の減衰定数は、橋脚では 0.05、基礎では 0.1、積層ゴム支承では水平変位に応じて 0.164～0.168 の値を与える。この条件で、式(6.141)により 1 次振動モードに対する橋全体系の減衰定数 h を求めると 0.153 となる。

一方、上記と同じ条件で、動的解析によりこの橋のモード減衰定数 h_i を求めた結果が**表 6.3** である。ここには参考のために、1 次振動モードのほか、2 次と 3 次振動モードの減衰定数、式(6.65)に基づいて次式によって与えられるひずみエネルギー寄与率 α_{ij} も示している。

$$\alpha_{ij} = \frac{U_{ij}}{\sum_{j=1}^{3} U_{ij}} \tag{6.142}$$

ここで、U_{ij} は前出の式(6.60)による i 次振動モードによる構造要素 j(j=1、2、3 はそれぞれ、橋脚、基礎、支承)のひずみエネルギーである。

表 6.3 によれば、振動モードによってひずみエネルギー寄与率 α_{ij} は大きく変化し、1 次振動モードでは支承が 82.7%を占めるのに対して、2 次振動モードでは橋脚と基礎の占める割合がそれぞれ 42.6%、40.4%と大きく、3 次振動モードになると基礎の占める割合が約 66%と大きくなる。

上述した式(6.141)によって求めた 0.153 の減衰定数 h は動的解析によって求められた 1 次振動モードに対する減衰定数 h_1=0.15 とよく一致しており、適用性がよいことがわかる。

表 6.3 動的解析によるモード減衰定数 h_i

振動モード	固有周期 (s)	刺激係数	構造要素別ひずみエネルギー寄与率 α_{ij} (%)			モード減衰定数 h_i
			橋脚	基礎	支承	
1	1.53	24.0	9.7	7.5	82.7	0.150
2	0.26	5.1	42.6	40.4	16.9	0.089
3	0.23	7.0	17.4	65.9	16.7	0.103

第7章 静的耐震解析法

7.1 はじめに

　動的解析が広く普及した現在、非線形動的解析を駆使して構造物の非線形応答を解析することも可能となってきた。しかし、耐震設計とはすでにできあがった構造物の耐震性を評価することではなく、与えられた常時荷重と地震力の作用下で構造物が所用の耐震性能を満足するように、構造形式、部材構成、断面、配筋等を決める行為である。

　動的解析は与えられた構造や断面に対する解を与えるに過ぎず、どのような構造や断面にしていけばよいかの道筋や方向性を示してはくれない。構造や断面を変化させたパラメータスタディは耐震解析の着地先を決めるヒントを与えてはくれるが、次から次へと判断が迫られる耐震設計の過程でその都度パラメータスタディーを行っていると、大きな設計の流れを見失い、多量な解析結果の洪水に溺れかねない。

　各種条件の変化に敏感に反応する動的解析結果に埋没しないためには、簡単で原理的なモデルを用いた静的解析によって、平均的な強震動作用下における構造物の揺れを支配する原理・原則を理解しておくことが重要である。

　この章では、塑性域に入った構造物に作用する地震力 F_t やこのときの構造物の変位 u_t 等から断面を定めるために必要とされる静的耐震解析の流れを、曲げ損傷を受ける構造物を例に示す。

7.2 静的耐震解析と動的解析

　表7.1に示すように、耐震解析には静的耐震解析と動的解析がある。静的耐震解析はさらに静的線形耐震解析と静的非線形耐震解析に分けられる。静的線形耐震解析の代表は震度法であり、静的非線形耐震解析の代表は地震時保有耐力法である。

　動的解析には、地震動加速度波形を入力して時々刻々の構造物の揺れを解析する時刻歴応答解析法と地震応答スペクトルを入力して構造物の揺れの最大値を解析する地震応答スペクトル法がある。

　動的解析は1970年頃から耐震解析に使用され始め、当初は解析時間が短く解析費用が安価な地震応答スペクトル法が好まれた。しかし、コンピューターの性能向上に伴って、現在では構造物の非線形性を考慮できる時刻歴応答解析法が主流となっている。特に、塑性域に入る構造物の解析、ダンパー等のエネルギー吸収装置を用いた構造物の解析、構造物間の衝突等を取り入れた解析は、時刻歴応答解析法の独壇場となっている。

　しかし、時刻歴応答解析法では特定の地震動に対する解析しかできないため、多数の平均的な強震動に対する耐震性が確保されるかどうかが問題となる場合には、地震応答スペクトル法が用いられる。設計地震動は多数の強震動の平均的な特性を地震応答スペクトルの形で与えられる場合が多いためである。

　一方、震度法に代表される静的線形耐震解析は動的解析よりもはるかに長い歴史を持っている。しかし、現実の強震動に比較して小さ過ぎる地震力と許容応力度法を組み合わせた解析では、強震動作用下の構造物の耐震性を評価できない。このため、近年、現実的な強震動を見込み、構造物の塑性変形を考慮した地震時保有耐力法が静的非線形耐震解析法の主流となっている。

　静的非線形耐震解析は実質的には1次振動モードを考慮した地震応答スペクトル解析に相当しており、さらに、2.8に示したように強震記録の位相特性を残したまま加速度応答スペクトル特性を設計加速度応答スペクトルにフィッティングさせた地震応答スペクトル適合波形が普及し、時刻歴応答解析と地震応答スペクトル解析の垣根は取り払われた。

表 7.1 静的非線形耐震解析法と動的耐震解析法の比較

解析		特長	留意点
動的耐震解析	時刻歴応答解析	a) 特定の地震動を入力として、時々刻々の揺れを解析可能 b) 線形解析だけでなく非線形解析も可能 c) 粘性減衰だけでなく履歴減衰、摩擦、逸散減衰等も考慮可能 d) 任意の2点間の相対変位の解析やこの間に設置したダンパー等の効果を解析可能	a) 解析結果は地震動によって大きく変化する b) 直接、地震応答スペクトルを入力することはできない
	地震応答スペクトル解析	a) 地震応答スペクトルを入力して、最大応答値の近似的な解析が可能 b) 平均応答スペクトルの形で与えられた、平均的な地震動に対する解析が可能 c) 固有周期や振動モードを見ながら、解析結果を評価できる	a) 時々刻々の揺れを解析できない b) 線形解析に限られる c) 構造物の履歴特性や剛性の非線形性を直接取り入れることはできない
静的非線形耐震解析 (地震時保有耐力法)		a) 普段解析し慣れた静的解析により、荷重と変位・変形の関係を直感的に把握しやすい b) 動的解析より小回りが効くため、形状・寸法、強度等の変更が容易	a) 構造物の動的な揺れは評価できない b) 減衰の効果を直接的に評価できない

　耐震設計とはゼロの状態から構造物の形状や寸法、材質、断面等を決めていく行為であり、このためには、解析に小回りが効き、形状や断面を決定できることが重要である。この結果、現在では静的非線形耐震解析によって初期形状や断面、寸法を定めた後に、必要に応じてこれを時刻歴応答解析で照査して適宜修正を加えるというプロセスが広く採用されてきている。

　一方、静的非線形耐震解析においても、すでにかつてのように手で紙に書いて計算するという時代は終わり、コンピューターソフトを利用しなければ解析できない時代になっている。コンピューターを用いた解析では、動的解析も静的解析も同じであり、さらに線形解析も非線形解析も同じである。従来のように静的か動的か、線形か非線形かという垣根は取り払われたと言っても良い。解析ソフトの認証という問題は避けて通れないが、解析種別の壁を取り去って、解析者にとって設計で目標とする構造物のイメージを見失うことなく、耐震的な構造物を設計するためにより便利なツールへと今後も進化し続けていくことが求められる。

7.3　静的耐震解析に用いる震度と動的解析に用いる地震力の関係

　静的耐震解析では地震力は設計震度 k の形で与えられるのに対して、動的解析では地震動加速度波形や地震応答スペクトルの形で与えられる。耐震解析では震度法に代表される静的線形耐震解析法が1923年関東地震前後から使用され始めたため、1970年代に入って動的解析が導入され始めた当初は、設計震度 k は地震動加速度とは別の地震力の指標と考えられていた時代もあった。しかし、もしそうであれば、静的耐震解析と動的解析は異なる地震力を対象として実施されることになり、動的解析結果と静的耐震解析結果を相互に比較できないことになる。静的耐震解析に用いる静的震度と動的解析に用いる入力地震動がどのような関係にあるかを考えてみよう。

　地震応答スペクトル法では、解析の過程で振動モードごとに減衰定数 h を与えるが、静的耐震解析では減衰定数 h は必要とされない。これは、図7.1に示すように、静的耐震解析では減衰定数の影響をあらかじめ取り入れた形で設計震度が与えられているためである[K18]。

　すなわち、構造物を1自由度系にモデル化し、構造物の質量を M、目標とする基本固有周期(一般に、1次固有周期)を T_{1t}、1次振動モードに対する減衰定数を h_{1t} とすると、構造物に作用する最大弾性地震力 F_D は次のように求められる。

$$F_D = MS_A(T_{1t}, h_{1t}) \tag{7.1}$$

ここで、$S_A(T_{1t}, h_{1t})$ は1.8に示した固有周期 T_{1t}、減衰定数 h_{1t} の加速度応答スペクトルである。

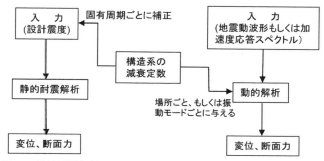

図 7.1 静的耐震解析における地震力と動的解析における地震力の関係

一方、構造物の重量を W、目標基本固有周期 T_{1t} に相当する設計震度を $k(T_{1t})$ とすると、静的耐震解析法では、構造物に作用する静的地震力 F_S は次のように求められる。

$$F_S = k(T_{1t})W \tag{7.2}$$

したがって、$F_D = F_S$ であるためには、重力加速度を g とすると、設計震度 $k(T_{1t})$ と加速度応答スペクトル $S_A(T_{1t}, h_{1t})$ には次の関係が成立しなければならない。

$$k(T_{1t}) = \frac{S_A(T_{1t}, h_{1t})}{g} \tag{7.3}$$

実際には、多自由度系としてモデル化した場合には前出の式(1.13)に示したように、右辺には刺激係数 β_1 が必要となるが、ここでは簡単のため、1自由度系を考えることとする。

上式に、式(1.45)による減衰定数別補正係数 $c_D(h)$ を考慮すると、式(7.3)は次のようになる。

$$k(T_{1t}) = \frac{c_D(h_{1t})S_A(T_{1t}, 0.05)}{g} \tag{7.4}$$

たとえば、橋の場合には式(6.133)に示したように、1次振動モードにより微小振動領域で弾性的に震動するときの減衰定数 h_1 と固有周期 T_1 の間には、おおよそ次の関係があると言われている[K57]。

$$h_1 \approx \frac{0.02}{T_1} \sim \frac{0.05}{T_1} \tag{7.5}$$

式(7.4)、式(7.5)を用いて、図1.14 に示した 1995 年兵庫県南部地震によるJR鷹取記録に対して震度 $k(T_1)$ を求めた結果が図7.2 である。図中には式(7.5)の減衰定数に加えて、参考のために減衰定数を 0.05 とした場合も示している。減衰定数 h_1 による違いが大きいが、震度 $k(T_1)$ は容易に 2 程度あるいはこれを超える値となることがわかる。今後、さらに強烈な地震動が生じる可能性があるため、地震力には十分な余裕を見込んでおくことが重要である。

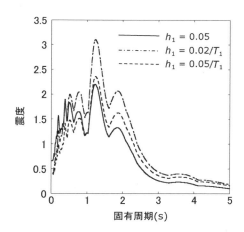

図 7.2 加速度応答スペクトルから式(7.4)により求めた設計震度 k_h

7.4 キャパシティーデザイン

1) 塑性ヒンジ

想定しない箇所が損傷して構造物が予期しないモードで破壊することを防止するために、予め設計段階から強震動を受けたときには構造物を塑性化させて、長周期化と履歴吸収エネルギーの増大を図って構造物の耐震性を確保するのがキャパシティーデザインであり、その基本となる部材が塑性ヒンジ（Plastic Hinge）である。

たとえば、柱・はり系構造物では、自重による断面力ができるだけ小さく、地震力によって大きな曲げモーメントが生じる箇所を塑性ヒンジとする。これは**第 3 章～第 5 章**に示したように、曲げ塑性変形する部材では、曲げ降伏後も適切な塑性変形を保つように設計・施工することによって、構造物は終局状態に至るまで安定した曲げ抵抗性能を保持することが期待できるためである。軸力やせん断力を安定して支持しつつ、曲げ抵抗性能だけが低下する部材は、あたかもヒンジのように見えることから塑性ヒンジと呼ばれる。

ただし、塑性ヒンジとは地震時にたまたま塑性化する構造部位ではなく、**第 3 章～第 5 章**に示したように、予め十分な塑性変形能を持つように構造細目も含めて入念に設計・施工した構造あるいは構造部位を指す。

繰返しになるが、塑性ヒンジにおいては曲げモーメントの塑性化は許容するが、軸力やせん断力に対しては安定した抵抗能力を保てるようにしておかなければならない。自重支持構造として抵抗メカニズムを保持するためには、軸力に対する抵抗能力の確保は最重要であり、せん断力に対する抵抗メカニズムが低下すると急速にせん断破壊が進行するためである。

2) キャパシティーデザイン

キャパシティーデザイン（Capacity Design）とは、強震動を受けた際に予め想定した部材にだけ塑性化を許し、その他の部材は塑性化しないようにすることによって、予期しないモードで構造物が崩壊することを防止しようという設計コンセプトの総称である[P4,P5]。

キャパシティーデザインでは、次の点が重要である。

① 耐震設計では地震力の設定に最も大きな不確定性があることから、仮に地震力が想定を上まわっても塑性ヒンジに十分な塑性曲げ変形性能を与え、その他の部材には塑性化が生じないように設計することによって、予期しないモードで崩壊しないようにする。

② 塑性ヒンジが塑性曲げ変形することによって、構造物の長周期化と履歴吸収エネルギーの増大による高減衰化を図り、構造物の地震応答を低減する。

③ 塑性ヒンジには十分な塑性曲げ変形性能を与えなければならない。塑性ヒンジは構造物の耐震性を左右する鍵となる重要な構造要素であるため、地震力の作用によってもろく破壊したり機能低下しないように設計・施工する。

以上のように、キャパシティーデザインとは、塑性ヒンジの塑性化によって構造物を長周期化すると同時にそのエネルギー吸収によって減衰性能を高め、地震動との共振をできるだけ緩和して構造物に作用する地震力を小さくしようとする設計法の総称である。

3) 塑性ヒンジを設ける部材

キャパシティーデザインでは、塑性ヒンジをどこに設けるかが重要である。一般に塑性ヒンジは次の条件を満足する箇所に設けられる。

① 自重による断面力（軸力（特に、RC 構造では引張軸力、鋼構造では圧縮軸力）、曲げモーメント、ねじりモーメント、せん断力）ができるだけ小さいこと。

② 地震力の作用によって大きな曲げモーメントが生じると同時に、地震力によるねじりモーメント、軸力（特に、RC 構造では引張軸力、鋼構造では圧縮軸力）、せん断力が可能な限り小さいこと。

③ 地震後に塑性ヒンジに生じた塑性化の程度を容易に判断でき、かつ、復旧しやすい箇所

この考え方に基づいて、塑性ヒンジ化を許容する部材は一般に**図 7.3** に示す通りである。建築物と橋では塑性ヒンジを設ける位置に大きな違いがあり、建築物でははりに塑性ヒンジを設けるのが一般的である。これは建築物では柱とはりの本数が多く、構造系全体の不静定次数が高いと同時に、質量が構造系全体に分散されているためである。特に、高層建物では柱に作用する軸力が大きく、ここに塑性ヒンジを設けることが難しい。これを Strong column and weak beam design philosophy と呼ぶ。

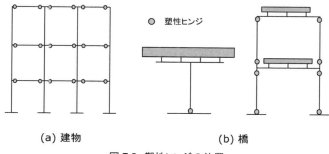

(a) 建物　　　　　　　　(b) 橋
図 7.3　塑性ヒンジの位置

　これに対して、橋では小数の柱と横ばりによって質量の大きい桁を支持するトップマス構造が多いため、片持ちばり式橋脚では基部に、また、ラーメン式橋脚では柱部の上下端部に塑性ヒンジを設けることが多い。これは、長いスパンを支持し大きな負の曲げモーメントが作用する桁やこれを支持する橋脚の横ばりに塑性ヒンジを設けることが難しいためである。これを Strong beam and weak column philosophy と呼ぶ。ただし、建物と比較すると、小数の橋脚で支持され、静定構造が多い橋では橋脚基部に塑性ヒンジを設けることは、やむを得ないとはいえ決して最適解ではないことをよく理解しておく必要がある。建物よりもさらに塑性化の度合いを下げておくことが求められる。
　なお、免震構造もキャパシティーデザインに基づいており、免震支承等の塑性化を許容するディバイスが塑性ヒンジに相当する。免震構造については**第 11 章**に示す。
　基礎構造に塑性ヒンジを設けることは、地震後の損傷度の評価や復旧が困難であることから、一般的ではない。しかし、直接基礎のように強震時にロッキングして支持地盤からフーチングが浮き上がっても問題が生じない構造では、これによってフーチング〜基礎構造系の固有周期の変化や地下逸散減衰によって免震効果を与える場合がある。これを基礎ロッキング免震と呼び、**第 12 章**に示す。

7.5　要求性能（ディマンド）と保有性能（キャパシティー）

　構造物に作用する地震力やこれによって生じる変位等を要求性能（Demand、ディマンド）、これに対して構造物が有する抵抗力（あるいは耐力）や許容変位等の変形性能を保有性能（Capacity、キャパシティー）と呼ぶ。
　第 1 章に示したように、強震動の作用に対して構造物が弾性状態で抵抗するように設計することはなかなか困難である。2g の地震力に対して弾性的に抵抗するということは、構造物を横倒しにし、自重に加えてこれと同じ重量の重りを載せた状態で許容応力度法で設計するようなものである。
　このため、強震動の作用下では、**図 7.4** のように、構造物が不安定にならないように所用の耐力を保有できる範囲で塑性ヒンジが曲げ塑性化することを許し、これによって構造物に生じる目標応答変位 u_t が安全性や震後の復旧等、社会通念上許されない影響を与えないように定めた許容変位 u_a に収まるように設計するという考え方が採用されている。すなわち、

$$F_t \leq F_c \tag{7.6}$$
$$u_t \leq u_a \tag{7.7}$$

ここで、F_t は構造物に作用する弾塑性地震力（目標要求耐力）、F_c は構造物の保有耐力、u_t は構造物に生じることを想定する目標応答変位（目標要求変位）、u_a は構造物の許容変位である。
　構造物の静的耐震解析では、できるだけ繰返し解析を少なくして式(7.6)と式(7.7)を満足する構造を定めることが求められる。このためによく使用される方法として、荷重ベース静的耐震解析と変位ベース静的耐震解析がある。

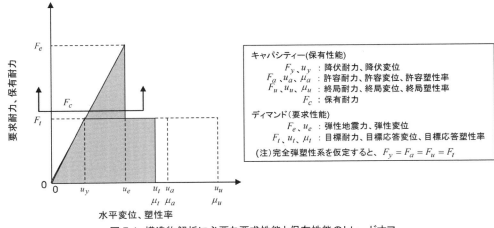

図 7.4 構造物解析に必要な要求性能と保有性能のトレードオフ

7.6 荷重ベース静的耐震解析

荷重ベース静的耐震解析では、地震応答スペクトルの形で与えられた地震力に対して構造物に作用する弾性地震力 F_e と構造物に生じる弾性変位 u_e を求め、2.5 に示した荷重低減係数 R_μ と 2.6 に示した変位増幅係数 I_μ を用いて構造物に作用する弾塑性地震力 F_t と構造物に生じる弾塑性変位 u_t を求める。

荷重ベース静的耐震解析法にはいろいろなバリエーションがあるが、基本的な解析の流れは次の通りである。

a) 構造物の初期断面の仮定と履歴特性の解析

仮定した構造断面に対して保有耐力 F_c 〜水平変位 u の履歴特性を解析して、降伏変位 u_y、終局変位 u_u、弾塑性地震力 F_t を求める。ここで、終局変位 u_u とは構造物が崩壊する時の変位という意味ではなく、構造物が塑性域に入った後に、降伏耐力を下まわらない範囲で安定した曲げ塑性履歴特性を保つことができる変位である。

b) 目標応答塑性率 μ_t の設定

2.2 に示した式(2.3)〜式(2.6)から想定した構造物の許容変位 u_a もしくは許容塑性率 μ_a に対して、次式を満足するように目標応答変位 u_t と目標応答塑性率 $\mu_t = u_t / u_y$ を想定する。

$$u_t \leq u_a = u_y + \frac{u_u - u_y}{\alpha} \tag{7.8}$$

$$\mu_t \leq \mu_a = 1 + \frac{\mu_u - 1}{\alpha} \tag{7.9}$$

ここで、u_a、$\mu_a \equiv u_a / u_y$ はそれぞれ許容変位、許容塑性率、u_u、$\mu_u \equiv u_u / u_y$ はそれぞれ終局変位、終局塑性率、α は安全係数 ($\alpha > 1$) である。安全係数 α は、構造物の重要性等から定める。

c) 等価剛性に基づく構造物の等価基本固有周期 T_t の算定

構造物の等価基本固有周期 T_t を次式により求める。

$$T_t = 2\pi \sqrt{\frac{m}{k_t}} \tag{7.10}$$

ここで、m は地震による揺れに寄与する構造物の質量、k_t は目標応答変位 u_t に相当する構造物の等価剛性で、次式により求める。

$$k_t = \frac{F_c}{u_t} \tag{7.11}$$

ここで、F_c は構造物の保有耐力、u_t は目標応答変位である。

d) 荷重低減係数 R_μ および変位増幅係数 I_μ の算出

荷重低減係数 R_μ および変位増幅係数 I_μ を求める。これには式(2.15)、式(2.16)に示したエネルギー一定則、もしくは、式(2.19)、式(2.20)に示した変位一定則に基づいて次式が用いられることが多い。

$$R_\mu = \begin{cases} \sqrt{2\mu_t - 1} & \cdots\cdots \text{エネルギー一定則} \\ \mu_t & \cdots\cdots\cdots \text{変位一定則} \end{cases} \tag{7.12}$$

$$I_\mu = \begin{cases} \dfrac{\mu_t}{\sqrt{2\mu_t - 1}} & \cdots\cdots \text{エネルギー一定則} \\ 1 & \cdots\cdots\cdots\cdots \text{変位一定則} \end{cases} \tag{7.13}$$

e) 構造物に作用する弾塑性地震力 F_t および弾塑性変位 u_t の算出

構造物が塑性化したときに作用する弾塑性地震力 F_t とこのときに生じる弾塑性変位 u_t を式(2.8)、式(2.12)から次のように求める。

$$F_t = \frac{F_e}{R_\mu} \tag{7.14}$$

$$u_t = I_\mu u_e \tag{7.15}$$

ここで、弾性地震力 F_e と弾性変位 u_e は次のように求められる。

$$F_e = m \cdot \beta_1 S_A(T_{1t}, h_{1t}) = m \cdot c_D(h_{1t})\beta_1 S_A(T_{1t}, 0.05) \tag{7.16}$$

$$u_e = \frac{F_e}{k_t} \tag{7.17}$$

ここで、$S_A(T_{1t}, 0.05)$ は設計加速度応答スペクトル(減衰定数 0.05)、T_{1t}、h_{1t} は目標とする、それぞれ構造物の 1 次固有周期と 1 次固有振動モードで揺れるときの減衰定数、β_1 は 1 次の刺激係数(式(7.24)参照)、$c_D(h_{1t})$ は式(1.46)等による減衰定数別補正係数である。桁橋のようにトップマスが卓越する構造系を 1 自由度系にモデル化する場合には、$\beta_1 \approx 1.0$ と仮定する場合が多い。

なお、7.3 に示したように、重力加速度を g とすると構造物の重量は $W = mg$、設計水平震度は $k_d = c_D(h_{1t})S_A(T_{1t}, 0.05)/g$ と求められるため、式(7.16)は次のように表わすことができる。

$$F_e = k_d W \tag{7.18}$$

f) 耐震性の照査

式(7.14)および式(7.15)による目標弾塑性地震力 F_t と目標応答変位 u_t が次式を満足することを照査する。

$$F_t \leq F_c \tag{7.19}$$

$$u_t \leq u_a \tag{7.20}$$

ここで、F_c は構造物の保有耐力、u_a は式(7.8)による許容変位である。

g) 残留変位の照査

2.7 に基づいて、残留変位 u_{rsd} を次のように照査する。

$$u_{rsd} < u_{rsd,a} \tag{7.21}$$

ここで、残留変位 u_{rsd} は式(2.33)により、次のように求められる。

$$u_{rsd} = R_{rsd}(\mu_t - 1)(1 - r)u_y \tag{7.22}$$

また、$u_{rsd,a}$ は許容残留変位であり、構造物の特性に応じて定める。たとえば橋では、2.7 4)に示したように橋脚高さの 1/100 程度が目安とされている。

h) イテレーション

必要に応じて、a)〜g)のプロセスをイテレーションし、収れんした解を求める。

7.7 静的耐震解析法（静的フレーム法）

1) はじめに

静的フレーム法とは、橋を主対象として任意の地震動に対する構造物の応答変位と応答断面力を解析する静的耐震解析法である[K17,K22,K23,K31]。解析では、Rayleigh & Ritz（レーリー・リッツ）法に基づいて、構造物に自重を作用させたときの静的たわみが1次振動モードを近似することを利用して、固有値解析を行うことなく1次固有周期と固有振動モードを近似的に求める。

静的フレーム法が普及する前には、支点反力法と呼ばれる桁の支点反力に設計震度を乗じた水平力を各下部構造に作用する慣性力と見なして、耐震解析する方法が長く用いられてきた。ここでは、静的フレーム法の特徴と適用性を支点反力法の問題点とともに示す。

2) 静的フレーム法と支点反力法

構造物の耐震解析では地震力が作用したときに各構造部材に生じる断面力を算出しなければならない。橋の耐震解析では解析を簡単にするために、橋全体を1基の下部構造とそれが支持する上部構造部分を単位とする構造系に分割し、それぞれに対して当該下部構造が支持する上部構造部分の重量に設計震度を乗じて、上部構造から下部構造に伝えられる慣性力を算出する方法が長く用いられてきた。下部構造が支持する上部構造部分の重さは上部構造の側から見ると支点からの反力（支点反力）であるため、この方法は支点反力法と呼ばれる。

支点反力法では、各下部構造が独立に振動できると仮定しているが、これは力学的には上部構造の剛性をゼロと仮定していることに相当する。この仮定は単純桁橋を除けば成立しない。

これに対して、動的解析のように固有値解析をしなくても、静的解析によって固有周期を実用的な精度で算出して、上部構造と下部構造を一体として解析する静的耐震解析法として提案されたのが、静的フレーム法である。

3) 静的フレーム法

一般に n 自由度を持つ構造物の1次振動モード $\phi_{1j}(j=1,2,\cdots,n)$ による応答変位は2次以上の振動モードによる応答変位より卓越するため、1次振動モードを考慮すると構造物に生じる j 点の最大応答変位 $u_{j,\max}$ ($j=1,2,\cdots,n$) は、近似的に次のように求められる。

$$u_{j,\max} \approx u_{1j,\max} = \beta_1 S_D(T_1,h_1)\phi_{1j} \tag{7.23}$$

ここで、$u_{1j,\max}$ は1次振動モードによる j 点の応答変位の最大値、$S_D(T_1,h_1)$ は1次固有周期 T_1 と減衰定数 h_1 に相当する変位応答スペクトル、ϕ_{1j} は1次振動モード、β_1 は1次振動モードに対する刺激係数であり、次式により与えられる。

$$\beta_1 = \frac{\{\phi_1\}^T [M]\{I\}}{\{\phi_1\}^T [M]\{\phi_1\}} = \frac{\sum_{j=1}^{n} m_{jj}\phi_{1j}}{\sum_{j=1}^{n} m_j \phi_{1j}^{\ 2}} \tag{7.24}$$

ここで、$[M]$：質量行列、$\{I\}$：単位ベクトル、m_j：j 点の質量、$\{\phi_r\}$：第 r 次の振動モード、ϕ_{rj}：第 r 次の j 点の振動モード、n：自由度数である。

静的に自重を作用させたときに構造物に生じる静的たわみは1次振動モード ϕ_{1j} を近似することを利用して、固有周期 T_1 を次のように求める。

① 構造物の解析対象方向（橋軸方向あるいは橋軸直角方向）に自重に相当する水平力を作用させて、静的変位 $u_d(s)$ (u_{dj} ($j=1,2,\cdots,n$)) を求める。

② 静的変位 $u_d(s)$ (u_{dj}) を用いて、レーリー法により固有周期 T を次のように求める。レーリー法とは、ある1自由度系が自由振動する際の運動エネルギーの最大値 $K_{\max}$ とひずみエネルギーの最大値 $U_{\max}$ が

等しいことから、固有周期 T を求める方法である。すなわち、

i) 1 次振動モード ϕ_{1j} ($j=1,2,\cdots,n$) を上記の静的変位 u_{dj} ($j=1,2,\cdots,n$) によって近似し、構造物の自由振動 u_{1j} ($j=1,2,\cdots,n$) を次のように表わす。

$$u(s) \approx u_d(s)\sin\omega_d t \;,\; u_{1j} \approx u_{dj}\sin\omega_d t \quad (j=1,2,\cdots,n) \tag{7.25}$$

ここで、ω_d は振動モード ϕ_{1j} の代わりに静的変位 u_{dj} を用いて求めた、近似的な円固有振動数である。なお、u_{dj} は変位の次元を持っているが、以下では無次元の振動モードと見なす。

ii) 構造物を 1 自由度振動系に近似した場合の運動エネルギーの最大値 $K_{\max}$ を次のように求める。

$$K_{\max} = \frac{1}{2}\omega_d^2 \int_s M(s)u_d(s)^2 ds = \frac{1}{2}\omega_d^2 \sum_{j=1}^n m_j u_{dj}^2 \tag{7.26}$$

ここで、m_j は質点 j の質量である。

iii) 構造物のひずみエネルギーは、式(7.25)より $\sin\omega_d t = 1$、すなわち、$u(s) = u_d(s)$ ($u_{1j} = u_{dj}$) のときに最大となる。ここで、前述したように、$u_d(s)$ は構造物の自重 $W(s) = M(s)g$ ($w_j = m_j g$) を水平力として、慣性力の作用方向に作用させた場合に、その方向に生じる変位であるから、ひずみエネルギーの最大値 $U_{\max}$ は水平力 $M(s)g$ ($m_j g$ ($j=1,2,\cdots,n$)) のなす仕事に等しい。すなわち、

$$U_{\max} = \frac{1}{2}\int_s M(s)u_d(s)g\,ds = \frac{1}{2}g\sum_{j=1}^n m_j u_{dj} \tag{7.27}$$

ここで、g は重力加速度である。

③ 式(7.26)による運動エネルギーの最大値 $K_{\max}$ と式(7.27)によるひずみエネルギーの最大値 $U_{\max}$ は等しいことから、固有周期 T_d は次のように求められる。

$$T_d = \frac{2\pi}{\omega_d} = 2\pi\sqrt{\frac{\int_s M(s)u_d(s)^2 ds}{\int_s M(s)u_d(s)g\,ds}} = 2\pi\sqrt{\frac{\sum_{j=1}^n m_j u_{dj}^2}{g\sum_{j=1}^n m_j u_{dj}}} \tag{7.28}$$

ここで、δ を次のように定義すると、

$$\delta = \frac{\int_s M(s)u_d(s)^2 ds}{\int_s M(s)u_d(s)ds} = \frac{\sum_{j=1}^n m_j u_{dj}^2}{\sum_{j=1}^n m_j u_{dj}} \tag{7.29}$$

式(7.28)は次のようになる。

$$T_d = 2.01\sqrt{\delta} \tag{7.30}$$

なお、位置 s における単位長さ当たりの質量 $M(s)$ の代わりに、同じ位置における単位長さ当たりの重量 $w(s) = M(s)g$ を用いると、式(7.29)は次のように表わすことができる。

$$\delta = \frac{\int_s w(s)u_d(s)^2 ds}{\int_s w(s)u_d(s)ds} = \frac{\sum_{j=1}^n w_j u_{dj}^2}{\sum_{j=1}^n w_j u_{dj}} \tag{7.31}$$

④ 上記①では、固有周期 T_d を求めるために自重に相当する水平力を慣性力の作用方向に作用させて静的変位 $u_d(s)$ (u_{dj} ($j=1,2,\cdots,n$)) を求めた。この際に橋の各部に生じる断面力 $F(s)$ (F_j ($j=1,2,\cdots,n$)) も同時に求めておけば、この断面力 $F(s)$ は設計震度 $k = 1.0$ の地震力が橋に作用したときに生じる断面力を表わしている。したがって、この断面力 $F(s)$ に設計震度 k を乗じることによって、上部構造から下部構造に伝えられる慣性力 $F_d(s)$ は次のように求められる。

$$F_d(s) = F(s) \times k \;;\; F_{dj} = F_j \times k \tag{7.32}$$

静的フレーム法では、上部構造形式、支承条件、慣性力の作用方向等に応じて、橋を地震時に一体として

振動すると見なせる構造系に分割して耐震解析する。このような構造系を設計振動単位と呼ぶ。設計振動単位の考え方の例を**表 7.2** に示す。

表 7.2 設計振動単位の取り方

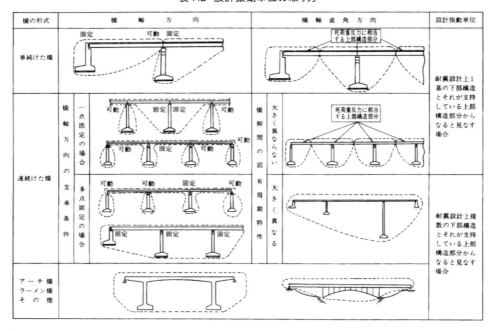

⑤ 橋脚が塑性化する場合には、塑性化の影響を取り入れて解析しなければならない。塑性ヒンジのモーメント～曲率の関係を求め、塑性ヒンジを非線形回転ばねによって表わしたり、塑性ヒンジを見込んだ橋脚全体の剛性を等価剛性として解析に取り入れる等、いろいろな方法がある。問題は、解析の結果、当初想定した塑性化とは異なるレベルの塑性化が生じる場合である。この場合には、解析によって求められた塑性化に相当する回転ばねを用いて解析し直し、おおむね想定した塑性化と同程度の塑性化に収れんするまで繰返し解析する方法と、繰返し解析を避けるために最初に目標応答塑性率 μ_t を定め、このときの等価剛性を用いて一度の解析で済ませる方法等がある。求められる解析精度に応じた方法を選択すればよい。

以上に示した静的フレーム法による慣性力の算定の流れをフローチャートで示すと、**図 7.5** のようになる。

静的フレーム法とは、自重を静的に水平方向に作用させたときの変位分布が 1 次固有振動モードを近似することを利用して、固有値解析をすることなく 1 次固有周期を求め、これに相当する震度を作用させる静的耐震解析法である。実質的に 1 次固有振動モードだけを考慮した地震応答スペクトル法に近似した結果を与えることができる。

4) 静的フレーム法の適用性

a) 動的解析との比較による検証

静的フレーム法の適用性と支点反力法の問題点を動的解析と比較しながら見てみよう。7.7 2) に示したように、支点反力法とは静的フレーム法が取り入れられるまで震度法による耐震解析に長く使われてきた方法で、橋脚や橋台が支持する桁の重さ（支点反力）に震度 k を乗じて慣性力を求め、これを橋に作用させて橋脚や橋台に作用する断面力や変位を求める方法である。

ここでは**図 7.6** に示す A 橋と B 橋を解析してみよう。A 橋は 30m×3 連の河川横断タイプ、B 橋は同じ支間割りで橋脚高さが異なる山岳地タイプの橋である。支承の固定・可動条件に応じていろいろなケースがある橋軸方向ではなく、ここでは簡単のため、橋軸直角方向を対象として解析してみよう。

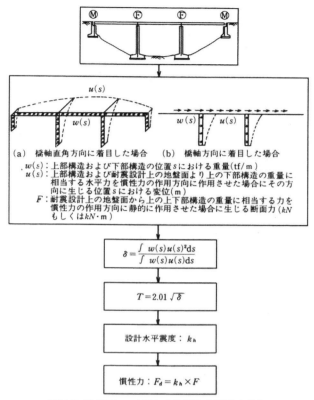

図 7.5　静的フレーム法による慣性力算出の流れ

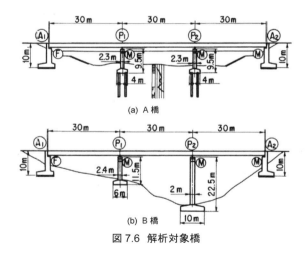

図 7.6　解析対象橋

　固有値解析を行うと、基本(1 次)固有周期は A 橋では 0.41 秒、B 橋では 0.30 秒となるのに対して、静的フレーム法では式(7.30)によりそれぞれ 0.40 秒、0.29 秒と求められる。これは固有値解析結果とよく一致している。

　1978 年 M_w 7.6 宮城県沖地震による開北橋近傍地盤上の強震記録(図 2.22(1)参照)を作用させたときの最大断面力を時刻歴応答解析、静的フレーム法、支点反力法により求めた結果が図 7.7 である。ここで、静的解析に用いる地震力を動的解析と同じにするため、震度 k は開北橋記録の加速度応答スペクトルから式(7.4)によって求められている。

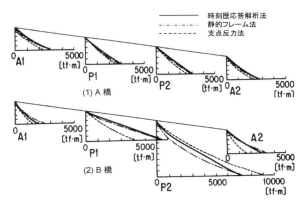

図 7.7 開北橋記録を作用させた場合の最大断面力

橋脚、橋台の基部に生じる最大曲げモーメントに着目すると、橋脚高さが同じ A 橋では、動的解析、静的フレーム法、支点反力法の間で大きな違いはない。これに対して、B 橋においては背の低い P1 橋脚の基部に生じる曲げモーメントは動的解析と静的フレーム法ではともに約 6,000tfm となるのに対して、支点反力法では約 4,000tfm にしかならない。一方、背の高い P2 橋脚の基部に生じる最大曲げモーメントは、動的解析と静的フレーム法ではともに約 7,000tfm となるのに対して、支点反力法では約 9,000tfm と大きくなる。

このような違いが生じる理由は、動的解析や静的フレーム法では下部構造の剛性に応じて慣性力が分配されるのに対して、支点反力法では橋脚の支点反力に応じて慣性力が分配されるためである。このため、支点反力法では支点反力が同じ P1 橋脚と P2 橋脚では同じ慣性力が分配される結果、橋脚高さが高い P2 橋脚の方が P1 橋脚よりも基部に大きな曲げモーメントが生じるのである。

このように長く使用されてきた支点反力法であるが、剛性が異なる下部構造で支持された橋では、間違った要求耐力を与えることになる。

b) 下部構造間の剛性比によって大きく変化する慣性力分布

解析の精度においては静的フレーム法は支点反力法よりも優れているが、注意すべき点がある。これは、静的フレーム法だけでなく動的解析においても共通する注意事項であるが、背の低い橋台や橋脚のように相対的に剛性が高い下部構造がより大きな地震力を分担し、背が高い橋脚のように相対的に剛性が低い下部構造が分担する慣性力は小さいことである。

たとえば、図 7.6(b) の B 橋において、P2 橋脚が P1 橋脚よりもさらに高くなれば、P2 橋脚の慣性力の分担率はさらに低下していき、やがてはこの橋脚が分担する慣性力はマイナスにさえなり得る。この橋脚が自分に作用する慣性力を負担できずに、桁を介してまわりの橋脚や橋台にもたれかかっていくためである。これは静的フレーム法や動的解析法に問題があるのではなく、事実としてこのようになるということである。

根本的には、このような橋は耐震的に問題があり、建設しないことが一番であるが、やむを得ず建設する場合には、強震動を受けて他の下部構造や支承、上部構造が過度に塑性域に入ったりしないように、最低限の歯止めを設けておくのがよい。

7.8 サブスティチュート変位ベース静的耐震解析

構造物の耐震解析では構造物に生じる塑性変位の算定が重要であることから、変位応答スペクトルを用いて直接構造物の変位を求めるために、サブスティチュート法（Substitute method）に基づく変位ベース静的耐震解析法（Displacement-based seismic analysis）が Priestley らにより提案されている[P5,P7]。

サブスティチュート法とは、図 7.8 に示すように、構造物を 1 次剛性（降伏剛性）k_y、2 次剛性（降伏後剛性）rk_y、等価剛性（割線剛性）k_d（目標等価剛性 k_t）、等価減衰定数 h_{eq} を持つバイリニア型 1 自由度系にモデル化し、構造物の目標応答変位 u_t とその時の等価減衰定数 h_{el} を次のように求める。

$$u_t = u_y + u_p \tag{7.33}$$
$$h_{eq} = h_{el} + h_{hys} \tag{7.34}$$

ここで、u_y、u_p は構造物のそれぞれ降伏変位と塑性変位、h_{el}、h_{hys} はそれぞれ構造物の弾性時の減衰定数と目標応答変位 u_t で揺れるときの等価履歴減衰定数である。

なお、6 章の式(6.78)、式(6.79)、式(6.80)に示したように、複数の異なるエネルギー吸収メカニズムによって減衰作用が生じる場合の構造物の等価減衰定数 h_{eq} を求めるためには、ひずみエネルギー寄与率 α_{ij} を考慮する必要があるが、ここでは構造物を 1 自由度系にモデル化しているため、式(7.34)のように等価減衰定数 h_{eq} を求めることができる。

図 7.9 の(a)は Priestley らによって構造タイプ別に提案された構造物の等価減衰定数 h_{eq}、(b)は変位応答スペクトルである。ここでは弾性時の減衰定数 h_{el} は 0.05 と仮定されている。図 7.9(a)では構造物の等価減衰定数が全体に非常に大きく評価されていることが特徴である。たとえば、コンクリート橋では目標応答塑性率が 6 のときに等価減衰定数は 0.17 となるが、塑性ヒンジ以外の構造部分の減衰定数は 0.05 程度であることを考えると、橋全体系の減衰定数としてきわめて大きな値である。図 7.9(b)の変位応答スペクトルは図 1.12(c)に示した結果とよく似ている。変位応答スペクトルが一定となるコーナー周期 T_c は 4 秒程度とされている。

変位ベース耐震解析では、まず、構造物が目標応答変位 u_t で震動するために必要とされる目標固有周期 T_t を図 7.9(b)から求める。荷重ベース耐震解析では、構造物の固有周期を求めてからこれに対応する応答変位を求めるが、サブスティチュート法では目標応答変位 u_t で揺れるために必要な固有周期を求めるという反対の流れとなっているためである。目標固有周期 T_t が求められると、1 自由度系にモデル化した構造物の目標等価剛性 k_t が次式のように求められる。

$$k_t = \frac{4\pi^2 M}{T_t^2} \tag{7.35}$$

ここで、M は構造物の質量である。

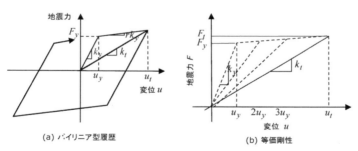

図 7.8　変位ベース静的耐震解析（サブスティチュートモデル）[P5]

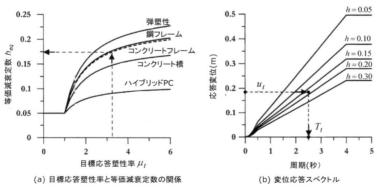

図 7.9　変位ベース静的耐震解析の基本的考え方 [P5,P7]

目標等価剛性 k_t が求められると、構造物が目標応答変位 u_t で揺れたときに生じる目標要求耐力 F_t は次のように求められる。

$$F_t = k_t u_t \tag{7.36}$$

したがって、構造物の降伏耐力 F_y を次のように求め、

$$F_y = \frac{F_t}{r\mu_t - r + 1} \tag{7.37}$$

これを満足するように部材寸法と配筋を定めるというのが、サブスティチュート変位ベース静的耐震解析法の基本的な流れである。

安定した解を求めるためには、以上のようにして求めた部材寸法と配筋から構造物の目標等価剛性（割線剛性）k_t、目標固有周期 T_t、降伏耐力 F_y を新たに求め、上記の解析を数回繰り返す必要がある。

サブスティチュート変位ベース静的耐震解析法の特徴は、構造断面の初期値を仮定して目標応答変位 u_t を求めるのではなく、目標応答変位 u_t を想定してから構造断面を定めるところにある。簡便な方法であるが、式(7.35)のように質量と減衰定数によって大きく変化する目標固有周期 T_t の 2 乗項の関数として求められる目標等価剛性 k_t の精度が、解析結果に大きな影響を与える。

また、1 基の下部構造とそれが支持する上部構造部分からなる構造系だけでなく、複数の剛性が異なる橋脚で支持された構造系に対する適用性にも注意を払っておく必要がある。

7.9 直接変位ベース静的耐震解析

1) 解析法の基本

サブスティチュート変位ベース静的耐震解析法を水平方向に空間的広がりを持つ橋に適用できるように拡張したのが直接変位ベース静的耐震解析法（Direct Displacement-based Seismic Analysis）である。いろいろなバリエーションがあるが、以下には橋を対象に Kowalsky らによって提案された方法を中心に示そう[D9,G2]。

この解析法の基本は、多自由度系としてモデル化した橋を等価1自由度系に置換し、設計変位応答スペクトルに基づいて下部構造に作用する全水平地震力を求めた後、これを下部構造の剛性に比例させて各下部構造に分配するという考え方である。

2) 解析法

この解析法を図 7.10(a)に示す 4 径間連続橋を対象に橋軸直角方向の解析に適用してみよう。P1～P3 が橋脚で、A1、A2 が橋台である。まず、桁の質量、橋脚・橋台の高さ、断面、配筋等を定め、目標応答塑性率 μ_t を 4 以下にしたり、塑性回転角 θ_p を $0.034\,rad$ 以下にするといったように目標耐震レベルを定め、各橋脚の降伏変位 u_{yi} と目標終局変位 u_{ci} の初期値を定める。解析を簡単にするために、橋脚は完全弾塑性履歴系にモデル化する。

各橋脚の割線剛性 k_i を用いて固有値解析を行い、振動モードを図 7.10(a)の点線のように求める。最も短橋脚である P_3 が耐震的にクリティカルとなるため、この橋脚の変位 u_4 を基準変位 u_c と見なし、これによって各橋脚・橋台の変位を正規化して、第 1 次近似の変位分布を求める。

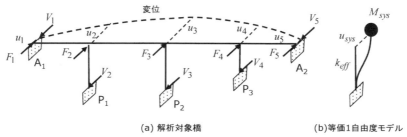

(a) 解析対象橋　　　　　(b) 等価1自由度モデル

図 7.10　直接変位ベース耐震解析によるモデル化の例

この変位分布に基づいて、**図7.10**(b)のように、橋を等価1自由度系に置換したときの等価変位 u_{sys}、等価質量 M_{sys}、等価減衰定数 h_{sys} を次式により求める。

$$u_{sys} = \frac{\sum_{i=1}^{n} m_i u_i^2}{\sum_{i=1}^{n} m_i u_i} \tag{7.38}$$

$$M_{sys} = \frac{1}{u_{sys}} \sum_{i=1}^{n} m_i u_i \tag{7.39}$$

$$h_{sys} = \sum_{i=1}^{n} \left(\frac{w_i}{\sum_k w_k} h_i \right) \tag{7.40}$$

ここで、m_i、u_i、h_i は第 i 番めの橋脚と橋台(**図7.10** の例では、$i=1$ と 5 が橋台、$i=2$、3、4 が橋脚)の、それぞれ、質量、変位、減衰定数である。w_i は第 i 番めの橋脚の高さ H_i と塑性率 μ_i に基づく重み係数で、次式により求める。

$$w_i = \begin{cases} \dfrac{1}{H_i} & \cdots\cdots\cdots\cdots\text{塑性化する橋脚} \\ \dfrac{\mu_i}{H_i} & \cdots\cdots\cdots\cdots\text{塑性化しない橋脚} \end{cases} \tag{7.41}$$

また、式(7.40)において、各橋脚の減衰定数 h_i は、目標応答塑性率 μ_t に基づいて、次式のように求める。

$$h_i = 0.05 + 0.5 \left(\frac{\mu_i - 1}{\pi \mu_t} \right) \tag{7.42}$$

図7.9(b)に示した変位応答スペクトル $S_D(T,h)$ から、等価1自由度系にモデル化した橋の変位 u_{sys}、減衰定数 h_{sys} に相当する有効固有周期 T_{eff} を求め、等価1自由度系の橋の有効剛性 K_{eff} と水平地震力(Base shear)V_B を次のように求める。

$$K_{eff} = 4\pi^2 \frac{M_{sys}}{T_{eff}^2} \tag{7.43}$$

$$V_B = K_{eff} u_{sys} \tag{7.44}$$

3) 各橋脚、橋台に作用する水平地震力の算出

以上のようにして求めた等価1自由度系に作用する水平地震力 V_B を、次式により各橋脚、橋台に作用する慣性力 F_i に分配する。

$$F_i = V_B \times \frac{m_i u_i}{\sum_{k=1}^{n} m_k u_k} \tag{7.45}$$

一般に、橋台の剛性は橋脚の剛性よりも大きく水平地震力の分担率が高いことから、式(7.44)により求めた水平地震力 V_B から橋台に作用する慣性力の和 F_{abt} を差し引いた水平地震力に基づいて、各橋脚基部に作用する水平地震力(Base shear)V_i を次のように求める。

$$V_i = (V_B - F_{abt}) \times \frac{\dfrac{\mu_i}{H_i}}{\sum_{k=1}^{n} \dfrac{\mu_k}{H_k}} \tag{7.46}$$

図7.10 の例では、F_{abt} と V_E は次のようになる。

$$F_{abt} = F_1 + F_5 \tag{7.47}$$

$$V_B = \sum_{i=2}^{4} V_i = \sum_{i=2}^{4} F_i \tag{7.48}$$

このようにして求めた各橋脚と橋台に作用する慣性力 F_i に基づいて断面を照査し、必要に応じて新たな目標変位を定める。以上のようにして計算したクリティカルな橋脚（この例では橋脚 4）の変位 u_4 が目標水平変位 u_{c4} と一致しない場合には、$u_4 = u_{c4}$ となるように変位分布を正規化し直し、上記のステップを繰り返す。

7.10　静的耐震解析と動的解析の将来

　静的解析と動的解析の距離が縮まりつつある。静的解析といえども、昔のような手計算は不可能な時代になっており、PC を用いた電算ソフトの利用が不可欠になっている。電算解析では、レーリー法に基づく近似的な固有周期や固有振動モードの解析に必要な解析時間と固有値解析に必要な解析時間に差はない。そうであれば、一々近似的な静的解析法を用いなくても、固有値解析を行う方がよほど簡単かつ正確に解析できる時代になっている。また、強震動を受けて箇所ごとに異なったレベルの塑性化が生じる構造系を静的な繰返し解析によって安定した解を求めることが難しい場合もある。

　さらに、ここに示した静的耐震解析法は主としてトップマス形式の桁橋を対象としているが、アーチ橋や吊り形式橋など 1 自由度系への近似が困難な形式の構造物もある。動的解析が手軽に実施できるようになった現在では、はじめから動的解析で耐震解析すればよいという意見も出始めている。

　それでは、今後、静的耐震解析はすべて動的解析に置き換わるかというと、そうとも言えない。この理由は、静的耐震解析のメリットは途中の解析条件や仮定を変えると、どう解析結果が変化するかを解析式に基づいて確認できることにある。動的解析では、データを入力すれば解析結果が出るが、それが不十分な場合には入力データを変化させたパラメータースタディーに陥りやすく、最後にはどうすれば目標とする解析結果が得られるかがわからないという迷路に陥りかねない。

　解析手法は今後も進化し続けていくが、これを使いこなすためには、以下の点に対する理解が求められる。

① 解析理念に対する正しい理解

　機械的に解析を重ねても構造物の耐震性を高める方向に向かうとは保証されない。むしろ細部にこだわり大局を誤るといったことが起きかねない。望ましい耐震性を持つ構造に対するイメージを身につけ、向かうべき先の見通しをしっかり持つことが重要である。

② 地震力の不確定性に対する正しい認識

　自重に抵抗することを目的とする静的解析と地震力により崩壊しないことを目的とする耐震解析の最大の違いは、耐震解析において相手とすべき外力（地震力）が自重よりもはるかに大きい上に、動的な荷重作用であるため、構造物の固有周期の変化や塑性化の進展に伴って揺れ方が大きく変化する点にある。

　したがって、解析の緻密さよりも地震力に余裕を持たせ、大局を捉えた耐震解析法を採用することが安全な構造物を設計するために重要である。

第8章 マルチヒンジ系構造の特性

8.1 はじめに

橋の静的非線形耐震解析では、塑性ヒンジが設計振動単位のどこか1箇所に生じ、これがその設計振動単位の応答に支配的な影響を与えることを前提としている。これは1つの設計振動単位を1自由度系としてモデル化しているためである。

しかし、同一の設計振動単位の中で複数箇所が塑性化したり、塑性化しなくても塑性ヒンジに相当する大きな変位を生じる構造系では、設計振動単位のモデル化に注意しておかなければならない。こうした構造をマルチヒンジ系構造と呼ぶ。マルチヒンジ系構造としてよくある例は、橋脚の他に免震支承や基礎構造物が塑性化する場合である。

マルチヒンジ系構造では、橋脚の塑性化によって生じる塑性率(部分系塑性率)と橋全体系としての塑性率(全体系塑性率)の違いをよく認識しておく必要がある。

8.2 マルチヒンジ系構造の特性

マルチヒンジ系構造の特性を知るために、図8.1のように1基の橋脚とそれが支持する上部構造部分からなる構造系を考えてみよう。

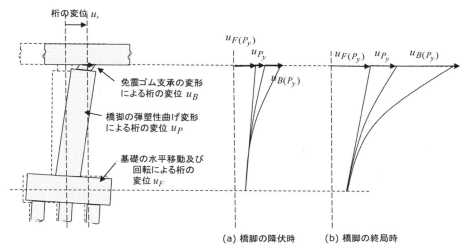

(a) 橋脚の降伏時　　(b) 橋脚の終局時

図8.1 橋脚の降伏時と終局時に桁に生じる変位

1基の下部構造と免震支承によって支持された桁からなる橋に地震力が作用したとき、桁に生じる変位 u_s は次のようになる。

$$u_s = (u_{F_s} + \theta_F h_{FD}) + (u_{P_e} + \theta_{P_p} h_{PD}) + u_B \tag{8.1}$$

ここで、u_{F_s}：基礎の並進変位、θ_F：基礎の重心まわりの回転角、h_{FD}：基礎の重心から桁までの高さ、u_{P_e}：橋脚の弾性曲げ変形によって桁に生じる水平変位、θ_{P_p}：橋脚の塑性ヒンジに生じる塑性回転角、h_{PD}：橋脚の塑性ヒンジの中心から桁までの高さ、u_B：免震支承の水平変位である。

いま、基礎と橋脚の変位によって桁に生じる変位をまとめて、次式のようにおくと、

$$u_F = u_{F_s} + \theta_F h_{FD} \tag{8.2}$$

$$u_P = u_{P_e} + \theta_{P_p} h_{PD} \tag{8.3}$$

式(8.1)は次のようになる。

$$u_S = u_F + u_P + u_B \tag{8.4}$$

図 8.2(a)～(c)に示すように、橋脚と基礎は 2 次剛性が 0 のバイリニア型履歴(完全弾塑性型)、免震支承は 2 次剛性を持つバイリニア型履歴(弾塑性型)によってモデル化し、さらに、橋脚の降伏耐力 F_{P_y}、基礎の降伏耐力 F_{F_y}、免震支承の降伏耐力 F_{B_y} の間には、関係があるとする。

$$F_{F_y} > F_{P_y} > F_{B_y} \tag{8.5}$$

これは、基礎が損傷すると橋脚の損傷以上に復旧が面倒であるため、基礎の降伏耐力 F_{F_y} を橋脚の降伏耐力 F_{P_y} よりも大きくするのがよいこと、一方、免震支承では橋脚よりも大きく塑性化してエネルギー吸収できるように免震支承の降伏耐力 F_{B_y} は橋脚の降伏耐力 F_{P_y} より小さくする必要があるためである。もし、基礎の降伏耐力 F_{F_y} が橋脚の降伏耐力 F_{P_y} と近接すると、基礎にも塑性化が生じる。これについては、8.6 に示す。

式(8.5)が成立する場合には、橋脚、基礎、免震支承、桁からなる橋全体系の履歴は図 8.2(d)のようになる。ここでは、橋全体系の降伏耐力 F_{S_y} と終局耐力 F_{S_u}、橋脚の降伏耐力 F_{P_y} と終局耐力 F_{P_u} の関係は次のようになると仮定する。

$$F_{S_y} = F_{S_u} = F_{P_y} = F_{P_u} \tag{8.6}$$

一方、橋全体系の降伏変位 u_{S_y} および終局変位 u_{S_u} は次のようになる。

$$u_{S_y} = u_{P_y} + u_{F(P_y)} + u_{B(P_y)} \tag{8.7}$$

$$\begin{aligned} u_{S_u} &= u_{P_u} + u_{F(P_u)} + u_{B(P_u)} \\ &= u_{P_u} + u_{F(P_y)} + u_{B(P_y)} \end{aligned} \tag{8.8}$$

ここで、$u_{F(P_y)}$ と $u_{B(P_y)}$ は橋脚が降伏耐力 P_y に達したときにそれぞれ基礎とゴム支承に生じる変位、$u_{F(P_u)}$ と $u_{B(P_u)}$ は橋脚が終局耐力 P_u に達したときにそれぞれ基礎とゴム支承に生じる変位である。なお、式(8.6)から $u_{F(P_u)} = u_{F(P_y)}$、$u_{B(P_u)} = u_{B(P_y)}$ である。

式(8.7)、式(8.8)より $u_{S_u} - u_{S_y} = u_{P_u} - u_{P_y}$ であり、図 8.2(a), (d)に示すように、これは橋脚の降伏から終局に至る塑性域の増分変位に相当する。これを橋脚の塑性変位 u_{P_p} として次のように定義とすると、

$$u_{P_p} = u_{P_u} - u_{P_y} \tag{8.9}$$

橋脚の終局変位 u_{P_u} および式(8.8)による橋全体系の終局変位 u_{S_u} は次のように表わされる。

$$u_{P_u} = u_{P_y} + u_{P_p} \tag{8.10}$$

$$u_{S_u} = u_{S_y} + u_{P_p} \tag{8.11}$$

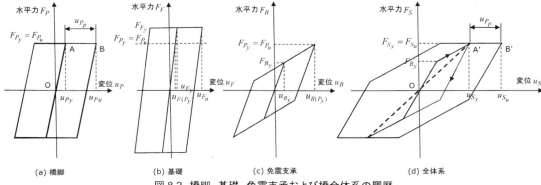

図 8.2 橋脚、基礎、免震支承および橋全体系の履歴

8.3 橋脚系応答塑性率と全体系応答塑性率

以上に基づいて、橋脚系応答塑性率 μ_P と橋全体系応答塑性率 μ_S の関係を求めてみよう。式(8.10)から、橋脚系応答塑性率 μ_P は、次式のように与えられる。

$$\mu_P = \frac{u_{P_u}}{u_{P_y}} = 1 + \frac{u_{P_p}}{u_{P_y}} \tag{8.12}$$

これを変形すると橋脚の塑性変位 u_{P_p} は次のようになる。

$$u_{P_p} = u_{P_y}(\mu_P - 1) \tag{8.13}$$

一方、橋全体系応答塑性率 μ_S は次式で与えられるから、

$$\mu_S = \frac{u_{S_u}}{u_{S_y}} \tag{8.14}$$

これに式(8.7)および式(8.8)を代入すると次のようになる[17]。

$$\mu_S = 1 + \frac{\mu_P - 1}{1 + c_f} \tag{8.15}$$

ここで、c_f を変形寄与率と呼び、次のように定義する。

$$c_f = \frac{u_{F(P_y)} + u_{B(P_y)}}{u_{P_y}} \tag{8.16}$$

変形寄与率 c_f は橋脚の降伏変位 u_{P_y} と橋脚が降伏するときに基礎および免震支承に生じる変位の和 $u_{F(P_y)} + u_{B(P_y)}$ の比を表わしている。したがって、変形寄与率 $c_f > 1$ ということは、橋脚が降伏変位 u_{P_y} に達したときに基礎および免震支承に生じる変位の和 $u_{F(P_y)} + u_{B(P_y)}$ が橋脚の降伏変位 u_{P_y} よりも大きいことを意味している。

式(8.15)から変形寄与率 c_f を変化させて $\mu_P \sim \mu_S$ の関係を示すと、図 8.3 のようになる。変形寄与率 $c_f = 0$、すなわち、橋脚が降伏したときに基礎とゴム支承は全く変形しないときには $\mu_S = \mu_P$ となるが、c_f が大きくなるにつれて μ_S は μ_P より小さくなっていく。たとえば、変形寄与率が $c_f = 1$ であれば、仮に橋脚の応答塑性率 μ_P が5であっても全体系の応答塑性率 μ_S は 3 でしかない。

すなわち、第 2 章に示した荷重低減係数 R_μ や変位増幅係数 I_μ では橋脚だけが降伏すると仮定したが、基礎や免震支承も降伏する場合には、荷重低減係数 R_μ と変位増幅係数 I_μ の評価には橋脚系応答塑性率 μ_P ではなく全体系応答塑性率 μ_S を考慮しなければならないことを示している。したがって、橋脚が大きく塑性変形しても、マルチヒンジ系構造物としての変形寄与率 c_f が大きければ荷重低減係数 R_μ や変位増幅係数 I_μ は大きな値にはならないことを意味している。

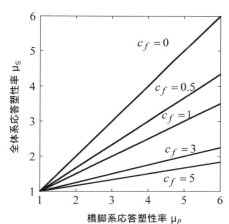

図 8.3 橋脚系応答塑性率 μ_P と全体系応答塑性率 μ_S の関係

8.4 免震支承と橋脚間のマルチヒンジ履歴

以上に示したマルチヒンジ系構造の履歴特性を繰返し載荷実験によって検証してみよう[S20]。図 8.4 に示すように、実験床に固定された橋脚とその上にセットされた免震支承によって支持された桁模型に鉛直アクチュエーターによって 160kN の一定軸力を作用させた状態で、水平アクチュエーターによって変位制御で繰返し水平力を与えてみよう。

橋脚は高さ1.75mで400mm×400mmの正方形断面を持ち、主鉄筋比 ρ_l は0.99%、帯鉄筋比（体積比） ρ_s は0.8%である。免震支承には高さ100mmで、250mm×250mmの正方形断面を持つ高減衰積層ゴム支承が用いられている。免震支承の設計変位 u_B は80mm、有効設計変位 u_{Be} は56mmである。160kNの軸力によって単位面積当たり橋脚基部には1MPa、免震支承には2.56MPaの軸応力が作用する。

橋脚と免震支承のいずれが先に降伏するかが重要であるため、これを支配するパラメータとして橋脚の降伏耐力 F_{P_y} と免震支承の降伏耐力 F_{B_y} の比 ξ_B を次式のように定義すると、

$$\xi_B = \frac{F_{B_y}}{F_{P_y}} \tag{8.17}$$

この実験では $\xi_B = 0.53$ となる。

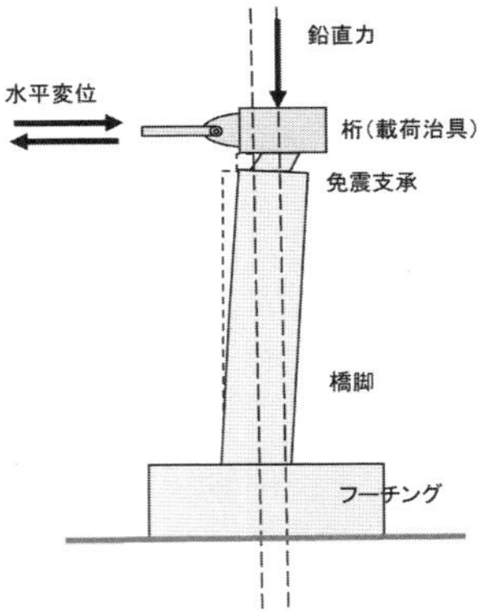

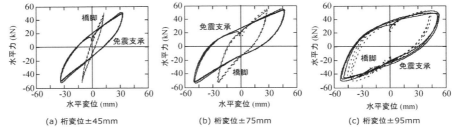

図8.4 橋脚と免震支承に支持された桁に対する繰返し載荷実験

桁の水平変位を順次大きくしていくと、橋脚と免震支承の履歴は図8.5のように変化する。ここで、(a)は桁を±45mmの変位で繰返し載荷した場合で、先行して降伏していた免震支承に追いついて橋脚も降伏し始めた状態にある。このときの橋脚の変位 u_{P_y} と免震支承の変位 $u_{B(P_y)}$ から式(8.16)によって変形寄与率 c_f を求めると2.4となる。橋脚の変形によって桁に生じる応答変位に比較して、橋脚と免震支承を合わせた変形によって桁に生じる応答変位が2.4倍あるという意味である。

(b)は桁の変位を±75mmと大きくした場合で、橋脚の変位は27mmとなり、大きく塑性化が進む。さらに(c)は桁の変位を±95mmとさらに大きくした場合で、橋脚の履歴は免震支承の履歴とほぼ同程度にまで進展する。

この実験から、橋脚と免震支承の2つの構造要素が直列に配置された構造系では、降伏耐力の低い免震支承が橋脚に先行して降伏するが、その後は橋脚の塑性化が進み、先行して降伏した免震支承の塑性化に追いつき、やがて追い越していくことがわかる。

この実験は8.2に示したマルチヒンジ系に対する考え方の通りに全体系の塑性化が進展することを示している。

図8.5 橋脚および免震支承の履歴曲線

8.5 免震支承で支持された橋の応答塑性率

以上のように、橋脚だけでなく基礎や支承も塑性化する構造系に対して、式(2.7)に示した荷重低減係数 R_μ を適用する際には、橋脚系応答塑性率 μ_P と全体系応答塑性率 μ_S のいずれを使用すべきであろうか。これを多自由度系非線形動的解析に基づいて解析してみよう[17,K48,K51]。

解析対象とするのは、図8.6に示す高さ10mの橋脚で支持された橋である。積層ゴム支承によって支持されており、弾性状態の固有周期は1.16秒である。これに図1.13に示した1995年兵庫県南部地震により神戸海洋気象台で記録された地震動を作用させて、線形および非線形動的解析を行ってみよう。

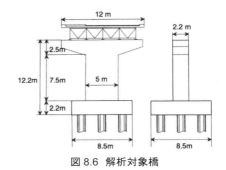

図8.6 解析対象橋

図 8.7 は非線形動的解析によって求めた桁に生じる変位(a)を、その要因別に、(b)ゴム支承のせん断変形、(c)橋脚の塑性ヒンジの回転、(d)橋脚の弾性曲げ変形、(e)基礎の回転、(f)基礎の並進に分けて示した結果である。これによれば、ゴム支承のせん断変形によって生じる桁の変位が桁に生じる変位全体の約 3/4 を占め、橋脚の弾性曲げ変形、基礎の並進や回転によって桁に生じる変位は小さい。橋脚の塑性ヒンジの残留回転角によって桁に 5cm ほど残留変位が生じるが、これが桁に生じる残留変位のほとんどを占めている。

以上は固有周期が 1.16 秒の橋に対する解析であるが、ゴム支承の剛性を変化させて橋の弾性固有周期を 0.73 秒～2.12 秒の範囲で変化させた結果が **図 8.8** である。ここでは、橋脚の弾性曲げ変形と塑性ヒンジの塑性回転角による変位をまとめて橋脚による応答、基礎の並進と回転をまとめて基礎による変位として示している。

固有周期が 1.6 秒あたりで桁の応答変位が一番大きくなるのは地震動との共振のためである。また、固有周期を短くするほどゴム支承の変形によって桁に生じる応答変位が小さくなるのは、ゴム支承の剛性が大きくなるためである。固有周期が短い領域では、橋脚の変形によって生じる桁の変位が卓越する。

桁に生じる変位に対するゴム支承と基礎の寄与度を式(8.16)による変形寄与率 c_f によって表わした結果が **図 8.9** である。長周期になるほど、すなわちゴム支承の剛性を小さくするほど、変形寄与率 c_f が大きくなるのは、式(8.16)においてゴム支承の変位 $u_{B(P_y)}$ が大きくなるためである。

この結果、**図 8.10** に示すように、橋全体系を長周期化するにつれて橋脚系応答塑性率 μ_P は小さくなり、変形寄与率 c_f が大きくなる結果、式(8.15)から全体系応答塑性率 μ_S も小さくなる。

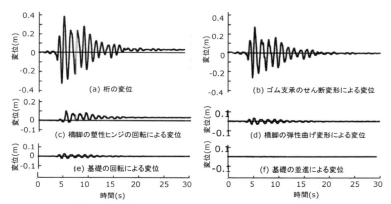

図 8.7 非線形動的解析で求めた桁の応答変位に対する各構造要素の寄与

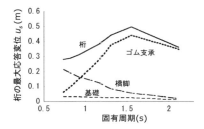

図 8.8 桁の応答変位 u_S に対する各構造要素の寄与率

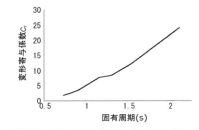

図 8.9 ゴム支承と基礎の変形寄与率 c_f

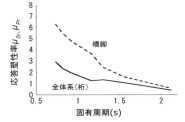

図 8.10 橋脚系応答塑性率 μ_P と全体系応答塑性率 μ_S の関係

8.6 橋脚の塑性化と基礎の塑性化のインターアクション

1) 基礎も降伏する場合

基礎の降伏耐力 F_{Fy} が橋脚の降伏耐力 F_{Py} に接近すると、基礎も降伏し始める。キャパシティーデザインから見ると、こういう構造は望ましくないが、ここではこのようにするとどのような応答になるかという視点で解析してみよう[Y3,Y4]。

解析されたのは図8.11に示す高さ10mの橋脚と積層ゴム支承によって支持され、地盤条件に応じて基礎形式を変化させたA橋とB橋である。A橋では地表下16mの砂礫層を支持地盤とし、その上に粘性土と砂質土が互層状に堆積している。フーチングは径1.2m、長さ14.9mの現場打ち杭3列×3本、計9本により支持されている。

一方、B橋では支持層となる砂礫層が地表面下33mと深く、軟質粘性土層を主体とする地盤である。フーチングは径1.2m、長さ30.3mの現場打ち杭3列×3本、計9本で支持されている。

式(1.17)によって表層地盤の固有周期 T_G を求めると、A橋では0.38秒、B橋では1.17秒となり、表1.3より地盤種別はA橋ではⅡ種地盤、B橋ではⅢ種地盤と分類される。

橋を骨組み構造物として図8.12に示すようにモデル化し、図8.13に示すように、橋脚と杭の曲げ特性、フーチング前面の地盤ばね、杭先端での地盤ばねの他、杭～周辺地盤間を結ぶ水平ばねの非線形性は弾塑性モデルで、また表層地盤はHardin-Drnevich型の双曲線モデルでモデル化する。

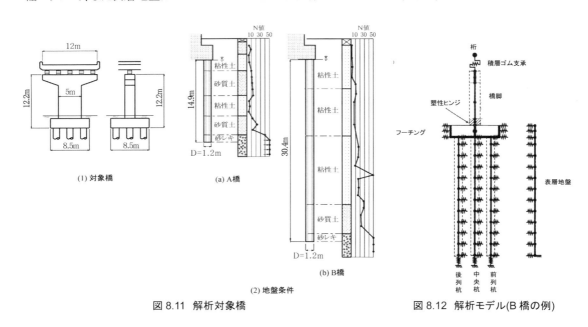

図8.11 解析対象橋   図8.12 解析モデル(B橋の例)

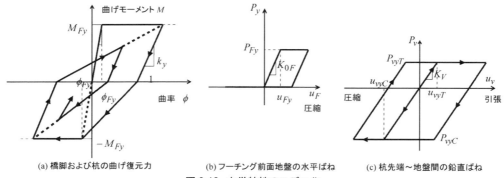

図8.13 力学特性のモデル化

基礎が降伏するレベルに近づくと、橋脚の降伏耐力 F_{Py} と基礎の降伏耐力 F_{Fy} の比が重要となるため、次のように降伏耐力比 γ_y を定義し、

$$\gamma_y = \frac{F_{Fy}}{F_{Py}} \tag{8.18}$$

γ_y を変化させて解析する。たとえば、降伏耐力比 γ_y が 2.36 の場合を対象に、プッシュオーバー解析によって橋脚とフーチングに作用する地震力を漸増させていったときに杭に生じる損傷の進展を解析した結果が図 8.14 である。A 橋では II 種地盤と平均的な地盤であるため、水平地震力を作用させると杭基礎は地盤の抵抗を受けながら曲げ変形が卓越するモードで水平変位していく。水平震度が 0.68 になると後列杭（地震動の作用方向から見て背面に位置し、引張力を受ける杭）が引張降伏して引き抜け始め、さらに水平震度が 0.85 になると前列杭が押し込みによって極限支持力に達する。

これに対して、地盤が III 種と軟質な B 橋では、杭基礎には並進運動が卓越し、水平震度が 0.72 になると前列杭が最初に杭頭で曲げ降伏し、続いて水平震度が 0.78、0.79 になるとそれぞれ後列杭、中央杭も杭頭部で曲げ降伏する。

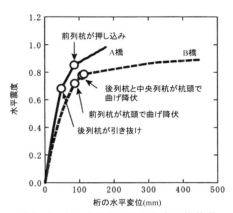

図 8.14 水平力を作用させた時の杭基礎の損傷の進展

2) 動的解析による橋脚と基礎の塑性化

以上はプッシュオーバー解析の結果であるが、動的解析に基づいて橋脚と杭の損傷がどのように進展するかを A 橋を対象に見てみよう。

まず、式(8.18)による降伏耐力比 γ_y が 2.36 の場合を対象に、桁の応答変位を求めた結果が図 8.15 である。ここには、桁の変位に寄与するそれぞれ橋脚の曲げ変形、ゴム支承のせん断変形、基礎の並進と回転によって生じる桁の変位を示している。入力地震動は 2.8 に示した方法で求めた地震応答スペクトル適合波形である。

桁の応答変位に対する寄与度は、橋脚の曲げ変形が一番大きく 356mm であるのに対して、基礎の並進と回転による変位はそれぞれ 10mm、27mm と小さい。

図 8.16 はこのときの杭頭部、杭先端、杭～地盤間の履歴である。(c)に示す後列杭～地盤間のばねがわずかに塑性化するだけで、(a)杭頭部や(b)杭先端を支持する地盤はまだ塑性化していない。したがって、降伏耐力比 γ_y が 2.36 の場合に、橋脚だけが塑性化し、杭基礎は塑性化しない。

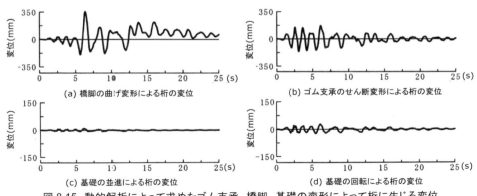

図 8.15 動的解析によって求めたゴム支承、橋脚、基礎の変形によって桁に生じる変位
（A 橋、降伏耐力比 $\gamma_y = 2.36$ の場合）

これに対して、降伏耐力比 γ_y が 1.05 と小さい場合に、桁に生じる応答変位が図 8.17 である。降伏耐力比 γ_y が上述した 2.36 から 1.05 と小さくなった結果、基礎の並進と回転によって桁に生じる変位がそれぞれ 10mm から 48mm、27mm から 159mm へと大きく増加するのに対して、橋脚の曲げ変形によって桁に生じる変位は 356mm から 148mm へと減少する。

このとき、杭頭部、杭先端、杭～地盤間ばねに生じる履歴が図 8.18 である。杭は降伏耐力比 γ_y が 2.36 と大きい場合には降伏しなかったが、降伏耐力比 γ_y が 1.05 と小さくなると杭頭部が曲げ塑性化し始め、さらに杭先端では 40mm の押し込み沈下が生じる。

なお、単に静的なつり合いに基づけば、降伏耐力比 γ_y が 1.0 を上まわれば杭は塑性化しないはずであるが、このように杭が塑性化するのは、動的解析では地盤のせん断変形による杭の変形が加わるためである。

このように、橋脚、支承、基礎構造の耐力が接近すると、橋脚だけではなく支承や基礎構造も塑性化し複雑な揺れとなる。震後の復旧を考慮すると、塑性ヒンジ化は支承と橋脚に止め、地盤ばね定数や地盤支持力の推定にばらつきが大きい基礎構造物はできるだけ降伏させないのがよい。

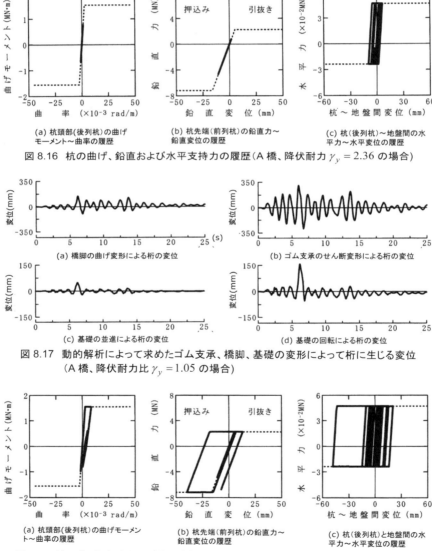

(a) 杭頭部(後列杭)の曲げモーメント～曲率の履歴
(b) 杭先端(前列杭)の鉛直力～鉛直変位の履歴
(c) 杭(後列杭)～地盤間の水平力～水平変位の履歴

図 8.16 杭の曲げ、鉛直および水平支持力の履歴(A 橋、降伏耐力 $\gamma_y = 2.36$ の場合)

(a) 橋脚の曲げ変形による桁の変位
(b) ゴム支承のせん断変形による桁の変位
(c) 基礎の並進による桁の変位
(d) 基礎の回転による桁の変位

図 8.17 動的解析によって求めたゴム支承、橋脚、基礎の変形によって桁に生じる変位
(A 橋、降伏耐力比 $\gamma_y = 1.05$ の場合)

(a) 杭頭部(後列杭)の曲げモーメント～曲率の履歴
(b) 杭先端(前列杭)の鉛直力～鉛直変位の履歴
(c) 杭(後列杭)と地盤間の水平力～水平変位の履歴

図 8.18 杭の曲げ、鉛直および水平支持力の履歴(A 橋、降伏耐力比、$\gamma_y = 1.05$ の場合)

第9章 構造系間の衝突とその影響

9.1 はじめに

　近接した構造系が強震動を受けて震動したとき、構造系間に生じる相対変位が離隔距離を上まわると衝突が起こる。衝突力は局部的に大きな変形を与えるだけではなく、構造系の振動モードや揺れの大きさを変え、構造系全体の耐震性に影響を与える。

　たとえば過去の落橋事例をみると、桁どうしあるいは桁と下部構造が衝突した結果、桁に大きな衝突力が作用して崩壊したり、衝突後のリバウンドによって桁端部が下部構造頂部から掛け落ちて落橋した場合がある[T7,K62]。これは橋だけの問題ではなく、わずかな離隔距離で隣接する建物等、異なった固有周期と震動特性を持って隣り合う構造物に共通する問題である[A3]。

　構造物の衝突を解析するためには、剛体どうしの衝突モデルを利用したり、波動論に基づく解析や衝突ばねを用いる解析等が行われる。この章では、棒の衝突を主対象に、衝突のメカニズムと動的解析モデル化、衝突が構造系の揺れに与える影響について考えてみよう。

9.2 剛体の衝突モデル

　構造系間の衝突を表わすためによく知られているのは剛体どうしの衝突である。簡単のために質量がそれぞれ m_1 と m_2、初速度が V_1 と V_2 の球体1と球体2の衝突を考えてみよう。衝突が起こる間に他の力が作用しなければ運動量保存則が適用でき、次式が成立する。

$$m_1 V_1 + m_2 V_2 = m_1 V_1' + m_2 V_2' \tag{9.1}$$

ここで、V_1'、V_2' は衝突後の球体1と球体2の速度である。式(9.1)は弾性体でなくても成立する。

　もし、2つの球体が完全弾性体で、衝突によるエネルギー吸収はないと仮定すると、次式のようにエネルギー保存則が成立する。

$$\frac{1}{2} m_1 V_1^2 + \frac{1}{2} m_2 V_2^2 = \frac{1}{2} m_1 V_1'^2 + \frac{1}{2} m_2 V_2'^2 \tag{9.2}$$

　実際には、衝突によって構造系に塑性変形が生じたり音や熱等の逸散によってエネルギー損失が生じるため、剛体どうしの衝突ではこれを反発係数 e によって次のように表わす。

$$e = -\frac{V_1' - V_2'}{V_1 - V_2} \tag{9.3}$$

このときには、衝突後の球体の速度 V_1'、V_2' は次のようになる。

$$V_1' = V_1 - (1+e)\frac{m_2(V_1 - V_2)}{m_1 + m_2}$$
$$V_2' = V_2 + (1+e)\frac{m_1(V_1 - V_2)}{m_1 + m_2} \tag{9.4}$$

　もし、$e = 1$ であれば衝突によるエネルギー吸収が起こらない完全弾性衝突であるため、簡単のため $m_1 = m_2$ とすると、等速度 V で反対向きに接近する2つの剛球($V_1 = V$、$V_2 = -V$)は、衝突後には速度が $V_1' = -V$、$V_2' = V$ と衝突前と反対になり、互いに遠ざかっていく。

　これに対して、反発係数 $e = 0$ であれば衝突による反発がまったく起こらない完全塑性衝突であるから、上記と同じ条件で接近した剛球は、衝突後には $V_1' = V_2' = 0$ となり、運動を停止する。

　このようにいろいろなモデルを動的解析に組み込めば、衝突する構造系を解析することができる。

9.3 波動論に基づく桁間衝突のメカニズム
1) 波動方程式

弾性波動論では複雑な構造系の解析はできないが、衝突がどのような過程を経て起こり、終わっていくかを知るためには重要である。単純化するため、桁を等方等質な弾性体の棒によってモデル化し、棒の衝突から接触、離反までの過程を応力波の伝播に基づいて解析してみよう[W1]。

1次元の棒を考え、x方向に伝播する応力波によって生じる棒の変位をuとすると、減衰項を無視すれば、運動方程式は次式となる。

$$\frac{\partial^2 u}{\partial t^2} = C \frac{\partial^2 u}{\partial x^2} \tag{9.5}$$

ここで、Cは波動の伝播速度であり、棒の密度をρ、弾性係数をEとすると、次式で与えられる。

$$C = \sqrt{\frac{E}{\rho}} \tag{9.6}$$

このとき、式(9.5)の解はダランベール解として、一般に次のように与えられる。

$$u = f(x + Ct) + g(x - Ct) \tag{9.7}$$

ここで、関数fは棒の負方向に伝わる波を、関数gは正方向に伝わる波を表わす。

いま、図9.1に示すように、断面積A_1、弾性係数E_1を持つ棒1が軸方向に速度V_1で、また、断面積A_2、弾性係数E_2を持つ棒2が軸方向に速度V_2で運動する場合を考えてみよう。棒1、棒2内の粒子の変位u_1およびu_2を次のように表わす。

$$u_1 = f(x + C_1 t) 、u_2 = g(x - C_2 t) \tag{9.8}$$

ここで、C_1、C_2は棒1、棒2内の波動伝播速度である。

このとき、棒内に生じる応力は次のようになる。

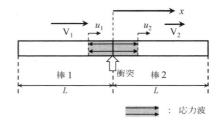

図9.1 弾性棒の衝突とそれに伴う応力波の伝搬

$$\begin{aligned}\sigma_1 &= E_1 \frac{\partial u_1}{\partial x} = E_1 f'(x + C_1 t) \\ \sigma_2 &= E_2 \frac{\partial u_2}{\partial x} = E_2 g'(x - C_2 t)\end{aligned} \tag{9.9}$$

また、棒1、棒2内の各点における速度(粒子速度)v_1、v_2は次式で表わされる。

$$\begin{aligned}v_1 &= V_1 + \frac{\partial u_1}{\partial t} = V_1 + C_1 f'(x + C_1 t) \\ v_2 &= V_2 + \frac{\partial u_2}{\partial t} = V_2 - C_2 g'(x - C_2 t)\end{aligned} \tag{9.10}$$

衝突開始時($t = 0$)には、衝突面($x = 0$)における作用力と粒子速度の連続性より、次式が成立するから

$$\begin{aligned}A_1 E_1 f'(0) &= A_2 E_2 g'(0) \\ V_1 + C_1 f'(0) &= V_2 - C_2 g'(0)\end{aligned} \tag{9.11}$$

$f'(0)$、$g'(0)$は次のように求められる。

$$\begin{aligned}f'(0) &= -\frac{A_2 E_2 (V_1 - V_2)}{A_2 E_2 C_1 + A_1 E_1 C_2} \\ g'(0) &= -\frac{A_1 E_1 (V_1 - V_2)}{A_2 E_2 C_1 + A_1 E_1 C_2}\end{aligned} \tag{9.12}$$

これは接触面における境界条件であるが、$x + C_1 t = 0$、$x - C_2 t = 0$を満足する全領域で成り立つため、次式が成立する。

$$\begin{aligned}f'(x + C_1 t) &= f'(0) ; x + C_1 t = 0 \\ g'(x - C_2 t) &= g'(0) ; x - C_2 t = 0\end{aligned} \tag{9.13}$$

式(9.12)を式(9.9)に代入すると、応力σ_1、σ_2は次のようになる。

$$\sigma_1 = -\frac{A_2 E_1 E_2 (V_1 - V_2)}{A_2 E_2 C_1 + A_1 E_1 C_2}$$
$$\sigma_2 = -\frac{A_1 E_1 E_2 (V_1 - V_2)}{A_2 E_2 C_1 + A_1 E_1 C_2} \tag{9.14}$$

また、式(9.12)を式(9.10)に代入すると、粒子速度 v_1、v_2 は次式となる。

$$v_1 = v_2 = \frac{A_1 E_1 C_2 V_1 + A_2 E_2 C_1 V_2}{A_2 E_2 C_1 + A_1 E_1 C_2} \tag{9.15}$$

2) 棒に生じる加速度および衝突力

衝突によって生じる粒子加速度を求めてみよう。**図 9.1** の右側の棒を考えると、棒内部では衝突したときには式(9.5)が成立し、初速度 $V_2 = -V_0$ で衝突すると、初期条件 ($t = 0$) として次式が成り立つ。

$$u(x,0) = 0 \,、\frac{\partial u}{\partial t}(x,0) = -V_0 \tag{9.16}$$

この条件により、式(9.5)をラプラス変換すると次のようになる。

$$\frac{d^2 \bar{u}}{dx^2} = \frac{s^2}{C^2} \bar{u} + \frac{V_0}{C^2} \tag{9.17}$$

ここで、$\bar{u}(x,s)$ は次の通りである。

$$\bar{u}(x,s) = \int_0^\infty u(x,t) e^{-st} dt \tag{9.18}$$

式(9.17)の一般解は次式のようになる。

$$\bar{u}(x,s) = A_1 e^{sx/C} + A_2 e^{-sx/C} - V_0/s^2 \tag{9.19}$$

ここで、A_1、A_2 は次の境界条件から決まる係数である。

$$x = 0 \,; \frac{\partial u}{\partial x} = -\frac{\sigma_0}{E} \text{Unit}(t)$$
$$x = l \,; \frac{\partial u}{\partial x} = -\frac{\sigma_0}{E} \text{Unit}\left(t - \frac{l}{C}\right) \tag{9.20}$$

ここで、σ_0 は衝突によって応力波として伝播する軸方向力であり、E は棒の弾性係数、関数 Unit(t) はステップ関数である。

式(9.20)をラプラス変換すると、

$$x = 0 \,; \frac{\partial \bar{u}}{\partial x} = -\frac{\sigma_0}{E} \frac{1}{s}$$
$$x = l \,; \frac{\partial \bar{u}}{\partial x} = -\frac{\sigma_0}{E} \frac{1}{s} e^{-\frac{l}{C} s} \tag{9.21}$$

となり、式(9.21)を式(9.19)に代入すると次式が得られる。

$$A_1 = 0 \,、 A_2 = \frac{C \sigma_0}{E s^2} \tag{9.22}$$

ところで、求めたいのは加速度 $\partial^2 u(x,t)/\partial t^2$ であり、これをラプラス変換すると次式となる。

$$L\left(\frac{\partial^2 u}{\partial t^2}\right) = s^2 \bar{u} - s u(x,0) - \frac{\partial u}{\partial t}(x,0)$$
$$= s^2 \bar{u} + V_0 \tag{9.23}$$

したがって、式(9.19)、式(9.21)より次のようになるから、

$$L\left(\frac{\partial^2 u}{\partial t^2}\right) = \frac{C \sigma_0}{E} e^{-sx/C}$$

次式が得られる。

$$\frac{\partial^2 u}{\partial t^2} = \frac{C\sigma_0}{E}\delta\left(t-\frac{x}{C}\right) \tag{9.24}$$

ここで、$\delta(t-x/C)$ は Dirac のデルタ関数であり、$x-Ct=0$ のときに無限大の値をとる。つまり、$x=l_s$ においては、波動が通り過ぎる瞬間(時刻 $t=l_s/C$)に加速度は無限大になる。

次に、時刻 $t=l_s/C$ において、位置 $x=l_s$ の微小区間 Δx に作用する慣性力 F_I は次のようになる。

$$\begin{aligned}
F_I &= -\rho A \frac{\partial^2 u}{\partial t^2}\Delta x = -\int_{l_s-\Delta x/2}^{l_s+\Delta x/2}\rho AC\frac{\sigma_0}{E}\delta\left(t-\frac{x}{C}\right)dx \\
&= -\rho AC\frac{\sigma_0}{E}\int_{l_s-\Delta x/2}^{l_s+\Delta x/2}\delta\left(\frac{l_s}{C}-\frac{x}{C}\right)dx \\
&= -\rho AC^2\frac{\sigma_0}{E}\int_{-\Delta s/2}^{\Delta s/2}\delta(s)ds \\
&= -A\sigma_0
\end{aligned} \tag{9.25}$$

これから、衝突によって加速度は無限大になるが、物体力としての慣性力は無限大とはならず、その絶対値は軸方向に伝播する衝撃力 $N=A\sigma_0$ と等しい。

3) 等長・等断面の弾性棒の正面衝突

等長、等断面で弾性係数が同じ 2 本の弾性棒 I、弾性棒 II が反対方向に速度 $V_1=V_0$、$V_2=-V_0$ で接近し衝突する場合を解析してみよう。この場合には、$A_1=A_2=A_0$、$E_1=E_2=E_0$、$C_1=C_2=C_0$ であるから、式(9.14)、式(9.15)より、衝突面での応力 σ_0 および粒子速度 v_0 は、

$$\sigma_0 = \frac{E_0(V_1-V_2)}{2C_0} \ 、\ v_0 = \frac{V_1+V_2}{2} \tag{9.26}$$

式(9.26)の応力波が弾性棒 I、弾性棒 II 内を伝播しそれぞれの反対面(非衝突面)に到達した瞬間に、弾性棒 I、弾性棒 II は接触したままで速度は 0 となる。

その後、非接触面で応力波は全反射して、衝突面へと戻ってくる。応力波が衝突面に到達した瞬間に、弾性棒 I の粒子速度は $-V_0$ に、また弾性棒 II の粒子速度は V_0 となり、2 つの弾性棒の接触が終わり衝突は終了する。衝突後には 2 つの弾性棒には応力波は残らない。

衝突は応力波が弾性棒の長さの 2 倍の距離を伝播する間継続するため、衝突の継続時間 T_I は次式で与えられる。

$$T_I = \frac{2L}{C_0} \tag{9.27}$$

9.4 衝突ばねを用いた離散型構造モデルにおける衝突のモデル化

離散型構造解析で衝突を表わすためによく用いられるモデルが衝突ばねである。衝突ばねは衝突現象を近似的に解析するために用いられる仮想のばねで、衝突が起こる構造系間に図 9.2 のように設けられる[T7,K5,K6,K7,K8]。

桁間の衝突を解析するためには、衝突ばね k_J は構造系間の相対変位に基づいて次のように与える。

$$k_J = \begin{cases} k_I & \cdots\cdots\Delta u \leq -u_G \\ 0 & \cdots\cdots\Delta u > -u_G \end{cases} \tag{9.28}$$

ここで、u_G は構造系間の遊間、k_I は衝突ばね k_J の剛性、Δu は構造系 2 に対する構造系 1 の相対変位であり、

$$\Delta u = u_2 - u_1 \tag{9.29}$$

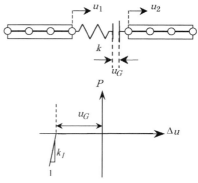

図 9.2 衝突ばねによる衝突のモデル化

このときの衝突力 P_I は次のようになる。

$$P_I = \begin{cases} k_I \Delta u_I & \cdots\cdots\cdots \Delta u \leq -u_G \\ 0 & \cdots\cdots\cdots\cdots \Delta u > -u_G \end{cases} \quad (9.30)$$

ここに、

$$\Delta u_I = \Delta u - u_G \quad (9.31)$$

衝突ばねを用いた解析では、衝突ばねの剛性 k_I を適切に選定することが重要である。弾性棒どうしの衝突の解析では、衝突ばねの剛性 k_I と棒要素の軸方向剛性 k_B の比を次のように衝突ばね剛性比 γ_I と定義し、γ_I がおおむね 1 程度となるように設定するのがよい[K5,K8,W1]。

$$\gamma_I = \frac{k_I}{k_B} = \frac{k_I L}{nEA} \approx 1 \quad (9.32)$$

ここで、E、A、L、n はそれぞれ弾性棒の弾性係数、断面積、長さ、弾性棒の要素分割数である。

衝突によりエネルギー吸収が起こる場合には、これらの特性を反映できるように式(9.28)の衝突ばねを非線形要素で表わしたり、ダンパーを取り付ければよい。

9.5 等長・等断面の弾性棒の衝突に対する衝突ばねの適用性

1) 解析条件

9.3 に示した等長、等断面で弾性係数が同じ 2 本の弾性棒 I、弾性棒 II が反対方向に速度 $V_1 = V_0$、$V_2 = -V_0$ で接近し衝突する場合を衝突ばねを用いて解析してみよう。解析では 2 本の弾性棒の弾性係数 $E_1 = E_2 = E = 100$、断面積 $A_1 = A_2 = A = 1$、単位体積質量 $\rho_1 = \rho_2 = \rho = 0.1$、長さ $L_1 = L_2 = L = 10$ とする。ここで、単位は任意のディメンジョンをとることができる。

この場合には、式(9.26)による応力 σ_0、式(9.27)による衝突継続時間 T_I は次のようになる。

$$\sigma_0 = \frac{\sqrt{10}}{10}, \quad T_I = \frac{\sqrt{10}}{5} \quad (9.33)$$

ここで、応力は引張を正、圧縮を負とする。

解析では、図 9.2 に示したように、衝突面には式(9.28)による衝突ばねを取り付け、衝突ばねの剛性 k_I は式(9.32)による衝突ばね剛性比 γ が 1 となるように定める。

また、この解析では 2 本の弾性棒は橋軸方向に拘束されていないため、弾性棒の非接触面に $k = 0.01$ という微小な剛性を持つばねを軸方向に取り付ける。これは、弾性棒を運動方向に対して無拘束にすると数値解析が不能となるためである。なお、この非接触面のばねによる弾性棒の固有周期を求めると約 20 単位時間と、衝突継続時間 T_I の約 100 倍長く、以下の解析にはほとんど影響を及ぼさない。1 本の弾性棒は 10 個の線形はり要素でモデル化し、積分時間間隔 Δt は式(9.33)による衝突継続時間 T_I の $\sqrt{10}/2000$ 倍と十分小さくする。

2) 弾性棒に生じる応力と粒子速度

9.3 による厳密解から求めた衝突によって 2 本の弾性棒に生じる応力と粒子速度を示すと、図 9.3 のようになる。ここでは、式(9.33)で求められる衝突継続時間 T_I を 0.2 単位時間として、0.05 単位時間ごとの応答を示している。また、後述する衝突ばねを用いた動的解析結果も比較のために示している。

まず、弾性波動論によれば、衝突と同時に圧縮応力波が弾性棒 I、弾性棒 II の中を伝播し始め、これにつれて圧縮応力領域が広がり、0.1 単位時間後には非衝突面に達する。その後、圧縮応力波の全反射によって非衝突面から引張応力波が伝播していき、圧縮応力が徐々に解放されていく。0.2 単位時間後に引張応力波が衝突面に到達し、すべての領域で圧縮応力がゼロになった瞬間に衝突は終了する。

衝突ばねを用いて解析した結果は、応力フロントにおける応力勾配が厳密解のようにシャープではないが、衝突の特徴をよく表わしている。

次に、衝突面における弾性棒の応力および粒子速度が時間的にどのように変化するかを示すと図 9.4 のよ

うになる。厳密解では、衝突継続時間 T_I (0.2 単位時間)の間、応力は式(9.33)による $-\sigma_0$ の値を保つ。また、弾性棒Iの速度は衝突前の V_0 から衝突した瞬間にゼロになり、衝突継続時間 T_I の間はそのままゼロの値を保った後、衝突継続時間 T_I に達した瞬間に $-V_0$ になる。

これに対して動的解析では、応力、速度ともに厳密解のまわりを小刻みに振動するが、全体としてこれらの特徴をよく表わしている。

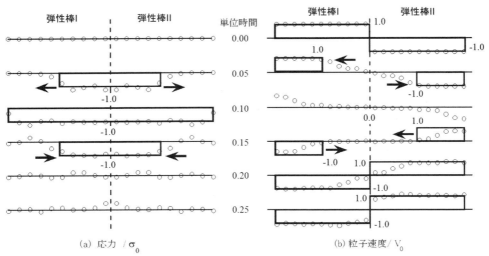

(a) 応力 / σ_0

(b) 粒子速度 / V_0

図 9.3 等長、等断面の2本の棒の衝突、接触、離反の過程における応力波の伝播と粒子速度の変化

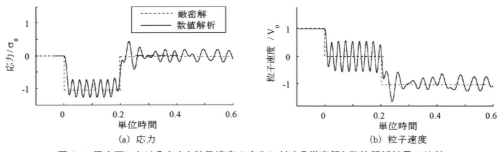

(a) 応力

(b) 粒子速度

図 9.4 衝突面における応力と粒子速度の変化に対する厳密解と数値解析結果の比較

3) 衝突ばね剛性の影響

式(9.32)による衝突ばね剛性比 γ を 0.1〜100 の範囲で変化させた場合の弾性棒間に生じる相対変位が図 9.5 である。衝突ばね剛性比 γ が 0.1 と小さい場合には明らかに2つの弾性棒間に生じるオーバーラップが大き過ぎ、衝突継続時間も長くなり過ぎるため、衝突現象を表わすためには不適当である。衝突ばね剛性比 γ を 1 程度以上に大きくしていくと接触面において接触と離反を小刻みに繰り返すが、オーバーラップは次第に小さくなり、衝突継続時間も正解に近づいていく。

一方、図 9.6 は衝突面に生じる衝突応力である。衝突ばね剛性比 γ が 0.1 と小さい場合には衝突応力の時間的変化が緩やか過ぎるが、衝突ばね剛性比 γ を 1.0 程度にすると衝突応力の値やその時間的変化は正解値をよく近似するようになる。ただし、衝突ばね剛性比 γ を大きくし過ぎると、数値解が不安定となることもある。このような点から、衝突ばね剛性比 γ は式(9.32)のように与えるのがよい。

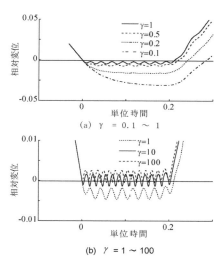
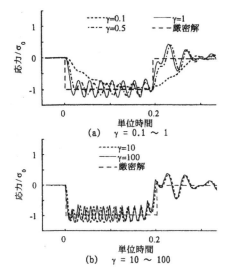

図 9.5 衝突時の相対変位に及ぼす剛性比 γ の影響　　図 9.6 衝突面に作用する衝突応力に及ぼす剛性比 γ の影響

9.6 不等長の弾性棒が追突する場合

以上は等長の弾性棒どうしの衝突であるが、不等長の弾性棒 I が弾性棒 II に追突する場合には、もっと複雑な応答となる。いま、弾性棒 I の長さを $L = 10$ 単位、弾性棒 II の長さを $2L = 20$ 単位とし、初速度を $V_1 = 2V_0$、$V_2 = V_0$ とする。他の条件は等長の弾性棒の正面衝突の解析と同じとし、$V_0 = 0.1$ とする。

波動論によれば、衝突継続時間は長い弾性棒 II 内を応力波が 1 往復するに要する時間であり、次式のようになる。

$$T_I = 4L / C_0 = 2\sqrt{10} / 5 \tag{9.34}$$

ここでは、前述した等長の弾性棒の解析との比較を容易にするため、式(9.27)による衝突継続時間を 0.2 単位時間として結果を示す。したがって、式(9.34)による衝突継続時間は 0.4 単位時間となる。

図 9.7 は厳密解による衝突時の応力波の伝播と粒子速度の変化を、また、図 9.8、図 9.9 は衝突面における応力および粒子速度の時間変化を示している。ここには後述する衝突ばね剛性比 $\gamma = 1.0$ として解析した結果も示している。

これらによれば、弾性棒 I と弾性棒 II が衝突した瞬間に圧縮応力波が発生し、この圧縮応力波が到達すると粒子速度は弾性棒 I では $V_0 / 2$ だけ減少し、弾性棒 II では $V_0 / 2$ だけ増加する。0.1 単位時間に、弾性棒 I では非衝突面で圧縮応力波が全反射して引張応力波として戻り始めると、さらに $V_0 / 2$ だけ粒子速度が減少する。この結果、応力波が弾性棒 I 内を一往復した時点(0.2 単位時間)で弾性棒 I の全領域において粒子速度は $2V_0$ から V_0 に変化し、応力はゼロとなる。

一方、この瞬間(0.2 単位時間)には、弾性棒 II では圧縮応力波が非衝突面に達し、弾性棒 II の全領域にわたって粒子速度は V_0 から $1.5V_0$ に変化する。粒子速度だけをみれば、この瞬間に 2 本の弾性棒の衝突は終了してもよさそうであるが、弾性棒 II の衝突面はまだ圧縮応力状態にあるため、弾性棒 I と弾性棒 II の接触は保たれたままとなる。

結局、0.4 単位時間になり、再び弾性棒 I の全領域で粒子速度が V_0、弾性棒 II の全領域で粒子速度が $1.5V_0$ となった瞬間に弾性棒 I と弾性棒 II の衝突は終了する。この瞬間には、弾性棒 I の全域で応力はゼロとなり、弾性棒 II の全域で応力は引張となるためである。

なお、図 9.3 に示した等長の弾性棒どうしの衝突の場合とは異なり、この場合には衝突終了後も弾性棒 II には応力波が残る。このため、弾性棒 II は伸び縮みを続けながら、平均的には $1.5V_0$ の粒子速度で弾性棒 I から離れていく。

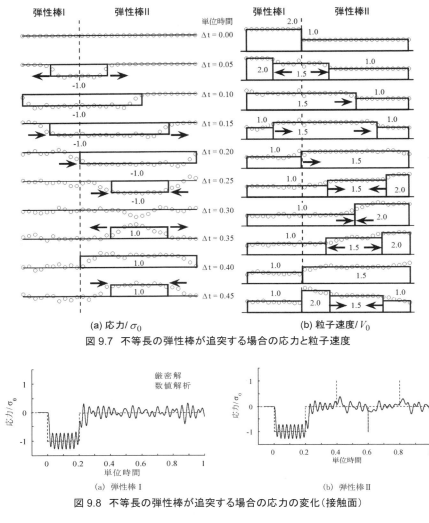

(a) 応力/σ_0 (b) 粒子速度/V_0

図 9.7 不等長の弾性棒が追突する場合の応力と粒子速度

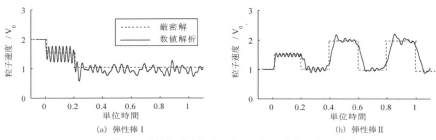

(a) 弾性棒 I   (b) 弾性棒 II

図 9.8 不等長の弾性棒が追突する場合の応力の変化（接触面）

(a) 弾性棒 I   (b) 弾性棒 II

図 9.9 不等長の弾性棒が追突する場合の粒子速度の変化（接触面）

図 9.10 は衝突ばねを用いて解析した接近、衝突、離反の過程における衝突面での弾性棒 I と弾性棒 II 間の相対変位である。動的解析では約 0.2 単位時間以降、弾性棒 I と弾性棒 II 間の相対変位は正となっており、弾性棒 I と弾性棒 II が離れたままになっている。しかし、相対変位はごくわずかであり、0.4 単位時間後には 2 つの弾性棒は本格的に離れていく。

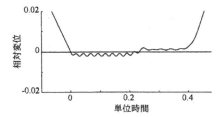

図 9.10 不等長の弾性棒が衝突する場合の衝突面での弾性棒 I～弾性棒 II 間の相対変位

以上からわかるように、衝突ばねを用いた動的解析結果は、弾性棒に生じる応力、粒子速度の変化ともに、波動論による厳密解の特徴をよく捉えている。

9.7 剛体の衝突との違い

剛体の衝突は衝突ばねを用いた動的解析結果も含めて、弾性波動論から求められる弾性体の衝突とは異なる結果を与える。

まず、9.5 に示した等長、等断面の弾性棒の衝突から見てみよう。$m = \rho A L$ とおくと、衝突直前に弾性棒 I と弾性棒 II が持っていた系全体の運動エネルギーと運動量はそれぞれ mV_0^2、0 である。衝突直後には、運動エネルギーと運動量はそれぞれ mV_0^2、0 であるから、この場合には運動エネルギー、運動量ともに保存されている。

これに対して、9.6 に示した不等長の弾性棒の衝突では、もしこれを剛体の弾性衝突と仮定すると、運動量保存則は次式のようになる。

$$m \cdot 2V_0 + 2m \cdot V_0 = m \cdot V_1' + 2m \cdot V_2'$$

したがって、

$$V_1' = 4V_0 - 2V_2' \tag{9.35}$$

であり、完全弾性衝突の場合には反発係数 $e = 1$ とすると、$e = (V_2' - V_1')/(V_0 - 2V_0) = 1$ であるから、次式が得られる。

$$V_1' = V_2' - V_0 \tag{9.36}$$

これより、衝突後の弾性棒 I、弾性棒 II の速度はそれぞれ $V_1' = 2/3 \cdot V_0$、$V_2' = 5/3 \cdot V_0$ となる。

衝突直前に弾性棒 I と弾性棒 II が持っていた運動エネルギー E および運動量 P はそれぞれ $3mV_0^2$、$4mV_0$ である。一方、剛体の衝突では、衝突後の運動エネルギー E と運動量 P は次のようになる。

$$E = \frac{1}{2}m\left(\frac{2}{3}V_0\right)^2 + \frac{1}{2}2m\left(\frac{5}{3}V_0\right)^2 = 3mV_0^2 \tag{9.37}$$

$$P = m\frac{2}{3}V_0 + 2m\frac{5}{3}V_0 = 4mV_0 \tag{9.38}$$

したがって、この場合には運動エネルギー、運動量ともに保存されていることになる。

これに対して、9.6 に示した弾性波動論では、衝突後の運動エネルギー E と運動量 P は次のようになる。

$$E = \frac{1}{2}mV_0^2 + \frac{1}{2}2m\left(\frac{3}{2}V_0\right)^2 = \frac{11}{4}mV_0^2 \tag{9.39}$$

$$P = mV_0 + 2m\frac{3}{2}V_0 = 4mV_0 \tag{9.40}$$

したがって、この場合には運動量保存則は成立するが、運動エネルギーは式(9.37)による剛体の衝突の場合より $1/4 \cdot mV_0^2$ だけ小さくなり、運動エネルギー保存則は成立しない。これは、図 9.7 に示したように、衝突後に弾性棒 II には振動に伴う運動エネルギーが残るためである。9.5 に示した等長で速度が V_0 と $-V_0$ の弾性棒の衝突のように、特殊な例でしか運動エネルギー保存則は成立しない。

9.8 模型震動実験に基づく衝突ばねモデルの検証

1) 固有周期の近い桁どうしの衝突（ケース 1）

衝突ばねモデルの適用性を模型橋を用いた震動実験に基づいて検討してみよう[K54]。対象とするのは図 9.11 に示す桁 1 と桁 2 からなる模型橋である。模型は鋼材で造られており、桁 1 および桁 2 は長さ 1m、幅 0.3 m、厚さ 9mm の鋼板である。橋脚は山形鋼を介して桁と固定されている。桁 2 には重りが載せられ、固有周期は 0.422 秒と桁 1 の固有周期 0.357 秒より約 16%長い。

鋼材で製作されたままの模型橋では減衰定数が小さ過ぎるため、橋脚に小型粘性ダンパーを取り付けて、

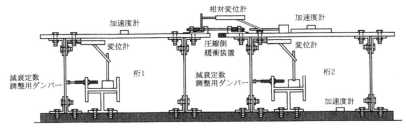

図 9.11 桁 1、桁 2 からなる模型橋

模型橋の減衰定数を約 0.05 としている。桁 1 と桁 2 間の遊間はほぼ 2.5mm である。

この模型橋を震動台により橋軸方向に加震した。入力は図 1.13 に示した 1995 年兵庫県南部地震の際に神戸海洋気象台で観測された NS 成分記録である。

模型橋の揺れを図 9.12 に示す。ここには後述する衝突ばねを用いた動的解析結果も示している。桁 1〜桁 2 間の相対変位が (c) である。これが桁遊間の -2.5mm より小さくならないのは、桁間衝突のためである。↑印で示すように、桁 1、桁 2 間には合計 9 回の衝突が生じている。

(a) および (b) にも 9 回の衝突が生じた瞬間を×で示している。衝突は、固有周期が 0.357 秒と短い桁 1 が左側(負側)に大きく揺れた瞬間かその直前に、固有周期が 0.421 秒と長い桁 2 が追突するか、あるいは桁 1 が右側に戻り始めた段階で桁 2 が衝突する形で起こっている。

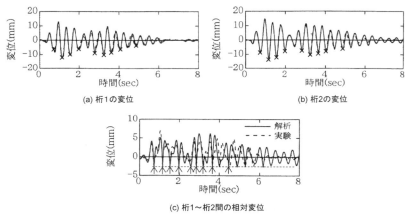

図 9.12 固有周期の近い桁 1 と桁 2 の衝突(ケース 1)

2) 固有周期が大きく異なる桁どうしの衝突(ケース 2)

上記の模型の右側の桁(桁 2)を厚さ 9mm から 44mm の鋼板に入れ替え、桁 2 の固有周期を 0.718 秒と、桁 1 の約 2 倍にしてみよう。桁間には図 9.13 に示す衝突の影響を緩和する衝突緩衝装置と過度な桁間の開きを拘束する桁端連結構造が取り付けられている。衝突緩衝装置の平均遊間は 2.5mm、桁端連結構造の平均遊間は 3.5mm である。

この模型の揺れが図 9.14 である。(a) および (b) に示すように、桁間衝突は合計 14 回(図中の×印)生じ、桁端連結構造は 12 回(図中の○印)作動した。桁端連結構造は、桁 2 の変位が正側(右側)にピークとなる前後に作動するのに対して、桁 1 では変位が正側に最大となる前後だけでなく、ゼロに近い場合にも作動する。

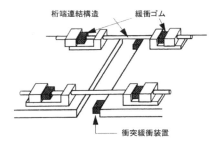

図 9.13 衝突緩衝装置と桁端連結構造

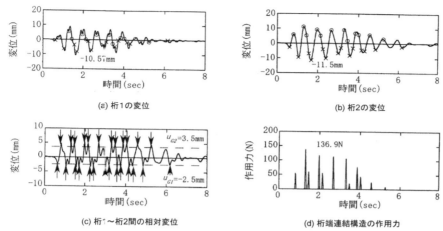

図 9.14 固有周期が大きく異なる桁1と桁 2 の応答（×および↑は桁間衝突、○は桁間連結装置の作動）（ケース2）

これは次のような経過によるものである。すなわち、桁端連結構造が作動した 4 回めから 6 回めを含む 1.6〜2.6 秒間の応答を拡大すると、図 9.15 のようになる。桁 1 は時刻 1.895 秒で右側（正側）に 6.33mm のピーク応答に達した後、左向きに揺れ、変位が 3.80mm まで戻った時刻 1.955 秒（点 4）に桁端連結構造が作動して桁 2 に右側に引っ張られた。

この結果、桁 1 は再び右側に揺れた後、変位がおおむね 0 に戻ってきた時刻 2.13 秒（点 5）に、再び桁端連結構造が作動して桁 2 に右側に引っ張られた。さらに、この直後の時刻 2.26 秒（点 6）には、桁 2 が桁 1 に追突したため、桁 1 は左側に揺れた後、右に揺れ始めた時刻 2.40 秒（点 7）に再び桁 2 が桁 1 に衝突した。

このように、質量が大きく異なる 2 つの桁は衝突と桁端連結構造の作動によって、軽い方の桁 1 と重い方の桁 2 が互いに押したり引っ張られたりしあって複雑に震動する。なお、桁端連結構造は、桁 1 と桁 2 が大きく開いた後、正面衝突する機会を減らすという重要な働きも持っている。

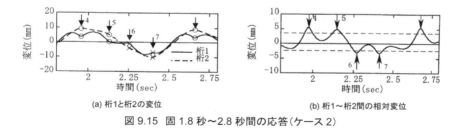

図 9.15 固 1.8 秒〜2.8 秒間の応答（ケース 2）

3) 衝突ばねを用いた動的解析

以上の 2 ケースの揺れを衝突ばねを用いた動的解析によって解析してみよう。衝突ばねは式(9.28)により与え、衝突ばね剛性 k_I は式(9.32)による衝突ばね剛性比 $\gamma_I \approx 1.0$ となるように定める。

また、衝突緩衝装置および桁端連結構造の剛性 k_J とその復元力 F_J は次式のように与える。

$$k_J = \begin{cases} \tilde{k}_{Gc} & \cdots\cdots\cdots\cdots \Delta u < -u_{Gc} \\ 0 & \cdots\cdots\cdots -u_{Gc} \leq \Delta u \leq u_{Gt} \\ \tilde{k}_{Gt} & \cdots\cdots\cdots\cdots u_{Gt} < \Delta u \end{cases} \quad (9.41)$$

$$F_J = \begin{cases} \tilde{k}_{Gc}(\Delta u - u_{Gc}) & \cdots\cdots\cdots \Delta u < -u_{Gc} \\ 0 & \cdots\cdots\cdots -u_{Gc} \leq \Delta u \leq u_{Gt} \\ \tilde{k}_{Gt}(\Delta u - u_{Gt}) & \cdots\cdots\cdots u_{Gt} < \Delta u \end{cases} \quad (9.42)$$

ここで、$\tilde{k}_{Gc}$：衝突緩衝装置の剛性、$\tilde{k}_{Gt}$：桁端連結構造の緩衝ゴムの剛性、u_{Gc}、u_{Gt}：それぞれ衝突緩衝装置と桁端連結構造の遊間、Δu：式(9.29)による桁1、桁2間の相対変位である。

桁1と桁2の固有周期が近い場合（ケース1）に対して動的解析を行った結果は、実験結果と比較して前出の図9.12(c)に示している。桁1と桁2の応答変位だけでなく桁1～桁2間の相対変位に対しても桁衝突の影響をよく表わしている。

一方、桁1と桁2の固有周期差が大きい場合（ケース2）の動的解析結果を実験値と比較すると、図9.16のようになる。図9.12に示したケース1よりも複雑な衝突メカニズムであり、桁間衝突に加えて桁端連結構造の影響も受けるが、桁1～桁2間の相対変位や桁端連結構造の作用力がよく再現されている。

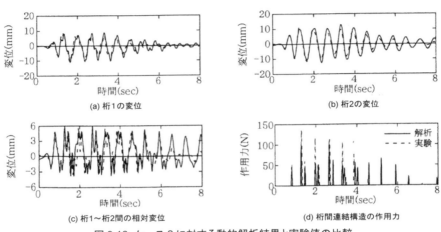

図9.16 ケース2に対する動的解析結果と実験値の比較

9.9 桁衝突を考慮した相対変位応答スペクトル

1) 衝突を考慮した相対変位応答スペクトルの定義

異なった固有周期を持つ2つの構造系間に生じる相対変位がどのような特性を持つかは2.9の相対変位応答スペクトルに示した通りである。この解析では、構造系1と構造系2間の距離が縮まっても両者は衝突することはないと仮定されているが、実際には強震動の作用下では衝突が起きる場合が多い。衝突によるリバウンドによって構造系1と構造系2間が開き過ぎると、橋であれば桁が下部構造頂部から逸脱することにつながる。ここでは、衝突によるリバウンドを含めて、構造系1と構造系2間の距離が広がる側の応答に着目してみよう。

図2.27に示した2質点系モデルにおいて構造系1と構造系2の応答変位をそれぞれ $u_1(T_1,h,t)$、$u_2(T_2,h,t)$ としたとき、両者間が閉じる方向の相対変位 $\Delta u(T_1,T_2,h,t)$ が構造系1と構造系2間の遊間 Δ_G に達すると衝突が起きる。したがって、いま、遊間比 r_G を次のように定義する。

$$r_G = \frac{\Delta_G}{\{\Delta u(T_1,T_2,h,t)\}_{\max}} \quad (9.43)$$

ここで、

$$\Delta u(T_1,T_2,h,t) = u_1(T_1,h,t) - u_2(T_2,h,t) \quad (9.44)$$

構造系1と構造系2は遊間比 $r_G \geq 1$ であれば衝突しないが、遊間比 $r_G < 1$ では衝突する。

衝突が起きる場合には構造系間の質量の比が重要となるため、質量比 r_M を次のように定義する。

$$r_M = \frac{m_2}{m_1} \quad (9.45)$$

以上のようにして、構造系1と構造系2の固有周期 T_1、T_2 をいろいろ変化させて両者間が開く側に生じる最大相対変位を解析した結果を、衝突を考慮した相対変位応答スペクトル $\Delta S_{DP}(T_1,T_2,\Delta_G,h)$ と呼ぶ。また、衝突を考慮した相対変位応答スペクトル $\Delta S_{DP}(T_1,T_2,r_G,r_M,h)$ を2.9に示した式(2.43)による衝突が起こらないと

きの相対変位応答スペクトル $\Delta S_D(T_1,T_2,h)$ によって次のように正規化し、

$$N_{DP}(T_1,T_2,r_G,r_M) = \frac{\Delta S_{DP}(T_1,T_2,r_G,r_M,h)}{\Delta S_D(T_1,T_2,h)} \tag{9.46}$$

この N_{DP} を正規化した衝突を考慮した相対変位応答スペクトルと呼ぶ[R6]。N_{RD} は衝突を考慮することによる相対変位応答スペクトルの増減の度合いを表わしており、衝突が起こらない場合 ($r_G>1.0$) には $N_{RD}=1.0$ であるが、衝突が起こる ($r_G\leq 1$) と、固有周期の組み合わせに応じて N_{RD} は 1.0 以上となったり 1.0 以下となる。

以下の解析では、簡単のため、減衰定数 h は構造系 1、構造系 2 とも 0.05 と仮定する。

なお、9.7 に示したように、剛体どうしの衝突では運動量保存則は成立するが運動エネルギー保存則は成立しないため、厳密には N_{DP} は弾性構造物どうしの衝突を表わさないが、ここではこの影響は小さいと見なして考慮しない。

以上のような簡単な原理モデルの特徴は、多数の理想化された構造モデルを用いて衝突の影響を俯瞰的に見ることができることにある。

2) 正規化した衝突を考慮した相対変位応答スペクトルの特性

正規化した衝突を考慮した相対変位応答スペクトル N_{DP} がどのような特性を持つかを、図 1.13 に示した 1995 年兵庫県南部地震による神戸海洋気象台記録を対象に見てみよう。

まず、構造系間で衝突が起こらない場合の相対変位、すなわち式(2.43)による相対変位応答スペクトル ΔS_D を求めた結果が図 9.17 である。ここでは、構造系 1 と 2 の固有周期 T_1、T_2 を 0.05～3 秒の範囲で変化させており、質量比 $r_M=1$ としている。この図から以下の 3 点の特性があることがわかる。

(a) それぞれ T_1 軸 ($T_2=0$)、T_2 軸 ($T_1=0$) に沿う $\Delta S_D(T_1,T_2=0)$ と $\Delta S_D(T_1=0,T_2)$ は、それぞれ、2.9 に示した地震動 1、地震動 2 の相対変位応答スペクトル ΔS_D を表わしている。

(b) $T_1=T_2$ の線上では、相対変位応答スペクトル ΔS_D は 0 となる。構造系 1 と構造系 2 の固有周期が同じであれば、相対変位は生じないためである。

(c) $T_1=T_2$ の線をはさんで、相対変位応答スペクトル ΔS_D はおおむね対称形となるが、完全には対称とならない。これは、式(9.44)による相対変位 Δu は、構造系 1 と構造系 2 間が開く側の値 ($\Delta u(T_1,T_2,h,t\geq 0)$) を考えているためである。$\Delta S_D$ が最も大きくなるのは $T_1=3$ 秒、$T_2=1.4$ 秒あたりで、0.65m 程度となる。

このような点を頭に置いて、衝突を考慮した相対変位応答スペクトル ΔS_{DP} を求めた結果が図 9.18(a)である。ここでは、遊間比 r_G が 0.5、質量比 r_M が 1.0 の場合を示している。図 9.17 に示した相対変位応答スペクトル ΔS_D と比較すると、衝突の影響によって全般的に相対変位は大きくなる。質量比 $r_M=1.0$ であるため、図 9.17 に示した相対変位応答スペクトル ΔS_D と同じように、$T_1=T_2$ となる線をはさんで ΔS_{DP} もおおむね対称形となる。最も ΔS_{DP} が大きくなるのは $T_1=3$ 秒、$T_2=0.9$ 秒あたりで、1.15m 程度となる。上述した図 9.17 とは最大値が生じる固有周期の組み合わせが異なるが、最大値だけを比較すると相対変位は 1.8 倍程度に増加する。衝突を考慮することによって、構造系 1 と構造系 2 間に生じる相対変位が増加することがわかる。

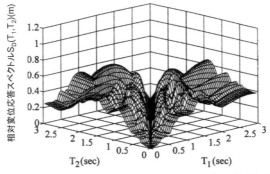

図 9.17 相対変位応答スペクトル $\Delta S_D(T_1,T_2,h=0.05)$（神戸海洋気象台記録）

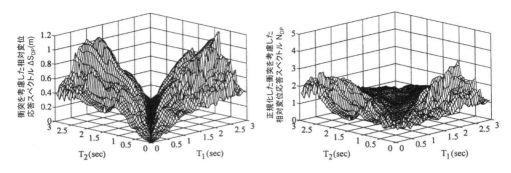

(a) 衝突を考慮した相対変位応答変位スペクトル ΔS_{DP} (b) 正規化した衝突を考慮した相対変位応答変位スペクトル N_{DP}

図 9.18 衝突を考慮した相対変位応答スペクトル ΔS_{DP} および正規化した衝突を考慮した相対変位応答スペクトル N_{DP}（神戸海洋気象台記録、r_G=0.5、r_M=1）

式(9.46)によって、ΔS_{DP} を正規化した衝突を考慮した相対変位応答スペクトル N_{DP} として示した結果が図 9.18(b)である。$T_1 = T_2$ 線上では $\Delta S_D = 0$ となるため本来は N_{DP} は無限大となるが、ここでは、$T_1 = T_2$ 線の両側の直近の値どうしを結んだ結果を示している。遊間比が $r_G \geq 1$ となる箇所では衝突が起こらないため、$N_{DP} = 1.0$ となるが、$2 < T_1 < 3$ 秒、$0.5 < T_2 < 1.5$ 秒の範囲では N_{DP} は 2 以上と大きくなる。

3) 正規化した衝突を考慮した相対変位応答スペクトルに与える影響

正規化した衝突を考慮した相対変位応答スペクトル $N_{DP}(T_1,T_2,r_G,r_M)$ に影響するパラメーターは式(9.43)による遊間比 r_G と式(9.45)による質量比 r_M である。これらが N_{DP} に与える影響を、1995 年兵庫県南部地震による神戸海洋気象台記録に対して求めた結果が図 9.19 である。

ここで、(a)は $r_M =1$ としたまま、遊間比 r_G を 0.2 と小さくした場合、(b)は $r_G = 0.5$ としたまま、質量比 r_M を 10 と大きくした場合である。図 9.18(a)に示した $r_G = 0.5$ の場合と比較すると、$r_G = 0.2$ と小さくすることにより、全般的に相対変位 N_{DP} が大きくなる。これは、衝突によるリバウンドの影響である。

また、図 9.18(b)に示した $r_M =1$ の場合と比較すると、$r_M = 10$ と大きい場合には $T_1 > T_2$ の領域では N_{DP} は大きくなり、反対に $T_1 < T_2$ の領域では N_{DP} は小さくなる。これは質量比 r_M が大きくなるにつれて、衝突により質量の小さいマスが質量の大きいマスにはね飛ばされる結果、相対変位が大きくなるためである。

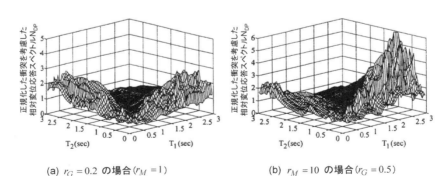

(a) $r_G = 0.2$ の場合（$r_M =1$） (b) $r_M = 10$ の場合（$r_G = 0.5$）

図 9.19 正規化した衝突を考慮した相対変位応答スペクトル N_{DP} に対する遊間比 r_G と質量比 r_M の影響（神戸海洋気象台記録）

4) 多数の強震記録に基づく正規化した衝突を考慮した相対変位応答スペクトル

2.9 の解析に用いられた 63 成分の強震記録に 1995 年兵庫県南部地震等の記録を加えて、マグニチュードが 6.5〜7.9 の地震による 80 成分の強震記録に対する正規化した衝突を考慮した相対変位応答スペクトル N_{DP} の平均値を求めた結果が図 9.20 である[R6]。ここでは、遊間比 r_G が 0〜0.6 の範囲では遊間比 r_G による

N_{DP} の変化が小さいことから、この範囲における N_{DP} の平均値を質量比 r_M が 1.0 と 10.0 の場合について示している。以下、これを $N_{DP}(T_1,T_2,r_G=0-0.6,r_M)$ と表わす。

図 9.20 で重要な点は、$T_1=T_2$ の線に近い領域では $N_{DP}(T_1,T_2,r_G=0-0.6,r_M)$ が 1.0 以下と、衝突の影響が小さいことである。これは、固有周期 T_1 と T_2 が近い構造物間には衝突が起こりにくいためである。

衝突の影響が大きい $N_{DP}(T_1,T_2,r_G=0-0.6,r_M)>1$ となる領域を示すと**図 9.21** のようになる。ここでは $T_1>T_2$ の範囲のみを示しているが、$T_1=T_2$ の線をはさんで線対称となる $T_1<T_2$ の範囲にも $N_{DP}(T_1,T_2,r_G=0-0.6,r_M)>1$ となる領域がある。$N_{DP}(T_1,T_2,r_G=0-0.6,r_M)$ が 1 よりも大きくなる境界線は、おおむね次式のように与えられる。

$$\frac{T_2}{T_1}=0.62+0.15\log_{10}r_M \tag{9.47}$$

この境界線を超える領域では、$N_{DP}(T_1,T_2,r_G=0-0.6,r_M)$ はおおむね次のように与えられる。

$$N_{DP}(T_1,T_2,r_G=0-0.6,r_M)=c_G\left\{c_M\left(2.4-2.1\frac{T_2}{T_1}\right)-1\right\}\frac{T_1}{3}+1 \tag{9.48}$$

ここで、c_G は遊間比による補正係数、c_M は質量比による補正係数であり、それぞれ次のように与えられる。

$$c_G=\begin{cases}1.0\cdots\cdots\cdots\cdots\cdots\cdots\cdots\cdots\cdots\cdots 0\le r_G<0.6\\1.0-5.3(r_G-0.6)^{1.82}\cdots\cdots 0.6\le r_G<1.0\\0\cdots\cdots\cdots\cdots\cdots\cdots\cdots\cdots\cdots\cdots\cdots r_G\ge 1.0\end{cases} \tag{9.49}$$

$$c_M=\begin{cases}1+6(c_{M1}-1)\dfrac{T_2}{T_1}\cdots\cdots\cdots\cdots\cdots\cdots 0\le \dfrac{3T_2}{T_1}<0.5\\c_{M1}+(c_{M2}-c_{M1})\left(\dfrac{3T_2}{T_1}-0.5\right)\cdots\cdots 0.5\le \dfrac{3T_2}{T_1}<1.5\\1+\dfrac{c_{M2}-1}{2.25}\left(\dfrac{3T_2}{T_1}-3\right)^2\cdots\cdots\cdots\cdots 1.5\le \dfrac{3T_2}{T_1}<3.0\end{cases} \tag{9.50}$$

ここで、

$$c_{M1}=\frac{2}{2-\log_{10}r_M},\quad c_{M2}=\frac{2}{2-\log_{10}r_M-0.17(\log_{10}r_M)^2} \tag{9.51}$$

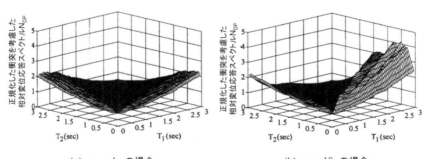

(a) $r_M=1$ の場合   (b) $r_M=10$ の場合

図 9.20 多数の強震記録に対して $r_G=0\sim 0.6$ の範囲で平均化された正規化した衝突を考慮した相対変位応答スペクトル N_{DP}($r_M=1$ と $r_M=10$ の場合）

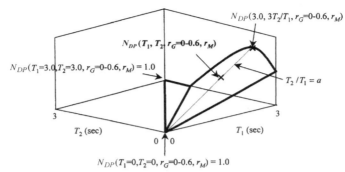

図 9.21 正規化した衝突を考慮した相対変位応答スペクトル $N_{DP}(T_1, T_2, r_G = 0-0.6, r_M)$ のモデル化

5) 適用例

以上の解析に基づいて、同一橋脚で支持されている相隣り合う桁 1 と桁 2 間に生じる相対変位を推定してみよう。降伏剛性に基づく固有周期は桁 1 では $T_1 = 3$ 秒、桁 2 では $T_2 = 0.6 \sim 2.6$ 秒の範囲にあると仮定する。簡単のため桁 1、桁 2 とも減衰定数は 0.05 と仮定する。

マグニチュード $M_J = 8$ の地震が震央距離 $\Delta = 50$km の地点に起こった場合を想定し、式(1.68)により求めた加速度応答スペクトル $\tilde{S}_A$ から式(1.36)により変位応答スペクトル S_D を求め、さらに 2 章に示した式(2.46)および図 2.32 により相対変位応答スペクトル $\Delta S_D(T_1, T_2)$ を $\Delta S_D = r_D S_D$ と求めた結果が図 9.22(a)である。ここでは、地盤種別が III 種の場合を示している。これによれば、桁間衝突が起こらない場合には、最大相対変位は約 0.6m と推定される。

これに対して、式(9.48)から正規化した衝突を考慮した相対変位応答スペクトル N_{DP} を求め、衝突を考慮した相対変位応答スペクトル ΔS_{DP} を式(9.46)から $\Delta S_{DP} = N_{DP} \Delta S_D$ と求めた結果が図 9.22(b)である。ここでは、式(9.43)による遊間比 r_G は 0.5 としている。これによれば、たとえば $T_1 = 3$ 秒、$T_2 = 0.6$ 秒の場合には最大相対変位は約 1m と求められる。したがって、この場合には衝突を考慮すると桁間が開く方向に生じる相対変位は約 1.7 倍に増加する。

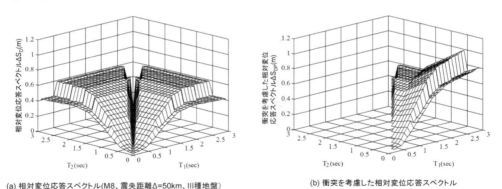

(a) 相対変位応答スペクトル(M8, 震央距離Δ=50km, III種地盤)　　(b) 衝突を考慮した相対変位応答スペクトル

図 9.22 相隣る 2 連の桁間に生じる相対変位の試算($T_1 = 3s$, $T_2 = 0.6-2.6s$ の場合)

9.10 支承破断後の桁端連結構造の効果

1) 解析条件

強震動を受けると橋では支承が破断することが多い。支承の破断後は、桁の過度な移動を拘束し落橋を防止するために、桁端連結構造が重要な役割を持っている[D6,K47,S19]。具体的に桁端連結構造がどのような働きをするかを、動的解析に基づいて見てみよう[M7]。

解析対象は図 9.23 に示す支間長 40m@3 径間単純桁橋(桁 1~桁 3)である。5 主桁(G1~G5)橋で、積層ゴム支承によって支持されている。主桁重量は 1 連当たり 6.53MN で、桁間の遊間 u_C は 100mm である。

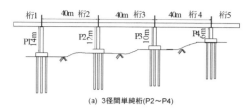
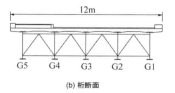

(a) 3径間単純桁(P2～P4)　　　(b) 桁断面

図 9.23　解析対象橋

支承破断後の桁端連結構造の効果に焦点をあてるため、積層ゴム支承の破断強度 F_{Br} を 1 基当たり 0.57MN と低めに評価し、せん断ひずみが 250% に達すると破断すると仮定する。桁の慣性力が各支承に均等に分担されるとすると、桁に 0.87g 相当の慣性力が作用すれば、積層ゴム支承は破断することになる。積層ゴム支承の履歴を図 9.24 のように仮定する。

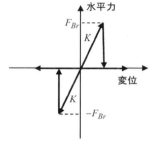

図 9.24　積層ゴム支承の履歴特性

積層ゴム支承の破断後は、桁は橋脚頂部を自由に滑動できると仮定する。実際には破断した支承の残骸が抵抗したり、桁と橋脚頂部間に作用する摩擦力によって桁の移動は抑えられる場合があるが、この解析ではこれらの作用は考えない。

桁端連結構造としては図 9.25 に示す鋼板型(通称、めがね型)と PC ケーブル式の 2 種類を考え、桁 2～桁 3 間および桁 3～桁 4 間に各 5 基ずつ設置されている場合を考えよう。

1 主桁当たりの鋼板型桁端連結構造の強度は、桁の死荷重反力に設計水平震度(1.5 と見込む)を乗じた値を主桁本数(= 5)で除して求める。ここではこれに鋼材の降伏応力度と地震時の許容応力度の比(= 1.13)を乗じた 1.1MN ($6.53/2 \times 1.5/5 \times 1.13$)を終局(破断)強度 F_{Rr} とする。

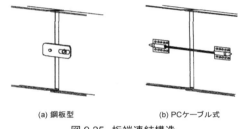

(a) 鋼板型　　　(b) PCケーブル式

図 9.25　桁端連結構造

鋼板型桁端連結構造 1 組当たりの剛性は 1.1×10^6 kN/mm で、鋼板の有効長が短いため終局変位はわずかに 1mm である。遊間は 20mm とする。履歴特性は図 9.26(a)のようになり、押し側もしくは引き側のいずれか一方に 20mm の遊間を超えると連結構造が抵抗し始め、塑性変位が 1mm(終局変位)に達すると破断する。いったん破断すると、それ以降は抵抗できない。

一方、PC ケーブル式桁端連結構造には径 26mm の PC ケーブルを用いる。引張剛性は 3.48×10^4 kN/mm、降伏耐力 F_y と降伏変位は

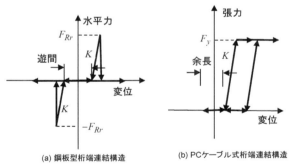

(a) 鋼板型桁端連結構造　　　(b) PCケーブル式桁端連結構造

図 9.26　桁端連結構造の履歴モデル

それぞれ 0.774MN、16.5mm で、50mm の余長を見込む。図 9.26(b)のように、履歴特性は引張側だけにバイリニア型で、圧縮側には抵抗しない。引張側には変形性能があるため、降伏後も降伏耐力を維持できる点が鋼板型と異なる。鋼板型に比較して PC ケーブル型の剛性は 1/32 倍、耐力は 0.7 倍である。

衝突の影響は式(9.28)～式(9.32)による衝突ばねによってモデル化する。図 1.14 に示した 1995 年兵庫県南部地震の際に JR 鷹取で観測された NS、EW 成分をそれぞれ橋軸および橋軸直角方向に作用させる。

以下の解析では、左から右に向う方向を変位の正、反時計回りを回転の正とする。

2) 桁端連結構造がない場合

まず、桁端連結構造がない場合から見てみよう。地震力が作用し始めると、やがて積層ゴム支承はすべて破断し、桁は最大で橋軸方向には 0.7～1.3m、橋軸直角方向には 1.15～1.46m と大きく変位する。その結果、地震後には桁には 1m 程度の残留変位が生じる。

積層ゴム支承はすべてが同時に破断するのではなく、同一支承線上にある支承のうち、端部に位置する支承から順次破断していく。ある支承が破断すると、残りの支承が地震力を分担することになるため、逐次的に破断が進行する。

桁2と桁3を例に、具体的に支承の破断と桁どうしの衝突によって桁がどのように揺れるかを示した結果が図 9.27 である。

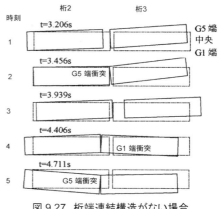

図 9.27 桁端連結構造がない場合

時刻 1 (3.206 秒) では、桁 2、桁 3 ともに負側（左側）から正側（右側）に向かって揺れるが、桁 3 よりも桁 2 の方が揺れが速いため、時刻 2 (3.456 秒) になると桁 2 が桁 3 に追突する。橋軸方向と同時に橋軸直角方向にも地震動が作用するため、桁端面にわたって一様に床版どうしが衝突することはまれで、ほとんどの場合には、まず床版の端（G1 側あるいは G5 側）で起こる。これは、桁と桁が全く回転を伴わずに正面衝突しない限り、G2, G3, G4 位置で床版が衝突することはないためである。

わずかであってもいったん桁が回転し始めると、同一支承線上の支承の逐次的な破断によって支承の抵抗力にアンバランスが生じ、桁の回転が増幅される。

時刻 2 において G5 端の床版間に作用した衝突力は最大 8.20MN である。これは桁一連の重量の 1.3 倍にも相当する大きな力である。衝突力は作用時間が短いため、単純に静的な作用力と同じではないが、衝突が起こると桁どうしがリバウンドすると同時に桁の回転の向きを反転させる。時刻 2 で G5 端に生じた衝突により、桁 2 は時計回りから反時計回りに、桁 3 は反時計回りから時計回りに回転方向を変えながら互いに遠ざかる。

さらに、時刻 3 (3.939 秒) になると桁どうしが再接近し始め、時刻 4 (4.406 秒) において先ほどの時刻 2 とは反対の G1 端で床版どうしが衝突する。この時の衝突力は時刻 2 よりもさらに大きく 14.1MN（桁一連の重量の 2.2 倍）に達する。相当の被害が桁端に生じることは免れない。

この衝突によって、再び桁 2 は時計回り、桁 3 は反時計回りと、それぞれ回転の向きを変え、時刻 5 (4.711 秒) では再び G5 端側の床版どうしが衝突する。

このように、桁どうしが衝突する度に桁は回転の向きを変えながらリバウンドし、地震動の作用方向が変わると再び接近して、前の衝突と反対側の床版の端で衝突するというプロセスを繰り返す。

3) 鋼板型桁端連結構造の効果

鋼板型桁端連結構造を設置した場合にも、加震が始まるとやがて支承はすべて破断し、加震が終わった後には、桁 2 には 0.31m、桁 3 には 1.31m の残留変位が残る。桁の揺れと桁端連結構造の損傷プロセスが図 9.28 である。

時刻 1 (1.724 秒) では、桁 2、桁 3 はともに橋軸方向負側（左側）に揺れるが、桁 2 の方が桁 3 よりも揺れが速いため、G1 主桁側の桁端連結構造が引張に抵抗する結果、桁 2 と桁 3 の間には回転角に差が生じる。このため、時刻 2 (1.987 秒)、3 (1.991 秒)、4 (1.997 秒) とわずか 100 分の 1 秒間に G1 主桁から G5 主桁に向かって次々に桁端連結構造が破断する。いずれも桁端連結構造に作用する引張力が破断強

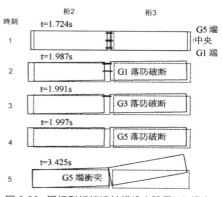

図 9.28 鋼板型桁端連結構造を設置した場合

度 1.1MN に達したためである。

こうなると、桁 2 と桁 3 間には連結構造がないと同じ状態になり、時刻 5（3.425 秒）において、反時計回りに大きく回転していた桁 3 の G5 端に桁 2 が追突し、11.2MN の衝突力（桁一連の重量の 1.7 倍）が生じる等、桁どうしの衝突と離反、桁の回転を繰り返す。

それでは、もし桁端連結構造が十分な強度を持ち、破断しなかったらどうなるであろうか。この場合には桁 2 と桁 3 はほぼ一体となって揺れるため、両桁とも最大変位は 0.7m 程度と、桁端連結構造の破断後に桁 3 に生じた最大変位 1.3m の半分程度に抑えられる。これは桁端連結構造によって桁 1～桁 3 が互いに拘束されあって揺れるためである。さらに、桁端連結構造が桁間に生じる相対変位を遊間の範囲に抑えるため、桁間には著しい衝突は起こらない。

問題は、このときに桁端連結構造に作用する最大水平力が G1 主桁で 7.6MN、G5 主桁で 7.2MN に達することである。これは桁重量の 1.1～1.2 倍にあたり、終局強度が 1.1MN の桁端連結構造の 7 倍弱に相当する大きな作用力である。

結局、桁端連結構造を強化することによって、前述した 2)桁端連結構造がない場合に示したように最大 14.1MN もの桁間衝突力が作用することは防止できるが、桁端連結構造には最大で 7.6MN と、上述した 11.2MN の桁間衝突力の 0.68 倍の引張力が作用する。すなわち、この解析では桁遊間を 100mm、桁端連結構造の遊間を 20mm としているが、この程度の遊間では衝突力を小さくすることはできないことを示している。

4) PC ケーブル式桁端連結構造の効果

PC ケーブル式桁端連結構造を取り付けた場合にも、加震開始後に支承はすべて破断する。しかし、鋼板型桁端連結構造とは異なり、PC ケーブル式桁端連結構造は破断しないため、図 9.29 に示すように、時刻 1（1.875 秒）では、桁 2 と桁 3 は桁端連結構造によって拘束されたままほぼ同じように揺れる。

時刻 2（3.238 秒）になると桁 3 が反時計回りに回転し始め、G1 主桁の桁端連結構造に引張力が作用するが、桁 3 はさらに反時計回りに回転し続け、時刻 3（3.475 秒）では桁 2 が桁 3 の G5 端側床版に玉突き衝突し、9.0MN の衝突力（桁一連の重量の 1.38 倍）が生じる。

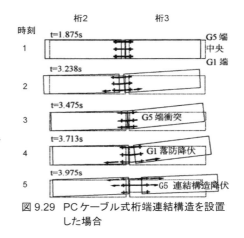

図 9.29 PC ケーブル式桁端連結構造を設置した場合

しかし、桁 3 はさらに反時計回りに回転し続け、時刻 4 （3.713 秒）では G1 主桁の桁端連結構造が、また、時刻 5（3.975 秒）では G5 主桁の桁端連結構造が引張降伏する。

このように PC ケーブル式桁端連結構造を設置すると、桁間が開く方向には抵抗して桁 2、桁 3 がほぼ一体となって揺れ、桁間が閉じる方向には PC ケーブル式桁端連結構造は抵抗しないため桁間衝突が起こる。この結果、回転しつつ桁どうしが接近する度に圧縮側では桁間衝突が起こり、引張側では桁端連結構造が降伏するというプロセスを繰り返す。

それでは、鋼板型桁端連結構造と同じように、もし PC ケーブル式桁端連結構造の引張強度が十分高く降伏しなかったらどうなるであろう。この条件で解析を行うと、PC ケーブル式桁端連結構造には最大 1.4MN の引張力が作用する。これは PC ケーブル式桁端連結構造の降伏耐力 0.774MN の 2.5 倍に相当する。ただし、これは、鋼板型桁端連結構造を設置した場合の 7.6MN の最大圧縮力に比較すると、その 19%に過ぎない。

このように桁端連結構造の特性は桁間の作用力に大きく影響するため、より有効な桁端連結構造の開発が望まれる。

9.11 エキスパンションジョイントの破断とその影響
1) エキスパンションジョイント

エキスパンションジョイントは橋の中ではマイナーな部材と見なされ、耐震設計においてその特性が考慮されることはほとんどない。しかし、図 9.30 に示すように、エキスパンションジョイントは地震の度ごとに被害を受け、震災直後の交通を阻害する。このようなエキスパンションジョイントが橋の揺れに大きな影響を与えることはほとんど知られていない。

ここでは、フィンガー型エキスパンションジョイント(以下、EJ と示す)を例に取り、EJ が橋の揺れに与える影響を考えてみよう[Z3]。

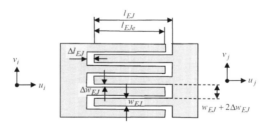

図 9.30 一度抜け出して横にずれた後、再びもとに戻る際に座屈したフィンガー型エキスパンションジョイント(扇の坂橋、2016年熊本地震)

一般に EJ の構造は図 9.31 の通りである。橋軸および橋軸直角方向にそれぞれ F_u および F_v の地震力が作用したとき、EJ に生じる橋軸および橋軸直角方向の相対変位 Δu、Δv を

$$\Delta u = u_j - u_i , \ \Delta v = v_j - v_i \tag{9.52}$$

と定義する。ここで、u_i、v_i は EJ の i 端側に生じるそれぞれ橋軸および橋軸直角方向変位、u_j、v_j は EJ の j 端側に生じるそれぞれ橋軸および橋軸直角方向変位である。

フィンガーには橋軸方向には Δl_{EJ}、橋軸直角方向には Δw_{EJ} の遊間が設けられている。フィンガーの長さを l_{EJ} とすると、EJ が橋軸直角方向の拘束を失わない範囲で橋軸方向に移動可能な長さ(有効フィンガー長)l_{EJe} は次のようになる。

$$l_{EJe} = l_{EJ} - \Delta l_{EJ} \tag{9.53}$$

したがって、橋軸方向には圧縮を受けてもフィンガーが相手側の根元とぶつからず、引張を受けて橋軸方向に抜け出しても橋軸直角方向に対する拘束を失わない状態を保ち、さらに、橋軸直角方向には相対変位 Δv が遊間 Δw_{EJ} に達しない状態にあるためには、次式を満足しなければならない。

$$-\Delta l_{EJ} < \Delta u < l_{EJe} \text{、かつ、} |\Delta v| < \Delta w_{EJ} \tag{9.54}$$

もし、式(9.54)の一方もしくは両方を満足できない場合には、EJ は次のように複雑な履歴となる。

図 9.31 EJ の構造と相対変位の定義

① 圧縮を受けてフィンガーが橋軸方向に押し込まれ、先端が根元部と接触したときには衝突力が作用し、これによりフィンガーの強度を上まわる圧縮力 F_u が作用すると EJ は破断する。

② 引張を受けて橋軸方向にフィンガーが完全に抜け出すと、EJ は橋軸直角方向に自由に変位できるようになる。しかし、橋軸直角方向の相対変位 Δv が遊間 Δw_{EJ} を超えた状態で圧縮力を受けると、フィンガーの先端どうしがぶつかり、元のかみ合わせには戻れない。フィンガーどうしがぶつかった時の作用力がフィンガーの強度を上まわると、EJ は破断する。

③ 上記②において、フィンガーが橋軸直角方向にフィンガーの幅 w_{EJ} と遊間 Δw_{EJ} の和の整数倍だけずれると、原理的には橋軸直角方向にずれた状態で橋軸方向には元のかみ合わせに戻ることもある。実際に過去の震災ではこのようになった例がよく見られる(図 9.30 参照)。

④ EJ の橋軸直角方向の相対変位 Δv が遊間 Δw_{EJ} に達すると、隣り合うフィンガーどうしが接触し、フィンガーは橋軸直角方向力に抵抗し始める。この作用力 F_v が EJ の抵抗力に達すると、EJ は破断する。

⑤ 橋軸方向、橋軸直角方向のいずれかの方向に EJ が破断した後には、次の 2 通りの状態になる可能性がある。

i) EJ は他方向に対するジョイントとしての機能も失い、摩擦力しか伝えない。

ii) 橋軸、橋軸直角方向ともに EJ は噛み込んでロックし、動かなくなる。

2) 解析橋

9.10 と同じ支間長 40m の 3 径間単純橋（図 9.23）を対象に、EJ の作用とこれが破断した場合の影響を検討してみよう。桁幅が 12m であるため、合計 120 本のフィンガーが必要となる。フィンガー 1 本の長さ l_{EJ} は 275mm、幅 W_{EJ} は 66mm とする。遊間は橋軸方向には Δl_{EJ} = 135mm、橋軸直角方向には Δw_{EJ} = 5mm とする。したがって、式(9.53)による有効フィンガー長 l_{EJe} は 140mm となる。

これに図 1.14 に示した 1995 年兵庫県南部地震の際に JR 鷹取で観測された NS 及び EW 成分を、それぞれ、橋軸および橋軸直角方向に作用させてみよう。

3) 破断後に EJ がロックしない場合

桁 2～桁 3 間の EJ に生じる橋軸および橋軸直角方向の相対変位 Δu、Δv を求めた結果が図 9.32(a)である。ここには、比較のため EJ の存在を見込まない場合の結果も示している。重要な点は、EJ を考慮しても EJ を考慮しない場合に比較して、橋軸直角方向の相対変位 Δv には大きな違いはないが、橋軸方向には 0.14m 程度の相対変位 Δu が 3.35～7.19 秒間にわたって続くことである。

この時の EJ の作用力が図 9.32(b)である。EJ に対する橋軸方向の作用力 F_u の最大値は、EJ を考慮しない場合には約 7MN（摩擦力）に過ぎないが、EJ を考慮すると 99.5MN（衝突による圧縮力）になる。

このような違いが生じる原因を調べるため、0～10 秒間に着目して図 9.32 を拡大した結果が図 9.33 である。EJ を考慮した場合には橋軸方向に約 0.14m の相対変位 Δv が 3.35～7.19 秒間にわたって続く。これは時刻 3.35 秒に橋軸方向の相対変位 Δu が有効フィンガー長 l_{EJe}（0.14m）を超えたためフィンガーが抜け出すと同時に、橋軸直角方向の相対変位 Δv が遊間 Δw_{EJ}（0.005m）を超えたため、フィンガーの先端どうしがぶつかり合って元のかみ合わせに戻れないままに、橋軸直角方向には大きくズレ続けたためである。

この状態は時刻 7.19 秒に橋軸直角方向の相対変位 Δv が Δw_{EJ} 以下となって元のかみ合わせに戻った段階で解消された。3.35～7.19 秒間にフィンガーの先端どうしは 14 回も衝突を繰り返し、前述したように 6.41 秒には衝突力（圧縮力）F_u は 99.5MN に達した。

なお、フィンガーが元のかみ合わせに戻った直後の時刻 7.213 秒には、橋軸直角方向に対するフィンガーの作用力 F_v が破断強度に達したため、フィンガーが破断した。これ以降、EJ は橋軸、橋軸直角方向ともに機能を失い、その後は摩擦力を伝えるだけになった。

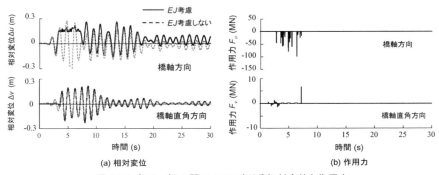

図 9.32 桁 2～桁 3 間の EJ に生じる相対変位と作用力

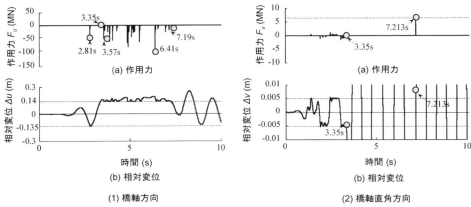

図 9.33 0〜10 秒間における桁 2〜桁 3 間の EJ に生じる相対変位と作用力

4） 破断後に EJ がロックする場合

以上の解析では、破断後には EJ は桁間の相対変位に抵抗しないと仮定したが、現実の地震被害を見ると、EJ の被害はこのように単純なものではない。EJ が破断すると、折れ曲がったフィンガーや壊れ残った取り付け部が複雑に噛み込んで、桁間の相対変位を拘束（ロック）するためである。

破断後に EJ がロックするとフィンガー間の相対変位を許さないと仮定して、桁 2〜桁 3 間の EJ の相対変位 Δu、Δv と作用力 F_u、F_v を解析した結果が図 9.34 である。ここには比較のため、図 9.32 に示した破断後にも EJ はロックしないとした場合の結果も示している。

上述したように EJ が破断したのは 7.213 秒であり、この時点で橋軸および橋軸直角方向に生じていた EJ の相対変位 Δu、Δv はそれぞれ 0.138m、0.006m である。したがって、これ以降はこの変位を保ったままで EJ はロックされたことになる。

図 9.35 は P2 橋脚頂部に生じる応答変位であり、破断後、EJ がロックされる場合とロックされない場合の結果を比較している。両者の応答は 7.213 秒までは同じであるが、それ以降では大きく異なってくる。重要な点は、EJ がロックしないと P2 橋脚頂部にはほとんど残留変位は生じないが、EJ がロックすると 0.08m の残留変位が残ることである。

2.7 に示したように、残留変位は復旧後の構造物の再使用の可能性に大きく影響する。P2 橋脚の高さは 12m であり、0.08m はドリフト比 0.67％に相当する残留変位である。

EJ は耐震解析上マイナーな部材と見なされる場合が多いが、地震後に橋に残る残留変位を含めて、橋軸方向、橋軸直角方向の桁の応答に大きな影響を与えることを知っておく必要がある。

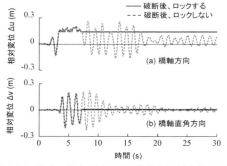

図 9.34 桁 2〜桁 3 間の EJ に生じる相対変位（破断後に EJ がロックする場合）

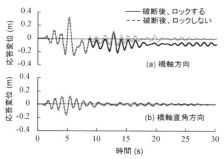

図 9.35 P2 橋脚頂部の応答変位

第 10 章 特異な震動をする橋

10.1 はじめに

自然条件、空間利用条件等、多岐の制約を受けて複雑な線形を構成する橋にはいろいろな震災リスクがある。中でも、斜橋や曲線橋のように平面内で桁が回転しやすい構造、アーチ橋のように支点に異なった地震動を受けると主要構造部材に大きな断面力を生じる構造、残留変位を生じやすく、ねじりの作用も受ける逆 L 字型橋脚で支持された構造、車線合流部や分岐部のようにいろいろな地震力を受ける構造などでは、潜在的にどのようなリスクを持っているかをよく知っておく必要がある。

この章では、耐震的に不安定となりやすい特異な震動特性を持つ橋の揺れについて示す。

10.2 斜橋

1) 地震時に桁が回転する原因

斜橋は強震動を受けると水平面内で鈍角端から鋭角端に向かう向きに回転し、鋭角端側から支持を失って落橋しやすい[O4,Y2,K49,T6]。また、斜橋の回転によって曲げとねじりモーメントが橋脚に作用した結果、橋脚が破壊されて落橋した斜橋もある。後者については、4.7、4.8、10.5 と共通しているため、該当箇所を参照して頂きたい。

ここでは、なぜ斜橋は地震によって回転し、落橋しやすいかを、橋軸方向の長さが l 、橋軸直角方向の幅が d 、斜角が θ の斜橋を対象に考えてみよう。地震時に斜橋が回転し始める原因には次のようにいろいろある[K49]。

a) 衝突によって生じる斜橋の回転

強震動を受けて支承が破断し斜橋が橋台や隣接桁と衝突すると、橋台や隣接桁から斜橋に大きな衝突力が作用する。たとえば、図 10.1 に示すように斜橋が左側の橋台と衝突する場合を例に取ると、斜橋の支承線直角方向に橋台からの衝突力 I_A、I_B が作用する。ここで、同一橋台あるいは橋脚上にある支承を結ぶ方向を支承線方向、これに直角方向を支承線直角方向と呼ぶ。

橋台から斜橋に作用する衝突力は、まず支承からの反力という形で斜橋に伝えられ、支承の破断後には橋台〜斜橋間のエキスパンションジョイントどうしの衝突、エキスパンションジョイントの破断後には斜橋と橋台前壁との衝突という形で進展する。

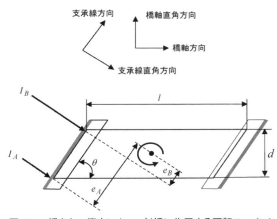

図 10.1 橋台との衝突によって斜橋に作用する回転モーメント

ここではこれらの一連の作用を斜橋と橋台あるいは斜橋どうしの衝突として考えてみよう。エキスパンションジョイントを介した桁間の衝突については 9.11 に示した通りである。

床版の剛性が大きいため、斜橋が回転すると斜橋と橋台前壁間の衝突は斜橋の両端で起きると考えてもよい。衝突が起きると、斜橋の重心まわりには次式による回転モーメント M_I が作用する。

$$M_I = -I_A e_A - I_B e_B \tag{10.1}$$

ここで、

$$e_A = \frac{1}{2}\left(l\cos\theta + \frac{d}{\tan\theta}\right),\ e_B = \frac{1}{2}\left(l\cos\theta - \frac{d}{\tan\theta}\right) \tag{10.2}$$

であり、I_A、I_Bはそれぞれ鋭角端および鈍角端に作用する衝突力、e_A、e_Bは斜橋の重心から衝突力I_A、I_Bを延長した線分までの長さである。

b) 桁端連結構造の作用力によって生じる桁の回転

桁端連結構造の種類や取り付け方にはいろいろあるが、ここでは図10.2に示すようにケーブル式桁端連結構造(以下、桁端連結構造)を3種類の方式で設置する場合を考えてみよう[K49]。ただし、以下では桁の左端側に作用する落橋防止構造の作用力を例に示す。

① タイプI

図10.2(a)のように橋台から支承線直角方向に桁端連結構造を取り付けた場合には、斜橋が反時計回りに回転しようとしたとき、斜橋の重心まわりには次式による回転モーメントM_{R1}が作用する。

$$M_{R1} = -R_A e_A - R_B e_B \tag{10.3}$$

ここで、R_A、R_Bは桁端連結構造からそれぞれ鋭角端、鈍角端に作用する支承線直角方向に作用する水平力、e_A、e_Bは式(10.2)による偏心距離である。ただし、ここでは桁端連結構造を考えているため、引張側にだけ抵抗し、圧縮側には抵抗しないとする。

② タイプII

図10.2(b)のように橋軸方向に桁端連結構造を取り付けると、斜橋が反時計回りに回転しようとしたときに重心まわりに作用する回転モーメントM_{R2}は次のようになる。

$$M_{R2} = -R_A d_A + R_B d_B \tag{10.4}$$

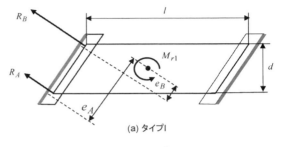

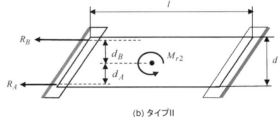

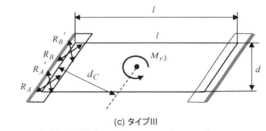

図10.2 桁端連結構造の作用によって生じる回転モーメント

ここで、R_A、R_Bは桁端連結構造から鋭角端、鈍角端に作用する橋軸方向の水平力、d_A、d_Bは桁中央点から桁端連結構造までの橋軸直角方向の距離である。桁の両端に桁端連結構造を設置する場合には、$d_A = d_B \approx d/2$ であるから、式(10.4)は次式となる。

$$M_{R2} = -(R_A - R_B) \cdot d/2 \tag{10.5}$$

③ タイプIII

図10.2(c)のように支承線方向とほぼ平行に桁端連結構造を取り付けると、重心まわりに作用する回転モーメントは次のようになる。

$$M_{R3} = \begin{cases} -(R_A + R_B) \cdot d_c \cdots\cdots\cdots 反時計回りに回転する場合 \\ (R'_A + R'_B) \cdot d_c \cdots\cdots\cdots 時計回りに回転する場合 \end{cases} \tag{10.6}$$

ここで、

$$d_c = \frac{l}{2}\sin\theta \tag{10.7}$$

であり、R_A、R_Bは斜橋が反時計回りに回転する際に、桁端連結構造から斜橋のそれぞれ鋭角端、鈍角端に作用する支承線方向の水平力、R'_A、R'_Bは斜橋が時計回りに回転する際に、桁端連結構造から斜橋のそれぞれ鋭角端、鈍角端に作用する支承線方向の水平力、d_cは重心から桁端までの垂線の長さである。

c) 下部構造の揺れの違いによって生じる斜橋の回転

斜橋が剛性の異なる複数の橋脚や橋台によって支持されている場合や、周辺地盤の変形や変状によって下部構造間に異なった地震動変位が作用する場合、さらには下部構造が損傷した場合にも斜橋は回転する。たとえば、図10.3に示すように、隣接する2つの下部構造に、その弱軸方向、すなわち支承線直角方向にそれぞれ u_{P1}、u_{P2} の変位が生じると、斜橋には次の回転角 ϕ が生じる。

$$\phi = (u_{P1} - u_{P2})\cos\theta / l \tag{10.8}$$

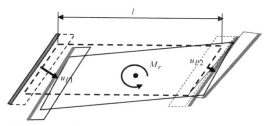

図 10.3 下部構造物間の応答の違いによって生じる回転モーメント

2) 斜橋の回転条件

斜橋はどのような幾何学的条件下で回転できるのかを考えてみよう[H7]。簡単のため、両端を橋台で支持された斜角が θ の斜橋の回転を図10.4のようにモデル化する。橋台前壁と斜橋の間には支承線直角方向に S_G だけの遊間があるものとする。斜橋がD点を中心として反対側の辺ABが鈍角端側から鋭角端に向かうように θ_r だけ回転した時、斜橋が回転できる場合とできない場合の軌跡が図10.5である。鈍角端Dから線分ABに下ろした垂線との交点をEとすると、点Eが線分ABを超えて橋台前壁側に出っ張る長さ d_m は次式となる。

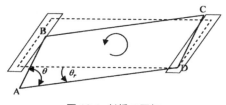

図 10.4 斜橋の回転

$$d_m = r\{1 - \sin(\theta + \theta_D)\} \tag{10.9}$$

したがって、斜橋が回転可能な条件は次のようになる。

$$d_m < S_G \tag{10.10}$$

ここで、r は線分BDの長さ、θ_D は∠ADBであり、次式で与えられる。

$$r = d / \sin\theta_D 、 \theta_D = \tan^{-1}\left(\frac{d}{l - d/\tan\theta}\right)$$

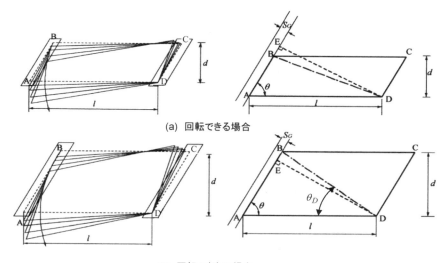

(a) 回転できる場合

(b) 回転できない場合

図 10.5 斜橋の回転条件

式(10.9)を式(10.10)に代入すると、斜橋の回転条件は次のようになる。

$$\frac{d}{l} < \frac{1}{\frac{1}{c_1} + \frac{\cos\theta}{\sin\theta}} \quad (10.11)$$

ここで、

$$c_1 = \frac{-c_2\sin\theta - \sqrt{\frac{S_G}{d}(c_2+\cos\theta)}}{c_2^2 - 1}、\quad c_2 = \frac{S_G}{d} + \cos\theta$$

なお、一般には橋台前壁と斜橋の間の距離 $S_G = 0$ という場合はまれであるが、この場合には式(10.11)は次のように簡単になる。

$$\frac{d}{l} < \frac{\sin 2\theta}{2} \quad (10.12)$$

いま、支間長 $l = 36$m、幅 $d = 12$m の斜橋を例に、斜角 θ に応じて回転可能な辺長比 d/l を求めてみよう。桁端から橋台前壁までの遊間 S_G は、次式による道路橋示方書に示される桁かかり長 S_E が 0.88m となることから、

$$S_E = 0.7 + 0.005l \quad (10.13)$$

桁端から橋台前壁までの遊間 S_G として 0、0.5m、1.0m の 3 ケースを考える。

この条件で、式(10.11)から回転可能な斜角 θ と辺長比 d/l の関係を求めると、図 10.6 のようになる。たとえば、S_G がゼロであれば、斜角 θ が 45 度の場合には辺長比 d/l が 0.5 までの斜橋が回転できる。これに対して、S_G が 0.5m であれば斜角 θ が 51 度のときには辺長比 d/l が 0.645 までの斜橋が回転でき、さらに S_G が 1.0m であれば斜角 θ が 53 度のときには辺長比 d/l が 0.735 までの斜橋が回転できる。当然ながら、S_G が大きくなるにつれて、より大きな辺長比 d/l の斜橋まで回転できることになる。

たとえば、図 10.7 は 2010 年チリ・マウリ地震(M_w 8.8)により落橋した 5 橋の斜張橋の斜角 θ と辺長比 d/l の関係である。いずれも式(10.12)の範囲で落橋していることがわかる[K62]。

なお、注意すべきは、$S_G > 0$ であれば直橋も回転できることである。直橋では $\theta = \pi/2$ であるから、式(10.11)より回転可能な条件は次のようになる。

$$\frac{d}{l} < \frac{2S_G/d}{1-(S_G/d)^2} \quad (10.14)$$

ここで、特殊な条件でなければ S_G/d の 2 乗項は無視できるため、式(10.14)は次のようになる。

$$\frac{d}{l} < 2\frac{S_G}{d} \quad (10.15)$$

これによれば、幅 $d = 12$m とすると、直橋が回転するために必要な桁端から橋台前壁までの遊間 S_G は、支間長 l が 40m の場合には 1.8m と長いが、支間長 l が 80m になると 0.9m となる。

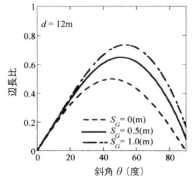

図 10.6 回転可能な辺長比 d/l と斜角 θ の関係

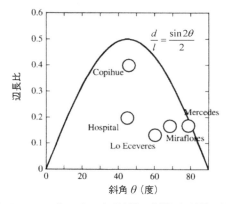

図 10.7 2010 年チリ・マウリ地震で落橋した斜橋の特性

以上では、図 10.4 に示したように、斜橋が桁の中心点のまわりを回転すると仮定したが、前述したように支承が破断して桁が橋軸方向に移動すると、遊間が広がった側では橋台あるいは隣接桁と当該斜橋の間の遊間は当初の遊間の最大 2 倍近くまで大きくなるため、より落橋しやすくなることに注意しなければならない。

3) 脱落開始回転角と脱落回転角

斜橋が回転し始めると、橋台上で有効に桁を支持する桁端の長さが短くなっていく。たとえば、図 10.8 に示すように、斜橋は地震前には支承線直角方向に S_G の長さだけ橋台によって支持されていたとする。この状態から点 D を中央にして鈍角端側から鋭角端に向かう向きに斜橋が回転していくと、最初に鋭角端 A が橋台から支持されなくなる。このときの回転角 θ_r を脱落開始回転角 θ_{ui} と呼ぶ。

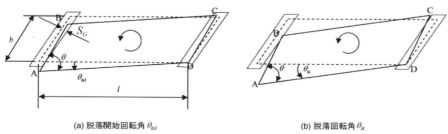

(a) 脱落開始回転角 θ_{ui}　　(b) 脱落回転角 θ_u

図 10.8　脱落開始回転角 θ_{ui} および脱落回転角 θ_u

さらに、斜橋の回転が大きくなり、最終的に鈍角端 B も支持されなくなるときの回転角 θ_r を脱落回転角 θ_u と呼ぶ。脱落開始回転角 θ_{ui} と脱落回転角 θ_u は次のように与えられる。

$$\theta_{ui} = \theta - \sin^{-1}\left(\sin\theta - \frac{S_G}{l}\right) \tag{10.16}$$

$$\theta_u = \tan^{-1}\left(\frac{c_3 + \sqrt{c_3^2 - c_4 c_5}}{c_3}\right) \tag{10.17}$$

ここで、

$$c_3 = \frac{d}{l} - \frac{\sin 2\theta}{2}、\quad c_4 = \left(\frac{S_E}{l} - \sin\theta\right)^2 - \left(\frac{b}{l} - \cos\theta\right)^2、\quad c_5 = \frac{S_G}{l}\left(\frac{S_G}{l} - 2\sin\theta\right)$$

回転角 θ_r が脱落開始回転角 θ_{ui} より大きくなると、斜橋は鋭角端側から順次支持を失い、脱落回転角 θ_u に達すると斜橋は完全に支持を失って落橋する。実際には、脱落回転角 θ_u に達する前に斜橋はバランスを失って落下する。

いま、斜橋の回転角 θ_r が $\theta_{ui} < \theta_r < \theta_u$ の範囲にある場合に、斜橋の端部が橋台によって支持されている区間の長さを支持区間長 b_s と定義すると、b_s は次のように与えられる。

$$b_s = b - \frac{l\{\sin\theta - \sin(\theta - \theta_r)\} - S_E}{\sin\theta_r} \tag{10.18}$$

ここで、b は斜橋の支承線方向の幅である。

式(10.18)によって支持区間長 b_s を求めてみよう。一例として、支間長 l が 36m、幅 d が 12m、桁かかり長 S_E が 0.88m で、斜角 θ が 45 度、60 度、80 度、90 度(直橋)を対象にして、式(10.18)により支持区間長 b_s を求めた結果が図 10.9 である。

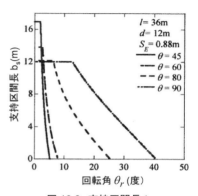

図 10.9　支持区間長 b_s

斜角 θ が 45 度の場合には、斜橋がわずかに 1.95 度回転しただけで鋭角端側で桁は橋台から支持されなくなり、5.23 度回転すると鈍角端も橋台から外れ、完全に落橋する。すなわち、この場合には、脱落開始回転角 θ_{ui} は 1.95 度、脱落回転角 θ_u は 5.23 度となる。

斜橋が θ_r だけ回転すると、鋭角端側は次式による d_{TR} だけ橋軸直角方向に移動する。

$$d_{TR} = l\theta \tag{10.19}$$

上述した斜角 θ が 45 度の斜橋の例では、脱落開始回転角 θ_{ui} が 1.95 度、脱落回転角 θ_u が 5.23 度に達するときには、鋭角端側では橋軸直角方向にそれぞれ 1.23m、3.29m 移動することになる。これだけ桁が移動すれば、斜橋が橋台から落下するのは当然であろう。

重要な点は、脱落開始回転角 θ_{ui} および脱落回転角 θ_u は斜角 θ が 60 度程度までは斜角 θ が 45 度の場合とほとんど変わらず、小さいことである。したがって、斜角 θ が 60 度以下の斜橋では桁の回転に十分注意する必要がある。

以上は、桁かかり長 S_E を 0.88m とした場合であるが、海外では桁かかり長が極端に短い橋がある。上述した支間長 l が 36m、幅 d が 12m、桁かかり長 S_E が 0.88m、斜角 θ が 45 度の斜橋を例に、仮に桁かかり長 S_E をこの 1/2 ($S_E = 0.44$m)、1/3 ($S_E = 0.29$m) とした場合に対して支持区間長 b_s を求めると、図 10.10 のようになる。1/3 S_E とした場合には、脱落開始回転角 θ_{ui} は 0.656 度 ($d_{TR} = 0.41$m)、脱落回転角 θ_u は 1.89 度 ($d_{TR} = 1.19$m) と小さく、回転によって斜橋は容易に落橋する。

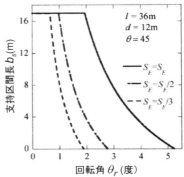

図 10.10 桁かかり長を変化させた場合の支持区間長 b_s（斜角 θ=45 度）

4) 桁と支承間の固定が斜橋の回転に及ぼす影響

以上が回転可能な斜橋の幾何学的条件であるが、「回転できる」と「回転する」とは同じではない。実際の斜橋がどのようにどれだけ回転するかを考えてみよう。

斜橋の回転には、地震動の強度や特性は当然として、支承が分担する反力分布、支承と斜橋の固定度、支承の破断の進展、桁移動制限装置の特性と強度など、いろいろな条件が影響する。

斜橋が下部構造に対して回転するためには、まず支承が破断しなければならない。鋼製支承や積層ゴム支承等、材料特性に基づいて支承の破断強度や破断のプロセス、破断後の支承の形態等は大きく異なるが、桁の回転に大きく影響するのは破断後の支承の形態であり、破断した支承が桁と噛み込むと桁の移動を拘束する代わりに桁に大きな損傷を与え、地震後の復旧を困難にする。

さらに、斜橋では鋭角端側と鈍角端側の支承では、分担する静的自重が大きく異なる。たとえば、**図 10.11** は 1 支承線当たり 5 個の剛〜弾性支承で支持された斜橋の支点反力の影響線であり、実験的に求められた影響線とこれに対する有限要素法解析の比較を示した結果である[K4]。支承の支点反力の影響線は桁の剛性と支承の剛性によって大きく異なるため、両者の剛性比 K_b を次のように定義し、K_b が 0 の場合（剛支持）と 0.2 の場合（弾性支持）を対象に、鋭角端側と鈍角端側の支点反力の影響線を比較している。

$$K_b = \frac{Et^3}{k_b(b/\sin\theta)^2} \tag{10.20}$$

ここで、E および t は斜橋の等価弾性係数および等価厚さ、b は斜橋の支承線方向の幅、k_b はゴム支承の上下方向剛性である。

鈍角端の支承に比較し鋭角端の支承では影響線が大きい領域は当該支承のごく近傍に限られるため、桁自重による支点反力は鈍角端の支承で大きく、鋭角端の支承で小さい。この結果、剛性比 K_b がゼロ（剛支持）に近づくほど影響線はより当該支承周辺に集中するため、鋭角端の支承では桁自重による支点反力が負になることさえある。

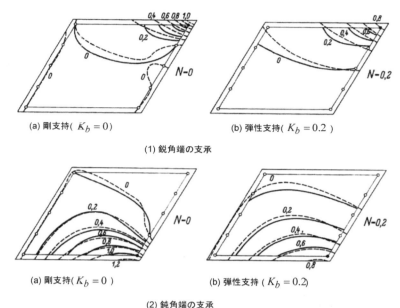

(1) 鋭角端の支承

(2) 鈍角端の支承

図 10.11 支点で大きく異なる斜橋の支点反力（点線は実験値、破線は解析値）

このため、地震力を受けると、死荷重に対する余裕度が相対的に低い鈍角端側の支承から破断し始め、これが残った支承に作用する地震力の集中を招き、鈍角端から鋭角端に向かって次々に支承が破断し、斜橋の回転を促す。

日本では桁と支承は固定されるが、海外では桁を支承に載せただけの橋が多く、こうした橋では強震動を受けると桁が支承から浮き上がったり、滑ったりしてより斜橋は回転しやすい。

5) 桁端連結構造の有効性

斜橋の回転を抑えるために、桁端連結構造はどの程度効果があるだろうか。これを図 10.12 に示す斜角 50 度、幅員 9.5m の鋼鈑桁 3 連を対象に検討してみよう[K49]。桁 1 は橋長 40m@3=120m の 3 径間連続で、桁 2 と桁 3 はともに支間長 40m の単純桁である。両端は鉄筋コンクリート製逆 T 型橋台により、また中間部は鉄筋コンクリート製 T 型単柱式橋脚によりそれぞれ支持されている。

桁は鋼製支承で支持されており、強震動を受けて支承が破壊された場合には、摩擦係数 0.05 に相当する摩擦力が桁下面と下部構造二面間に作用すると仮定する。桁どうしや桁と橋台間の衝突の影響は 9.4 に示した衝突ばねによってモデル化する。

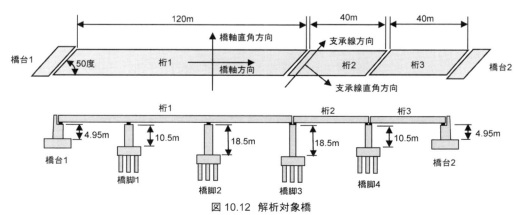

図 10.12 解析対象橋

最初に、前出の**図 10.2**に示した 3 種類の PC ケーブル式桁端連結構造のうち、タイプ I の効果を見てみよう。初期遊間を 5cm を見込み、**図 1.13**に示した 1995 年兵庫県南部地震の際に神戸海洋気象台で観測された地震動を作用させよう。

図 10.13は桁と橋台間の衝突や桁どうしの衝突によって、桁がどのように震動するかを示した結果である。震動し始めると、桁 1 は橋台 1 側に揺れ始め、時刻 1.99 秒には桁 1 は左端鈍角端で橋台 1 と衝突する。衝突力は最大約 6MN で、桁 1 の重量 13.55MN の 45%に相当する。

この衝突によって、桁 1 の回転は反時計回りに変わり、2.23 秒の段階では、回転しつつ橋台 1 から遠ざかる方向に揺れる。時刻 2.34 秒になると、桁 1 の左端において鈍角端、鋭角端ともに桁端連結構造が作動した結果、時刻 2.59 秒では再び桁 1 は橋台 1 に接近し始め、時刻 2.74 秒には左端鈍角端が橋台と衝突する。

桁 3 も橋台 2 と衝突したり橋台 2 側の桁端連結構造が作動する度に、揺れの方向や回転の向きが変わる。桁 2 は桁 1 や桁 3 のように直接橋台と接していないが、桁 1 や桁 2 が橋台と衝突するとその影響を受け、桁 1、桁 2 間を結ぶ桁端連結構造が作動する度に、揺れと回転の向きが変わる。

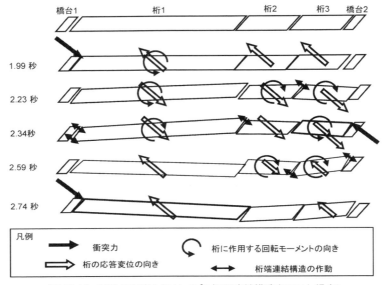

図 10.13 斜橋の応答の例（タイプ I 桁間連結構造を用いた場合）

同様な解析がタイプ II と III の桁端連結構造に対して行われている。**図 10.14**に示すように、タイプ I と III を用いた場合には桁は弧状に変位するのに対して、タイプ II を用いた場合には各桁が反時計回りに回転する。この結果、桁 1，桁 2，桁 3 の橋軸方向および橋軸直角方向に生じる最大応答変位は**表 10.1**のようになる。

タイプ I は橋台や隣接桁との衝突によって反時計回りに桁が回転しても、これを時計回りに変えるだけの引張力を与える。これに対して、タイプ II の桁連結構造ではこれにより与えられる桁の重心まわりのモーメントがタイプ I よりも小さいため、橋台や隣接桁と衝突する度に各桁は反時計回りに回転する結果、タイプ I に比較して橋軸方向、橋軸直角方向ともに大きく変位する。

タイプ III はタイプ I よりもさらに効果的に桁の回転を抑止できる。しかし、支承線直角方向に生じる相対変位に対する拘束が弱いため、桁 1 の左端や桁 3 の右端ではタイプ I を装着した場合よりも大きな変位が生じる。

斜橋では、桁の回転に伴って鋭角端から落下する可能性を低減させることが重要であるため、ある桁の回転や応答変位を抑止することが隣接桁の応答に与える影響も考慮し、橋全体系として過大な水平および回転変位が生じないように桁端連結構造を選定することが重要である。

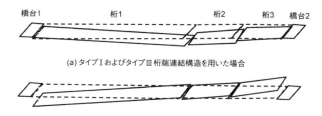

(a) タイプⅠおよびタイプⅢ桁端連結構造を用いた場合

(b) タイプⅡの桁端連結構造を用いた場合

図 10.14　桁間連結構造によって異なる斜橋の変位モード

表 10.1　桁に生じる最大応答変位(cm)

桁端連結構造	橋軸方向			橋軸直角方向		
	桁1	桁2	桁3	桁1	桁2	桁3
タイプⅠ	11.7	17.9	−11.0	−15.1	−26.7	−28.0
タイプⅡ	−23.7	21.4	18.1	−52.0	−20.4	30.4
タイプⅢ	20.9	13.8	−18.1	−20.1	−21.8	−15.2

10.3　曲線橋

1) 斜橋と同様に桁が回転しやすい曲線橋

図 10.15 に示すように、曲線橋も斜橋と同じように橋台や隣接桁と衝突すると桁が外向き（曲線の中心とは反対側）に大きくずれ、支承から逸脱して崩壊しやすい。この問題は、1971 年米国サンフェルナンド地震において州際道路 5 号と 14 号のジャンクションにおいて橋長 410m、曲率半径 206m の PC 曲線橋が崩壊したことから、広く知られるようになった。原因究明のため、カリフォルニア大学バークレイ校において行われた曲線橋の模型震動実験と解析を見てみよう[T7,W4,K5,K6,K7]。

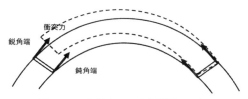

図 10.15　桁衝突による曲線橋の回転

2) 模型震動実験に基づく曲線橋の揺れの特徴

震動実験に用いられた模型橋が図 10.16 である[W4]。橋長 3.29m の 3 径間連続曲線桁とその両サイドにそれぞれ橋長 1.71m の単純桁が配置されており、中央径間の両端はカンチレバー継手を介して側径間に支持されている。橋脚の頂部は桁に、基部は振動台にそれぞれ剛結されている。模型は、長さ、力、時間の相似則をそれぞれ 30、900、1/5.5 とし、崩壊した 5/14 曲線橋の東半分を原形として、曲線桁、カンチレバー継手、高橋脚など落橋した橋の特徴が取り入れられている。

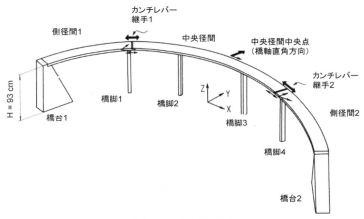

図 10.16　曲線橋模型

カンチレバー継手は図 10.17 に示すように、受け台、せん断キー、桁端連結構造、上下方向の変位拘束装置から構成されている。受け台の表面には実橋に用いられたベアリング・パッドを模型化した厚さ 1.6mm のゴムパッドが敷かれている。せん断キーは相隣る桁どうしが橋軸直角方向にずれないように設けられたものである。鋼棒でできた桁端連結構造が桁の両側に 1 組ずつ取り付けられている。桁端連結構造は継手において隣接桁間の開きがある値以上になると抵抗し、閉じる側には抵抗しない。

継手において相隣る桁が離れる方向に揺れると、まずゴムパッドがせん断変形によって抵抗し、やがて桁がゴムパッドからすべり始め、桁間の開きが桁端連結構造の遊間に達した瞬間に桁端連結構造が抵抗し始める。さらに隣接桁が開くと、やがて桁端連結構造は降伏し抵抗力は頭打ちとなる。

一方、隣接桁が閉じる方向に変位した場合には、最初、ゴムパッドがせん断変形するが、せん断変形によって変位を吸収できなくなると桁がゴムパットからすべり始め、桁間の遊間がゼロになった瞬間に桁間衝突が起こる。

図 10.18 はこうした継手の特性を解析に取り入れるために開発されたモデルである。桁間の衝突の解析には 9.4 に示した衝突ばねモデルが、またゴムパッドと桁間の摩擦力やすべりの解析には 6.5 に示した摩擦モデルが用いられている。

解析によってゴムパッドがすべる前の状態の固有振動モードを求めた結果が図 10.19 である。橋軸方向（両端の橋台を結ぶ方向）の振動モードでは、中央桁が並進すると同時に鉛直軸まわりに回転する結果、一方の継手が開くと他方の継手は閉じる。また、橋軸直角方向の振動モードでは、桁が外向きに変位すると両継手はともに開き、桁が内向きに変位すると両継手はともに閉じて隣接桁どうしが接触すると衝突が起こる。

図 10.19 で重要な点は、桁が内向きに変位する際には、隣接桁が衝突する結果、アーチアクションが形成されて中央径間と側径間が一体となって抵抗するのに対して、外向きに変位する場合には継手部が最弱点部になるという、著しい剛性と強度の異方性を持っていることである。

わが国ではカンチレバーで桁を支持することはまれであるが、仮に橋脚 1 と 4 上で中央径間と側径間をそれぞれ支承で支持しても、上記と同じ問題が生じることになる。内向きに揺れた場合には床版間の衝突により桁がアーチアクションを形成するのに対して、外向きに揺れた場合には桁間の引張に対する抵抗が弱いためである。

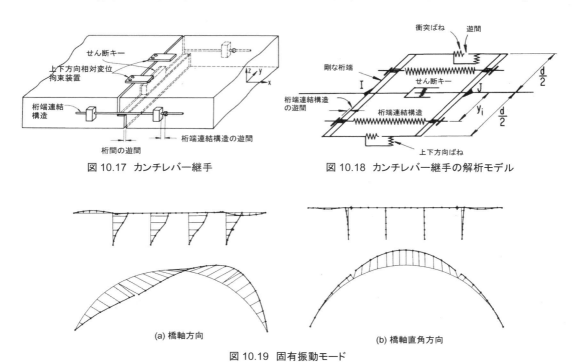

図 10.17 カンチレバー継手　　　図 10.18 カンチレバー継手の解析モデル

(a) 橋軸方向　　　(b) 橋軸直角方向

図 10.19 固有振動モード

3) 加震実験

　橋軸方向よりも橋軸直角方向に加震した方が継手部の損傷の進展が著しいため、最大加速度を 0.11g として橋軸直角方向に加震した場合と、橋軸直角方向には 0.47g、上下方向には 0.27g の 2 方向同時加震した場合の結果を見てみよう。

　0.11g 加震した場合の揺れが図 10.20 である。中央桁の中央部（以下、桁中央部）における橋軸直角方向の変位と継手1および2における隣接桁間の相対変位（プラスは継手が開く方向、マイナスは継手が閉じる方向）を震動台の加速度とともに示している。

　継手 1, 2 ともに、継手が開く側（正側）よりも閉じる側（負側）の変位が 5 倍程度大きい。これは桁端連結構造が継手の開きを抑えたためである。まだこの段階では桁端連結構造は降伏していない。桁端連結構造により継手の開きが拘束される結果、桁中央部でも、桁の外向きの変位は内向きの変位の 1/2 程度に抑えられている。

　これに対して、橋軸直角方向に 0.47g＋上下方向に 0.27g 加震した場合の揺れが図 10.21 である。注目すべきは、継手 1, 2 ともに桁間の相対変位がマイナス側（閉じる側）よりもプラス側（開く側）に大きいことである。これは桁どうしが激しく衝突し、曲線桁がアーチアクションを形成した後、リバウンドしたためである。加震の初期の段階で桁端連結構造は塑性化してしまい、桁間が開くのを抑えられなくなったためである。

　継手における桁衝突のリバウンドにより、桁中央部では外向きに約 0.75cm と、0.11g 加震した場合の約 5 倍もの変位が生じた。一方、内向きの変位はこの半分程度でしかない。内向きと外向きのどちらが桁変位が大きいかが 0.11g 加震とは反対になる。

　継手 2 に生じるプラス側（開く方向）の相対変位が継手 1 の 4 倍にもなったのは、継手 2 がより大きく塑性化したためで、この結果、模型橋は対称性を失って不安定なモードで震動した。桁衝突と桁端連結構造による桁拘束が曲線橋の安定性に大きな影響を与えることがわかる。

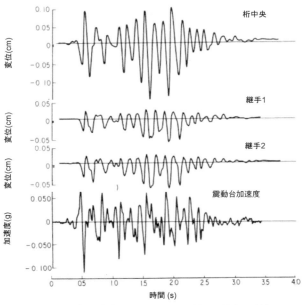

図 10.20　橋軸直角方向に 0.11g 加震した場合の揺れ

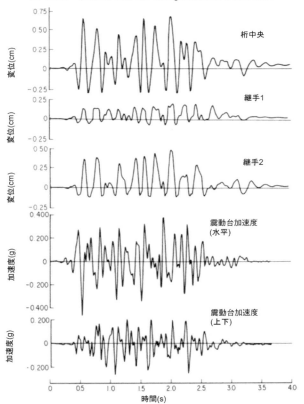

図 10.21　橋軸直角方向に 0.47g+上下方向に 0.27g 加震した場合の揺れ

4) 動的解析

　震動実験による損傷の進展を動的解析によって評価してみよう。線形解析では複雑な模型橋の揺れを解析できないことは明らかであるため、継手における桁衝突と桁端連結構造の作用、桁とゴムパッドのすべり等を考慮した非線形動的解析結果を示す。桁衝突の影響は 9.4 に示した衝突ばねによってモデル化している。

　図 10.22 は橋軸直角方向に 0.11g 加震した場合の揺れである。継手 1 および 2 において継手が開く方向と閉じる方向の相対変位の違いやこれに伴う桁中央部の揺れが解析によってよく再現されている。解析によれば、桁の両サイドに取り付けられた桁端連結構造に作用する引張力は合計約 180kgf である。降伏耐力は 295kgf であるから、桁端連結構造はまだ降伏していない。

　図 10.23 が橋軸直角方向に 0.47g＋上下方向に 0.27g 加震した場合である。桁間衝突によって継手において隣接桁が開く方向と閉じる方向に生じる相対変位の非対称性が動的解析によってよく再現されている。桁端連結構造に生じる作用力は降伏耐力 295kgf に達し、大きく塑性化が進むことも解析でよく再現されている。衝突力の最大値は継手 2 において 1,800kgf に達した。これは、桁端連結構造の降伏耐力の 6 倍以上である。

　なお、図 10.23 の解析において、桁衝突を考慮しないと桁中央がどのように揺れるかを示した結果が図 10.24 である。桁衝突を見込まないと、解析結果は実験結果とかけ離れた揺れを与える。

　以上のように、曲線橋では継手部における桁間衝突や桁端連結構造の作用によって非対称の強い非線形性が生じること、これを解析するためには桁間衝突の影響と桁端連結構造の非線形性を取り入れる必要があることがわかる。

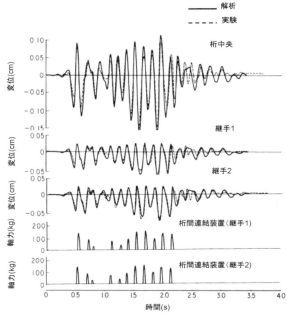

図 10.22　実験値と解析値の比較（0.11g 加震）

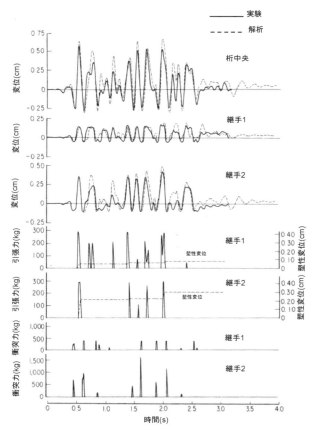

図 10.23　実験値と解析値の比較（0.47g+0.27g 加震）

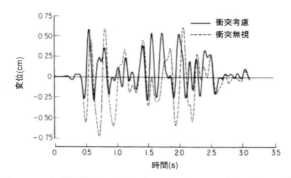

図 10.24　曲線橋模型の応答に与える衝突と上下方向加震の影響

10.4 アーチ橋

1) 特異な震動特性を持つアーチ橋

アーチ橋は山岳地における中～長スパン橋の建設に用いられることが多い。一般にアーチ橋はその重厚な外見から耐震性が高いと見なされがちであるが、強震動の洗礼を受けた経験は少ない。アーチは一様に作用する鉛直荷重(自重等)に対してはアーチアクションによる抵抗能力が高いが、橋軸方向に作用する地震力に対しては要注意である。

桁橋と比較して特異な震動特性を持つアーチ橋の揺れ方を見てみよう[S12,F6,K55,S8]。

2) 震度法では地震力が断面決定要因ではないアーチ橋

解析対象とするのは図 10.25 に示す中央径間 165m の鋼アーチ橋である。1980 年の基準に従って、設計震度を橋軸方向には 0.23、上下方向には 0.18 として震度法により設計されている。耐震設計では橋軸方向の揺れが重要であるため、この方向に解析してみよう。

強震動作用下では、軽く±1g 相当の水平揺れが生じることから、橋軸方向に±1g に相当する水平力を静的に作用させた場合に、アーチリブ(主桁との固定部は除く)に生じる軸力と曲げモーメント(面内)を求めた結果が図 10.26 である。この解析を最初に示すのは、強震動が作用した際に、アーチリブが塑性化してもよいのか、塑性ヒンジを設けてよいとすればどこがよいのかを考えるためである。強震動作用下では、容易±1g 相当の水平揺れが生じることから、このような地震動が作用したときの断面力を知る必要がある。

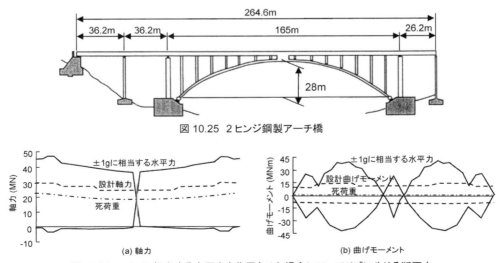

図 10.25　2ヒンジ鋼製アーチ橋

図 10.26　±1g に相当する水平力を作用させた場合にアーチリブに生じる断面力

アーチリブに生じる圧縮軸力は 40〜45MN で、震度法による耐震設計で求められた設計軸力 (25〜30MN) を約 50% 上まわる。曲げモーメントは 1/4 点と 3/4 点で 40MNm と、震度法による設計曲げモーメント (10〜13MNm) の 3〜4 倍となる。震度法に比較して ±1g に相当する地震力を作用させた場合の断面力がいかに大きいかを理解できる。

重要なことは、震度法による耐震設計では、軸力に対しては自重＋活荷重の荷重組み合わせによって、また、曲げモーメントに対してはこれに温度変化を加えた荷重組み合わせによってアーチリブの断面が定められていることである。震度法では設計震度が極めて小さいため、許容応力度の割り増しを考慮すると地震力を含む荷重組み合わせはアーチリブの断面の決定要因にはならない場合が多い。

3) 上下方向の揺れが卓越するアーチ橋

アーチ橋の主要な振動モードを図 10.27 に示す。橋軸方向および橋軸直角方向の基本固有周期はそれぞれ 2.18 秒、0.80 秒である。橋軸方向の 1 次固有周期が橋軸直角方向の 2.7 倍と長いのは、桁の両端が可動支承で支持されているためである。

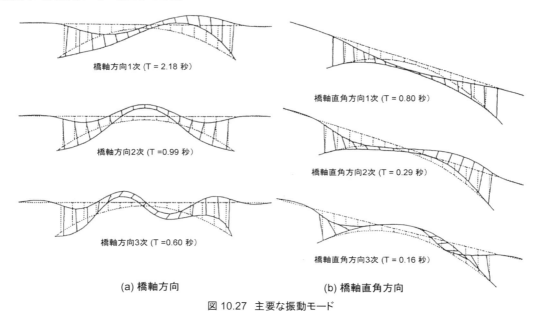

(a) 橋軸方向　　　　(b) 橋軸直角方向

図 10.27 主要な振動モード

橋軸方向の 1 次振動モードで重要なことは、1/4 点 (アーチの支点と中央点との中間位置) における水平方向と上下方向の振動モードの振幅比が 1 対 1.7 となることからわかるように、橋軸方向に地震力を受けると、橋軸方向よりも上下方向に大きく揺れることである。橋軸方向と橋軸直角方向の振動モードが互いに影響し合うカップリング (連成) は他の形式の橋にも見られるが、アーチ橋ではこの影響が顕著であり、特異な揺れ方と言ってよい。

したがって、地震力を受けた際に普通の桁橋等であれば、橋は主として水平方向に揺れるのに対して、アーチ橋では、上下方向にも大きく波打つように揺れる。人間は水平の揺れよりも上下の揺れに対する感覚が鋭いため、アーチ橋の上で地震に遭遇するときわめて特異な揺れ方を感じるはずである。

4) 強震動作用下のアーチ橋

1995 年兵庫県南部地震により神戸海洋気象台で観測された記録 (図 1.13 参照) をアーチ橋に作用させると、アーチリブに生じる最大加速度と最大変位は図 10.28 のようになる。アーチリブに作用する軸力と抵抗曲げモーメントのインターアクションを見込んだ非線形動的解析も行われているが、ここでは線形動的解析結果を示している。

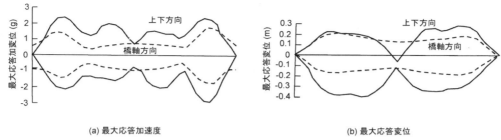

(a) 最大応答加速度　　　　　　　　　(b) 最大応答変位
図 10.28　アーチリブに生じる最大応答変位および最大応答加速度

　最大応答加速度は橋軸方向には 1.8g であるが上下方向には 2.9g と約 60% 大きい。最大応答変位も上下方向には 0.4m と橋軸方向の約 2 倍になる。これは、図 10.27 に示したように、橋軸方向の 1 次、2 次、3 次の振動モードでは橋軸方向よりも上下方向が卓越するためである。

　図 10.29 は橋軸方向に地震動を作用させた場合にアーチリブに生じる軸力と曲げモーメントである。アーチクラウンにおいて曲げモーメントが小刻みに変化するのは、ここで鉛直部材によってアーチクラウンが桁と剛結されているためである。アーチリブに生じる軸力は中央部で 40MN、端部で 55MN に達し、設計軸力や降伏軸力を上まわり、曲げモーメントもアーチリブの全塑性モーメント(約 20MN)に達する。

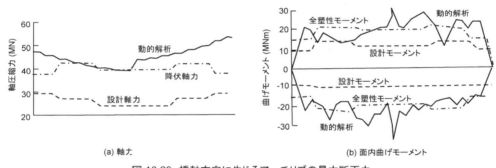

(a) 軸力　　　　　　　　　　　　(b) 面内曲げモーメント
図 10.29　橋軸方向に生じるアーチリブの最大断面力

5)　震度法時代の問題点が端的に現れているアーチ橋

　震度法で耐震設計されたといっても、地震の影響を含む荷重組み合わせによって設計が決まっていないアーチ橋が多いと考えられる。地震時保有耐力法の視点から見ると、アーチリブに塑性ヒンジを設けることが許されるのかから始まって、塑性ヒンジを設けない状態で強震動に対して弾性設計するためには、現在の断面で耐えられるのか、アーチの両端に異なった地震動が作用した場合のアーチリブの耐震性(多点入力)はどの程度か等、多くの検討事項がある。

　さらに、峡谷の横断部に建設されることの多いアーチ橋では、耐震補強や震後の復旧が困難だという問題もある。既存橋の耐震補強法も含めて研究開発が求められている。

10.5　逆 L 字型橋脚で支持された橋の震動特性

1)　逆 L 字型橋脚で支持された橋の問題点

　4.8 に示したように、逆 L 字型橋脚は桁の中心が橋脚の中心から偏心しているため、橋脚には橋軸と橋軸直角方向の慣性力に加えて、桁の自重による偏心モーメントと橋軸方向の桁の慣性力に伴うねじりモーメントが作用する。逆L字型橋脚で支持された橋ではどのような点に注意すべきかを、動的解析に基づいて見てみよう[K61]。

解析対象は図 10.30 に示す逆 L 字型橋脚で支持された 3@30m=90m の 3 径間連続都市高架橋である。図 10.31 に示すように、橋脚の塑性ヒンジ部では、曲げ変形はファイバー要素、橋脚の中心軸まわりのねじりの影響は弾塑性型履歴特性を持つばね要素によってモデル化する。鋼製支承で支持した場合と積層ゴム支承で支持した場合の 2 ケースを対象にして、図 1.13 に示した 1995 年兵庫県南部地震による神戸海洋気象台記録を作用させて解析してみよう。

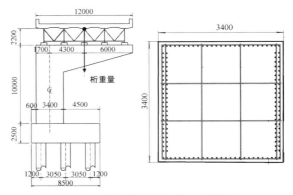

図 10.30 解析対象とする逆 L 字型橋脚

2) 鋼製支承で支持した場合

耐震強度が十分高い鋼製支承で支持した場合には、桁と橋脚はほぼ一体となって橋軸方向と橋軸直角方向に揺れる。P2 橋脚で支持された桁中央部に生じる応答変位を示した結果が図 10.32 であり、橋脚基部が塑性化し、橋軸直角方向（偏心圧縮方向）には 0.25m（2%ドリフト）の残留変位が、また、橋軸方向にも 0.07m の残留変位が生じる。これに伴って桁中央部では下向きにも 0.1m の残留沈下が生じる。

しかし、橋脚軸まわりのねじり回転角は 0.0013rad と小さい。これは、剛性が大きい床版

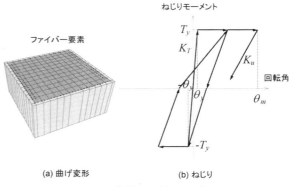

(a) 曲げ変形　　(b) ねじり

図 10.31 塑性ヒンジ部のモデル化

が鋼製支承を介して橋軸まわりのねじり回転を拘束するためである。これを床版のストラット作用と呼ぶ。4.7、4.8 に示したように、橋脚にねじり変形が作用すると、橋脚の曲げ変形と重なり合って曲げおよびねじり耐力を大きく減少させるが、上記の解析ではねじり回転が桁によって拘束される結果、橋脚のねじり耐力はあまり低下しない。

ただし、ねじり回転が小さく求められたのは、解析上鋼製支承の強度が十分高いと仮定されているためであ

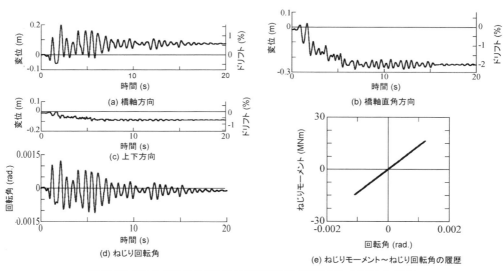

図 10.32 P2 上の桁中央部における応答変位（鋼製支承で支持した場合）

る。過去の震災事例のように、強震動の作用下では鋼製支承は破断しやすく、こうなると桁は鉛直軸まわりに回転できるようになり、橋脚にねじり回転角が生じることになる。

3) 積層ゴム支承で支持した場合

積層ゴム支承で桁を支持した場合の揺れが図 10.33 である。桁に生じる最大応答変位は積層ゴム支承の変形のせいで橋軸、橋軸直角方向にそれぞれ 0.41m（3.4%ドリフト比）、0.35m（2.9%ドリフト比）と鋼製支承で支持した場合よりも大きくなるが、残留変位は橋軸直角方向の偏心圧縮側にドリフト 1%程度と鋼製支承で支持した場合よりも小さい。

このように積層ゴム支承は橋脚の曲げ塑性化を抑えるためには有効であるが、橋脚には塑性域に達する 0.01rad のねじり回転が生じる。これは横ばりの両端間に ±0.12m の相対変位を生じさせる程度の回転である。桁のストラットアクションによって橋脚の揺れを拘束する効果を積層ゴム支承の変形が大幅に弱める結果、橋脚のねじり回転を可能とするためである。

4.7、4.8 に示したように、ねじり変形が生じると、ねじり耐力の急速な劣化だけでなく、曲げ耐力の低下も生じることに注意しておく必要がある。

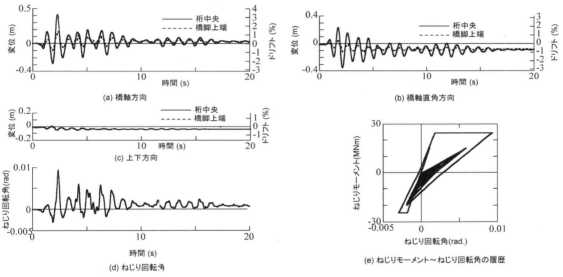

図 10.33 P2 上の桁中央部における応答変位（積層ゴム支承で支持した場合）

10.6 下部構造の剛性変化部で生じやすい支承の破断

橋軸直角方向に曲げ変形しやすい単柱式橋脚から曲げ剛性の高いラーメン式橋脚への変化部のように、下部構造の剛性変化部では支承に大きな変形が生じ被害につながりやすい。

一例として図 10.34(a)のように、ラーメン橋脚 P1〜P4 によって支持された桁 1 と一端だけラーメン橋脚 P4 によって支持され、その他は単柱式橋脚 P5〜P7 によって支持された桁 2 からなる構造を考えよう。桁 1 と桁 2 の端部は橋脚 P4 において積層ゴム支承により支持されている。この状態で橋軸直角方向に地震力を受けると、ラーメン橋脚 P1〜P4 は(b)のように橋軸まわりにほとんど回転しないが、単柱式橋脚 P5〜P7 は(d)のように曲げ変形により橋軸まわりに回転する結果、桁 2 の P4 端もこれにつれて回転しようとする。

問題はこのときにラーメン橋脚 P4 上で桁 2 を支持する支承に作用する地震力である。P4 橋脚上で桁 2 が(c)のように橋軸まわりに回転しようとすると、桁 2 を支持する支承にはせん断力と同時に大きな上揚力と圧縮力が交互に作用する。支承に作用する上揚力と圧縮力は桁 2 の回転中心から離れるに従って大きくなるため、最外縁の支承が最も厳しい条件に置かれることになる。これは、鋼製支承であっても積層ゴム支承でも同じである。

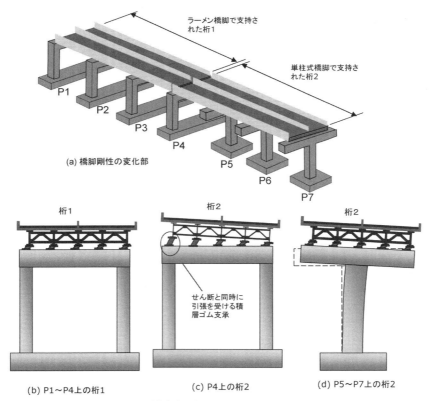

図 10.34 橋脚の構造変化部に生じやすい積層ゴム支承の破断

　実際に動的解析によって P4 橋脚上の最外縁の積層ゴム支承にどの程度の上向きの変位が生じるかを解析してみよう。桁 1、桁 2 はともに幅員 16m、橋長 3×50m = 150m の 3 径間連続橋で、橋脚高さは 10m とし、桁は各橋脚上で 5 基の積層ゴム支承によって支持されているとしよう。

　この橋に 1995 年兵庫県南部地震の際に JR 鷹取において観測された地震動(図 1.14 参照)を作用させると、橋脚に生じる橋軸まわりの最大回転角は、P1〜P4 上では $3.2×10^{-4}$ rad. と小さいが、P5〜P7 上では $6.7×10^{-3}$ rad. と約 20 倍になる。単純に桁中央を回転中心として桁が回転すると仮定すると、最外縁に位置する支承に生じる上下方向変位は P4 上では $3.2×10^{-4}$ rad. ×8m = 2.6mm と小さいが、P5 上では $6.7×10^{-3}$ rad. × 8m = 54mm と 20 倍になる。

　同一支承線上の最外縁に位置する支承を対象に、橋脚 P4 上で桁 1 を支持する支承と桁 2 を支持する支承に生じる上下方向の変位を解析した結果が図 10.35 である。ここには比較のため、単柱式橋脚 P5 上で桁 2 を支持する最外縁の支承に対する結果も示している。ラーメン橋脚 P4 において桁 1 を支持する支承にはわずかな上下方向変位しか生じないが、同じ橋脚上で桁 2 を支持する支承には最大 86mm の引張変位が生じる。これは、単柱式橋脚 5〜橋脚 7 の曲げ変形によって生じた桁 2 の橋軸まわりの回転によって生じたものである。ただし、同じ桁 2 を支持する支承でも単柱式橋脚 5 上の支承では 3mm 程度の引張変位しか生じない。これは単柱式橋脚 P5 が曲げ変形するためである。図 10.35 には示していないが支承に生じる上下方向変位が小さいのは、単柱式橋脚 P6、P7 においても同様である。

　図 10.36 はせん断ひずみと引張ひずみを同時に受ける積層ゴム支承の引張破断ひずみの一例であり、引張破断ひずみはせん断ひずみの増加とともに大きく減少する。下部構造の変化部では、積層ゴム支承に大きなせん断変形と引張変形が同時に作用しないように配慮しておくことが求められる。

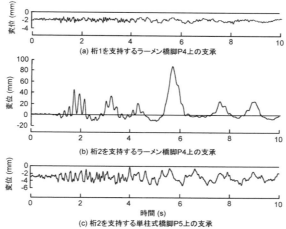

図10.35 同一支承線上の最外縁に位置する支承に生じる上下方向変位(＋側が上向き)

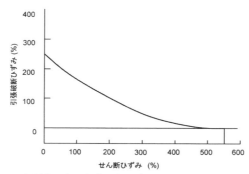

図10.36 せん断変形と引張変形を同時に受ける積層ゴム支承(模式図)

10.7 活断層を跨ぐ高架橋

1) 断層変位による高架橋の被害

連続して人や物を運ぶ道路や鉄道では、断層とわかっていてもやむを得ずこれを超えて橋を建設しなければならない場合がある。ある一つの断層を見れば、その活動周期は長いが、多数の箇所で断層を跨ぐ路線では、いずれかは断層の直撃を受けることになる。断層を跨ぐ橋では、強震動の影響に加えて断層変位の影響に対する対策が求められる。

強震動による被害ほどの頻度ではないが、断層変位による被害はすでにいろいろ起こっている。たとえば1995年兵庫県南部地震(M_w6.9)では明石海峡大橋の直下に生じた断層変位によりアンカレッジと主塔が水平、上下に最大で 0.72m 移動した結果、橋長が 1.1m 延びた[H19]。1999年台湾の集集地震(M_w7.6)ではBei-Fong橋やWu-Shi橋等に、また1999年トルコのコジャエリ地震(M_w7.4)とドュツェ地震(M_w7.2)ではArifiye橋やBolu高架橋等が断層により落橋したり被害を受けている[K56]。

ここではドュツェ地震によって生じたボル(Bolu)高架橋の被害とその解析を見てみよう。

2) ボル高架橋と地震被害

ボル高架橋はイスタンブールとアンカラを結ぶヨーロッパ自動車道上に位置する上下線分離の高架橋である。図10.37に示すようにアンカラからイスタンブールに向かう西向きは59径間で橋長2,313km、東向きは58径間で橋長2,273kmの高架橋である。ドュツェ地震発生当時には両方向とも上部構造の架設が終了し、舗装工事着手前の段階にあった。

図 10.37 ボル高架橋

　主桁は U 型 PC 梁を橋軸直角方向に 7 連並べ、図 10.38 に示すように 10 径間×39.2m = 392m ずつ床版は連続とされていたため、地震時には高架橋はおおむね 10 径間ずつの連続橋として揺れたと見られる。ほとんどの桁は高さ 40m 程度の鉄筋コンクリート製高橋脚で支持されている。橋脚は厚さ 3m、橋軸および橋軸直角方向幅が 16m×18.7m のフーチングで支持され、径 1.8m、長さ 15～40m の現場打ち杭 4 本で支持されている。

　桁は PTFE すべり支承（ポット支承）で支持された免震構造となっており、392m の 10 径間に対して、図 10.39 に示すように半円形の曲げ塑性型エネルギー吸収装置（EDU）と粘性ダンパーストッパー（VDS）を直列につないだエネルギー吸収装置が、両端と中央を除く 8 橋脚上に設置されていた。温度変化に伴う桁伸縮のように緩速変形は桁の移動に抵抗しない粘性ダンパーストッパーで吸収し、地震時には橋軸方向の地震力を各橋脚に分散すると同時に、EDU によるエネルギー吸収効果を期待した構造である。EDU を支持するために設けられたコンクリートブロックは、橋軸および橋軸直角方向の桁の移動を±0.48m 以内に収める桁移動制限装置の役割も果たしていた。なお、10 径間の両端と中央の 3 橋脚では EDU が橋軸直角方向に設置されていた。

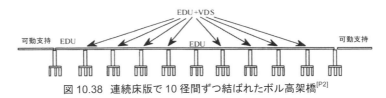

図 10.38　連続床版で 10 径間ずつ結ばれたボル高架橋[P2]

　図 10.39 は地震後に撮影したもので、EDU の半円形鋼板が破断するとともに、EDU とその下の VDS を結合する装置が破断した[K56]。

　デュッゼ地震の 3 ヵ月ほど前に、ボル高架橋は 100km ほど離れて起こったコジャエリ地震（$M_w 7.4$）の洗礼を受け、支承に対して桁が 44～80mm 程度残留移動した[P6]。

　しかし、デュッゼ地震では図 10.40 に示すように右横ずれ断層が 20～30 度の浅い角度で橋脚 45～47 間を横切った。断層変位は 2～2.5m である。この結果、ほとんどの桁が移動し、多くの箇所では図 10.41 に示すように桁が支承から外れて橋脚天端からずり落ちた。しかし、図 10.42 に示すように連続床版が大きく損傷してずり下がりながらも、かろうじて落橋を防いだ。

図 10.39　半円形の曲げ塑性型エネルギー吸収装置（EDU、上）と粘性ダンパーストッパー（VDS、下）を直列に連結させたエネルギー吸収装置[K56]

断層の直撃を受けた杭基礎では、図 10.43 に示すように場所打ち杭が大きく損傷し、残留傾斜が生じた。しかし、場所打ち杭には密に帯鉄筋が配置されていたことから倒壊は免れた。

なお、この橋は設計地震動加速度を 0.4g と見込み 1983 年の米国 AASHTO 基準に基づいて設計されていた。ただし、何点かの修正が加えられており、そのうちの重要な点は、この橋の重要性に鑑み、荷重低減係数 R が AASHTO による 3.0 ではなく 1.0 として設計されたと言われていることである。結果的に、ボル高架橋は 0.4g の設計地震動に対してほぼ弾性状態で耐えられるように設計されていたことになる。

図 10.40　橋の上から見下ろした断層（右手前の桁の左端側から撮影）[K56]

図 10.41　完全に橋脚上端から逸脱した桁[K56]

図 10.42　大きく損傷しながらも崩壊を防いだ連続床版[K56]

図 10.43　基礎杭が損傷し、わずかに傾斜した橋脚[K56]

3)　断層変位を見込んだボル高架橋の被害解析

ボル高架橋の一連 392m 区間を図 10.44 のようにモデル化し、P1 と P2 間を 25 度の角度で断層が横断するとした解析が行われている[P2,P3]。解析ではエネルギー吸収装置をバイリニア型モデル、すべり支承を剛塑性型履歴モデル、桁移動制限装置を移動可能変位に達すると剛体的に抵抗する部材によってそれぞれモデル化している。

解析には、図 10.45 に示すデュツェ地震により Bolu で観測された水平 2 成分の地震動を、断層平行方向と断層直角方向に変換し、1.15 の図 1.60 に示した手法により断層直交方向には指向性パルス、断層平行方向にはフリングステップを加えた人工地震動波形が作成された。これが図 10.46 である。断層の永久変位を 1.5m と見込み、断層平行方向の地震動変位には P1 側には +0.75m、P2 側には −0.75m のフリングステップが見込まれている。

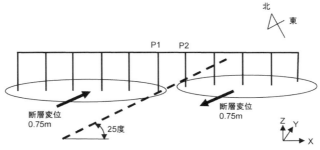

図 10.44 断層位置と着目橋脚 P_1、P_2[P2]

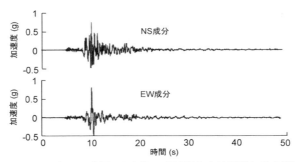

図 10.45 ドュツェ地震によりボルで観測された地震動加速度[P2]

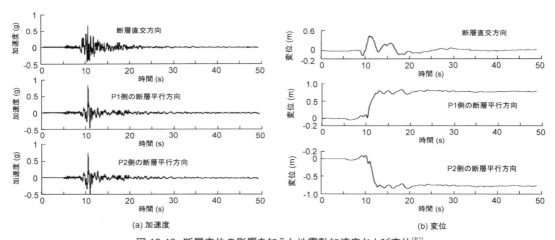

(a) 加速度　　　　　　　　　　　　　　(b) 変位

図 10.46 断層変位の影響を加えた地震動加速度および変位[P2]

　この地震動が作用したときに P1 および P2 橋脚上の支承に生じる変位（橋脚上端に対する支承（＝桁）の変位）を解析した結果が図 10.47 である。P1 橋脚上の支承には負側に、P2 橋脚上の支承には正側に、それぞれ 0.48m の残留変位が生じた。これは図 10.48 に示す支承のリサージュから明らかなように、支承が可動変位 0.21m を超えてさらに大きく変位したが、桁移動制限装置（移動可能量は橋軸方向、橋軸直角方向ともに ±0.48m）により拘束されたためである。

　このように指向性パルスやフリングステップの効果を動的解析に取り入れることにより、ボル高架橋の被害状況をおおむね説明することができるといわれている。

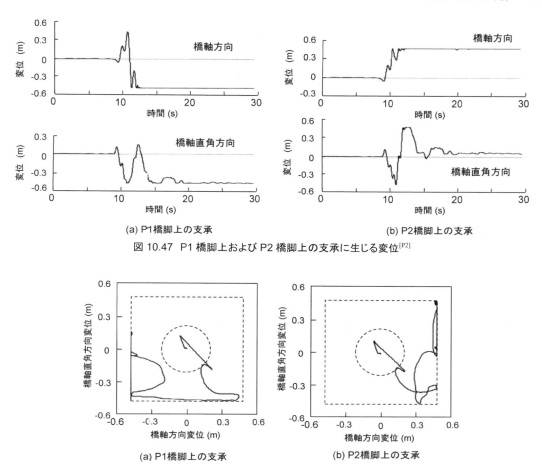

(a) P1橋脚上の支承　　　(b) P2橋脚上の支承

図 10.47　P1 橋脚上および P2 橋脚上の支承に生じる変位[P2]

(a) P1橋脚上の支承　　　(b) P2橋脚上の支承

図 10.48　橋脚 1 上および橋脚 2 上の支承に生じる変位のリサージュ（中央の丸は支承の可動変位（0.21m）、周囲の四角は桁移動制限装置の範囲）[P2]

第11章 免震・制震

11.1 はじめに

構造物の震動は地盤の揺れ（地震動）が伝えられることによって生じるため、地盤から構造物を遮断したり、地震動との共振を小さくすれば構造物の揺れを減らせるのではないかという考え方は古くから存在した。これが現在の免震・制震技術につながってきた歴史を振り返ると、少なくとも次の3ステージが存在する[K24]。

1) アイソレーション

地震動を構造物に伝えないために初期の頃に考えられたのは、図11.1(a)に示すように構造物を水に浮かせたり、氷の上で滑らせる、摩擦抵抗の小さいベアリング等で支持するというアイデアで、アイソレーション（絶縁）と呼ばれる。確かにこのようにすると、構造物の揺れを大きく減少させることができる。

しかし、この方法には致命的な欠陥がある。地盤と構造物の水平方向の結合を弱めると、一度地震力を受けて構造物が揺れ始めた後に元の位置に戻ってくる保証がないことである。

これを軽減するためには、ばね等で構造物に復元力を与えれば良い。問題はどの程度の復元力が必要であり、これは次に示すばねと構造物から構成される振動系の固有周期をどの程度にするかという問題に帰着する。

2) ピリオドシフト

アイソレーションと同時に考え出されたのは、図11.1(b)に示すように構造物の固有周期を地震動の卓越周期と離して、共振を避けようという考え方で、ピリオドシフトと呼ばれる。この原理は、機械等から出る有害な振動が周辺の家屋等に及びにくくしたり、交通振動などによる外乱が精密機器等に悪影響を及ぼさないようにする防振として古くから広く利用されてきている[Y8]。

たとえば、車ではエンジンの振動が直接車体に伝わってドライバーの快適性が損なわれないように、ゴム等の緩衝材を介してエンジンを車体に取り付けている。これによって、エンジンと緩衝材から構成される振動系の固有周期を車体の固有周期より長くし、車体がエンジンと共振することを避けるのである。

ピリオドシフトとは、軟らかい支承等で構造物を支持することによって、強震動の卓越周期よりも構造物の固有周期を長くし、共振の影響を小さくして構造物に生じる応答加速度、すなわち、慣性力を小さくしようという考え方である。この目的に使用する軟らかい支承をアイソレーターと呼ぶ。

なお、ピリオドシフトとは、本来、構造物の固有周期を地震動の卓越周期から大きくずらすことであり、構造物の固有周期を地震動の卓越周期よりも短くするという選択肢もある。しかし、構造物の固有周期を短くする、すなわち、構造物の剛性を普通の構造よりも大きくしても、構造物の応答加速度を地震動の最大加速度よりも小さくはできない。このため、一般にピリオドシフトとは構造物の長周期化を意味している。

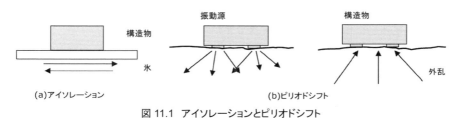

図11.1 アイソレーションとピリオドシフト

なお、ピリオドシフトにより構造物を長周期化し過ぎるとアイソレーションに近付き、復元力が減少し構造物に生じる応答変位が増大し過ぎることは前述した通りである。したがって、構造物に悪影響を与えない範囲で長周期化の度合いを定めなければならない。

ピリオドシフトによる構造物の応答加速度の減少と応答変位の増大は、自動車の例で考えるとわかりやすい。いま、**表 11.1** に示すように、乗用車とトラックの違いを考えてみよう。乗用車のスプリングはトラックに比べて軟らかく、悪路を走っても乗用車の方がトラックよりも衝撃力が小さくて、乗り心地が良い。これは、乗用車ではトラックよりもスプリングが軟らかいため、車体とスプリングから構成される車の固有周期が長いのに対して、トラックではスプリングが硬いため車の固有周期が短いためである。

すなわち、車体が長周期化された乗用車では衝撃力は小さいが、長周期化されていないトラックでは衝撃力は大きいということである。車に作用する衝撃力は構造物に作用する慣性力に相当すると考えれば、長周期化によって構造物の慣性力が小さくなることを理解できよう。

一方、トラックは悪路を走っても車底が地面と接触することはないが、乗用車は悪路を走ると車底が路面と接触してしまう。これは軟らかいスプリングで車体を支持しているせいで、車体の揺れ（変位）が大きくなり過ぎるためである。すなわち、長周期化すると、一般に構造物の応答変位は増大する。

表 11.1 長周期化による応答加速度の低減と応答変位の増大

特性	トラック	乗用車
スプリング	硬い	軟らかい
衝撃（加速度）	大きい	小さい
揺れ（変位）	小さい	大きい
乗り心地	悪い	良い
悪路での走行性	良い	悪い

3) ダンパーによる高減衰化

揺れの変位や速度に応じて震動エネルギーを吸収し、構造物の揺れを小さくするディバイスをダンパーと呼ぶ。エネルギー吸収装置としてダンパーを取り付けると、共振した場合にも構造物の揺れを小さくすると同時に、早く揺れを小さくできる。

ダンパーでエネルギー吸収するための代表的なメカニズムには 3 つある。1 番めは粘性減衰である。粘性減衰を身近に知るためには、浴槽に水をはり、この水を板でかき回わしてやればよい。板が大きいと、力を入れないと水をかき回せない。早くかき回そうとすると、速度に比例して大きな力が必要となるためである。この力が粘性減衰力であり、この原理を応用したのが粘性ダンパーである。

多くの粘性ダンパーは特殊なオイルを封入したシリンダー内をピストンが動く構造となっている。シリンダーを構造物の一方に、ピストンを構造物の他方に固定して、構造物の一方が他方に対して揺れたときに、シリンダーとピストン間に働く減衰力によってエネルギー吸収する。

2 番めは、いろいろな材料の塑性域における履歴吸収エネルギーを利用する履歴型ダンパーである。金属や特殊なゴム等、いろいろな材質が利用されている。初期の頃から利用されてきたのは軟鋼である。軟鋼は加工性に富み変形しやすいため、これを曲げたり、ねじったり、せん断変形させたり、圧縮したり引っ張ってエネルギー吸収する。それぞれ、曲げ降伏型、ねじり降伏型、せん断降伏型、軸降伏型の履歴ダンパーと呼ばれる。

3 番めは摺動面に作用する摩擦力によるエネルギー吸収を利用する方法である。金属と金属を強く押しつけて擦ると熱を持つ原理を応用したダンパーを摩擦型ダンパーと呼ぶ。

以上に示した粘性減衰、履歴減衰、摩擦減衰の特性はそれぞれ 6.2、6.4、6.5 に示した通りである。

ダンパーはいろいろな分野で構造物の揺れを低減するために使用されてきている。先ほどの自動車の例でこれを説明しよう。

自動車では路面の衝撃を緩和するために、車体はスプリングを介して車軸に支持されている。スプリングの

横にはダンパー（ショックとも呼ばれる）が取り付けられている。ダンパーは走行中の車の揺れを早く止めるためのエネルギー吸収装置である。ダンパーの減衰定数は臨界減衰（減衰定数が1.0の場合）付近にセットされるのが普通である。ダンパーを取り付けないと、図 11.2 に示すように、でこぼこ道を走った際に、一度揺れた車体の振動が止まらないうちに次の穴に落ち込むと振動が大きくなり、ついには運転が危険な状態になることを避けるためである。ダンパーが臨界減衰付近にセットされていれば、一度始まった車体の揺れは最短時間で収まっていく。

　自動車と違って一般の構造物ではダンパーを設置しても減衰定数は0.1～0.2程度であり、臨界減衰まで大きくすることは難しい。これは自動車に比較して質量が格段に大きく、大容量のダンパーを製作できないためである。しかし、0.1～0.2 程度の減衰定数であっても、ダンパーを設置することにより、構造物の地震応答を大きく低減することができる。

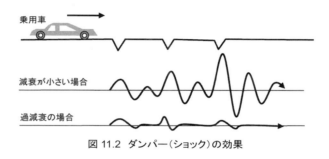

図 11.2　ダンパー（ショック）の効果

4)　応答制御

　地震動による構造物の揺れを小さくしようとする試みを総称して応答制御（Structural control）という。応答制御には、構造物に電気エネルギー等外部エネルギーを供給して構造物の揺れを小さくする方法と、外部エネルギーの供給は行わず構造物内部のエネルギー吸収メカニズムで対応する方法がある。一般に前者は能動型応答制御（Active control）、後者は受動型応答制御（Passive control）と呼ばれる[K78]。

　たとえば、構造物にアクティブ（能動的）ダンパーを取り付け、地震によって構造物が揺れる方向に強制的にアクティブダンパーを移動させて慣性力を減殺し、揺れを小さくしようとするのが代表的なアクティブコントロールである。しかし、アクティブコントロールには多量のエネルギー供給に加えて、長期的に使用可能な制御システムとその維持管理が必要とされる。突然の強震動作用下に安定した効果が発揮できるのか、停電に対する対応や長期的な制御システムの使用が可能なのか等が懸念されることから、構造物の能動型応答制御の使用実績はまだ少ない。

　このため、本章では受動型応答制御（Passive control）を対象として、免震・制震技術について示す。

11.2　免震と制震

1)　いろいろな定義がある免震と制震

　受動型応答制御（Passive control）には、構造物の基部を地盤に対して水平方向には軟らかく支持して、a) 構造物を長周期化し、地震動との共振から切り離して構造物の揺れの加速度、すなわち慣性力を小さくする方法（アイソレーション）、b) 構造物にダンパーを設置して、地盤に対する構造物の相対変位もしくは相対速度に応じたエネルギー吸収を図り、構造物の揺れを小さくする方法（高減衰化）、c) 上記 a)と b)を組み合わせる方法がある。

　このうち、a)の長周期化とは構造物を地盤から遮断（Isolate）して地震の揺れの影響を小さくしようという考え方の一部であるため、免震（Seismic Isolation）と呼ばれる。一方、b)は減衰性能を高めて構造物の揺れを小さくしようという考え方に基づくものであり、受働型応答制御（Passive control）の一つと分類されることが多い。一般に、これを制震と呼ぶ。

すなわち、免震とは何らかの装置または機構を用いて構造物の地震応答を低減しようとする設計法の総称であり、見方によっては非常に広範囲なものまで含むが、橋や建物等構造物への応用として使われている基本的な考え方は、以下の3点である[K24,K70,K72,D5,D7,D8,B3,B4,U5]。

① 地震力がある一定以上に大きくなると、構造物の固有周期を長くし地震力を低減するため、構造物をアイソレーターによって軟らかく支持する。構造物の固有周期を長くすることを長周期化あるいはピリオドシフトと呼ぶ。
② 単に構造物を長周期化しただけでは、アイソレーターに生じる変位が大きくなり過ぎる場合が多いため、ダンパーを併用して使用上問題とならないレベルまで変位を低減する。
③ 風や制動荷重のように常時作用する荷重によって構造物に有害な振動を生じないように、ある一定以上の地震力が作用しない状態ではアイソレーター等によって必要な剛性や復元力を与える。

一方、制震とは上記のうち、②と③を主体とした方法である。

なお、上記では剛性の高い構造物をイメージして構造物基礎を地盤に対して軟らかく水平方向に支持して構造物を長周期化すると述べたが、長大橋や超高層建物のようにもともとフレキシブルな長周期構造物では長周期化する必要はない。こうした構造物ではもともと構造部材間に生じる相対変位が大きいため、構造部材間にダンパーを取り付けて構造物の減衰を高めれば、揺れを小さくできる。こうした方法も制震に含まれる。

免震に用いる装置を免震装置、制震に用いる装置を制震装置と呼ぶ。なお、免震にも制震にも使用可能な装置が多数あり、これらを免制震装置と呼ぶ。

2) アイソレーターとダンパー

a) 免震装置

免震装置は構造物を地盤に対して水平方向には軟らかく、上下方向にはできるだけ剛に支持する装置(アイソレーター)と構造物が揺れた際にいろいろな減衰メカニズムによってエネルギー吸収する装置(ダンパー)から構成される。アイソレーターとダンパーが一体となった免震支承もある。免震装置の具体例は後述の **11.4** に示す。

橋に対する免震構造では、**図 11.3** に示すようにアイソレーターとダンパーを桁と下部構造頂部間に設置する場合が多い。これはダンパーでエネルギー吸収するためには、できるだけ大きな相対変位もしくは相対速度が生じる部材間に設置するのが有効であるためである。(a)はアイソレーターとダンパーをそれぞれ個別に取り付ける構造の例である。この方法にはアイソレーターとダンパーとしての機能がそれぞれ最適な装置を採用できる利点がある。

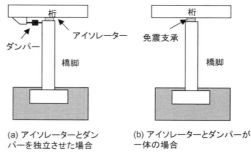

図 11.3 免震構造の例

一方、(b)はアイソレーターとダンパーの機能を一体とした装置(免震支承)を使用した構造で、免震支承まわりをコンパクトにできるのが特徴である。本来は免震支承やダンパー＋アイソレーターをフーチングと周辺地盤間に設置できるとよいが、このためには、**図 11.4(1)(b)**のようにフーチングを2層にし、周辺地盤から切り離した上部フーチングが下部フーチングに対して相対的に揺れるようにしなければならない。しかし、曲げ振動が卓越するトップマス形式の橋では引張力に対する抵抗能力が限られる免震装置によって橋脚～基礎系が転倒しないようにすることは困難である。

これに対して、中低層の建物では、**図 11.4(2)(b)**に示すように床の下に別途、支持フーチングを設けこの間にダンパーを設置する場合が多い。これはせん断震動が卓越する建物では幅が高さに比較してある程度確保できれば、転倒が支配的になることは少ないためである。

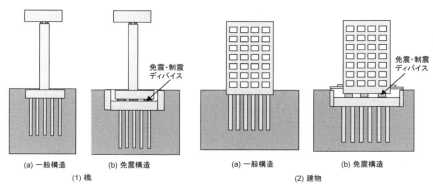

図 11.4 ディバイスの設置位置

b) 制震装置

橋に対する制震構造の使用例が図 11.5 である。変形しやすい鋼橋を対象にして、相対変位が生じやすい節点間にアンボンドブレースダンパー等を設置して、構造系の減衰を向上させる。アンボンドブレースダンパーは和田、竹内らによって開発された制震ディバイスで、超高層建物に広く利用されているほか、長大橋やアーチ橋の上部構造、鋼製橋脚等に利用されている[T2]。鋼橋では一般に地震時の変形が大きくなり、アーチ橋や斜張橋、吊橋などでは、上部構造の揺れを低減することが支持部材や下部構造等、橋全体系の耐震性を高めるために有効である[U5,D7,D8]。また、トラス形式の橋脚等にも制震構造は有効と言われている。

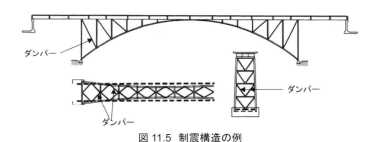

図 11.5 制震構造の例

3) 耐震設計と免震、制震設計の違い

構造物はいろいろな目的を持つ部材から構成されているが、その中でも自重を支持する構造系を自重支持構造と呼び、最重要な構造部分である。地震によって構造物を崩壊させないためには、自重支持構造に致命的な損傷が生じないようにすることが重要である。このため、強震動作用下では、自重支持能力の低下を起こさない範囲で自重支持構造の塑性変形を許容し、これによる長周期化とエネルギー吸収を見込んで崩壊につながる大きな損傷は起こさないようにするのが、耐震設計の基本的考え方である。こうしたコンセプトで建設された構造物では、一般に地震後には被害の度合いに応じて復旧が必要となり、長期間の機能低下となる場合もある。

一方、免震、制震設計の基本的な考え方は、地震動と構造物の連成をできるだけ小さくしたり、減衰性能を向上させて構造物の揺れを抑え、強震動作用下でも自重支持構造の塑性化を抑えようというものである。免震、制震設計によって自重支持構造を地震から護ることができれば、たとえ免震、制震装置が被災して地震後に取り替えが必要になったとしても、被害の復旧を容易にできる点に免震、制震構造のメリットがある。

なお、建物では自重支持構造の基本となる柱は大きな軸力を負担しているため、はりに塑性ヒンジ化を許すのが一般的である。これに対して、桁橋では塑性ヒンジを橋脚に設けることが多い。軟弱地盤に建設されることが多い橋では、自重支持構造として最重要であるのみならず、常に周辺地盤の液状化や流動化の脅威にさらされている橋脚に塑性ヒンジを設けることは本来は避けたいところであるが、曲げ部材として車両を支持する桁に塑性ヒンジを設けることはできないことから、橋脚しか選択肢がないためである。

4) キャパシティーデザインから見た免震、制震

　免震、制震構造は構造物の揺れを低減するという視点からだけ捉えられがちであるが、キャパシティーデザインの一環であるという視点が重要である。7.4 に示したように、キャパシティーデザインとは、予め定めた塑性ヒンジにだけ塑性化を許すことによって構造物を長周期化し、地震動との共振を抑えると同時に塑性ヒンジにおける塑性エネルギー吸収によって構造物の揺れを小さくしようとする設計コンセプトである[P4,P5]。

　キャパシティーデザインに基づく地震時保有耐力法の視点から見ると、免震構造におけるアイソレーターは塑性ヒンジの役割を果たしており、ここに塑性変形を集中させて構造物を長周期化すると同時に、塑性化に伴うエネルギー吸収によって減衰性能の向上を果たそうとしている。

　さらに歴史的に見ると、キャパシティーデザインにおける塑性ヒンジの役割を果たすディバイスとして免震構造が開発されてきたという経緯がある。一般に桁橋形式の橋では橋脚に塑性ヒンジを設けるが、塑性変形を許すということは橋脚に損傷が生じることを受け入れるということである。このため、塑性ヒンジと同じ機能を持ち、地震後に復旧を要するような損傷を生じないディバイスはできないかという点が、橋に対する免震設計の開発のルーツであった。

　これは弾性状態しか考えない震度法からは決して出てこない発想である。震度法の視点からは「耐震設計は構造物を頑丈に造って地震に耐える」、「免震設計は柳に風と地震力を受け流す」と別の体系にしか見えないが、キャパシティーデザインに基づく地震時保有耐力法の視点では、塑性ヒンジを橋脚に設けるか免震ディバイスがその役割を果たすかの違いであり、基本コンセプトは耐震設計も免震設計も同じである。設計コンセプトの原点を知っておくことは、将来を切り拓く力になるか、個別の技術開発にしか見えないかの分水嶺となる。

11.3　地震応答スペクトルに基づく免震、制震効果の評価

1) 地震応答スペクトルによる橋の応答の近似的評価

　免震、制震の原理とその効果を図 11.3 に示した桁橋を対象に見てみよう。ここでは、桁が固定支承によって橋脚に支持された状態で、基本固有周期は 1 秒、減衰定数は 0.05 と仮定しよう。この橋を非免震橋と呼ぶ。これに対して、免震、制震を用いた場合の基本固有周期と減衰定数を次のように仮定する。

a) 免震構造

　固定支承を減衰性能を持つ免震支承に入れ替えて橋の基本固有周期を 2 秒に伸ばすと同時に、橋全体系の減衰定数を 0.2 に向上させる。

b) 制震構造

　基本固有周期は 1 秒のままで、橋にダンパーを取り付けて橋全体系の減衰定数を 0.05 から 0.2 に向上させる。

　この橋を 1 自由度系にモデル化し、図 1.14 に示した 1995 年兵庫県南部地震により JR 鷹取で観測された NS 成分地震動を作用させてみよう。このときに橋に生じる揺れの最大値は地震応答スペクトルによっておおよそ知ることができる。JR 鷹取記録 NS 成分の地震応答スペクトル（減衰定数 0.05）は図 1.19(a)に示した通りである。いろいろ減衰定数を変化させた地震応答スペクトルを図 11.6 に示す。

2) 非免震橋の揺れ

　非免震橋の基本固有周期は 1 秒で、橋全体系の減衰定数は 0.05 であるから、桁に生じる最大の揺れは図 11.6 のA点に相当する。橋に生じる最大加速度(絶対加速度)は 1.23g、地盤に対する橋の最大変位(相対変位)は 0.3m と求められる。

　すなわち、非免震橋には 1.23g の加速度に橋の質量を乗じただけの慣性力が作用する。正確には、慣性力と減衰力の和が復元力とつり合っているが、慣性力に比較して減衰力は小さいため、ここでは慣性力 ≈ 地震力と考えることにする。この結果、地盤に対して橋は最大 0.3m 揺れることになる。

　なお、この解析では橋全体を 1 自由度系にモデル化しているため、桁と橋脚上端間の相対変位を知ること

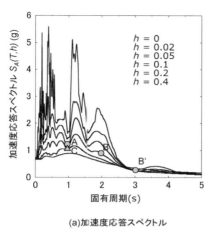 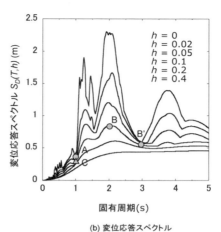

(a)加速度応答スペクトル　　(b)変位応答スペクトル

図 11.6　加速度応答スペクトルおよび変位応答スペクトルで表わした免震・制震効果（1995 年兵庫県南部地震による JR 鷹取記録）

はできない。これを解析するためには、橋を多質点系にモデル化した動的解析を行えばよい。地盤によって片持ちばり式に支持された橋では、桁の揺れは上記の地震応答スペクトル値よりももう少し大きくなるが、ここでは近似的に地震応答スペクトルの値を桁の揺れと見なし、桁には 1.23g の加速度が作用し、この結果、桁は地盤に対して 0.3m 揺れると考えよう。

3)　免震橋の揺れ

この橋を免震化し、固有周期を 2 秒にした上で減衰定数を 0.1 と大きくしたときの揺れが、図 11.6 の B 点である。このときの揺れの最大値を上述した非免震の場合と比較して表 11.2 に示す。ここには後述する制震の場合の揺れも示している。

表 11.2　免震および制震の効果

揺れ	応答加速度(g)	応答変位(m)
A　非免震	1.23	0.30
B　免震（免震/非免震）	0.85 (0.69)	0.83 (2.77)
B'　免震（免震/非免震）	0.26 (0.21)	0.58 (1.92)
C　制震（制震/非制震）	1.08 (0.88)	0.26 (0.87)

注）（　）内は非免震に対する比率

免震橋に生じる加速度は 0.85g と非免震橋の 0.69 倍に低下するが、免震橋に生じる変位は 0.83m と非免震橋の 2.8 倍に増加する。これは免震橋では免震支承の変形によって大きな変位が生じるためである。すなわち、非免震橋に比較して、免震橋に生じる加速度は 0.69 倍に低下し、この結果、橋脚や基礎の変形によって桁に生じる変位も減少するが、この減少分を上まわる変位が免震支承の変形によって生じるということである。

なお、免震橋の揺れが大きいのは、この解析では免震橋の固有周期を 2 秒と変位応答スペクトルの卓越周期とほぼ一致するようにしたためである。免震橋の固有周期をどのように選ぶかによって揺れの大きさは大きく変化する。たとえば、固有周期 1 秒の非免震橋を免震化によって固有周期を 3 秒まで伸ばすことが可能だとすると、免震橋の揺れは B' となり、非免震橋に比較して応答変位は 1.92 倍に増えるが、応答加速度は 0.21 倍にまで下げることができる。

このように免震構造物の建設に際しては、建設地点で生じる揺れの周期特性を把握することが重要である。このためには、1.4 に示した表層地盤の固有周期が参考になる。表層地盤の固有周期に近い周期を持つ地震動は基盤から表層地盤を伝播する過程で増幅されるためである。また、表層地盤の固有周期の他に、地震

動の卓越周期は震源断層からその地点まで伝播してくる地震動の影響を受ける。さらに、構造物の規模や免震、制震装置の特性によって、免震構造物の固有周期は決まってくる。これらを総合的に評価して免震構造物の固有周期を定めなければならない。

4) 制震橋の揺れ

一方、減衰定数が 0.2 となるように減衰性能を高めた制震構造の揺れは図 11.6 のC点であり、揺れの最大値は表 11.2 に示した通りである。制震構造では免震橋のように長周期化した結果、地震動の卓越周期と重なって揺れが大きくなるといったことは起こらない。この例では加速度、変位とも非免震橋の 0.88 倍程度に小さくなる。

すなわち、制震構造では減衰性能の向上による揺れの低下を期待するのに対して、免震構造では、これに加えて長周期化による揺れの低減も期待できるため、制震構造よりもさらに大きく揺れの低減が期待できる場合がある。しかし、免震橋の固有周期に近い卓越周期を持つ地震動が作用すると、かえって非免震橋や制震橋よりも揺れが大きくなる可能性もある。免震構造は制震構造よりもハイリターンであるが、リスクもあるということである。リスクを回避するためには、地震動の周期特性の評価と予期しない大きな揺れを受けたときの免震ディバイスの性能の確保が重要である。

11.4 主要な免震、制震ディバイス

1) 多数開発されてきている免震、制震ディバイス

免震、制震ディバイスを機能・構造別に分類した一例が図 11.7 である[D7]。減衰メカニズムや材質に応じて多様なアイソレーターとダンパーが開発されてきている。アイソレーターやダンパーに特化したディバイスもあれば、両者を一体としたディバイスもある。免震と制震のいずれにも対応可能なディバイスも多い。

アイソレーターは桁の重量を支持しつつ桁の水平移動を許して橋を長周期化するディバイスの総称である。アイソレーターの代表例は積層ゴム支承とすべり系支承である。積層ゴム支承とはゴム層と鋼板を互層に接着した支承で、桁を支持しつつ繰り返し作用する水平力に対して安定した復元力を保ちながら、水平 2 方向の変位を許容する装置である。

すべり系支承は水平方向の復元力を持たないため、ピリオドシフターと併用されることが多い。ピリオドシフターとは橋が目標とする固有周期を持つために必要な水平方向の復元力を与える装置の総称である。ピリオドシフターは鉛直荷重を支持する必要はないが、積層ゴム支承や後述する鉛プラグ入り積層ゴム支承（Lead Rubber Bearing, LRB）、高減衰積層ゴム支承（High Damping Rubber Bearing, HDR）等、鉛直荷重を支持可能なディバイスがピリオドシフターとして使用されることがある。

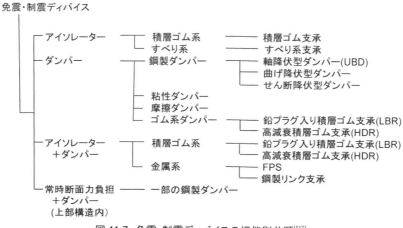

図 11.7 免震・制震ディバイスの機能別分類[D7]

ダンパーとは橋が目標とする減衰定数を持つように、減衰機能(エネルギー吸収機能)を与えるディバイスの総称である。エネルギー吸収メカニズムには、図 11.8 に示すように、粘性減衰、履歴減衰、摩擦減衰がある。これらの減衰特性はそれぞれ 6.2、6.4、6.5 に示した通りである。これらの減衰特性を持つダンパーをそれぞれ粘性ダンパー、摩擦ダンパー、履歴ダンパーと呼ぶ。

以下、主要な免震、制震ディバイスの特徴を見てみよう。

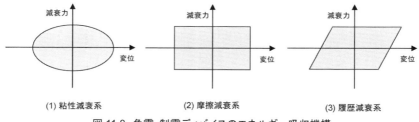

図 11.8 免震・制震ディバイスのエネルギー吸収機構

2) アイソレーター

a) すべり支承

すべり支承では、従来、摩擦係数を小さくする方向に技術開発が向けられてきた。これは可動支承としてすべり支承を用いた際に、桁から橋脚等に作用する地震力(摩擦力)を少しでも小さくしたいという要求があったためである。しかし、震度法の時代に設計された従来型の鋼製すべり支承は、地震に対する耐力や相対変位吸収能力が小さ過ぎたことから、過去の地震の度に被害を受けてきた。

免震構造に用いるすべり支承は、現実的な地震力の作用下で免震構造に生じる大きな相対変位を吸収できると同時に、構造設計によっては橋軸方向だけでなく橋軸直角方向に対する相対変位も吸収できることが求められる。また、すべり摩擦はエネルギー吸収に寄与することから、すべり特性を保持できる範囲でできるだけ摩擦係数を大きくし、後述の 5) に示すようにすべり・摩擦系ダンパーとしても使用される。

b) 積層ゴム支承

① 積層ゴム支承開発の歴史

積層ゴム支承とは複数の薄いゴム層と鋼板を交互に加硫接着させた支承である。免震設計の発展は積層ゴム支承の開発なくしてはあり得なかったと言ってもよいほど重要であり、アイソレーターとして広く用いられてきた。

積層ゴム支承の原形はマケドニアの首都スコピエを襲った 1963 年スコピエ地震後の 1969 年に復興されたペスタロッチ(Pestalozzi)小学校に採用されたゴム支承(幅 0.7m、高さ 0.35m)と言われている。これは数枚の天然ゴムを貼り合わせただけの支承であり、鋼板はまだ用いられていなかった。このため、上下方向の剛性は水平方向とほとんど同じであったが、0.1 秒以下であった建物の固有周期を 1.04 秒程度に延ばすことができ、長周期化による免震効果を可能にしたと言われている[G1]。

初めて積層ゴム支承が実用的に使用されたのはフランス・マルセーユの Lambesc 小学校で、1909 年にマルセーユ地震が起こったことから、免震を目的として使用されたと言われている。これらがゴム支承や積層ゴム支承の黎明期と見られる。

その後、後述するように、ニュージーランドにおいて Skinner や Robinson らによって積層ゴム支承を基本に鉛プラグ入り積層ゴム支承が開発され実用的なレベルに育っていった。1978 年には鉛プラグ入り積層ゴム支承を用いた世界初の免震橋として Toetoe 橋が、また、1981 年には世界初の本格的な免震建物として、当時の公共事業省の William Clayton ビルが建設された。その後、積層ゴム支承は代表的なアイソレーターとして、広く世界で使用されるようになってきた[S21]。

② 積層ゴム支承の変形特性

積層ゴム支承に水平力を作用させると**図 11.9(a)**のようにゴム層がせん断変形する。ゴム層のひずみ効果が顕著にならない範囲では、積層ゴム支承のせん断剛性 k_h は次のように求められる。

$$k_h = \frac{A_r G_r}{\sum t_r} \tag{11.1}$$

ここで、G_r：ゴム層のせん断弾性係数、A_r：ゴム層の断面積、$\sum t_r$：ゴム層の総厚さである。

一方、ゴム層はほぼ非圧縮体でポアソン比 ν が 0.5 に近いため、上下力を受けて鉛直方向に変形すると、これとほぼ同じ体積のゴムが**図 11.9(b)**のように端面が外側にはらみ出す。この結果、ゴム層の弾性係数を E_r とすると、ゴム層に ε だけの鉛直ひずみを与えるために必要な鉛直応力 σ_0 は次のようになるが、

$$\sigma_0 = E_r \varepsilon \tag{11.2}$$

実際にはこれに加えて鋼板による拘束効果のためにさらに大きな応力 σ_c を作用させなければならない。ゴム層が完全な非圧縮体であり、側面におけるゴムのはらみ出しが放物線で近似できると仮定すると、σ_c は次のように与えられる[S24]。

$$\sigma_c = 2S^2 E_r \varepsilon \tag{11.3}$$

ここで、S は形状係数（1 次形状係数）と呼ばれ、ゴム層の受圧面積（断面積）A_r とゴム 1 層当たりの自由表面積（側面の面積）A_s から次のように定義される。

$$S = \frac{A_r}{A_s} \tag{11.4}$$

すなわち、形状係数 S は直径 d_r、ゴム 1 層の高さが t_r の円形断面の積層ゴム支承では次のようになる。

$$S = \frac{\pi d_r^2}{4} / (\pi d_r t_r) = \frac{d_r}{4 t_r} \tag{11.5}$$

これに対して、ゴム層の一辺が a_r および b_r の長方形断面の積層ゴム支承では次のようになる。

$$S = \frac{a_r b_r}{2(a_r + b_r) t_r} \tag{11.6}$$

式(11.2)および式(11.3)より、鋼板による拘束効果を考慮すると、ゴム層の上下方向の応力とひずみの関係は次のようになる。

$$\sigma = \sigma_0 + \sigma_c = (1 + 2S^2) E_r \varepsilon \tag{11.7}$$

したがって、圧縮変形を受けるゴム層の見かけの弾性係数 E_{rc} は次式のようになり、

$$E_{rc} = (1 + 2S^2) E_r \tag{11.8}$$

これより積層ゴム支承の上下方向剛性 k_v は次式となる。

$$k_v = \frac{A_r E_{rc}}{\sum t_r} \tag{11.9}$$

式(11.1)、式(11.9)による積層ゴム支承の水平方向の剛性 k_h と上下方向の剛性 k_v から、次のように剛性比 r を定義する。

$$r = \frac{k_v}{k_h} = 3(1 + 2S^2) \tag{11.10}$$

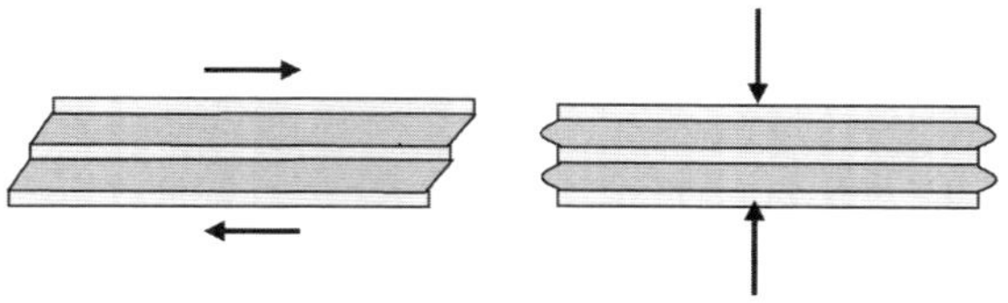

(a) 純せん断力を受ける場合　　(b) 上下力を受ける場合

図 11.9 積層ゴム支承の変形

円形断面を例に取ると、もし、ゴム層の厚さt_rがゴム層の径d_rよりも十分大きければ、式(11.5)や式(11.6)から$S \approx 0$であるため、鋼板による拘束効果はなくなり、$r \approx 3$となる。

ポアソン比をνとすると、ゴム層の弾性係数E_rとせん断弾性係数G_rの関係は次のようになり、
$$E_r = 2(1+\nu)G_r \tag{11.11}$$
ゴム層では$\nu \approx 0.5$であるから$E_r \approx 3G_r$となる。したがって、ゴム層の厚さt_rがゴム層の径d_rよりも十分大きければ、$r \approx 3$となる。

同様にして、ゴム層の厚さt_rがゴム層の径d_rと同じ場合と1/20の場合の剛性比rを求めると、それぞれ、$r = 3 \times 9/8$、$r = 3 \times 26$となる。すなわち、ゴム層の厚さt_rがゴム層の径d_rと同じであれば、鋼板による拘束効果は9/8程度でしかないが、ゴム層の厚さt_rがゴム層の径d_rの1/20になると、鋼板による拘束効果は26倍になる。

このように鋼板によってゴム層を拘束すると、積層ゴム支承の異方性を高め、上下方向剛性k_vを増大させることができる。ただし、鋼板に作用する力は形状係数Sに比例して大きくなるため、鋼板自体が破断しないように板厚を定めなければならない。

③ 加硫と加硫ゴムの特性

積層ゴム支承は、原料ゴムを加硫させて製造する。原料ゴム（天然ゴム）の主成分はイソプレンC_5H_8で、これが鎖のように線状になった分子鎖が多数絡み合ってゴムの弾性が発揮される[N12]。しかし、この状態ではゴムの弾性的性質は発揮されず形状も保持できないため、ゴムの鎖どうしを化学反応によって結びつけて、ゴムの鎖どうしの流動を抑え、ゴムの弾性的性質を発現させなければならない。これを加硫という。加硫を行うためにはイオウ等の加硫剤と酸化亜鉛、ステアリン酸等の加硫促進剤を混合する。

加硫を加えるとゴムの塑性変形が制約され、弾性的な性質を持つようになると同時に、ゴム支承としての形状寸法を保つことができるようになる。

加硫を加えたゴムの変形は、線形ばねと塑性ばねを直列に結んだ粘弾性モデル（マックスウェルモデル）により近似できる。地震のように速い変形に対しては線形ばねが卓越してほぼ弾性的に抵抗し、長期的に生じる変形に対しては塑性ばねが卓越して塑性変形しクリープする。したがって、ゴムは載荷速度によって線形ばねから塑性変形まで、いろいろな変形特性を持っている。

加硫ゴムを積層ゴム支承として使用する際に注意すべきは、加硫ゴムにはマクロな劣化とミクロな劣化があることである。前者は物理的な劣化であり、加硫ゴムにせん断、引張、圧縮等、力学的な作用を与えたときに生じる分子鎖の配列化、結晶化、流動等の劣化による。これに対して、後者は化学的な劣化であり、加熱、酸化、オゾン、放射線、その他の化学反応等によって起こる分子鎖の切断、架橋の切断などによる。

前者の物理的な劣化の問題は積層ゴム支承の繰り返し載荷実験等によってよく知られているが、後者の化学的な劣化の問題は積層ゴム支承の利用者サイドにはまだよく知られていない。今後の積層ゴム支承の耐久性や長期劣化に大きな影響を与えるため、利用者サイドからの研究が求められている[S11]。

④ 複雑な積層ゴム支承の製造過程

積層ゴム支承の製造過程は鋼製ダンパー等に比較すると複雑であり、製造方法によるばらつきが生じやすい[S24]。一般に積層ゴム支承は圧延されたゴムシートとブラスト処理等を施した後に加硫接着剤を塗布した鋼板を金型内に交互に積層状に積み重ね、大型プレスで加硫して製造される。

加硫時間は大型の積層ゴム支承になると20時間以上になることがある。その過程で熱源からの距離やゴムと鋼板の熱伝導率の違い等によってゴムの架橋密度やゴムと鋼板の接着度に差が生じる。

さらに接着材の特性も重要で、柔軟性がない接着材を使用すると、積層ゴム支承に大きなせん断変形が生じ内部鋼板が曲げ変形したときに接着材と鋼板が剥離し、積層ゴム支承に求められる変形性能が確保できなくなる。湿潤な腐食環境下で加硫接着すると、接着性の劣化が問題となりやすい[S11]。

したがって、積層ゴム支承の使用に際しては、十分な技術的な裏付けを持って製造された製品を使用するとともに、現状ではまだ技術的にいろいろな問題が残されていることを知った上で、実際の使用条件（特に、温度

と湿度）下における剛性、減衰特性、耐久性等を実大模型を用いて検証された製品を使用する必要がある。

⑤ ゴム特性の経年変化

積層ゴム支承には長期的に安定した特性を持つゴムが求められるため、建設後に長期間にわたって積層ゴム支承の特性をモニタリングすることが重要である。こうした事例は非常に少ないが、ここでは2例の検討結果を見てみよう。

1番めは建設後約40年を経た積層ゴムの経年変化を調べた英国 Lincoln 市（ロンドンから北に約200km）に位置する Pelham 橋の例である[W3]。Pelham 橋は1957年に建設された道路橋で、平面寸法が 613mm×410mm、高さ 181mm の矩形断面の積層ゴム支承で支持されている。積層ゴム支承が採用されたのは耐震性とは関係がなく、桁の温度伸縮を逃がすためである。

積層ゴム支承には5層×厚さ 18.4mm のゴム層（天然ゴム）とその上側と下側には厚さ 6.4mm のゴム層がそれぞれ鋼板と互層に加硫接着されており、上下面にはそれぞれ上フランジと下フランジがボルトで固定されている。ゴム層の外周部はゴムで被覆されている。

Lincoln 市の年平均気温は 9.2 度であり、月平均気温の年間変動は3〜16度と小さい。また約 2m 幅の歩道があるため、積層ゴム支承にはあまり直射日光や雨水はあたらない。

この積層ゴム支承に対して、建設後38年にあたる1995年に剛性と破断特性が調査された。2体の積層ゴム支承に対して実施されたせん断試験によれば、2体とも±100%のせん断ひずみに対してほぼ弾性的に変形し、約160%のせん断ひずみを与えた段階で1体はゴム層と鋼板の接着面で、もう1体は接着剤と鋼板の境界で破断した。約160%の破断せん断ひずみは Pelham 橋の仕様を満足したが、今日の水準から見ると小さい値である。約40年前の加硫接着技術が現在より低かったためとみられる。

2番めの例は、11.5 6)に後述する一般国道294号線の山あげ大橋である。この橋では建設後約10年を経た2002年に P5 橋脚上の支承2基を新規支承に入れ替える際に、高減衰積層ゴム支承の経年変化が調査された。

同一条件の性能試験から求められた等価剛性と等価減衰定数を1992年と2002年段階で比較した結果が表11.3である[D8]。約10年経過したことにより、せん断ひずみが±70%時の等価剛性は3〜4%増加し、等価減衰定数は−2〜4%増減している。撤去された高減衰積層ゴム支承の破断荷重は 8.307MN、破断時のせん断ひずみは 455.5%（681.5mm）であった。約10年経過後も400%を上まわる変形性能を保っていた。

こうした実験データの蓄積と公表が免震支承の長期耐久性の検討に欠かせない。

表 11.3 約10年間の履歴特性に関する経年変化[D8]

特性	支承	建設時	約10年後	変化率
等価剛性(kN/mm)	G1 桁用	7.61	7.92	4.1%
	G2 桁用	7.48	7.73	3.3%
等価減衰定数	G1 桁用	0.186	0.182	−2.2%
	G2 桁用	0.174	0.181	4.0%

3) 粘性ダンパー

初期の頃から使用され始めたダンパーが、ピストンとシリンダーから構成される粘性ダンパーである。日本では1960年代後半からいろいろな形で橋に利用されてきた。初期の頃の粘性ダンパーにはシリンダーからのオイルの漏洩とオイルの粘性の温度依存性という問題があった。現在ではオイルの漏洩が起こらず、粘性の温度依存性がほとんどない特殊なオイルを使用した粘性ダンパーが広く使用されている。

日本で開発されたユニークな粘性ダンパーの一つに粘性ダンパーストッパー（ロックアップダンパーとも呼ばれる）がある[I11]。これは粘性せん断型ダンパーにおいてオイルの粘性を十分大きくしたもので、高粘性のため地震時のように速い揺れの作用下ではピストンはシリンダーに対してほとんど動かず、固定支承に近い役割を果たす。一方、季節や日変化によるゆっくりした桁の伸縮には抵抗しない。このため、粘性ダンパーストッパーは地震力を各下部構造に分散するために有効に利用されている。

4) 履歴ダンパー

塑性域での変形性能が高い材料を曲げ変形、軸方向変形、ねじり変形、せん断変形させた場合の履歴エネルギー吸収を利用したダンパーが履歴ダンパーである。安定した減衰作用が得られることから、多数のダンパーが開発されてきた。ダンパーの材料には低降伏点鋼のほか、延性に富む鉛、減衰作用を持つゴム(高減衰ゴム)等が用いられる。

a) 鋼製ダンパー
① 曲げ型およびねじり型鋼製ダンパー

免震技術の黎明期にニュージーランドで開発された曲げ型とねじり型ダンパーの例が図 11.10 である[S21]。(a)の片持ちばり式ダンパーは曲げモーメント分布の通りに鋼板の幅が与えられ、(b)のカンチレバー式ダンパーは一方を橋台や橋脚に、他方を桁に取り付けることによって橋台や橋脚に対して桁が橋軸方向に相対変位すると、鋼棒の全長にわたって曲げ塑性エネルギー吸収できる。

(c)のU型曲げダンパーは鋼板をU字型に曲げたもので、上面と下面間に相対変位が生じるとU字の部分で塑性エネルギーを吸収する。

ユニークなのは(d)のねじり板式ダンパーである。後述の 11.5 4)に示すように、サウスランギティキ橋のステッピング(ロッキング)橋脚の基礎に設置された。両端の 2 個のアームは基礎に、中央のアームは橋脚下端に取り付け、橋脚がステッピング震動(ロッキング)して基礎から持ち上がると鋼板がねじられ、塑性変形によってエネルギー吸収する構造となっている[K24]。

いずれのダンパーも原理に忠実にかつシンプルに造られている。

図 11.11 に示す U 型ダンパーは図 11.10(c)をさらに任意の水平 2 方向に作用する地震力に適用できるように開発されたもので、大きな変位振幅まで適用できる。図 11.12 に示すように安定した履歴吸収エネルギーが期待される[D7]。

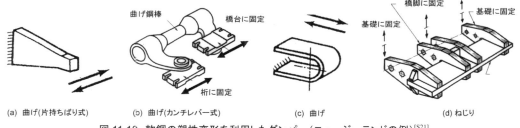

(a) 曲げ(片持ちばり式)　(b) 曲げ(カンチレバー式)　(c) 曲げ　(d) ねじり

図 11.10 軟鋼の塑性変形を利用したダンパー(ニュージーランドの例)[S21]

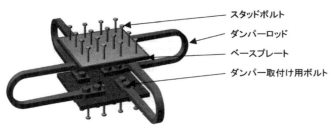

図 11.11 U 型ダンパー[D7]

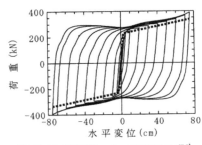

図 11.12 U 型ダンパーの履歴曲線[D7]

② 軸変形型ダンパー

座屈拘束ブレースは図 11.13 に示すように、軸力を受けて降伏するとエネルギー吸収するコアの鋼材（ブレース）をケーシング（座屈拘束材）内に配置した履歴型ダンパーである[T2]。ケーシングはブレースが軸力を受けても座屈しないように拘束するもので、ブレースとケーシング間にはモルタル等が充填されている。ただし、ブレースの外周にはブレースとモルタルが直接接触しないように剥離剤層が設けられている。

座屈拘束ブレースは日本で開発されたもので、1970 年代に入ってから各種の研究開発が進んできた。その開発過程で重要であった課題は 2 つと言われている[T2]。1 番めはケーシング内でのブレースの座屈防止のためブレース周辺に配置する充填層のアイデアとその材料開発、2 番めは強震動を受けたときに建物の自重支持構造はできるだけ弾性状態に保ち、エネルギー吸収装置である座屈拘束ダンパーは地震後に取り替えても構わないという設計コンセプトの確立である。これらが 1988 年に佐伯、和田、岩田らにより提案され、製品開発が進み、鉄骨高層建物を中心に国際的に広く使用されている。図 11.14 に示すように、安定したエネルギー吸収を行うことができる。

一方、橋に対する座屈拘束ダンパーの適用は宇佐美らによっていろいろな検討が行われてきている[U5]。

一般に軸変形型ダンパーは曲げ型やねじり型に比較すると、追従可能な変位は小さいが高い剛性を持っているため、下部構造と桁間のように大きな相対変位が生じる箇所よりも構造物内に設置して履歴減衰の増大により揺れを低減するために優れている。

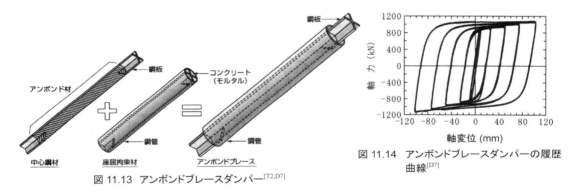

図 11.13 アンボンドブレースダンパー[T2,D7]

図 11.14 アンボンドブレースダンパーの履歴曲線[D7]

③ せん断型ダンパー

鋼板にせん断変位を与え、鋼板の面内塑性変形によってエネルギー吸収機能を持たせたダンパーである。剛性が高く、エネルギー吸収量が多いことから、優れた特性を有している。

b) 鉛プラグ入り積層ゴム支承

① 鉛プラグ入り積層ゴム支承の特徴

鉛プラグ入り積層ゴム支承とは、図 11.15(a)に示すように、積層ゴム支承に円筒形状の鉛プラグを圧入したものである。水平力の作用下で積層ゴム支承がせん断変形すると、鉛プラグも積層ゴム支承に拘束された状態でせん断変形し、図 11.15(b)に示すようにエネルギー吸収する。図中には積層ゴム支承単体の履歴も示されている。履歴曲線が囲む面積はこの変位で鉛プラグ入り積層ゴム支承が 1 サイクルせん断変形する間に吸収するエネルギーを表わしている。鉛プラグの効果により、積層ゴム支承に比較して鉛プラグ入り積層ゴム支承は大きなエネルギー吸収性能を持つことがわかる。

せん断ひずみが 200%程度以下の領域では、鉛プラグ入り積層ゴム支承はほぼバイリニア型の履歴を示す。これは、鉛プラグがほぼ弾性域にある領域と、鉛プラグが塑性化した後の領域から構成されるためである。せん断ひずみが 200%程度以上になると徐々にゴムのハードニングが顕著となり、さらにせん断ひずみが大きくなると、鉛プラグの塑性域の抵抗力が低下し始め、鉛プラグ入り積層ゴム支承の復元力は低下していく。鉛プラグが細長過ぎたり、ずんぐりし過ぎると、安定した履歴特性を得ることができない。

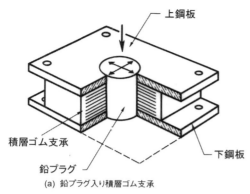
(a) 鉛プラグ入り積層ゴム支承

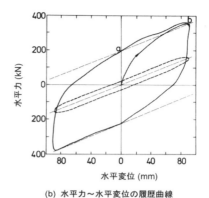
(b) 水平力～水平変位の履歴曲線

図 11.15 鉛プラグ入り積層ゴム支承[R5]

鉛プラグ入り積層ゴム支承は積層ゴム支承としての復元力と鉛プラグによるエネルギー吸収性能を兼ね備えたディバイスであり、1981 年にニュージーランドの William Robinson らにより開発された[R5,S21,T9]。

② エネルギー吸収体としての鉛の特性

エネルギー吸収材として鉛が使われているのは鉛特有の塑性変形後の復元力の回復能力にある[R4]。いま、図 11.16 のように金属に塑性変形を与えると、鉛に限らず金属の結晶粒子が長く引き伸ばされ、結晶粒子がずれる。この状態で加熱すると塑性ひずみの影響から解放されて、回復→再結晶→結晶粒子の成長というプロセスを経て変形前の状態に戻る。

塑性変形を与えた金属を加熱し、1 時間以内に 50%の粒子を再結晶させるために必要な温度を再結晶温度と呼ぶが、鉛の特徴は鉄、銅、アルミニウムの再結晶温度がそれぞれ

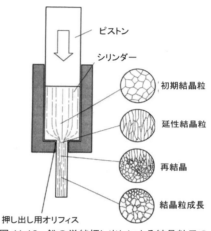

図 11.16 鉛の単純押し出しによる結晶粒子の変形性再結晶[R4]

450 度、200 度、150 度であるのに対して、20 度と低いことである。したがって、常温でも鉛は結晶粒子の回復、再結晶、再成長が生じ、ひずみ硬化の影響を受けにくいため、金属疲労の心配が少ない。

鉛プラグ入り積層ゴム支承の開発のきっかけになったのは、図 11.17 に示すように 1976 年に Robinson らが開発したピストン・シリンダー系ダンパーにオイルの代わりに鉛を封印した鉛押し出しダンパー（Lead Extrusion Damper）である[R4]。その開発中に、積層ゴム支承に鉛プラグを圧入する方法を開発したとされる。

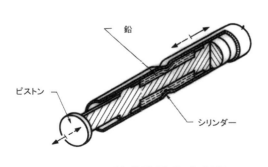
(a) 鉛押し出しダンパー(LED)

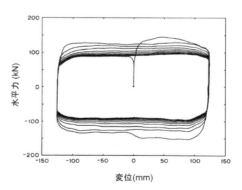
(b) 水平力～水平変位の履歴曲線

図 11.17 鉛押し出しダンパー[R4]

孔の体積よりも 1%程度太めの鉛プラグを積層ゴム支承に圧入して両者を一体化させて上載荷重を加えると、鉛プラグが積層ゴム支承に均等に拘束される結果、積層ゴム支承がせん断変形すると鉛プラグもほぼ一様にせん断変形し安定した履歴吸収を行う。

ただし、鉛プラグ入り積層ゴム支承も万能ではない。再結晶が起こるのはあくまでも鉛が破断しない状態にある場合であり、いったん破断した後には再度融解しないと一体にはならない。過大なせん断変形を受けた場合のほか、鉛プラグが積層ゴム支承内で十分な拘束を受けていない等の条件下では、鉛プラグの損傷が進展することが知られており、原理原則に沿った利用が求められている。

③ 鉛プラグ入り積層ゴム支承のモデル化

免震設計では、ハードニングが顕著にならない範囲における鉛プラグ入り積層ゴム支承の履歴特性を図11.18 のように、鉛プラグが弾性域にあるときの剛性(1次剛性) k_1 と、鉛プラグが塑性化した後の剛性(2次剛性) k_2 に基づいてバイリニア型にモデル化することが多い。

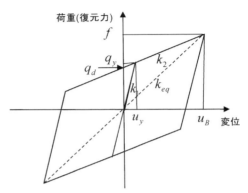

図11.18 鉛プラグ入り積層ゴム支承の履歴曲線のモデル化

鉛プラグ入り積層ゴム支承の設計変位を u_B (mm)、これをゴム層の総厚さ $\sum t_r$ (mm)で除した設計せん断ひずみを γ_{uB} ($\gamma_{uB} \equiv u_B / \sum t_r$)とすると、鉛プラグ入り積層ゴム支承の 1 次剛性 k_1 (N / mm)および 2 次剛性 k_2 (N / mm)、せん断ひずみがゼロの点の復元力 q_d (N)(以下、ゼロひずみ復元力という)は、次のように推定される。

$$k_1 = 6.5 k_2 \tag{11.12}$$

$$k_2 = \frac{f - q_d}{u_B} \tag{11.13}$$

$$q_d = \tau_{py} A_p \tag{11.14}$$

ここで、f :設計変位 u_B だけ変形させたときの鉛プラグ入り積層ゴム支承の復元力(N)、τ_{py} :鉛プラグが降伏するときのせん断応力(N / mm^2)、A_p :鉛プラグの断面積(mm^2)である。

設計変位 u_B だけ変形させたときの鉛プラグ入り積層ゴム支承の復元力 f は、積層ゴムの抵抗力と鉛プラグの抵抗力の和として、次のように求められる。

$$f = G_r A_{re} \gamma_{uB} + A_p \tau_{puB} \tag{11.15}$$

ここで、G_r :ゴム層のせん断弾性係数(N / mm^2)、A_{re} :鉛プラグと被覆ゴムの面積を除いたゴム層の有効断面積(mm^2)、γ_{uB} :ゴム層のせん断ひずみ、A_p :鉛プラグの断面積(mm^2)、τ_{puB} :せん断ひずみが γ_{uB} のときの鉛プラグのせん断応力(N / mm^2)である。

これより、設計変位 u_B だけ変形させたときの鉛プラグ入り積層ゴム支承の等価剛性 k_{eq} と等価減衰定数 h_{eq} は次のように与えられる。

$$k_{eq} = \frac{f}{u_B} \tag{11.16}$$

$$h_{eq} = \frac{2 q_d \left(u_B + \dfrac{q_d}{k_2 - k_1} \right)}{\pi u_B (q_d + k_2 u_B)} \tag{11.17}$$

c) 高減衰積層ゴム支承

高減衰積層ゴム支承（High Damping Rubber Bearing）は、図 11.19 に示すように、ゴム自体がエネルギー吸収性能を持つ高減衰ゴムを用いた積層ゴム支承である。高減衰ゴムは、ゴムを構成する高分子に特殊な充填剤を配合して、ゴムがせん断変形する際にゴム粒子間で摩擦が生じるようにしたものである。充填剤やその配合等の製造方法はメーカーごとに独自に技術開発されてきており、高いゴム製造技術を持つ日本メーカーが高減衰積層ゴム支承の開発に大きく貢献してきている。

図 11.20 は繰返し載荷した場合の高減衰積層ゴム支承のせん断応力～せん断ひずみの履歴曲線の例である。鉛プラグ入り積層ゴム支承と同様に、ほぼバイリニア型の履歴特性を持ち、せん断ひずみが 200%を超えるとゴムのハードニングの影響が顕著になってくる。

図 11.19 積層ゴム支承（中央部でカットしたモデル）

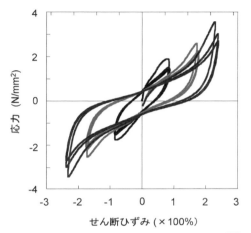

図 11.20 高減衰積層ゴム支承の履歴特性の例[D7]

5) すべり・摩擦系ダンパー

平面どうしが接触しながら摺動するときの摩擦力を利用したダンパーがすべり・摩擦系ダンパーである[K69]。強震動下で生じる大きな揺れに対して構造物を支持できるように変位吸収能力の高い可動支承で桁を支持すれば、特別な機構を用いなくても桁と可動支承間の摺動により摩擦エネルギー吸収できる点が摩擦型ダンパーの特徴である。

摺動面に作用する圧縮力や摺動面の損傷状態によってエネルギー吸収量が大きく異なるため、摩擦系ダンパーには耐久性があり減衰性能のよいステンレス鋼（SUS）とテフロン（PTFE（ポリテトラフルオロエチレン））等の組み合わせが用いられる場合が多い。摩擦力は摺動面に作用する圧縮力のわずかな変化によって敏感に変化するため、圧縮力の微妙なコントロールが可能な機構とする必要がある。なお、テフロンは米国デュポン社の登録商品名で、調理用に焦げ付きにくいフライパン等、民生品にも広く使用されている。

欧米で利用されることが多い摩擦型免震ディバイスに摩擦振り子支承(Friction Pendulum System)がある。1987 年に米国の Victor Zayas によって開発された。一般に FPS と呼ばれる。第 1 世代から徐々に複雑な履歴を持つように、第 2 世代、第 3 世代と進化してきた[C6,F2,M17]。

a) 第 1 世代の FPS

第 1 世代の FPS は図 11.21(a)に示すように、球面状の支承(以下、球面下沓と呼ぶ)上をスライダーが摩擦抵抗を受けながらすべる構造で、スライダーには球面下沓だけでなく球面上沓との接面にもテフロン等の特殊なすべり材がコーティングされている。スライダーは任意の水平 2 方向に移動可能である。

いま、重量 W の構造物が曲率半径 R の球面下沓上を水平方向に u だけ変位した場合を図 11.21(b)のようにモデル化すると、スライダーが θ だけ回転したときの水平力 F は $F = W\sin\theta\cos\theta$ であり、$\sin\theta = u/R$、$\cos\theta = \sqrt{R^2 - u^2}/R$ であるから、水平力 F ～水平変位 u の関係は次のようになる。

$$F \approx \frac{W}{R}u \tag{11.18}$$

ただし、球面下沓とスライダー間の摩擦係数を μ とすると、スライダーの接線方向には次の摩擦力 f_t が作用するため、

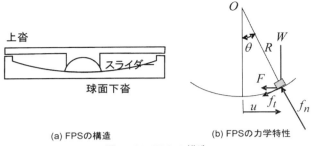

(a) FPSの構造   (b) FPSの力学特性

図 11.21 FPS の構造

$$f_t = \mu \cdot f_n sign(\dot{u}) \tag{11.19}$$

$f_n = W\cos\theta \approx W$ とすると、スライダーに作用する水平力 F は次のようになる。

$$F \approx \frac{W}{R}u + \mu \cdot W sign(\dot{u}) \tag{11.20}$$

したがって、FPS は図 11.22 に示すように矩形型の履歴曲線を持つ。

いま、スライダーと球面下沓間の摩擦係数 μ を無視すると、式(11.20)による復元力 F を持つ 1 自由度系の固有周期 T は、$k = W/R = mg/R$ をばね係数と見なすと次のようになる。

$$T = 2\pi\sqrt{\frac{m}{k}} = 2\pi\sqrt{\frac{R}{g}} \tag{11.21}$$

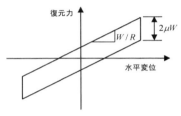

図 11.22 FPS の力学特性

すなわち、FPS では系の固有周期 T は構造物の質量 m によらず、球面下沓の曲率半径 R だけによって図 11.23 のように決まることになる。固有周期 T を 1.5 秒、2 秒とするためには、球面下沓の曲率半径 R をそれぞれ 0.6m、1m 程度としなければならない。

FPS のもう一つの特徴は、球面上沓が球面下沓に対して u だけ水平変位すると、球面上沓が球面下沓に対して次式による v だけ持ち上がることである。

$$v = R\left(1 - \sqrt{1 - \left(\frac{u}{R}\right)^2}\right) \tag{11.22}$$

式(11.22)によって水平変位 u が増加した際の球面下沓に対する球面上沓の浮き上がり量 v を求めた結果が図 11.24 である。ここでは、球面下沓の曲率半径 R が 0.5～3m の場合を示している。同じ水平変位 u が生じる時の浮き上がり量 v は球面下沓の曲率半径 R が小さくなるほど大きくなり、仮に桁の水平変位 u が 0.7m の場合を考えると、浮き上がり量 v は球面下沓の曲率半径 R が 3m であれば 0.08m であるが、曲率半径 R が 2m の場合には 0.13m となる。

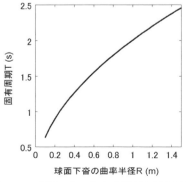

図 11.23 球面下沓の曲率半径と固有周期(s)

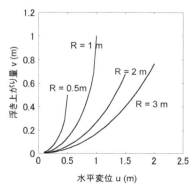

図 11.24 水平変位した場合の浮き上がり量

なお、式(11.22)から明らかなように、水平変位 u が球面下沓の曲率半径 R に達すると浮き上がり量 $v = R$ となり、球面上沓と下沓間にはそれ以上の相対変位は生じない。したがって、ある水平変位 u が生じるときの浮き上がり量 v を小さくするためには球面下沓の曲率半径 R を大きくすればよいが、このようにすると式(11.21)から桁の固有周期が長くなると同時に、支承の平面幅が大きくなる。目標とする固有周期と許される浮き上がり量に基づいて、適切な球面下沓の曲率を選定しなければならない。

浮き上がりは建物のように基礎全体を同一仕様のFPSで支持する場合には問題となる可能性は低いが、橋では隣接桁間で支間長や桁重量が異なったりすると路面や軌道に段差が生じる可能性がある。

b) 第2世代および第3世代のFPS

図 11.21 では振り子機構に1個だけであるが、これを図 11.25、図 11.26 のように、2個、3個に拡大した2振り子型FPS、3振り子型FPSも開発されている[F2,M17]。これによって、同じ水平変位を吸収するために必要な上下沓の寸法を図 11.21 に示した基本的なFPSよりも小さくしたり、いろいろな形状の履歴特性を与えることができる。

2振り子型FPSでは、球面下沓と球面上沓の曲率半径をそれぞれ R_1、R_2、スライダーと球面下沓、球面上沓との摩擦係数をそれぞれ μ_1、μ_2 とすると、これらを適切に定めることによって、どこがどのような順番で滑るかを変化させることができ、これに応じてFPSの履歴曲線を変化させることができる。

たとえば、スライダーの高さ h_1、h_2 だけ球面上沓、球面下沓の曲率半径が減少するため、有効曲率半径を $L_1 = R_1 - h_1$、$L_2 = R_2 - h_2$ と定義すると、スライダーの下面と上面がすべる時の水平力 F_i ($i = 1$、2)は、式(11.20)から次のようになり、

$$F_i = \frac{W}{L_i} u + \mu_i W sign(\dot{u}) \tag{11.23}$$

有効曲率半径 L_i と摩擦係数 μ_i の値に応じて変化させることができる。

摩擦係数が $\mu_1 < \mu_2$ と、最初にスライダーが球面下沓との間ですべるときには、図 11.25(c)のように揺れ始める段階では復元力は W/L_1 であるが、スライダーの上側もすべり始めると、復元力は $W/(L_1+L_2)$ に低下するため、系の固有周期も $2\pi\sqrt{L_1/g}$ から $2\pi\sqrt{(L_1+L_2)/g}$ と長くなる。

一方、3振り子型FPSでは、主スライダーの中に内部スライダーが組み込まれており、すべり面の曲率半径と摩擦係数は内部スライダーの R_1、μ_1、主スライダーの下面と球面下沓間の R_2、μ_2、主スライダーの上面と球面上沓間の R_3、μ_3 と、2振り子型FPSよりもさらに2個多くなり、これらのパラメーターに応じてより複雑な履歴を表わすことができる。

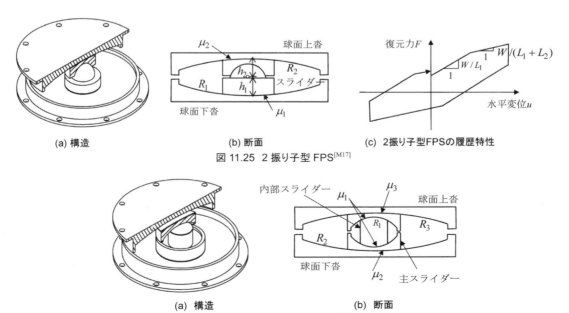

(a) 構造　　　(b) 断面　　　(c) 2振り子型FPSの履歴特性

図 11.25　2振り子型FPS[M17]

(a) 構造　　　(b) 断面

図 11.26　3振り子型FPS[M17]

図 11.27 は 3 振り子型 FPS の変位モードの一例である。地震動が小さく水平変位が小さい間は第 1 段階として内部スライダーだけが回転し、地震動が大きくなると、第 2 段階として内部スライダーに加えて主スライダーの下面と球面下沓間ですべりが生じる。さらに地震動が強くなると、第 3 段階として主スライダーの上面と球面上沓間にもすべりが生じる。これに応じてそれぞれ異なった復元力とエネルギー吸収性能を与えることができる。

FPS はまだわが国ではあまり採用されていないが、国際的には橋や建物の免震に利用されている。積層ゴム系支承に比較して、コストの低廉さとディバイス高さが低いことが、免震設計を利用した耐震補強のように設置スペースの制約が大きい場合に有効との指摘がある。一方では、基本的に金属支承であり、強震動下でディバイスの破断を招かないためには、ディバイスの径が大きくなること、また水平揺れの振幅が大きくなると桁が持ち上がることを考慮しておかなければならない。

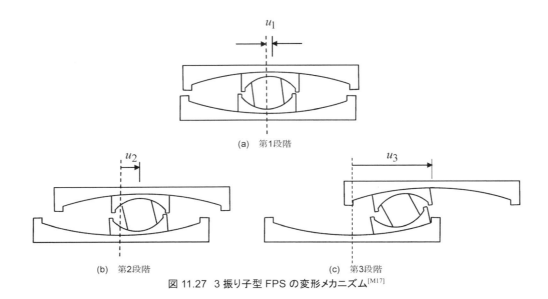

図 11.27　3 振り子型 FPS の変形メカニズム[M17]

11.5　代表的な免震・制震橋

免震、制震ディバイスは、多数の橋や建物に利用されてきている。今後の新たな技術開発を進めるためには技術の成熟期よりも黎明期の技術開発を知る方が有効であることから、ここでは黎明期の免震、制震設計の適用例を中心にユニークな事例を示す。

1) 粘性ダンパー

日本では世界に先駆けて 1970 年代初頭から、粘性ダンパーや粘性ダンパーストッパーが使用されてきた[I11]。図 11.28 は上野駅前の高架橋に設置された粘性ダンパーの例である[K75]。現在に至るまで使用され続けている。

2) SU ダンパー

SU ダンパーとはすべり支承によりエネルギー吸収を図ると同時に、PC ケーブルによって桁と橋脚頂部を連結して、過度な桁移動を拘束すると同時に橋の固有周期を調節するという、初期の頃に考案された現在の免震設計につながる考え方であり、上前行孝氏らによって提案されたと言われている。当時は震度法しかなかったが、地震時保有耐力法の視点から見ても斬新なアイデアといえる。図 11.29 は首都高速道路の足立三郷線の例である[K75]。

図 11.28 1960 年代後半から使用されてきた粘性ダンパー(首都高速道路上野高架橋)

図 11.29 すべり支承＋固有周期調整用 PC ケーブルを用いた免震構造(首都高速足立三郷線)

3) 鉛押し出しダンパー

図 11.30 は図 11.17 に示した鉛押し出しダンパーを使用してニュージーランドのウェリントン市内の高速道路を跨ぐように建設されたオーロラテラス橋(Aurora Terrace Bridge)である[R4]。橋長 71m で 1974 年に竣工した。鉛押し出しダンパーは低い側の橋台に設置されている。この橋には大きな縦断勾配があり、この橋を通る車両の制動荷重によって桁が移動しないようにすると同時に、地震力が作用したときには地震エネルギーを吸収できるように鉛押し出しダンパーが採用されたと言われている。

桁の温度収縮は鉛のクリープによって吸収し、強震動を受けて桁が低い橋台側に残留変位したときには、ジャッキアップして元の位置に戻すことになっている。

4) 鋼製ダンパー

クロムウェル橋(Cromwell Bridge)は図 11.31(a)に示すように橋長 272m の 5 径間連続鋼トラス橋で、1979 年に建設された。桁はゴム支承によって支持されており、橋台上には図 11.10(b)に示した曲げカンチレバー式鋼製ダンパー(降伏荷重 30tf)が 6 基、図 11.31(b)のように設置されている。

また、図 11.32 は U 字谷を横断する箇所にステッピング型免震機構を採用して建設されたサウスランギティキ橋(South Rangitikei Bridge)である。橋長 315m の 6 径間連続 PC 単線鉄道橋で、高さ約 70m の RC 門形ラーメン橋脚で支持されている。1974 年に建設され、1981 年に開通した。

橋軸直角方向に強震動を受けると、引張力を受ける側の橋脚が交互に浮き上がり、このときに図 11.10(d)に示した鋼板の塑性ねじり変形によりエネルギー吸収する構造となっている。これは 12 章に示すロッキング免震と深く関係している。

(a) Aurora Terrace Bridge

(b) 鉛押し出しダンパー[R4]

図 11.30 鉛押し出しダンパーを採用した世界初の免震橋（オーロラテラス橋）

(a) 免震ディバイスは桁と橋台の間に設置されている　　(b) 桁と橋台間に設置された曲げ降伏型履歴ダンパー

図 11.31 曲げ降伏型履歴ダンパーを用いたクロムウェル橋[K24]

(a) 深さ70mのU字谷を横断する2本足のラーメン橋脚で支持された単線鉄道橋

(b) ダンパーが設置されている橋脚下端部と基礎上部

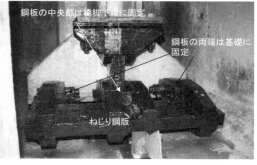
(c) 両端は基礎に、中央は橋脚基部に固定されたねじり降伏型履歴ダンパー

図 11.32 ねじり降伏型履歴ダンパーを用いたサウスランギティキ橋[K24]

5) 鉛プラグ入り積層ゴム支承

図 11.33 のトエトエ橋（Tcetoe Bridge）は、図 11.15 に示した鉛プラグ入り積層ゴム支承を用いた世界初の免震橋として 1978 年に建設された橋長 72m の鋼トラス橋である。

図 11.34(a)の宮川橋（一般国道 362 号線、静岡県春野町）は、鉛プラグ入り積層ゴム支承を用いた日本初の免震橋として 1991 年に完成した橋長 110m の 3 系間連続鋼鈑桁橋である[M5, D8]。旧建設省のパイロット事業の一環として建設された。国内初の免震橋ということから、図 11.34(b)に示すように、支承部には橋軸直角方向の変位を±15cm に制限するように移動制限装置が設けられた。

6) 高減衰積層ゴム支承

山あげ大橋（一般国道 294 号線、栃木県那須烏山市）は高減衰積層ゴム支承を採用した世界初の免震橋である[I5, D8]。図 11.35 に示すように、橋長 246.3m の PC6 径間連続箱桁で、旧建設省のパイロット事業の一環として 1992 年に竣工した。設計には道路橋示方書の規定を満足すると同時に、免震設計に固有な事項は道路橋の免震設計法ガイドライン（案）[K72]が用いられた。

橋に対する世界初の高減衰積層ゴム支承の採用であったことから、施工後に現地実験として急速解放油圧ジャッキを用いた自由振動実験と起震機を用いた強制振動実験が行われた。また、11.4 2)b)⑤に示したように、建設から 10 年を経た 2002 年に支承 2 基が回収され、性能試験が実施されている。

(a) Toetce Bridge　　　　　　　　　　　(b) 鉛プラグ入り積層ゴム支承

図 11.33 トエトエ橋－世界初の鉛プラグ入り積層ゴム支承を用いた免震橋[K24]

(a) 宮川橋　　　　　　　　　　　(b) 鉛プラグ入り積層ゴム支承

図 11.34 宮川橋－日本初の免震橋（国道 362 号線、静岡県春野町）

(a) 山あげ大橋

(b) 高減衰積層ゴム支承

図 11.35 山あげ大橋－世界初の高減衰積層ゴム支承を用いた免震橋（国道 294 号線、栃木県那須烏山市）

第 12 章　基礎ロッキングとロッキング免震

12.1　はじめに

　基礎の設計では、沈下、滑動、転倒に対する安全性が求められる。沈下には底面地盤の支持力の確保、滑動や転倒には基礎の底面摩擦力や側面地盤の抵抗力の確保が重要である。これらの安全性が静的荷重に対して確保されていても、強震動を受けると安全性が確保されない場合があるため、基礎の動的特性を考慮した耐震解析が必要とされる。

　この章では、基礎の回転震動（ロッキング）について考えてみよう。杭基礎で支持された場合にはロッキング震動の影響は一般に限定的であるため、剛体基礎や直接基礎を取り上げる。

　剛体基礎の動的なロッキング震動の重要性が明らかとなったのは、図 12.1 に示すある長大橋の剛体基礎を震度法で設計しようとすると、転倒照査で安全性を確保できないという問題が生じたときである。

　震度法では高さと幅の比が重要で、これが同じであれば一辺が 8cm のサイコロでも一辺が 80m の大規模基礎でも同じように転倒すると見なされる。この問題には静的な転倒と動的な転倒の違いを理解することが重要であり、これを剛体基礎や直接基礎のロッキング震動とそれに伴う免震効果という視点から見てみよう。

図 12.1　動的な概念がないと巨大基礎も地震により転倒すると判断される

12.2　静的転倒解析の問題点

　ロッキングによる基礎構造単体の転倒に関する研究は物部の時代にまで遡り、墓石や家具の転倒問題を含めていろいろな研究が行われてきた[M15,M16,I6]。震度法時代の転倒に対する考え方は、地震力を静的な外力として捉え、図 12.2 のように、自重と地震力の合力の作用線と基礎底面の交点（着力点）が基礎底面幅をある安全率で除した値の範囲に入るようにするというものである。

　静的なつり合いでは、水平方向加速度 a が一方向に作用し続けると仮定する。このような条件では、剛体基礎の高さを H、幅を W としたとき、基礎が転倒するために必要な水平方向加速度 a_0 は次のようになる。

$$a_0 = \frac{W}{H} g \tag{12.1}$$

ここで、g は重力加速度（$= 9.8 \text{m}/\text{s}^2$）であり、$a_0$ を基準加速度と呼ぶ。

　この考え方に基づき、図 12.3 に示すように自重を含む鉛直下向きの作用力 V と曲げモーメント M_B を受ける幅 W、奥行き B の基礎に、ある水平加速度 a が作用するときの転倒条件は、次のように考えられてきた。

$$e = \frac{M_B}{V} < e_a$$
$$q_{\max} = \frac{V}{BW} + \frac{6M_B}{BW^2} < q_a \tag{12.2}$$

ここで、e は偏心距離、e_a は許容偏心距離で、一般に次にように与えられる。

$$e_a = \begin{cases} W/3 \cdots\cdots\cdots\cdots \text{鉛直荷重を受ける場合} \\ W/6 \cdots \text{鉛直荷重＋地震力を受ける場合} \end{cases} \tag{12.3}$$

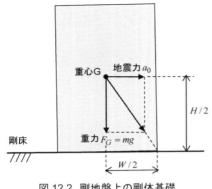
図 12.2 剛地盤上の剛体基礎

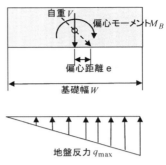
図 12.3 剛地盤上の剛体基礎

また、q_{max} は基礎底面に作用する単位面積当たりの最大地盤反力であり、q_a は単位面積当たりの地盤の許容支持力である。

このような静的つり合いに基づく考え方の欠陥は、前述したように基礎の幅 W と高さ H の比が同じであれば、仮に高さが 10cm の小さな積み木でも高さが数 10m の大規模な剛体基礎でも同じ強度の水平加速度を受ければ同じように転倒すると判断されることである。これは静的解析法では基礎の固有周期と地震動の卓越周期が考慮されていないためである。

0.2〜0.3 程度の設計震度を考慮した静的線形耐震解析(震度法)の時代には e_a や q_a の与え方を工夫して現実的な寸法の基礎が建設されてきたため、この問題が強く認識されることはなかった。しかし、静的非線形耐震解析(地震時保有耐力法)が導入され、現実的な地震動を考慮するようになると、静的つり合いに基づく古典的な方法の限界が明らかになってきた。

こうした背景から、ロッキング震動を見込んだ基礎の耐震解析法が開発され、さらに基礎のロッキング震動には構造物の揺れを低減する効果があることも明らかにされてきた。これを基礎ロッキング免震と呼ぶ。

12.3 剛床上の剛体のロッキング震動

1) 解析法

底面地盤の変形を考慮したロッキング震動を考える前に、まず剛床上に置かれた剛体基礎のロッキング震動を考えてみよう。剛床上の剛体の運動には、図 12.4 に示すように、スリップやロッキングの他、スリップ＋ロッキング、ジャンプ(浮き上がり)＋スウェイ、ジャンプ＋スウェイ＋ロッキング等、いろいろな形態がある[16]。ただし、根入れがあり、ある程度の規模の剛体基礎がジャンプする可能性は低いため、一般にはスリップ、ロッキング、スリップ＋ロッキングの 3 種類の運動形態が重要である。

いま、これら 3 つの運動形態を図 12.5 に示す剛な地盤(剛床)上に置かれた高さ H、幅 W、質量 m の剛体を対象として、これに水平方向に $\ddot{u}_g(t)$、上下方向に $\ddot{v}_g(t)$ の正弦波地震動加速度を作用させてみよう。なお、簡単のため剛体と剛床は完全弾性反発すると仮定する。

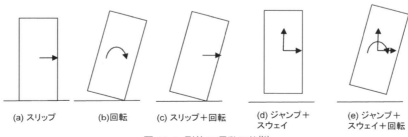
図 12.4 剛体の運動形態[16]

剛体の重心に生じる絶対水平変位 $u(t)$ は、ロッキングによって重心に生じる相対水平変位 $u_r(t)$ に水平方向の地震動変位 $u_g(t)$ を加えて、次のように与えられる。

$$u(t) = u_r(t) + u_g(t) \tag{12.4}$$

剛体がスリップすると、さらにスリップ変位 u_s による慣性力が加わるため、剛体に作用する慣性力 F_I は次のようになる。

$$F_I = \begin{cases} m(\ddot{u}_r + \ddot{u}_g) \cdots\cdots スリップしない場合 \\ m(\ddot{u}_r + \ddot{u}_s + \ddot{u}_g) \cdots スリップする場合 \end{cases} \tag{12.5}$$

ただし、ロッキングしないままスリップする場合もあり、この場合には式(12.5)による慣性力 F_I の算定では $\ddot{u}_r = 0$ （$u_r = 0$）とする。

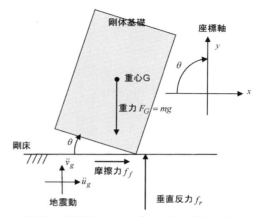

図 12.5 剛床上でスリップとロッキングする剛体

一方、剛体と剛床間の摩擦係数を μ、重力加速度を g とすると、剛体底面と剛床間に作用する摩擦力 F_F は次のように与えられる。

$$F_F = \mu mg \tag{12.6}$$

したがって、剛体がスリップするためには次の条件を満足しなければならない。

$$F_I > F_F \tag{12.7}$$

同様に、剛体の回転モーメント M_I と復元力モーメント M_R は次のように与えられる。

$$M_I = \frac{mH}{2}(\ddot{u}_r + \ddot{u}_g) + \frac{mW}{2}(\ddot{v}_r + \ddot{v}_g) \tag{12.8}$$

$$M_R = \frac{mW}{2}g \tag{12.9}$$

ここで、v_r はロッキングによって剛体の重心に生じる上下方向変位である。

これより、剛体が回転する条件は次のようになる。

$$M_I > M_R \tag{12.10}$$

さらに、剛体に作用する上揚力 F_U と下向きの重力 F_D は次のように与えられるため、

$$F_U = m(\ddot{v}_r + \ddot{v}_g) \tag{12.11}$$

$$F_D = mg \tag{12.12}$$

剛体がジャンプする条件は次のようになる。

$$F_U > F_D \tag{12.13}$$

以上から、剛床上に置かれた剛体の運動をまとめると、**表 12.1** のようになる。水平方向、上下方向、回転に対する運動方程式を連立させて解くことにより、剛床で支持された剛体が正弦波加震を受けたときのロッキング、スリップ、ジャンプを解析することができる。

表 12.1 剛床上の剛体の運動形態

(a) スリップおよびロッキング

条件	$F_I \leq F_F$	$F_I > F_F$
$M_I \leq M_R$	静止	スリップ
$M_I > M_R$	ロッキング	スリップ＋ロッキング

(b) ジャンプ

$F_U \leq F_D$	$F_U > F_D$
静止	ジャンプ

2) 解析例

実際の構造物基礎がジャンプすることはまれであるため、剛床で支持された剛体のスリップとロッキング震動を解析してみよう[K29,K37]。剛体の運動の特徴を直感的に判断しやすいように、実構造物ではなく身近なサイズの2種類の剛体モデルを対象とする。モデル1は底面幅 W =5cm で高さ H =25cm、モデル2は底面幅 W =80cm で高さ H =4m である。2つのモデルはともに高さが底面幅の5倍と相似形で、モデル2はモデル1の16倍の大きさである。

a) ロッキングする場合

まず、剛体がスリップせずにロッキングするように底面の摩擦係数 μ を十分大きくして、水平方向に正弦波加速度 $a(t)$ ($=\ddot{u}_g(t)$) を作用させてみよう。正弦波加速度の強度 a は式(12.1)による基準加速度 a_0 によって正規化した値で表わす。これを正規化加速度と呼ぶ。

図 12.6(a)はモデル1を周期0.1秒、正規化加速度 $1.5 a_0$ の正弦波で水平方向に加振した場合（ケース1）である。ここには、剛体に生じる回転角、水平変位 u_r、上下方向変位 v_r と入力加速度 $a(t)$ ($=\ddot{u}_g$) を示している。この条件では、剛体のロッキングは回転角が 2.5 度までは大きくなるが、これ以降はこの回転角でロッキングし続けるだけで、転倒しない。

同じ条件で正弦波加速度 a を $3.0 a_0$ に大きくした場合（ケース2）の揺れが図 12.6(b)である。この場合には、次第にロッキングが大きくなり、やがて剛体は転倒する。

それでは、正弦波加速度 a をケース1と同じ $1.5 a_0$ とし、加振周期 T_I を 1.0 秒と長くした場合（ケース3）にどのように揺れるかを示した結果が図 12.6(c)である。この場合には、加振開始後1サイクルも経たないうちに剛体はロッキングによって転倒する。ケース1とケース3を比較すると、いかに加振周期 T_I が剛体に生じるロッキングに重要かがわかる。

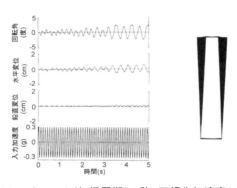

(a) ケース1（加振周期0.1秒、正規化加速度 $1.5 a_0$）

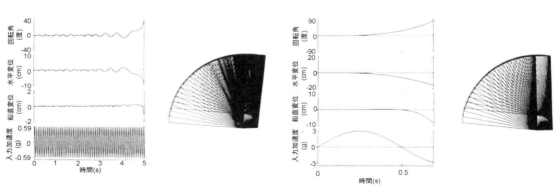

(b) ケース2（加振周期0.1秒、正規化加速度 $3.0 a_0$）　　(c) ケース3（加振周期1秒、正規化加速度 $1.5 a_0$）

図 12.6　モデル1（幅 5cm×高さ 25cm）の揺れ

次に、図12.7は、剛体の寸法がケース1の16倍あるモデル2に対してケース1と同じ加振周期$T_1 = 0.1$秒、正弦波加速度$a = 1.5 a_0$を作用させた場合(ケース4)の揺れである。わずかに剛体はロッキング振動するが、回転角は0.11度と小さくほとんど目立たない。前述したように、ケース1ではロッキング回転角は2.5度とケース4の25倍の揺れが生じた。このように同一の加振周期と正弦波加速度を受ける相似形の剛体基礎であっても、寸法が大きくなると、剛体はロッキング振動しにくくなる。

b) ロッキングとスリップが生じる場合

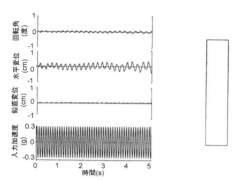

図12.7 ケース4(モデル2(幅80cm×高さ4m)、加震周期0.1秒、正規化加速度$1.5a_0$)

上記の解析では、底面の摩擦係数μを十分大きくして剛体がスリップしないようにしたが、式(12.7)を満足するように、底面の摩擦係数μを0.2としてみよう。この条件でケース1と同じ加振を与えた場合のモデル1の揺れ(ケース5)が図12.8(a)である。剛体は大きくスリップするだけで、ケース1とは異なりロッキングしない。スリップすることによって、転倒に必要な水平力が基礎から剛体に伝わらないためである。

次に、ケース5と同じ条件で摩擦係数μだけを0.3と大きくした場合(ケース6)の揺れが(b)である。この場合には、最初の15秒間はロッキングとスリップが混じった振動をするが、やがてスリップしていく。

なお、ここには示さないが、ケース6の摩擦係数μを0.3から0.4へとさらに大きくすると、スリップは起こらずロッキングだけが生じる。

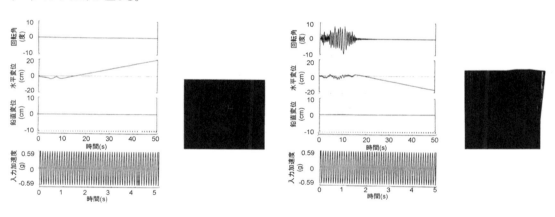

(a) ケース5(摩擦係数0.2)　　　　　　　　　(b) ケース6(摩擦係数0.3)

図12.8 モデル1(幅5cm×高さ25cm)の揺れ(加振周期0.1秒、正規化加速度$3.0a_0$)

3) 剛地盤で支持された剛体のロッキング振動

以上の解析からわかるように、剛体の転倒には正弦波加速度の振幅aと周期T_1、剛体の寸法が関係する。スリップできないように摩擦係数を十分大きくした状態で、ロッキングによって剛体が転倒するために必要な正弦波加速度aと加振周期T_1の関係をモデル1、モデル2に対して求めた結果が、図12.9である。剛体を転倒させるために必要な正弦波加速度は、ある加振周期T_1を境にしてこれよりも長い周期では基準加速度a_0に収れんしていき、これよりも短い周期では基準加速度a_0から大きく増加する。この周期を転倒限界周期T_Cと呼ぶ。

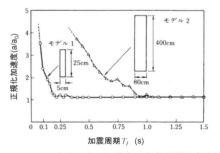

図12.9 正弦波入力した場合の加振周期と転倒し始める最小の正規化加速度の関係

ちなみに転倒限界周期 T_C は、モデル1では約0.2秒、モデル2では約0.95秒である。転倒限界周期 T_C は形状が相似でも寸法が大きくなるほど長くなる。

図 12.9 を一般化すると図 12.10 のようになる。すなわち、正弦波加速度 a、基準加速度 $a_0 (=Wg/H)$、正弦波加速度の周期 T_I、転倒限界周期 T_C の関係は次のようになる。

a) $a \leq a_0$ の場合

T_I、T_C によらず、ロッキング振動しない

b) $a > a_0$ の場合

$T_I \geq T_C$: ロッキング振動し、転倒する

$T_I < T_C$: ロッキング振動するが転倒しない

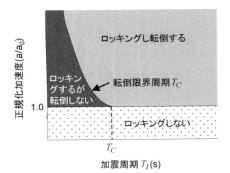

図 12.10 剛地盤上の剛体基礎の運動形態

形状が同じでも寸法が大きくなると転倒しにくくなるのは、転倒限界周期 T_C が長くなり、大規模な基礎では $T_I < T_C$ となるためである。

12.4 底面地盤の変形を考慮した直接基礎のロッキング震動

1) 底面地盤のばね特性

以上では剛床で支持された剛体のロッキング振動を示したが、実際の構造物基礎は剛床ではなく地盤で支持されている。橋を例に取ると、こうした場合によく用いられる桁、橋脚、基礎、底面地盤のモデル化の例が図 12.11 である[K32,K53]。橋脚の塑性ヒンジ部の履歴特性は 3.5 に示したファイバー要素や Takeda 型モデル等、いろいろなモデルによって表わすことができる。フーチングの支持機構は底面地盤の並進ばね、鉛直ばね、回転ばねの組み合わせによって表現される場合が多い。

桁、橋脚、フーチングを合わせた重量を V_B、単位面積当たりの地盤ばね定数を k_{sv} とすると、自重 V_B が作用したときにフーチング底面地盤には次式による静的沈下 v_s が生じる。

$$v_s = \frac{V_B}{k_{sv}BW} \tag{12.14}$$

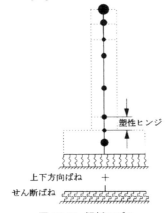

図 12.11 解析モデル

ここで、W と B はそれぞれフーチングの幅と奥行きである。

桁、橋脚、フーチングの重量と地盤反力がつり合った常時の状態に地震力による曲げモーメントが作用すると、フーチングは図 12.12 に示すように角度 θ_F だけ回転し、フーチングの右側に地盤反力の重心が移っていく。やがて、フーチング左端に生じる上向きの変位 $W\theta_F / 2$ が式(12.14)による静的沈下 v_s を上まわると、フーチングは底面地盤から離れて浮き上がる。

このときのフーチング底面の回転ばね定数 $k_{F\theta}$ は次のように与えられる。

$$k_{F\theta} = \begin{cases} \int_{-W/2}^{W/2} k_{sv}(x) \cdot x^2 dx \cdots\cdots W\theta_F / 2 < v_s \\ \int_{X}^{W/2} k_{sv}(x) \cdot x^2 dx \cdots\cdots W\theta_F / 2 \geq v_s \end{cases} \tag{12.15}$$

ここで、X はフーチング中心からフーチング底面が底面地盤から浮き上がる点までの距離である。

こうした特性を表現する鉛直地盤ばねモデルとしてよく用いられるのが図 12.13 である。(a)はフーチングの沈下だけでなく浮き上がりにも抵抗すると仮定した線形ばねである。これに対して、(b)はフーチングの沈下には抵抗するが、底面地盤が初期沈下した状態（常時の状態）から初期沈下する前のレベルまでリバウンドした後には、フーチングの浮き上がりに抵抗しないと仮定したバイリニア型モデルである。引張に抵抗しないことから、ノーテンションモデルと呼ばれることもある。

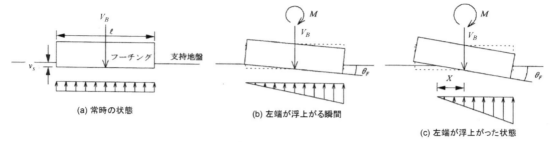

図 12.12 フーチングの回転と底面地盤における反力分布

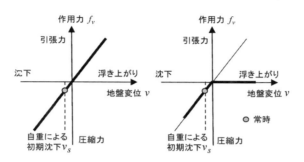

(a) 浮き上がりにも抵抗する場合 (b) 浮き上がりに抵抗しない場合

図 12.13 鉛直地盤ばねのモデル化

2) フーチングの浮き上がりと橋脚の塑性化

a) 解析モデルと解析条件

式(12.15)を用いて図 12.14(a)、(b)に示す直接基礎と T 型橋脚で支持された橋の揺れを解析してみよう[K53]。この橋脚とフーチングは設計震度を 0.2 として震度法により設計された、ごく普通の下部構造である。フーチングの幅は橋軸方向に 6.5m、橋軸直角方向に 7m で、地表面下 4.5m の砂礫層を支持地盤としている。地盤支持力や滑動に対する安全性には余裕があり、フーチングの寸法は式(12.2)による静的転倒照査から定められている。

図 12.14(c)のように、橋脚、フーチング、底面地盤をモデル化する。橋脚の塑性ヒンジ区間は 3.5 1)に示した Takeda モデルで表わす。底面地盤の復元力は橋軸、橋軸直角、上下の 3 方向の地盤ばねが互いに独立にフーチングの変位に抵抗すると仮定する。これを Winkler モデルと呼ぶ。以下では、橋軸方向の最外縁に位置する A 点と B 点の揺れを中心に見てみよう。

地盤ばねが圧縮、引張ともに抵抗する場合(図 12.13(a))と、圧縮には抵抗するが引張には抵抗しない場合(図 12.13(b))の両ケースに対して解析を行う。

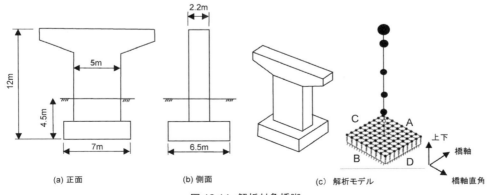

図 12.14 解析対象橋脚

桁に生じる水平変位 u は次のようになる。

$$u = u_{Ft} + \theta_F \cdot h_0 + u_{Pf} + u_{Pp} \tag{12.16}$$

ここで、u_{Ft}：フーチングの並進、θ_F：ロッキングによるフーチングの回転角、h_0：フーチング上面から桁までの高さ、u_{Pf}：橋脚の弾性曲げ変形によって桁に生じる水平変位、u_{Pp}：橋脚の塑性曲げ変形によって桁に生じる水平変位である。

以上のモデルに対して、図 1.13 に示した 1995 年兵庫県南部地震により神戸海洋気象台で観測された NS、EW、UD 成分の地震加速度を、それぞれ橋軸、橋軸直角、上下方向に作用させる。

橋の各部に生じる揺れの特徴は水平2方向どうしでよく似ているため、以下では橋軸方向の揺れを見てみよう。

b) 底面地盤がフーチングの浮き上がりにも抵抗する場合

図 12.15(a) は桁の揺れ u とフーチングの回転角 θ_F である。桁の揺れの中には、式(12.16)による桁の変位 u の他に、フーチングの回転角 θ_F によって桁に生じる変位 $\theta_F \cdot h_0$ も点線で示している。これによれば、桁の変位 u は最大 0.22m であり、このうちフーチングの回転によって桁に生じる変位 $\theta_F \cdot h_0$ は最大 0.04m と桁の変位 u の 20% 程度に過ぎない。これはフーチングの最大回転角 θ_F が 0.003rad と小さいためである。

式(12.16)から明らかなように、桁の変位 u とフーチングの回転によって桁に生じる変位 $\theta_F \cdot h_0$ の差は、フーチングの並進変位 u_{Ft}、橋脚の弾性曲げ変形による水平変位 u_{Pf}、橋脚の塑性曲げ変形による水平変位 u_{Pp} による。このうち、フーチングの並進変位 u_{Ft} と橋脚の弾性曲げ変形による水平変位 u_{Pf} は小さく、橋脚の塑性曲げ変形による水平変位 u_{Pp} が桁に生じる変位 u の約 80% を占めている。これは図 12.16(a) に示す橋脚の塑性ヒンジにおける曲げモーメント〜曲率の履歴からも明らかである。最大曲率は 0.016(1/m) で、最大応答曲率塑性率は 14 に達している。

c) 底面地盤がフーチングの浮き上がりに抵抗しない場合

上記に対して、底面地盤がフーチングの浮き上がりに抵抗しないと仮定した場合に桁に生じる変位 u とフーチングの回転 θ_F によって桁に生じる変位 $\theta_F \cdot h_0$ が前出の図 12.15(b) である。ここでも桁の変位 u の他にフーチングの回転によって桁に生じる値 $\theta_F \cdot h_0$ も破線で示している。

フーチングの回転によって桁に生じる変位 $\theta_F \cdot h_0$ は最大 0.22m であり、これは式(12.16)による桁の変位 u の最大値 0.28m の約 80% に相当する。フーチングの回転角が最大 0.019rad と大きく、上述した地盤ばねがフーチングの浮き上がりにも抵抗すると仮定した場合の回転角(0.003rad)の約 6 倍に大きくなるためである。

一方、図 12.16(b) に示すように、橋脚の塑性ヒンジに生じる最大曲率は 0.003(1/m) と地盤ばねがフーチングの浮き上がりにも抵抗すると仮定した場合の約 20% でしかない。

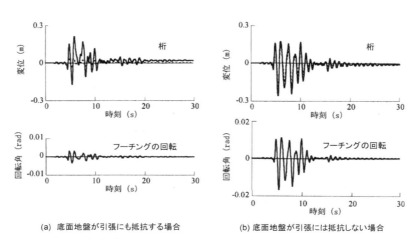

(a) 底面地盤が引張にも抵抗する場合　　(b) 底面地盤が引張には抵抗しない場合

図 12.15　底面地盤の引張抵抗が橋軸方向の桁の変位とフーチングの橋軸直角軸まわりの回転に与える影響

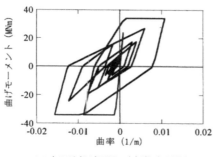
(a) 底面地盤が引張にも抵抗する場合

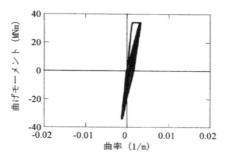
(b) 底面地盤が引張には抵抗しない場合

図 12.16 橋脚基部の塑性ヒンジにおける曲げモーメント〜曲率の履歴

以上からわかるように、底面地盤がフーチングの浮き上がりに抵抗する場合に比較して抵抗しない場合には、フーチングの回転によって桁に生じる変位は大きく減少するのに対して、橋脚の塑性ヒンジの塑性化によって桁に生じる変位は大きく増大する。

なお、このときにフーチングの両端はどれだけ浮き上がり、地盤反力が生じるかを示した結果が**図 12.17**(a)である。浮き上がりはフーチングの左端では0.06m、右端では0.1mと、式(12.14)による静的沈下 v_s = 3mm よりもはるかに大きい。当然、(b)に示すように底面地盤には引張力は作用しない。フーチングが底面地盤から浮き上がる範囲を時刻歴として示した結果が(c)である。フーチングの浮き上がりは右端と左端でおおむね交互に生じる。ただし、この解析に用いた程度の強度の UD 成分の地震動では、フーチング全体が浮き上がる(ジャンプ)ことはない。

桁に生じる最大変位は、地盤ばねがフーチングの浮き上がりにも抵抗すると仮定した場合には 0.22m であるのに対して、浮き上がりには抵抗しないと仮定した場合には 0.28m と、27%大きくなる。地盤ばねがフーチングの浮き上がりに抵抗しないと仮定したことにより、フーチングの回転が大きくなると同時に橋全体系の固有周期が長くなった結果である。

d) フーチングサイズの影響

以上では平面寸法が6.5m×7mのフーチングで支持した場合を示したが、底面地盤がフーチングの浮き上がりに抵抗しないと仮定した場合を対象に、フーチングサイズを4.5m×5mと一回り小さくした場合と、8m×9mと一回り大きくした場合を解析してみよう。なお、前述したように、平面寸法が 6.5m×7m のフーチングは設計震度を 0.2 として震度法で設計した場合であるが、平面寸法が 4.5m×5m と 8m×9m のフーチングはそれぞれ設計震度を 0.15、0.4 として設計した場合に相当する。ただし、現実には震度法により設計震度を 0.4 とすることはないため、あくまで解析上の仮定である。

この条件で解析した橋脚に生じる曲げモーメント〜曲率の履歴とフーチングが浮き上がる範囲の時間的変化がそれぞれ**図 12.18**、**図 12.19** である。それぞれ、**図 12.16**(b)、**図 12.17**(c)と比較すると、フーチング寸法

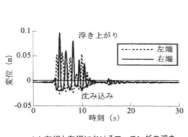
(a) 右端と左端におけるフーチングの浮き上がりと沈み込み

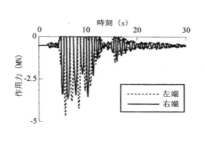
(b) 右端と左端における底面地盤の作用力

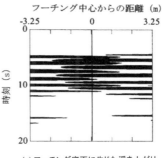
(c) フーチング底面に生じた浮き上がり

図 12.17 フーチングの浮き上がりと沈み込み

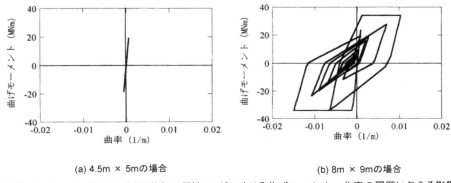

(a) 4.5m × 5mの場合　　　　　(b) 8m × 9mの場合

図 12.18　フーチング寸法が橋脚基部の塑性ヒンジに生じる曲げモーメント～曲率の履歴に与える影響

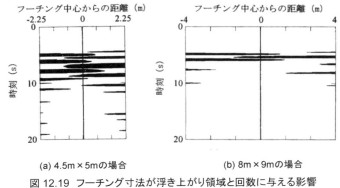

(a) 4.5m×5mの場合　　　　　(b) 8m×9mの場合

図 12.19　フーチング寸法が浮き上がり領域と回数に与える影響

を 4.5m×5m、6.5m×7m、8m×9m と大きくするに従い、橋脚の塑性ヒンジに生じる曲率は増加していくことがわかる。

一方、フーチングを大きくしていくとフーチングが浮き上がる範囲と頻度は減少する。

以上に示したように、フーチングの回転と橋脚の塑性ヒンジ化には相互依存性があり、フーチングが転倒しない範囲でフーチングの寸法を小さくしてロッキングしやすくすると、橋脚の塑性ヒンジ化を抑えることができる。これを基礎ロッキング免震（Rocking Isolation）と呼ぶ。フーチングの浮き上がりを許すことによる回転抵抗の減少を一種の塑性ヒンジの一種と見なすと、両者の関係は第 8 章に示したマルチヒンジ系構造と見なすことができる。

なお、上記は橋軸方向だけに加震した場合であるが、水平 2 方向加震するとフーチングの浮き上がりは隅角部で大きくなるが、基本的な特性は変わらない[N1,M14]。また、底面地盤が降伏すると、フーチングの回転抵抗メカニズムの軟化が生じ、フーチングの回転角が増加する結果、橋脚の塑性ヒンジの塑性化は減少する[K53]。

12.5　震動実験による基礎ロッキング免震の検証

以上に示した基礎ロッキング免震の特性を検証するために、図 12.20 の実験モデルを用いた桁～橋脚～フーチング～地盤系モデルに対する震動台加震実験が行われている[S13]。底面地盤や橋脚の非線形性は考慮せずに、ロッキングに伴う基礎の浮き上がりの効果だけに着目されている。

底面地盤は 0.5m×0.5m×高さ 0.1m のゴムブロックによってモデル化され、桁、高さ 840mm の橋脚、幅 300m×300mm のフーチングはエネルギー吸収がないように鋼板によって製作されている。桁と橋脚、橋脚とフーチング間は剛結され、エネルギー吸収は主としてフーチングのロッキング震動による逸散減衰によって生じるように工夫されている。フーチングがゴム層表面を滑動して並進変位 u_{Ft} が生じないように、フーチング側面はボールベアリングを介して水平方向に拘束されている。

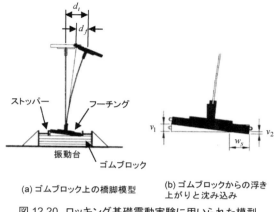

(a) ゴムブロック上の橋脚模型 (b) ゴムブロックからの浮き上がりと沈み込み

図 12.20 ロッキング基礎震動実験に用いられた模型

実験では、橋脚が弾性状態にあるように加震され、橋脚基部に対する桁の応答変位が計測されている。このため、前出の式(12.16)において、u_{Ft}、u_{Pp} はともに 0 であるため、桁の変位 u は次のように与えられる。

$$u = \theta_F \cdot h_0 + u_{Pf} \tag{12.17}$$

フーチングの回転角 θ_F はフーチングの左端と右端の上下方向変位 v_{fl}、v_{fr} から次のように求められる。

$$\theta_F = \frac{v_{fl} - v_{fr}}{d} \tag{12.18}$$

ここで、d はフーチングの上下方向変位を測定した左端と右端間の距離である。

実験に対する解析シミュレーションでは、桁、橋脚、フーチング、底面地盤(ゴム体)はすべて線形弾性体としてモデル化され、地盤(ゴム体)～フーチング間のばねのモデル化には図 12.13(b)に示したノーテンションモデルが用いられている。

図 1.13 に示した 1995 年兵庫県南部地震による神戸海洋気象台記録で震動台を加震した場合に、桁の水平方向の応答変位とフーチングの左端および右端に生じる浮き上がりを実験と解析で比較した結果が図 12.21 である。微少な計測ノイズが混じっているが、フーチングは左端と右端で交互に浮き上がり、これが桁の揺れを支配していることがわかる。また、12.4 2)に示した方法で解析した結果は実験結果をよく表わしている。

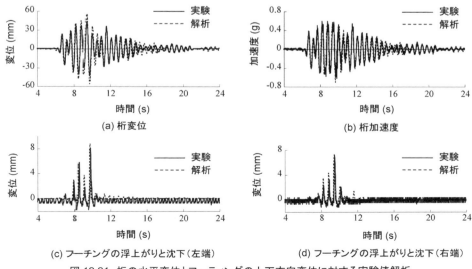

(a) 桁変位 (b) 桁加速度
(c) フーチングの浮上がりと沈下(左端) (d) フーチングの浮上がりと沈下(右端)

図 12.21 桁の水平変位とフーチングの上下方向変位に対する実験値解析

12.6 基礎のスライディングとロッキング免震の適用

　基礎ロッキング免震の適用例としてよく知られているのが、図 12.22(a)に示すリオン-アンティリオン橋である。ギリシャのコリント海峡を横断する橋長 2,252m の 5 径間連続斜張橋にスライディングとロッキングを許した基礎構造が採用された。コリント海峡はヨーロッパでは地震活動が活発な地域であり、正確な位置や特性はわかっていないが、毎年 8mm の割合で断層ずれが生じることから、向こう 200 年を想定すると断層ずれは 2m に達すると想定されている。

　架橋地点は水深が深く、基盤岩が水面下 800m と深い位置にあり、その上に厚く堆積した砂や粘土の互層からなる沖積地盤上に基礎を建設しなければならない。このため、図 12.22(b)のように、海底地盤に約 7m の平均間隔で直径 2m、長さ 25〜30m の鋼管杭を打ち込んで地盤を補強し、礫層を置いてその上に主塔基礎が建設された。図 12.22(b)は杭基礎のように見えるが、杭は地盤の補強材として機能しているだけで、杭と主塔基礎間は固定されていない。両者間には礫層があり、クッションの役割を果たすと同時に、地震時には主塔基礎が礫層に対してスライディングしたりロッキングして地震力や断層変位の影響を暖和しようとしている[C4,C5,K52]。

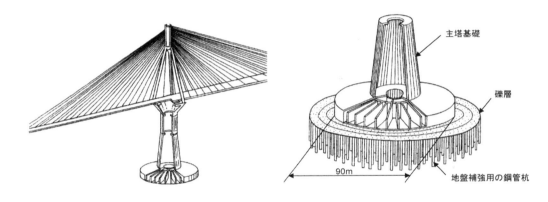

(a) 主塔基礎とオールフリー構造　　(b) 礫層上でスライディングとロッキングする主塔基礎

図 12.22　リオン-アンティリオン橋

本書に用いている単位

１．地震マグニチュード

　わが国では地震マグニチュードとして気象庁マグニチュード M_j が広く使われているが、本書ではモーメントマグニチュード M_w が求められている地震に対してはモーメントマグニチュード M_w を優先して示している。モーメントマグニチュード M_w は大規模な地震でも飽和しにくいと言われており、国際比較にも便利であるためである。

　モーメントマグニチュード M_w は地震を起こす断層運動の地震モーメント M_0 [Nm]に基づいて、次式のように求められる。

$$M_w = \frac{\log M_0 - 9.1}{1.5}$$

ここで、

$$M_0 = \mu DS$$

であり、S は震源断層の面積[m^2]、D は平均変位量[m]、μ は剛性率[N/m^2]である。

　ただし、本書の中でも初期の時代に気象庁マグニチュード M_j を用いて行われた解析等には、M_j を用いている。

２．加速度、速度、変位の単位

　わが国では加速度の単位として gal あるいはガル（1 gal = 1 cm/s^2）が使用されることが多いが、海外ではほとんど使用されていないことから、本書ではできるだけ重力加速度 g もしくは m/s^2 を用いている。

　重力加速度 g や m/s^2 を用いるもうひとつの理由は、地形や地盤条件、周辺条件によって敏感に変化する加速度をガルのように小さな単位の数値で表わすと、あたかも精度が良いかのように誤解されて、細かい数値に目を奪われ大局的に加速度を把握することが見失われがちになるためである。

　耐震解析では自重の何倍という形で地震力を表わす場合が多いため、その意味からも耐震工学では重力加速度 g による表示が優れている。

　同様の理由により、できるだけ速度、変位の単位にはそれぞれ m/s、m を用いている。

　ただし、本書の中でも初期の時代に gal を用いて行われた解析や実験等にはこれらの単位を用いている。1g = 980gal である。

３．荷重

　荷重の単位としてはできるだけ SI 単位を使用しているが、SI 単位系が普及する前の解析や実験では重力単位系を使用している。

本書に用いている主な記号

a、$a(t)$:水平加速度
a_0 :基準加速度(剛体の転倒に必要な加速度)
a_{max} :地震動の最大加速度($=\ddot{u}_{g\,max}$)
$\tilde{a}_{max}$:水平2成分を合成した最大地震動加速度
A :断面積
A_h :帯鉄筋の断面積
c :減衰係数
c_A :加速度の係数($c_A=S_A/a_{max}$)
c_c :臨界減衰係数
$c_D(h)$:減衰定数補正係数
c_f :変形寄与率
c_r :地震動の予測式の信頼係数
c_s :地盤別補正係数
C :波動の伝播速度
d_{max} :地震動の最大変位($=u_{g\,max}$)
$\tilde{d}_{max}$:水平2成分を合成した最大地震動変位
d_r :ドリフト比
D :震源深さ
e :偏心距離
E :弾性係数、エネルギー
E_c :コンクリートの弾性係数
E_{des} :コンクリートが最大圧縮応力に達した後の応力の下降勾配
F :地震力、荷重、耐力
F_a :許容耐力
F_{B_u} :免震支承の終局耐力
F_{B_y} :免震ゴム支承の降伏耐力
F_c :保有耐力
F_{Dn} :弾塑性地震力
F_e :弾性地震力
F_F :摩擦力
F_t :目標耐力
F_u :終局耐力
F_y :降伏耐力
g :重力加速度

G_s :土のせん断剛性
h :減衰定数
h_{eq} :等価減衰定数
h_{EL} :弾性域で震動する構造系の減衰定数
h_{fr} :摩擦力による等価減衰定数
h_i :i次の減衰定数
h_{hys} :履歴減衰定数
h_{NL} :塑性域で震動する構造系の等価減衰定数
h_{vis} :粘性減衰定数
I_μ :変位増幅係数
k :ばね定数
k :震度(設計震度)
k_B :(弾性棒要素の)剛性
$\tilde{k}_{Gc}$:緩衝装置の剛性
$\tilde{k}_{Gt}$:桁間連結装置の剛性
k_h :設計水平震度
k_I :衝突ばねの剛性
k_y :降伏剛性
l :桁の長さ、橋長
L :長さ
L_p :塑性ヒンジ長
m :質量
M_j :気象庁マグニチュード
M_w :モーメントマグニチュード
N :接触圧
N_{DP} :正規化した衝突を考慮した相対変位応答スペクトル
P_y :橋脚の降伏耐力
P_u :橋脚の終局耐力
P :運動量
PGA :最大地震動加速度($=a_{max}$、$\ddot{u}_{g\,max}$)
P_I :衝突力
PS_A :擬加速度応答スペクトル
PS_D :擬変位応答スペクトル
q_i :i次の基準(一般化された)座標

本書に用いている主な記号　303

r_D	:相対変位応答スペクトル比
r_G	:遊間比
r_M	:質量比
R	:断層面までの最短距離
R_n	:保有耐力
R_{rsd}	:残留変位比
R_μ	:荷重低減係数
$S(S_1)$	:積層ゴム支承の(1次)形状係数
s	:帯鉄筋間隔
$S_A(T,h)$	:加速度応答スペクトル
$\tilde{S}_A(T,h)$	:水平2成分を合成した加速度応答スペクトル
S_{Ae}	:(弾性)加速度応答スペクトル($=S_A$)
S_{An}	:(完全)弾塑性加速度応答スペクトル
$S_D(T,h)$	:変位応答スペクトル
S_{De}	:弾性系の変位応答スペクトル($=S_D$)
S_{Dn}	:非線形系の変位応答スペクトル
S_E	:桁かかり長
$S_V(T,h)$	:速度応答スペクトル
t	:時間
t_{CF}	:カーボンファイバーシート1層の厚さ
T	:固有周期(s)
T	:運動エネルギー
T_A、T_B、T_C、T_D	:地震動のコーナー周期
T_C	:ロッキングによる転倒限界周期
T_d	:減衰固有周期
T_e	:等価固有周期
T_G	:表層地盤の特性値
T_I	:衝突継続時間
T_I	:ロッキングに対する加振周期
T_α	:地震動の継続時間
$u(t)$	:応答変位(相対応答変位)($=u_r(t)$)
$\dot{u}(t)$	:応答速度(相対応答速度)($=\dot{u}_r(t)$)
$\ddot{u}(t)$	:応答加速度(相対応答加速度)($\ddot{u}_r(t)$)
$\ddot{u}_a(t)$	:絶対応答加速度
u_0	:初期変位
u_a	:許容変位($=\mu_a u_y$)
u_B	:ゴム支承の(水平)変位
u_{Bu}	:(免震)ゴム支承の終局変位
u_{By}	:(免震)ゴム支承の降伏変位
$u_{B(P_y)}$	:橋脚の降伏時に支承に生じる変位
$u_{B(P_u)}$	:橋脚の終局時に支承に生じる変位
u_{Cd}	:設計変位
u_D	:桁の水平応答変位
u_{Dn}	:弾塑性変位
u_e	:弾性変位
u_F	:基礎の変位
u_{F_s}	:並進によって生じる基礎
$u_{F(P_y)}$	:橋脚の降伏時に基礎に生じる変位
$u_{F(P_u)}$	:橋脚の終局時に基礎に生じる変位
u_g、$\dot{u}_g$、$\ddot{u}_g$	:地震動の変位、速度、加速度
$u_{g\max}$、$\dot{u}_{g\max}$、$\ddot{u}_{g\max}$	:地震動の最大変位(相対変位)、最大速度(相対速度)、最大加速度(絶対加速度) ($u_{g\max}=d_{\max}$、$\dot{u}_{g\max}=v_{\max}$、$\ddot{u}_{g\max}=a_{\max}$)
u_G	:桁間の遊間
u_{Gc}	:緩衝装置の遊間
u_{Gt}	:桁間連結装置の遊間
u_p	:塑性ヒンジの塑性変形によって生じる変位
$u_{P\max}$	:橋脚の最大応答変位
u_{P_p}	:橋脚の塑性変位($=u_{P_r}-u_{P_y}$)
u_{P_r}	:橋脚の応答変位
u_{P_u}	:橋脚の終局変位
u_{P_y}	:橋脚の降伏変位
u_r	:(最大)応答変位(相対応答変位)
u_r	:剛体のスリップ変位
u_{rsd}	:残留変位
$u_{rsd,a}$	:許容残留変位
$u_{rsd,m}$	:可能最大残留変位
u_t	:目標応答変位($=\mu_t u_y$)
u_u	:終局変位($=\mu_u u_y$)
u_y	:降伏変位
U	:ひずみエネルギー(吸収エネルギー)
$v_{\max}$	:最大地震動速度($=\dot{u}_{g\max}$)
$\tilde{v}_{\max}$	:水平2成分を合成した最大地震動速度
V	:速度
V_s	:地盤のせん断弾性波速度
V_{s30}	:地表面下30mまでの地盤のせん断波速度の平均値
W	:構造物等の重量
α_{ij}	:ひずみエネルギー寄与率
β	:刺激係数
$\beta(T,0.05)$	:加速度応答スペクトル倍率($=S_A(T,0.05)/a_{\max}$)
β_{ij}	:運動エネルギー比例係数
γ	:地盤のせん断ひずみ

γ_a、γ_v、γ_d : 水平 2 成分合成による a_{max}、v_{max}、d_{max} の増加率

γ_s : 地盤の単位体積重量

γ_{SA} : 水平 2 成分合成による S_A の増加率 $(=\tilde{S}_A/S_A)$

γ_y : 降伏耐力比

Δ : 平衡変位

ΔS_D : 相対変位応答スペクトル

ΔS_{DP} : 衝突を考慮した相対変位応答スペクトル

ΔT : 固有周期差

Δu : 相対変位

ΔU : 吸収エネルギー

$\{\varepsilon\}$: 地震時地盤ひずみ

ε_{cc} : 横拘束されたコンクリートが最大圧縮応力 σ_{cc} に達した時のひずみ

ε_{c0} : 横拘束されていないコンクリートが最大圧縮応力 σ_{c0} に達した時のひずみ

ε_{sy} : 鉄筋の降伏ひずみ

θ : (斜橋の)斜角

θ_F : 基礎の回転角

θ_P : 橋脚の塑性ヒンジにおける回転角

θ_r : 回転角

θ_u : 脱落回転角

θ_{ui} : 脱落開始回転角

λ : 対数減衰率

μ : 摩擦係数

μ : 塑性率もしくは終局塑性率($=u_u/u_y$)

μ_a : 許容塑性率($=u_a/u_y$)

μ_P : 橋脚の塑性率($=u_{P_u}/u_{P_y}$)

μ_{P_a} : 橋脚の許容塑性率($=u_{P_a}/u_{P_y}$)

μ_{P_r} : 橋脚の応答塑性率($=u_{P_r}/u_{P_y}$)

μ_r : 応答塑性率($=u_r/u_y$)

μ_{S_r} : 全体系応答塑性率($=u_{S_r}/u_{S_y}$)

μ_S : 全体系塑性率($=u_{S_u}/u_{S_y}$)

μ_t : 目標応答塑性率($=u_t/u_y$)

μ_u : 終局塑性率もしくは塑性率($=u_u/u_y$)

ν : 摩擦係数

ξ_B : 橋脚の降伏耐力に対する免震ゴム支承の降伏耐力の比($=F_{By}/F_{Py}$)

ξ_F : 橋脚と基礎の降伏耐力比($=F_{Fy}/F_{Py}$)

ρ : 密度

ρ_s : 帯鉄筋比

ρ_{CF} : カーボンファイバー比

σ : 応力

σ_c : コンクリートの応力

σ_{c0} : 横拘束されていないコンクリートの強度

σ_{cc} : 横拘束されたコンクリートの強度(最大圧縮応力)

σ_{lu} : 帯鉄筋によりコンクリートに作用する平均横拘束応力

σ_{sy} : 鉄筋の降伏応力

σ_{yh} : 鉄筋の降伏強度

ϕ : (固有)振動モード

$\{\phi_{ij}\}$: 構造部材 j の i 次の(固有)振動モード

ϕ_p : 塑性曲率

ω : 円固有振動数

ω_n : 非減衰円固有振動数

ω_d : 減衰円固有振動数

参考文献

A1) 青井真、森川信之：2008年岩手・宮城内陸地震のKik-net 一関西における4gの強震記録、日本地震工学会誌、9、20-24、2009.
A2) 浅沼秀弥：静内橋地震被害調査、土木技術資料、25-11、15-20、1983.
A3) Anagnostpoulos, S.A.: Pounding of buildings in series during earthquakes, Earthquake Engineering and Structural Dynamics, 16, 443-456, 1988.
A4) 荒井智代、川島一彦、庄司学：部分構造系のエネルギー吸収に基づく全体系の減衰定数の推定法に関する実験的研究、構造工学論文集、47A、651-661、2001.
A5) 荒川直士、川島一彦、相沢興、高橋和之：土木構造物に対する強震観測、土木研究所資料、第1734号、1982.
A6) 荒川直士、川島一彦、桂沢興、高橋和之：地下埋設管路の耐震設計と設計地震入力、土木研究所資料、1764号、1982.
A7) 荒川直士、川島一彦、日村敬一：確率手法に基づく動的解析用入力地震動波形の設定法、土木研究所資料、第1992号、1983.
A8) 荒川直士、川島一彦：動的解析における入力地震動の設定法、土木技術資料、26-3、126-131、1984.
A9) 荒川直士、川島一彦、相沢興：応答スペクトル特性を調整した時刻歴地震応答解析用入力地震動波形、土木技術資料、26-7、392-397、1984.
A10) 荒川直士、川島一彦：地震災害危険度解析に用いるわが国周辺の地震活動の地域区分および可能最大地震の規模、土木研究所資料、建設省土木研究所、2098、1984.
A11) 荒川直士、川島一彦、田村敬一、相沢興、高橋和之：三郷インターチェンジ下部構造加振振動実験、土木技術資料、27-2、39-44、1985.
A12) Ardakani, S.M.S. and Saiidi, M.S.: Design of reinforced concrete bridge columns for near-fault earthquakes, Report No. CCEER 13-13, Center for Civil Engineering Earthquake Research, University of Nevada, Reno, 2013.
B1) Bray, J.D. and Rodriguez-Marek, A.: Characterization of forward-directivity ground motions in the near-field region, Soil Dynamics and Earthquake Engineering, 24, 815-828, 2004.
B2) Buckingham, E.: Illustrations of the use of dimensional analysis on physically similar systems, Phys Review, 4, 354-357, 1914.
B3) Buckle, I.: Development and application of base isolation and passive energy dissipation - A world review, Proc. Seminar and workshop on base isolation and passive energy dissipation, 153-174, San Francisco, USA, 1986.
B4) Buckle, I. Constantinou, M., Dicleli, M. and Ghasemi, H.: Seismic isolation of highway bridges, MCEER 06-SP7, University of Buffalo, NY, 2006.
C1) Cherry, S.: Dynamics of structures, International Institute of Seismology and Earthquake Engineering, Tokyo, Japan, 1966/67.
C2) Ciampi, V., Eligehausen, R., Bertero, V. V., and Popov, E. P.: Analytical model for concrete anchorages of reinforcing bars under generalized excitations, Report No. UCB/EERC 82-23, Earthquake Engineering Research Center, University of California, Berkeley, 1982.
C3) Clough, R.W. and Penzien, J.: Dynamics of structures, McGraw-Hill, 1975.
C4) Combault, J., Morand, P. and Pecker, A.: Structural response of the Rion Antirion Bridge, 12WCEE, Paper No. 1509, Auckland, New Zealand, 2000.
C5) Combault, J.、須藤誠、小沼恵太郎：リオン-アンティリオン橋の建設－計画と建設、橋梁と基礎、12、2002.
C6) Constantinou, M.C., Whittaker, A.S., Kalpakidis, D.M. and Warn, G.P.: Performance of seismic isolation hardware under service and seismic loading, MCEER 7-12, University at Buffalo, State University of New York, 2007.
D1) 臺原直、大月哲、矢部正明：非線形動的解析に用いるRayleigh減衰のモデル化に関する提案、第2回地震時保有耐力法に基づく橋梁の耐震設計に関するシンポジウム論文集、371-376、土木学会、1996.

D2) Daniel, I. and Loukili, A.: Behavior of high-strength fiber reinforced concrete beams under cyclic loading, ACI Structural Journal, 99(3), 248-256, 2002.
D3) Dawood, H., ElGawady, M. and Hewes, J.: Behavior of segmental precast post-tensioned bridge piers under lateral loads, Journal of Bridge Engineering, 10.1061/BE. 1943-5592.0000252, 735-746, ASCE, 2012.
D4) 土木学会地震動研究の進展を取り入れた公共社会インフラの設計地震力に関する研究小委員会：地震動研究の進展を取り入れた土木構造物の設計地震動の設定法ガイドライン、土木学会地震工学委員会、2009.
D5) 土木研究センター：道路橋の免震設計法マニュアル(案)、1992.
D6) 土木研究センター：落橋防止構造設計ガイドライン(案)、2005.
D7) 土木研究センター：道路橋の免震・制震設計法マニュアル(案)、2011.
D8) 土木研究センター：わが国の免震橋事例集、2011.
D9) Dwairi, H. and Kowalsky, M.J.: Implementation of inelastic displacement patterns in direct displacement-based design of continuous bridges, Earthquake Spectra, 22(3), 631-662, 2006.
E1) Euro 6, Design of structures for earthquake resistance, Part 1: General rules, seismic actions and rules for buildings, CEN, 2003.
F1) Faccioli, E., Paolucci, R. and Rey, J.: Displacement spectra for long periods, Earthquake Spectra, 20(2), 347-376, 2004.
F2) Fenz, D. M. and Constantinou, M.C.: Development, implementation and verification of dynamic analysis models for muti-spherical sliding bearings, MCEER 8-18, University at Buffalo, State University of New York, 2008.
F3) Filiatrault, A., Pineau, S. and Houde, J.: Seismic performance of steel-fiber reinforced concrete interior beam-column joints, ACI Structural Journal, 92(5), 1-10. 1995.
F4) 藤井学他：横拘束コンクリートの応力～ひずみ関係の適用に関する検討、セメント技術年報、42、311-314、1988.
F5) 藤倉修一、川島一彦、庄司学、張建東、武村浩志：インターロッキング式帯鉄筋を有するRC橋脚の耐震性、土木学会論文集、640/I-50、71-88、2000.
F6) 福田智之、川島一彦、渡邉学歩：ブレースダンパーによる鋼製アーチ橋の地震応答の低減効果、構造工学論文集、51A、847-858、2005.
F7) 藤原広行他：全国を対象とした確率論的地震動予測地図作成手法の検討、防災科学技術研究所資料、275、防災科学技術研究所、2005.
G1) Garevski, M.A., Kelly, J.M and Zisi, N.: Analysis of 3-D vibrations of the base-isolated school building "Pestalozzi" by analytical and experimental approach, 12 WCEE, Paper No. 1683, 2000.
G2) Ger, J. and Cheng, F.Y.: Seismic design aids for nonlinear pushover analysis of reinforced concrete and steel bridges, CRC Press, 2012.
H1) 伯野元彦、四俵正俊、原司：計算機により制御されたはりの動的破壊実験、土木学会論文報告集、171、1-9、1969.
H2) 伯野元彦、横山功一、佐藤安一郎：模型杭基礎の復元力特性に関するオンライン・リアルタイム実験、土木学会論文報告集、200、85-90、1972.
H3) 濱田政則：地盤耐震工学、丸善出版、2013.
H4) 早川涼二、川島一彦、渡邉学歩：水平2方向地震力を受ける単柱式RC橋脚の耐震性、土木学会論文集、759/I-67、79-98、2004.
H5) Hewes, J.T. and Priestley, N.M.J: Seismic design and performance of precast concrete segment bridge columns, Report No. SSRP-2001/25, University of California, San Diego, La Jolla, CA, USA, 2002.
H6) 久田嘉章：震源と地震動の特性、日本地震工学会誌、9、2-5、2009.
H7) 平井良幸、川島一彦、松崎裕：地震時における斜橋の回転、土木学会論文集A1、68-4、I 432-443、2012.
H8) 平田隆祥、川西貴士、岡野義之、渡辺哲：ポリプロピレン繊維を用いた高じん性セメント複合材料の基礎的研究、大林組技術研究所報、72、2011.
H9) 平田隆祥、石関嘉一、竹田宣典：ユニバーサルコンクリートの橋梁への適用性評価、大林組技術研究所報、75、1-6、2011.
H10) 星隈順一、川島一彦、長屋和宏：鉄筋コンクリート橋脚の地震時保有耐力の照査に用いるコンクリートの応力－ひずみ関係、土木学会論文集、520/V-28、1-11、1995.
H11) Hoshikuma, J., Kawashima, K., Nagaya, K. and Taylor, A.W.: Stress-strain model for confined reinforced concrete in bridge piers, Journal of Structural Engineering, ASCE, 123-5, 624-633, 1997.
H12) 星隈順一、運上茂樹、長屋和宏：鉄筋コンクリート橋脚の変形性能に及ぼす断面寸法の影響に関する研究、土木学会論文集、669/V-50、215-232、2001.

H13) 細谷学、川島一彦、星隈順一：炭素繊維シートで横拘束したコンクリート柱の応力度～ひずみ関係の定式化、土木学会論文集、592/V39、37-52、1998.

H14) 細谷学、川島一彦：炭素繊維シートで横拘束したコンクリート柱の応力度～ひずみ関係に及ぼす既存帯鉄筋の影響とその定式化、土木学会論文集、620/V43、25-42、1999.

H15) 細谷学、川島一彦、宇治公隆：炭素繊維で横拘束した鉄筋コンクリート橋脚の終局水平変位の算定、土木学会論文集、648/V47、137-154、2000.

H16) Housner, G.W., Martel, R.R. and Alford, J.L.: Spectrum analysis of strong-motion earthquakes, Bulletin of Seismological Society of America, 43-2, 1953.

H17) Hudson, D.E.: Some problems in the application of spectrum techniques to strong-motion earthquake analysis, Bulletin of Seismological Society of America, 52-2, pp. 417-430, 1962.

H18) 林訓裕、足立幸郎、甲元克明、八ツ元仁、五十嵐晃、党紀、東出知大：経年劣化した鉛プラグ入り積層ゴム支承の残存性能に関する実験的検証、土木学会論文集A1、70-4、I-1032-1042、2014.

H19) 本州四国連絡橋公団：兵庫県南部地震の明石海峡大橋への影響調査報告書、1995.

I1) 市川翔太、張鋭、佐々木智大、川島一彦、Mohamed ElGawady、松崎裕、山野辺慎一：UFCセグメントを用いた橋脚の耐震性、土木学会論文集A1、68-4、533-542、2012.

I2) 市川翔太、中村香央里、松崎裕、Mohamed ElGawady、金光嘉久、山野辺慎一、川島一彦：超高強度繊維補強コンクリート製プレキャストセグメントを用いた橋脚の耐震性に関する実験的研究、土木学会論文集 A1、69-4、839-851、2013.

I3) Ichikawa, S., Matsuzaki, H., Moustafa, A., ElGawady, M.A., Kawashima, K.: Seismic resistant bridge columns with ultrahigh-performance concrete segments, Journal of Bridge Engineering, 21(9), ASCE, 2016.

I4) 家村浩和：ハイブリッド実験の発展と将来、土木学会論文集、356/I-3、1-10、1985.

I5) 池田猛、熊倉一臣、大関克人、阿部登：烏山1号橋(免震橋梁)の設計、橋梁と基礎、5～10、91-6、1996.

I6) Ishiyama, Y.: Motion of rigid bodies and criteria for overturning by earthquake excitations, Earthquake Engineering and Structural Dynamics, 10, 635-650, 1982.

I7) 板橋美保、川島一彦、渡邉学歩：橋脚系塑性率と全体系塑性率の違いが設計地震力の算定に及ぼす影響、土木学会論文集、619/I-47、131-144、1999.

I8) 岩崎敏男、川島一彦、相沢興：地震応答解析における基盤の選定法、土木技術資料、23-12、619-624、1981.

I9) 岩崎敏男、川島一彦、相沢興、高橋和之：既往地震活動度に基づく地震動強度の期待値推定法、土木研究所資料、1696、建設省土木研究所、1981.

I10) 岩崎敏男、川島一彦、相沢興：地震動強度期待値に及ぼす地域区分の影響、土木技術資料、24-2、67-72、1982.

I11) 伊関治郎：粘性ダンパーストッパー、プレストレストコンクリート、21-4、103-107、1979.

J1) 地震調査研究推進本部：今後50年間にそれ以上の揺れに襲われる確率が2%の震度分布、2010年全国地震動予測値、2010.

J2) 地震調査研究推進本部：事前に活断層と知られていなかった箇所で起こった兵庫県南部地震以降の内陸地震.

K1) Kalkan, E. and Kunnath, S.: Effects of fling step and forward directivity on seismic response of buildings, Earthquake Spectra, 22, 367-390, 2006.

K2) 片岡正次郎、佐藤智美、松本俊輔、日下部毅明：短周期レベルをパラメータとした地震動強さの距離減衰式、土木学会論文集A、62-4、740-757、2006.

K3) 金刺靖一、金子史夫：計測震度と物理量の関係について、応用地質技術年報、兵庫県南部地震特集、1997.

K4) 川島一彦、関千秋、梶田建夫、成岡昌夫：点支持された斜板の有限要素法による解析、土木学会論文集、184、33-39、1970.

K5) Kawashima, K. and Penzien, J.: Correlative investigation on theoretical and experimental dynamic behavior of a model bridge structure, REEC 76-26, Earthquake Engineering Research Center, University of California, Berkeley, USA, 1976.

K6) 川島一彦、ジョセフ・ペンゼン：曲線橋模型の動的応答に関する解析的研究、土木学会論文集、284、1-14、1979.

K7) Kawashima, K. and Penzien, J.: Theoretical and experimental dynamic behavior of a curved model bridge structure, Earthquake Engineering and Structural Dynamics, 7, 129-145, 1979.

K8) 川島一彦：動的解析における衝突のモデル化に関する一考察、土木学会論文報告集、308、123-126、1981.

K9) 川島一彦：動的解析における摩擦力のモデル化に関する一考察、土木学会論文報告集、309、151-154、1981.

K10) 川島一彦、高木義和、相沢興：ディジタイザーによるSMAC型強震計記録の数値化精度、土木学会論文集、323、

67-75、1982.

K11) 川島一彦、高木義和、相沢興：数値化精度を考慮したSMAC-B2型強震計の計器補整法および変位計算法、土木学会論文報告集、325、35-44、1982.

K12) 川島一彦、相沢興、高橋和之：最大地震動および応答スペクトルの推定式に及ぼす強震記録の水平2成分合成の影響、土木学会論文集、329、49-56、1983.

K13) 川島一彦、相沢興、高橋和之：地震応答スペクトルに及ぼす減衰定数の影響、土木学会論文報告集、335、25-29、1983.

K14) 川島一彦：設計地震力と耐震設計、土木技術資料、25-11、679-684、1983.

K15) 川島一彦、相沢興：強震記録の重回帰分析に基づく加速度応答スペクトルの距離減衰式、土木学会論文集、344/I-1、181-186、1984.

K16) 川島一彦、相沢興：減衰定数に対する地震応答スペクトルの補正法、土木学会論文報告集、344/I-1、351-355、1984.

K17) 川島一彦、長谷川金二、吉田武史：連続橋の耐震設計法－(その1)単一モード法の適用性の検討－、土木研究所資料、2148、建設省土木研究所、1984.

K18) 川島一彦：斜張橋の耐震設計、橋梁と基礎、19-8、51-57、1985.

K19) 川島一彦、相沢興、高橋和之：最大地震動及び地震応答スペクトルの距離減衰式、土木研究所報告、166、建設省土木研究所、1985.

K20) Kawashima, K. and Aizawa, K.: Attenuation of peak ground acceleration, velocity and displacement based on multiple regression analysis of Japanese strong motion records, Earthquake Engineering and Structural Dynamics, 14, 199-215, 1986.

K21) 川島一彦、運上茂樹、吾田洋一：斜張橋の耐震性に関する研究－(その1)振動実験からみた斜張橋の振動特性－、土木研究所資料、2388、建設省土木研究所、1986.

K22) 川島一彦、長谷川金二、小山達彦、吉田武史：連続橋の耐震設計法－(その2)静的フレーム法による地盤種別が変化しない場合の耐震計算法の提案－、土木研究所資料、2409、建設省土木研究所、1986.

K23) 川島一彦、長谷川金二、小山達彦、吉田武史：等価エネルギー法による鉄筋コンクリート橋脚の非線形応答変位の推定、土木技術資料、29-5、15-20、1987.

K24) 川島一彦：免震設計技術の発展と今後の展望(研究展望)、土木学会論文集、398、1-12、398/I-10、1988.

K25) Kawashima, K. and Aizawa, K.: Bracketed and normalized durations of earthquake ground acceleration, Earthquake Engineering and Structural Dynamics, 18, 1041-1051, 1989.

K26) Kawashima, K. and Unjoh, S.: Damping characteristics of cable-stayed bridges associated with energy dissipation at movable bearings, Proc. JSCE, Structural Eng./Earthquake Eng., 6-1, 123-130, 1989.

K27) 川島一彦、運上茂樹、角本周、吾田洋一：斜張橋の減衰特性に及ぼすケーブル形式の影響、土木技術資料、31-8、399-404、1989.

K28) 川島一彦、運上茂樹、角本周：基礎からの逸散減衰による斜張橋の減衰特性、土木技術資料、32-9、33-39、1990.

K29) 川島一彦、運上茂樹：地震に対する剛体基礎の回転振動の解析、土木技術資料、32-10、60-66、1990.

K30) Kawashima, K., Unjoh, S., and Azuta, Y.: Analysis of damping characteristics of a cable stayed bridge based on strong motion records, Structural Engineering & Earthquake Engineering, 7-1, 169-178, JSCE, 1990.

K31) 川島一彦、長谷川金二：震度法による連続橋の耐震計算法－静的フレーム法の開発－、土木技術資料、33-1、62-69、1991.

K32) 川島一彦、運上茂樹：基礎地盤の変形と軟化を考慮した剛体基礎の動的な転倒条件、土木技術資料、33-3、54-59、1991.

K33) 川島一彦、長谷川金二：鉄筋コンクリート橋脚の動的耐力に及ぼす2方向同時載荷の影響、土木技術資料、34-7、38-43、1992.

K34) 川島一彦、長谷川金二、長島博之、小山達彦、吉田武史：鉄筋コンクリート橋脚の地震時保有水平耐力法の照査法の開発に関する研究、土木研究所報告、190、建設省土木研究所、1993.

K35) 川島一彦、長島寛之、岩崎秀明：エネルギー比例減衰法による免震橋のモード減衰定数の推定精度、土木技術資料、35-5、62-67、1993.

K36) 川島一彦、長谷川金二：鉄筋コンクリート橋脚の非線形地震応答特性及びエネルギー一定則の適用性に関する実験的研究、土木学会論文集、463/I-26、1994.

K37) 川島一彦、運上茂樹、清水英之、向秀毅：上部構造を考慮した大型剛体基礎の地震時転倒解析法、土木技術資

料、36-2、42-47、1994.

K38) 川島一彦編著:地下構造物の耐震設計、鹿島出版会、1994.

K39) 川島一彦、MacRae, G.A.、星隈順一、長屋和宏:残留変位応答スペクトルの提案とその適用性、土木学会論文集、501/I-29、183-192、1994.

K40) 川島一彦、運上茂樹、向秀毅:偏心曲げモーメントを受けるRC橋脚の地震応答特性、第9回日本地震工学シンポジウム、1477-1482、1994.

K41) 川島一彦:免震橋のモード減衰定数の簡易算定法、土木技術資料、36-2、36-41、1994.

K42) 川島一彦、運上茂樹、杉田秀樹、中島 燈:道路橋の耐震設計に関する研究－地震被害から学んだ教訓と今後の技術開発、土木研究所資料、3277、建設省土木研究所、1994.

K43) 川島一彦、星隈順一、運上茂樹:鉄筋コンクリート橋脚・主鉄筋段落とし部の耐震判定法とその適用、土木学会論文集、525/I-33、83-95、1995.

K44) 川島一彦、佐藤貴志:相対変位応答スペクトルの提案とその適用、構造工学論文集、42A、645-652、1996.

K45) Kawashima, K., Unjoh, S. and Tsunomoto, M.: Estimation of damping ratio of cable-stayed bridges for seismic design, Journal of Structural Engineering, ASCE, 119-4, 1015-1031, 1993.

K46) Kawashima, K., MacRae, G.A., Hoshikuma, J. and Nagaya, K.: Residual displacement response spectra, Journal of Structural Engineering, 124(5), 513-530, ASCE, 1998.

K47) 川島一彦、庄司学:衝突緩衝用落橋防止システムによる桁間衝突の影響の低減効果、土木学会論文集、612/I-46、129-142、、1999.

K48) 川島一彦、永井政伸:免震橋の荷重低減係数に及ぼすじん性率の設定法の影響、土木学会論文集、675/I-55、235-250、2001.

K49) 川島一彦、渡邉学歩:斜橋における落橋防止構造の有効性に関する研究、土木学会論文集、675/I-55、141-159、2001.

K50) 川島一彦、細入圭介、庄司学、堺淳一:塑性ヒンジ区間で主鉄筋をアンボンド化した鉄筋コンクリート橋脚の履歴特性、土木学会論文集、689/I-57、45-64、2001.

K51) 川島一彦、庄司学、斉藤淳:ハイブリッド載荷実験による免震橋の非線形地震応答特性に関する検討、土木学会論文集、689/I-57、65-84、2001.

K52) 川島一彦:リオン－アンティリオン橋の耐震設計、橋梁と基礎、3、2001.

K53) 川島一彦、細入圭介:直接基礎のロッキング振動が橋脚の非線形地震応答に及ぼす影響、土木学会論文集、703/I-59、97-111、2002.

K54) 川島一彦、植原健治、庄司学、星恵津子:桁衝突および落橋防止装置の効果に関する模型振動実験および解析、土木学会論文集、730/I-59、221-236、2002.

K55) 川島一彦、宇根寛、堺淳一:軸力変動を受けるRC中空断面アーチリブの耐震性に関する実験的研究、構造工学論文集、48A、747-757、2002.

K56) Kawashima, K.: Damage of bridges resulted from fault rupture in the 1999 Kocaeli and Duce, Turkey, earthquakes and the 1999 Chi-chi, Taiwan, earthquake, Proc. Structural Engineering and Earthquake Engineering (Special Issue), JSCE, 19-2, 179-197, 2002.

K57) 川島一彦、渡邉学歩、畑田俊輔、早川涼二:逆L字型鉄筋コンクリート橋脚の耐震性に関する実験的研究、土木学会論文集、745/I-65、171-189、2003.

K58) Kawashima, K., Sasaki, T., Kajiwara, K., Ukon, H., Unjoh, S., Sakai, J., Takahashi, Y., Kosa, K. and Yabe, M.: Seismic performance of a flexural failure type reinforced concrete bridge column based on E-Defense excitation, Proc. JSCE, 65-2, 267-285, 2009.

K59) 川島一彦、荻本英典、渡邉学歩、西 弘明:強震記録に基づくPC斜張橋の減衰特性、土木学会論文集A、65-2、426-439、2009.

K60) 川島一彦、佐々木智大、右近大道、梶原浩一、運上茂樹、堺淳一、幸左賢二、高橋良和、矢部正明、松崎裕:現在の技術基準で設計したRC橋脚の耐震性に関する実大震動台実験及びその解析、土木学会論文集 A、66-2、324-343、2010.

K61) Kawashima, K., Nagata, S. and Watanabe, G.: Seismic performance of a bridge supported by C-bent columns, Journal of Earthquake Engineering, 14, 1172-1220, 2010.

K62) Kawashima, K., Unjoh, S., Hoshikuma, J., Kosa, K.: Damage of bridges due to the 2010 Maule, Chile, earthquake, Journal of Earthquake Engineering, 15, 1036-1068, 2011.

K63) Kawashima, K., Zafra, R., Sasaki, T., Kajiwara, K. and Nakamura, M.: Effect of polypropylene fiber reinforced concrete cement composite and steel reinforced concrete for enhancing the seismic performance of bridge columns, Journal of Earthquake Engineering, 15, 1194-1211, 2011.

K64) Kawashima, K., Zafra, R., Sasaki, T., Kajiwara, K., Nakayama, M., Unjoh, S., Sakai, J., Kosa, K., Takahashi, Y., and Yabe, M.: Seismic performance of a full-size polypropylene fiber-reinforced cement composite bridge column based on E-Defense shake table experiments, Journal of Earthquake Engineering, 16, 463-495, 2012.

K65) 川島一彦、太田啓介、大矢智之、佐々木智大、松﨑 裕：RC橋脚の曲げ塑性変形に及ぼす粗骨材寸法及び鉄筋断面積の評価法、土木学会論文集A1、68-4、543-555、2012.

K66) 川島一彦：地震との戦い－なぜ橋は地震に弱かったのか、鹿島出版会、2014.

K67) 河角寛：震度と震度階、地震、15、6-13、1943.

K68) 気象庁監修：震度を知る－基礎知識とその活用、ぎょうせい、1996.

K69) 建設省土木研究所、構造計画研究所、パシフィックコンサルタンツ、八千代エンジニアリング、オイレス工業、川口金属工業、三協オイレス工業、日本鋳造、ビービーエム：すべり系支承を用いた地震力遮断機構を有する橋梁の免震設計法マニュアル（案）、共同研究報告書、351、2008

K70) 建設省：道路橋の免震設計法マニュアル（案）、土木研究所彙報、60、1993.

K71) Kent, D.C. and Park, R.: Flexural members with confined concrete, Journal of Structural Division, ASCE, 97-ST7, 1969-1990, 1971.

K72) 国土開発技術センター：道路橋の免震設計法ガイドライン（案）、1989.

K73) 幸左賢二、小林和夫、村山八本州雄、吉澤義男：大型RC橋脚模型試験体による塑性変形挙動に関する実験的研究、土木学会論文集、538/V-31、47-47、1996.

K74) 幸左賢二、小野紘一、藤井康男、田中克典：被災RC橋脚の残留変位に関する研究、土木学会論文集、627/V-44、193-203、1999.

K75) 小林 敏、原光夫：橋梁支承部に設置されている制震構造と代表的PC橋、新しいPC技術とその展望、プレストレストコンクリート技術協会、1987.

K76) 小坪清真：土木振動学、森北出版、1992.

K77) 栗林栄一、岩崎敏男：橋梁の耐震設計に関する研究(III)－橋梁の振動減衰に関する実験結果－、土木研究所報告、139-2、建設省土木研究所、1970.

K78) 小堀鐸二：制震構造－理論と実際、鹿島出版会、1993.

L1) Li, V.: Engineering cementitious composite (ECC), Tailored composites through micromechanical modeling, fiber reinforced concrete: Presence and future, Eds. Banthia, N. and Mufti, A., Canadian Society of Civil Engineers, Montreal, Canada, 64-97, 1998.

L2) Lysmer, J. and Richart, Jr. F.E.: Dynamic response of footings to vertical loading, Proc. ASCE, 92, SM1, 65-91, 1966.

L3) Lee, V.W. and Trifunac, M.D.: Should average shear wave velocity in the top 30m of soil be the only local site parameter used to describe seismic amplification?, Soil Dynamics and Earthquake Engineering, 30(11), 1250-1258, 2010.

M1) MacRae, G. A. and Kawashima, K.: Post-earthquake residual displacements of bilinear oscillators, Earthquake Engineering and Structural Dynamics, 26, 701-716, 1997.

M2) Mander, J.B., Priestley, M.J.N. and Park, R.: Theoretical stress-strain model for confined concrete, Journal of Structural Division, ASCE, 114, ST48, 1804-1826, 1988.

M3) Mander, J.B., Priestley, M.J.N. and Park, R.: Observed stress-strain behavior of confined concrete, Journal of Structural Division, ASCE, 114-48, 1827-1849, 1988.

M4) 益子直人、睦好宏史、William Tanzo、町田篤彦、：仮動的実験を用いた2方向地震力を受けるRC橋脚の弾塑性応答性状に関する研究、コンクリート工学年次論文報告集、16-21、271-1276、1994.

M5) 松尾芳郎、大石昭雄、原広司、山下幹夫：宮川橋の設計と施工－わが国初の免震橋梁－、橋梁と基礎、91-2、11-22、1992.

M6) 松川亮平、川島一彦、庄司学：載荷履歴が円形断面鉄筋コンクリート橋脚の曲げ耐力および変形性能に及ぼす影響、土木学会論文集、752/I-66、105-117、2004.

M7) 松本崇志、川島一彦：支承及び落橋防止構造の逐次破壊を考慮した橋梁の地震被害、土木学会地震工学論文集、29、971-980、2007.

M8) 松本崇志、川島一彦、Stephen A. Mahin、右近大道：振動台加震実験に基づくインターロッキング式橋脚と矩形断面橋脚の耐震性に関する研究、土木学会論文集A、65-11、96-215、2009.

M9) McGuire, R.K.: FRISK: Computer program for seismic risk analysis using faults as earthquake sources, Open-file Report 78-1007, US Geological Survey, 1978.

M10) McGuire, R.K.: Deterministic vs. probabilistic earthquake hazards and risks, Soil Dynamics and Earthquake Engineering, 21, 377-384, 2001.

M11) Miranda, E. and Bertero, V.: Evaluation of strength reduction factors for earthquake resistant design, Earthquake Spectra, 10(2), 357-379, 1994.

M12) 六車熈他：横拘束コンクリートの応力～ひずみ曲線のモデル化、セメント技術年報、23、429-432、1980.

M13) Menegotto, M. and Pinto, P. E.: Method of analysis for cyclically loaded R.C. plane frames including changes in geometry and non-elastic behavior of elements under combined normal force and bending, Proc. IABSE Symposium on Resistance and Ultimate Deformability of Structures Acted on by Well Defined Repeated Loads, 15-22, 1973.

M14) Mergos, P.E. and Kawashima, K.: Rocking isolation of a typical bridge pier on spread foundation, Journal of Earthquake Engineering, 9(2), 395-414, 2005.

M15) 望月俊男、小林計代：単体の運動から地震動加速度を推定するための研究－単体の動的挙動の解析－、日本建築学会論文報告集、246、1976.

M16) 物部長穂：地震上下動に関する考察並びに振動雑論、土木学会誌、10-5、1924.

M17) Morgan, T., and Mahin, S.A.: The use of base isolation systems to active complex seismic performance objectives, PEER Report 2011/06, University of California, Berkeley, 2011.

N1) 長井崇徳、川島一彦：基礎ロッキング免震に対する水平 2 方向入力の影響、構造工学論文集、52A、499-509、土木学会、2006.

N2) 永田聖二、川島一彦、渡邉学歩：逆 L 字型 RC 橋脚の地震応答に関する実験的検討、構造工学論文集、52A、425-436、2006.

N3) 永田聖二、渡辺学歩、川島一彦：3 次元ハイブリッド載荷実験におけるアクチュエータによる $P\text{-}\Delta$ 効果とその補正、土木学会論文集、801/I-73、197-212、2005.

N4) 永田聖二、川島一彦、渡邉学歩：RC 逆 L 字型橋脚の地震応答特性、土木学会地震工学論文集、28、1-8、2005.

N5) 中村豊、上半文昭、井上英司：1995 年兵庫県南部地震の地震動記録波形と分析(II)、JR 技術情報、(財)鉄道総合技術研究所、1996.

N6) Nakashima, M., Kawashima, K., Ukon, H. and Kajiwara, K.: Shake table experimental project on the seismic performance of bridges using E-Defense, S17-02-010, 14th World Conference on Earthquake Engineering, Beijing, China, 2008.

N7) Nassar, A.A. and Krawinkler, H.: Seismic demands for SDOF and MDOF systems, Report No. 95, The John A. Blume Earthquake Engineering Center, Stanford University, 1991.

N8) 中澤宣貴、川島一彦、渡邉学歩、堺淳一：円形断面高強度コンクリートの横拘束モデルの開発、土木学会論文集、787/I-71、117-136、2005.

N9) Newmark, N.M. and Hall, W.J.: Seismic design criteria for nuclear reactor facilities, Report No. 46, Building practices for disaster mitigation, NBS, US Dept. of Commerce, 209-236, 1973.

N10) Newmark, N.M. and Hall, W.J.: Seismic design criteria for pipelines and facilities, Proc. Lifeline Earthquake Engineering Specialty Conference, University of California, Los Angeles, 1977.

N11) Newmark, N.M. and Hudson, W.J.: Earthquake spectra and design, Earthquake Engineering Research Institute, 1987.

N12) 日本ゴム協会：免震構造用積層ゴム支承の寿命と信頼性報告書、1988.

O1) 大久保忠良、荒川直士、川島一彦：地震動の箇所別の違いが構造物の地震応答に及ぼす影響、土木技術資料、24-10、1982.

O2) 大久保忠良、荒川直士、川島一彦：地震時の地盤ひずみの解析、土木技術資料、24-1、569-574、1982.

O3) 大滝健、黒岩俊之、宮城敏朗、水上善晴：インターロッキングスパイラル筋を有する RC 橋脚の交番載荷実験、コンクリート工学年次論文報告集、22-3、367-372、2000.

O4) 大塚久哲、神田昌幸、鈴木基行、川神雅秀：斜橋の水平地震動による回転挙動解析、土木学会論文集、570/I-40、315-324、1997.

O5) 大町達夫、翠川三郎、本多基之：1909 年姉川地震での鐘楼の移動から推定した地震動強さ、構造工学論文集、41A、701-708、1995.

O6) 大町達夫、本多基之：鐘楼の跳ぶ話－直下地震による跳躍現象－、地震ジャーナル、21、18-24、1996.

O7) Ohmachi, T., Midorikawa, S. and Honda, M. : Jumping of bell houses caused by near-field ground motion, Case

histories and shaking table experiments, Earthquake Engineering and Structural Dynamics, 26, 657-665, 1997.
O8) 大町達夫他：2008年岩手・宮城内陸地震のKiK-net一関西における大加速度記録の成因の推定、日本地震工学論文集、11.1、2011.
O9) 岡田恒男、宇田川邦明、関松太郎、田中尚：電算機－試験機オンラインシステムによる構造物の非線形地震応答解析(その1)システムの内容、日本建築学会論文報告集、229、77-83、1975.
O10) 大崎順彦：地震動のスペクトル解析入門、鹿島出版会、1983.
O11) 長田光司、大野晋也、山口隆裕、池田尚治：炭素繊維シートで補強した鉄筋コンクリート橋脚の耐震性能、コンクリート工学論文集、8-1、189-203、1997.
O12) 大矢智之、太田啓介、松崎裕、川島一彦：RC橋脚の曲げ破壊特性に及ぼす寸法効果に与える軸方向鉄筋強度の影響、土木学会論文集 A1、69-4、829-838、2013.
P1) Park, R. et al: Ductility of square-confined concrete columns, Journal of Structural Division, ASCE, 108, ST4, 929-950, 1982.
P2) Park, S.W., Ghasemi, H., Shen, J. and Yen, P.: Bolu Viaduct subjected to near-field ground motion, 34 US-Japan Panel on Wind and Seismic Effects, UJNR, 2002.
P3) Park, S.W., Ghasemi, H., Shen, J., Somerville, P.G., Yen, W.P. and Yashinsky, M.: Simulation of the seismic performance of the Bolu Viaduct subjected to near-field fault motions, Earthquake Engineering and Structural Dynamics, 33-13, 1249-1270, 2004.
P4) Pauley, T. and Priestley, M.J.N.: Seismic design of reinforced concrete and masonry buildings, John Wiley & Sons, 1992.
P5) Priestley, M.L.N., Seible, F. and Calvi, M.: Seismic design and retrofit of bridges, John Wiley & Sons, 1996. (川島一彦監修訳：橋梁の耐震設計と耐震補強、技報堂出版、1998).
P6) Priestley, M.J.N. and Calvi, G.M.: Strategies for repair and seismic upgrading of Bolu viaduct 1, Turkey, Journal of Earthquake Engineering, 6, 157-184, 2002.
P7) Priestley, M.J.N., Calvi, G.M. and Kowalsky, M.J.: Displacement-based seismic design of structures, IUSS Press, 2007.
R1) Richard, F., Brandtzaeg, A. and Brown, R.L.: The failure of plain and spirally reinforced concrete in compression, Bulletin No. 190, Engineering Experimental Station, University of Illinois, Urbana, 1929.
R2) Richard, F.E., Hall, J.R. and Wood, R.D.: Vibrations of soils and foundations, Prentice-Hall, 1970.
R3) Ristic, D.: Nonlinear behavior and stress-strain based modeling of reinforced concrete structure under earthquake induced bending and varying axial loads, School of Engineering, Kyoto University, 1988.
R4) Robinson, W.H., and Greenbank, L.R.: An extrusion energy absorber suitable for protection of structures during an earthquake, Earthquake Engineering and Structural Dynamics, 4, 251-259, 1976.
R5) Robinson, W.H.: Lead-rubber hysteretic bearings suitable for protecting structures during earthquakes, Earthquake Engineering and Structural Dynamics, 10, 593-604, 1982.
R6) Ruangrassamee, A. and Kawashima, K.: Relative displacement response spectra with pounding effect, Earthquake Engineering and Structural Dynamics, 30, 1511-1538, 2001.
S1) Saiidi, M., O'Brien, M. and Sadrossadat-Zadeh, M.: Cyclic response of concrete bridge columns using superelastic Nitinol and bendable concrete, ACI Structural Journal, 106(1), 69-77, 2009.
S2) 堺淳一、川島一彦：ファイバー要素を用いた鉄筋コンクリート橋脚の地震応答解析、構造工学論文集、土木学会、45A、935-946、1999.
S3) 堺淳一、川島一彦、庄司学：横拘束されたコンクリートの除荷および再載荷過程における応力度～ひずみ関係の定式化、土木学会論文集、654、I-52、297-316、2000.
S4) 堺淳一、川島一彦、宇根寛、米田慶太：帯鉄筋で横拘束したコンクリートの応力度～ひずみ関係に及ぼす帯鉄筋間隔の影響、構造工学論文集、土木学会、46A、757-766、2000.
S5) 堺淳一、川島一彦：コンクリートの横拘束効果に関する横拘束筋の配置間隔と中間帯鉄筋の影響、土木学会論文集、717/I-61、91-106、2002.
S6) 堺淳一、川島一彦：引張力を含む軸力変動がRC橋脚の変形性能に及ぼす影響、構造力学論文集、48A、735-746、2002.
S7) 堺淳一、川島一彦：部分的な除荷・再載荷を含む履歴を表わす修正Menegotto-Pintoモデルの提案、土木学会論文集、738/I-64、159-169、2003.
S8) 堺淳一、川島一彦：軸力変動がRCアーチ橋の地震応答に及ぼす影響、土木学会論文集、724/I-62、69-81、2003.

S9) Sakai, J. and Kawashima, K.: Unloading and reloading stress-strain model for confined concrete, Journal of Structural Engineering, ASCE, 132(1), 112-122, 2006.

S10) 堺淳一、運上茂樹：軸方向鉄筋段落とし部でせん断破壊したRC橋脚に対する振動台加震実験の再現解析、土木学会論文集A1、66-1、406-416、2009.

S11) 坂本直太、向井梨沙、篠原聖二：積層ゴム支承における内部鋼板とゴムの接着層の劣化特性評価、第20回性能に基づく橋梁等の耐震設計に関するシンポジウム講演論文集、土木学会、163-170、2017.

S12) 榊原泰造、川島一彦、庄司 学：動的解析に基づく上路式2ヒンジ鋼製アーチ橋の耐震性に関する検討、構造工学論文集、44A、761-767、1998.

S13) Sakellaraki, D. and Kawashima, K.: Effectiveness of seismic rocking isolation of bridges based on shake table test, 1st European Conference on Earthquake Engineering and Seismology, Paper No. 364, Geneva, Switerland, 2006.

S14) 佐々木智大、川島一彦：Eディフェンス震動実験に基づくRC橋脚の段落とし部の付着切れに関する検討、土木学会論文集A1、65-1、434-441、2009.

S15) 佐々木智大、川島一彦、松崎裕、右近大道、梶原浩一：E-ディフェンスを用いた段落とし部を有するRC橋脚の破壊特性に関する検討、第12回地震時保有耐力法に基づく橋梁等構造の耐震設計に関するシンポジム講演論文集、土木学会、185-192、2009

S16) 佐々木智大、栗田裕樹、川島一彦、右近大道、梶原浩一：2箇所で主鉄筋段落としされたRC橋脚の破壊特性に及ぼす載荷特性の影響、土木学会論文集A、66-1、37-55、2010.

S17) Sasani, M. and Bertero, V.: Importance of severe pulse-type ground motions in performance-based engineering, Historical and critical review, 12WCEE, 2000.

S18) 瀬野徹三、大槻憲四郎、揚昭雄：台湾集集地震はなぜ、どのように起きたか、科学、508-519、2000.

S19) 庄司学、川島一彦、宇梶寛、剣持安伸、長谷川恵一、島ノ江哲：高ひずみ/高面圧下におけるゴム製緩衝装置の応力度～ひずみ関係、構造工学論文集、46A、917-928、土木学会、2000.

S20) 庄司学、川島一彦、斉藤淳：免震支承とRC橋脚がともに塑性化する場合の免震橋の耐震性に関する実験的研究、土木学会論文集、No. 682/I-56、61-100、2001.

S21) Skinner, R.I, Robinson, W.H. and McVerry, G.H.: An introduction to seismic isolation, John Wiley & Sons, 1993（川島一彦、北川良和：免震設計入門、鹿島出版会、1996）.

S22) Somerville, P.: Characterizing near fault ground motion for the design and evaluation of bridges, 3rd National Seismic Conference and Workshop on Bridges and Highways, Portland, Oregon, 2002.

S23) Somerville, P.G.: Engineering characterization of near fault ground motions, Proc. New Zealand Earthquake Engineering Conference, 2005.

S24) 末安知昌：積層ゴムと接着、日本ゴム協会誌、73-4、189-195、2000.

S25) 篠原聖二、星隈順一：地震により損傷した鉛プラグ入り積層ゴム支承の特性評価に関する実験的研究、土木学会論文集A1、71-4、587-599、2015.

T1) 武村浩志、川島一彦：載荷履歴特性が鉄筋コンクリート橋脚の変形性能に及ぼす影響、構造工学論文集、43A、849-858、1997.

T2) Takeuchi, T. and Wada, A.: Buckling-restrained braces and applications, Japan Society of Seismic Isolation, 2018.

T3) 玉野慶吾、山野辺慎一、曽我部直樹、二村有則：高強度繊維補強コンクリートの圧縮軟化特性とUFC橋脚の設計、第17回性能に基づく橋梁等の耐震設計に関するシンポジウム講演論文集、417-422、土木学会地震工学委員会、2014.

T4) Tanaka, H. and Park, R.: Seismic design and behavior of reinforced concrete columns with interlocking spirals, ACI Structural journal, 90-2. 1993.

T5) Tirasit, P. and Kawashima, K.: Seismic performance of square reinforced concrete columns under combined cyclic flexural and torsional loadings, Journal of Earthquake Engineering, 11, 425-452, 2007.

T6) Tirasit, P. and Kawashima, K.: Effect of nonlinear seismic torsion on the performance of skewed bridge piers, Journal of Earthquake Engineering, 12, 980-998, 2008.

T7) Tseng, W.S. and Penzien, J.: Seismic analysis of long curve bridge structures, Earthquake Engineering and Structural Dynamics, 4, 3-24, 1975.

T8) 常田賢一、片岡正次郎：活断層とどう向き合うのか、理工図書、2012.

T9) Tyler, R.G., and Robinson, W.H.: High-strain test on lead rubber bearings for earthquake loadings, Bull. of New Zealand National Society for Earthquake Engineering, 17-2, 90-105, 1984.

U1) 右近大道、梶原浩一、川島一彦：E-Defense を用いた大型橋梁耐震実験計画、土木学会地震工学論文集、1412-1419、2007.

U2) 右近大道、梶原浩一、川島一彦、佐々木智大、運上茂樹、堺淳一、高橋良和、幸左賢二、矢部正明：E-Defense を用いた実大橋脚(C1-1)震動破壊実験研究報告書、防災科学技術研究所研究資料、331、2009.

U3) 右近大道、梶原浩一、川島一彦、佐々木智大、運上茂樹、堺淳一、高橋良和、幸左賢二、矢部正明、松崎裕：E-Defense を用いた実大橋脚(C1-5)震動破壊実験研究報告書、防災科学技術研究所研究資料、369、2012.

U4) 潤田久也、川島一彦、庄司学、須藤千秋：高面圧を受ける直方体ゴム製耐震緩衝装置の圧縮特性の推定法に関する研究、土木学会論文集、661/I-53、71-83、2000.

U5) 宇佐美勉編著、鋼橋の耐震・制震設計ガイドライン、技報堂、2006.

W1) 渡邉学歩、川島一彦：衝突ばねを用いた棒の衝突の数値解析、土木学会論文集、675/I-55、125-139、2001.

W2) 渡邉学歩、川島一彦：荷重低減係数の特性に関する研究、土木学会論文集、682/I-56、115-128、2001.

W3) 渡邉征男、加藤朝郎、米田玄次、広谷勉：約40年を経過した積層ゴムの経年変化調査、第1回免震・制震コロキウム、439-446、1996.

W4) Williams, D. and Godden, W.G.: Seismic response of long curved bridge structures: Experimental model studies, Earthquake Engineering and Structural Dynamics, 7, 107-128, 1979.

Y1) 柳下文夫、田中仁史、Park, R.：インターロッキングスパイラル鉄筋を有する鉄筋コンクリート柱の繰返し荷重下における挙動、コンクリート工学年次論文報告集、19-21、951-956、1997.

Y2) 矢部正明、武村浩志、川島一彦：直橋および斜橋の桁間衝突とその影響、構造工学論文集、43A、849-850、1997.

Y3) 矢部正明、川島一彦：杭基礎の非線形地震応答解析とプッシュオーバーアナリシスによる解析法に関する研究、土木学会論文集、619/I-47、91-109、1999.

Y4) 矢部正明、川島一彦：橋脚と杭の降伏耐力比が杭基礎の塑性損傷に及ぼす影響、土木学会論文集、626/I-48、51-68、1999.

Y5) 矢部正明：粘性減衰のモデル化の違いが非線形応答に与える影響、第4回地震時保有耐力法に基づく橋梁の耐震設計に関するシンポジウム講演論文集、土木学会、101-108、2000.

Y6) 矢部正明、塚本英子：低減衰・長周期構造物への地震応答スペクトル減衰定数別補正係数の適用性、第18回性能に基づく橋梁等の耐震設計に関するシンポジウム論文集、103-110、土木学会、2015.

Y7) 山田善一、家村浩和、伊津野和行、大本修：ハイブリッド実験による修復・補強 RC 部材の地震時剛性劣化過程、土木学会論文報告集、386、I-8、407-416、1987.

Y8) 山原 浩：環境保全のための防振設計、彰国社、1974.

Y9) 山野辺慎一、曽我部直樹、家村浩和、高橋良和：高性能塑性ヒンジ構造を適用した高耐震性 RC 橋脚の開発、土木学会論文集 A、64-2、317-332、2008.

Y10) 山野辺慎一、曽我部直樹、河野哲也：超高強度繊維補強コンクリートを用いた RC 橋脚の二方向地震動に対する耐震性能、土木学会論文集 A、66-3、435-450、2010.

Y11) 米田慶太、川島一彦、庄司学：炭素繊維シートを用いた円形断面鉄筋コンクリート橋脚の耐震補強効果、土木学会論文集、682/I-56、41-56、2001.

Z1) Zafra, R., Kawashima, K., Sasaki, T., Kajiwara, K. and Nakayama, M.: Cyclic stress-strain response of polypropylene fiber reinforced cement composites, Proc. JSCE, 66-1, 162-171, 2010.

Z2) Zafra, R. and Kawashima, K.: Analysis of carbon fiber sheet-reinforced RC bridge columns under lateral cyclic loading, Journal of Earthquake Engineering, 13-2, 129-154, 2009.

Z3) 全貴蓮、川島一彦：フィンガー型 Expansion Joint が橋梁の地震応答特性に及ぼす影響、土木学会論文集 A、65-1、243-254、2009.

索　引

あ
アイソレーション　265
アイソレータ　268, 273
アンボンドブレースダンパー　269, 278
アーチ橋　253
安全係数　49, 200

い
逸散減衰　173, 177
Eディフェンス　112
インターロッキング橋脚　137

う
浦河沖地震（1982年）　110
運動エネルギー比例減衰　163

え
エキスパンションジョイント　238
SUダンパー　284
エネルギー一定則　51, 201
エネルギー吸収関数　157, 166, 179
エネルギー寄与率　56
エネルギー比例減衰　56, 161
FPS　281

お
応答載荷実験　97, 102
応答制御　267
応答塑性率　49
帯鉄筋比　75

か
確率的地震動評価　42
過減衰自由振動　156
荷重低減係数　50, 52, 53, 201
荷重ベース静的耐震解析　200
加速度応答スペクトル　10
加速度応答スペクトル倍率　24
活断層　259

き
可能最大残留変位　60
加硫ゴム　275
カーボンファイバーシート　86

気象庁震度　8
基礎ロッキング　289
基礎ロッキング免震　199, 298
基盤　2
基盤地震動　2
キャパシティー（保有性能）　199
キャパシティーデザイン　15, 197, 270
橋脚系応答塑性率　213
強震記録　6
曲線橋　249
許容残留変位　61
許容塑性率　50
偽加速度応答スペクトル　12
偽変位応答スペクトル　12
逆L字型橋脚　128, 255

く
熊本地震（2016）　18
繰り返し載荷実験　95, 101, 138

け
桁端連結構造　228, 234, 242, 247
減衰固有周期　156
減衰自由振動　155
減衰定数　183, 192, 197
減衰定数補正係数　23, 197, 201
減衰特性　153

こ
高強度コンクリート　149
高減衰積層ゴム支承（HDR）　190, 281, 287
鋼製ダンパー　277, 285
高耐震性橋脚　146
降伏耐力　49

降伏変位　49
コジャエリ地震(1999)　259
ゴム支承　273
コンクリートの横拘束効果　74
コーナー周期　13

さ
載荷履歴の影響　102
再現期間　44
最大地震動の予測式　29
座屈拘束ブレース　278
残留変位　58, 128, 201
残留変位比　60
残留変位比応答スペクトル　59, 60
サンフェルナンド地震(1971)　249

し
軸力変動の影響　108
刺激係数　197, 201, 202
指向性パルス　38
地震応答スペクトル　7, 9
地震応答スペクトル適合波形　62
地震応答スペクトルの予測式　29
地震時地盤ひずみ　7
地震時保有耐力法　116, 195
地震動加速度　6
地震動速度　6
地震動の継続時間　7
地震動の最大値　6
地震動の卓越周期　7
地震動の地域区分　47
地震動変位　6
支点反力法　202, 204
地盤種別　5
地盤の特性値　5
斜張橋　183
斜橋　241
終局耐力　49
終局塑性率　49
終局変位　49
主鉄筋段落とし　110
受動型(パッシブ型)応答制御　267
衝突　219, 227, 230, 241, 248
衝突ばね　222, 227
衝突を考慮した相対変位応答スペクトル　230

震度法　195, 253, 289
震動台加震実験　95, 98, 112

す
水平2方向地震動の合成　27
スパイラル筋　137
寸法効果　132
制震　267
制震デバイス　272
ステッピング免震　285

せ
静的耐震解析　195, 202, 210
静的フレーム法　202
積層ゴム支承　257, 273
設計振動単位　204
繊維補強コンクリート　143
せん断弾性波速度　2
せん断剛性低下係数　2
全体系応答塑性率　213

そ
相対変位応答スペクトル　66
速度応答スペクトル　10, 15
塑性ヒンジ　70, 197
塑性率　49

た
耐震設計上の基盤　1
対数減衰率　156
脱落回転角(斜橋)　245
炭素繊維シート　86
断層変位　38, 259
ダンパー　266, 268

ち
地域区分　47
地域別補正係数　47
集集地震(1999)　20, 259
超高強度コンクリート　149
直接変位ベース静的耐震解析　208

て
ディマンド(要求性能)　199
鉄筋の履歴　89

索 引

と
等価減衰定数　　*100, 167*
等価剛性　　*100*
等価履歴減衰定数　　*56, 167*
動的(耐震)解析　　*195*
東北地方太平洋沖地震(2013)　　*21, 259*
ドュツェ地震(1999)　　*259*

な
鉛押し出しダンパー　　*279, 285*
鉛プラグ入り積層ゴム支承　　*278, 287*

ね
ねじり載荷　　*123*
粘性減衰　　*153*
粘性ダンパー　　*276, 284*
粘性ダンパーストッパー　　*266, 284*

の
能動型(アクティブ型)応答制御　　*267*

は
ハイブリッド載荷　　*97, 131*

ひ
ひずみエネルギー比例減衰法　　*56, 162, 190*
兵庫県南部地震(1995)　　*17, 259*
表層地盤　　*1*
表層地盤の固有周期　　*3*
表層地盤のせん断振動　　*3*

ふ
P–Δ効果　　*96*
ピリオドシフト　　*265*
ファイバー要素解析　　*73, 92*
フィンガージョイント　　*238*
フリングステップ　　*38, 261*
プッシュオーバー解析　　*217*
プッシュオーバー載荷　　*96*

へ
変位一定則　　*51, 201*
変位応答スペクトル　　*10, 15*
変位ベース静的耐震解析　　*206*
変形寄与係数　　*213*

変位増幅係数　　*50, 52, 58, 201*
変形性能　　*49*

ほ
保有性能（ディマンド）　　*199*
ポリプロピレンファイバーセメント　　*146*

ま
摩擦による減衰作用　　*168*
摩擦振り子型支承（Friction Pendulum System）　　*281*
摩擦力のモデル化　　*169*
マルチヒンジ系構造　　*211*

め
免震　　*267*
免震デバイス　　*272*

も
目標応答塑性率　　*49, 200*
目標応答変位　　*49, 199*

よ
要求性能（ディマンド）　　*199*
横拘束効果　　*74, 78, 86*
横拘束モデル　　*76*

り
履歴ダンパー　　*277*
履歴特性　　*69, 102*
履歴モデル　　*72*
臨界減衰　　*56, 154*

れ
レーリー減衰　　*160, 165, 167*
レーリー（レーリー・リッツ）法　　*202*

ろ
ロッキング震動　　*289, 294, 300*
ロッキング免震　　*289, 298*
ロックアップダンパー　　*276*

あとがき

　耐震工学に限らず、いずれの技術分野においても公式を暗記したり図の使い方を学ぶだけでは、時代のニーズに伴って浮かび上がってくる新たな課題に取り組む力を身につけることはできない。本書では、過去の知識を知るだけではなく、各種の基礎的課題に対してどのような取組みが行われてきたかを、できるだけ解析や実験等に基づいてプロセスが理解できるように記述した。

　この半世紀ほど続いてきた地震平穏期から次の動乱期に移行しつつあると言われている現在、地震被害を軽減するために基本となる構造物の耐震性の向上に本書が少しでも貢献できれば、著者としての喜びはこれに過ぎるものはない。

　本書には多数の先達の研究成果や、著者が建設省土木研究所（当時）および東京工業大学等において多くの研究者や実務者、学生達と行ってきた研究成果を取り入れている。共同研究の実施やいろいろな機会を通してご教示頂いた阿部雅人、相沢興、秋山充良、足立幸朗、Anagnostpoulos, S.A.、荒川直士、浅沼秀弥、Buckle, I.、Calvi, M.、Cooper, J.、ElGawady, M.、Elnashai, A.、Fajfar, P.、Fishinger, M.、藤倉修一、藤野陽三、Gates, J.、Gazetas, G.、Ge, H.、後藤洋三、長谷川金二、原田隆典、本田利器、星隈順一、細谷学、家村浩和、五十嵐晃、池田尚治、岩崎敏男、梶原浩一、亀田弘行、片岡正次郎、片山恒雄、木全宏之、Kirkcaldie, D.、清野純史、Koh, H-M.、幸左賢二、Lee, T.Y.、Lew, H.S.、MacRae, G.、Mander, J.B.、Mahin, S.、松崎裕、目黒公朗、Mergos, P.E.、三木千壽、Morgan, T.、森敦、長島寛之、永田聖二、中島正愛、西弘明、大久保忠良、大住道生、大塚久哲、大町達夫、Park, R.、Penzien, J.、Pinto, P.E.、Priestley, M.J.N.、Raufaste, N.、Robinson, W.H.、Ruangrassamee, A.、佐伯光昭、Saiidi, S.、堺淳一、佐々木智大、澤田純男、志波由起夫、庄司学、Spencer, B.、鷹取勲、高橋和之、高橋良和、竹内徹、田村敬一、寺山徹、Tirasit, P.、土岐憲三、常田賢一、当麻純一、Tseng, W.S.、右近大道、運上茂樹、宇佐美勉、渡邉学歩、和田章、Williams, D.、矢部正明、山野辺慎一、Yen, P.、吉田武史、Zafra, R. 等の各位に、深甚なる謝意を表したい。

著者紹介

川島 一彦(かわしま かずひこ)

東京工業大学 名誉教授

専門分野は、土木構造物の耐震構造、免震構造、耐震補強、耐震基準

1947年生まれ。1972年名古屋大学大学院土木工学専攻修士課程修了。同年、旧建設省に入省し、旧土木研究所において振動研究室研究員、主任研究員、耐震研究室長等を経て、1995年に東京工業大学土木工学専攻教授。2013年東京工業大学名誉教授。工学博士。

日本地震工学会会長、土木学会地震工学委員会委員長、日本道路協会道路震災対策委員会委員長、橋梁委員会耐震設計分科会長、土木研究センター橋の動的耐震設計法マニュアル検討委員会委員長などを歴任。

建設大臣表彰、外務大臣感謝状、土木学会論文奨励賞、田中賞、吉田賞、出版文化賞、功績賞、日本地震工学会功績賞などを受賞。

土木学会フェロー、日本地震工学会名誉会員、日本工学会フェロー、Journal of Earthquake Engineering の Associate Editor、イタリア Pavia 大学 Rose School 非常勤教授、中国北京科学技術大学名誉教授、西南交通大学名誉教授。

主な著書・訳書として、『道路橋の耐震設計計算例』(山海堂)、『地下構造物の耐震設計』(鹿島出版会)、『免震設計入門』(鹿島出版会)、『橋梁の耐震設計と耐震補強』(技報堂出版)、『性能規定型耐震設計法』(鹿島出版会)、『地震との戦い 橋はなぜ地震に弱かったのか』(鹿島出版会)、などがある。

耐震工学(たいしんこうがく)

2019年1月30日 第1刷発行

著 者　川島 一彦(かわしま かずひこ)

発行者　坪内 文生

発行所　鹿島出版会
〒104-0028　東京都中央区八重洲2丁目5番14号
Tel. 03 (6202) 5200　振替 00160-2-180883

落丁・乱丁本はお取替えいたします。
本書の無断複製(コピー)は著作権法上での例外を除き禁じられています。
また、代行業者等に依頼してスキャンやデジタル化することは、たとえ個人や家庭内の利用を目的とする場合でも著作権法違反です。

装幀：伊藤滋章　　DTP：エムツークリエイト
印刷：壮光舎印刷　　製本：牧製本
©Kazuhiko Kawashima, 2019
ISBN 978-4-306-02497-7　C3051　　Printed in Japan

本書の内容に関するご意見・ご感想を下記までお寄せください。
URL：http://www.kajima-publishing.co.jp
E-mail：info@kajima-publishing.co.jp

好評図書案内　　　平成28年度土木学会出版文化賞受賞図書

地震との戦い
なぜ橋は地震に弱かったのか

川島一彦 著

四六判・上製　272頁　　定価（本体2,000円＋税）

主要目次
- 第一章　なぜ橋は倒壊したのか？
- 第二章　安全神話の終焉と言われた1995年兵庫県南部地震
- 第三章　地震の揺れはどのくらい強い？
- 第四章　耐震技術はどのように開発されてきたか？
- 第五章　塑性変形を考えないと説明できない地震被害
- 第六章　地震時保有耐力法
- 第七章　免震・制震技術
- 第八章　海外における耐震技術
- 第九章　新たな脅威——津波と長周期地震動

鹿島出版会　〒104-0028　東京都中央区八重洲2-5-14　tel.03-6202-5200　fax.03-6202-5204　http://www.kajima-publishing.co.jp　E-mail: info@kajima-publishing.co.jp